"十二五"国家重点出版规划项目

雷达与探测前沿技术丛书

雷达系统建模与仿真

Modelling and Simulation of Radar System

史林 程亮 杨万海 著

国防工业出版社

·北京·

内 容 简 介

本书系统的介绍了雷达系统仿真的基本理论、技术和方法,力图使读者在头脑中建立一个完整的雷达系统研究与设计体系。

本书以雷达物理系统为核心,将内容基本分为三个部分:一是雷达系统的输入和电磁环境模拟,包括目标回波、杂波、噪声,以及有源和无源电子干扰等;二是雷达系统及其模块模型,即雷达分系统及其模块电路和软件、算法模型,以搜索雷达为主线,建立了从高频到视频,以及数字信号处理和数据处理的仿真模型;三是雷达系统的仿真,以及以雷达系统输出为信源对雷达系统的主要性能指标作出评估。

本书是为从事雷达研究与设计的工程技术人员编写的,也可作为电子信息类专业雷达仿真方面的教材和研究生参考书。

图书在版编目(CIP)数据

雷达系统建模与仿真 / 史林,程亮,杨万海著. —北京:国防工业出版社,2017.12
(雷达与探测前沿技术丛书)
ISBN 978-7-118-11524-6

Ⅰ. ①雷… Ⅱ. ①史… ②程… ③杨… Ⅲ. ①雷达系统–系统建模②雷达系统–系统仿真 Ⅳ. ①TN95

中国版本图书馆 CIP 数据核字(2018)第 021515 号

※

国防工业出版社出版发行
(北京市海淀区紫竹院南路 23 号 邮政编码 100048)
天津嘉恒印务有限公司印刷
新华书店经售

*

开本 710×1000 1/16 印张 27¾ 字数 525 千字
2017 年 12 月第 1 版第 1 次印刷 印数 1—3000 册 定价 99.00 元

(本书如有印装错误,我社负责调换)

国防书店:(010)88540777   发行邮购:(010)88540776
发行传真:(010)88540755   发行业务:(010)88540717

"雷达与探测前沿技术丛书"
编审委员会

主　　　任	左群声				
常务副主任	王小谟				
副　主　任	吴曼青	陆　军	包养浩	赵伯桥	许西安
顾　　　问	贲　德	郝　跃	何　友	黄培康	毛二可
（按姓氏拼音排序）	王　越	吴一戎	张光义	张履谦	
委　　　员	安　红	曹　晨	陈新亮	代大海	丁建江
（按姓氏拼音排序）	高梅国	高昭昭	葛建军	何子述	洪　一
	胡卫东	江　涛	焦李成	金　林	李　明
	李清亮	李相如	廖桂生	林幼权	刘　华
	刘宏伟	刘泉华	柳晓明	龙　腾	龙伟军
	鲁耀兵	马　林	马林潘	马鹏阁	皮亦鸣
	史　林	孙　俊	万　群	王　伟	王京涛
	王盛利	王文钦	王晓光	卫　军	位寅生
	吴洪江	吴晓芳	邢海鹰	徐忠新	许　稼
	许荣庆	许小剑	杨建宇	尹志盈	郁　涛
	张晓玲	张玉石	张召悦	张中升	赵正平
	郑　恒	周成义	周树道	周智敏	朱秀芹

编辑委员会

主　　　编	王小谟	左群声			
副　主　编	刘　劲	王京涛	王晓光		
委　　　员	崔　云	冯　晨	牛旭东	田秀岩	熊思华
（按姓氏拼音排序）	张冬晔				

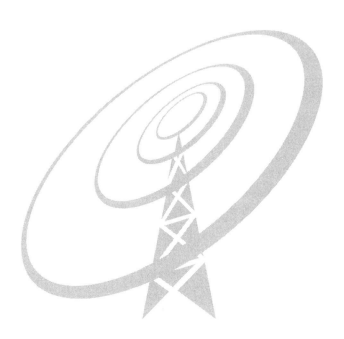

总 序

雷达在第二次世界大战中初露头角。战后,美国麻省理工学院辐射实验室集合各方面的专家,总结战争期间的经验,于1950年前后出版了一套雷达丛书,共28个分册,对雷达技术做了全面总结,几乎成为当时雷达设计者的必备读物。我国的雷达研制也从那时开始,经过几十年的发展,到21世纪初,我国雷达技术在很多方面已进入国际先进行列。为总结这一时期的经验,中国电子科技集团公司曾经组织老一代专家撰著了"雷达技术丛书",全面总结他们的工作经验,给雷达领域的工程技术人员留下了宝贵的知识财富。

电子技术的迅猛发展,促使雷达在内涵、技术和形态上快速更新,应用不断扩展。为了探索雷达领域前沿技术,我们又组织编写了本套"雷达与探测前沿技术丛书"。与以往雷达相关丛书显著不同的是,本套丛书并不完全是作者成熟的经验总结,大部分是专家根据国内外技术发展,对雷达前沿技术的探索性研究。内容主要依托雷达与探测一线专业技术人员的最新研究成果、发明专利、学术论文等,对现代雷达与探测技术的国内外进展、相关理论、工程应用等进行了广泛深入研究和总结,展示近十年来我国在雷达前沿技术方面的研制成果。本套丛书的出版力求能促进从事雷达与探测相关领域研究的科研人员及相关产品的使用人员更好地进行学术探索和创新实践。

本套丛书保持了每一个分册的相对独立性和完整性,重点是对前沿技术的介绍,读者可选择感兴趣的分册阅读。丛书共41个分册,内容包括频率扩展、协同探测、新技术体制、合成孔径雷达、新雷达应用、目标与环境、数字技术、微电子技术八个方面。

(一)雷达频率迅速扩展是近年来表现出的明显趋势,新频段的开发、带宽的剧增使雷达的应用更加广泛。本套丛书遴选的频率扩展内容的著作共4个分册:

(1)《毫米波辐射无源探测技术》分册中没有讨论传统的毫米波雷达技术,而是着重介绍毫米波热辐射效应的无源成像技术。该书特别采用了平方千米阵的技术概念,这一概念在用干涉式阵列基线的测量结果来获得等效大口径阵列效果的孔径综合技术方面具有重要的意义。

(2)《太赫兹雷达》分册是一本较全面介绍太赫兹雷达的著作,主要包括太赫兹雷达系统的基本组成和技术特点、太赫兹雷达目标检测以及微动目标检测技术,同时也讨论了太赫兹雷达成像处理。

(3)《机载远程红外预警雷达系统》分册考虑到红外成像和告警是红外探测的传统应用,但是能否作为全空域远距离的搜索监视雷达,尚有诸多争议。该书主要讨论用监视雷达的概念如何解决红外极窄波束、全空域、远距离和数据率的矛盾,并介绍组成红外监视雷达的工程问题。

(4)《多脉冲激光雷达》分册从实际工程应用角度出发,较详细地阐述了多脉冲激光测距及单光子测距两种体制下的系统组成、工作原理、测距方程、激光目标信号模型、回波信号处理技术及目标探测算法等关键技术,通过对两种远程激光目标探测体制的探讨,力争让读者对基于脉冲测距的激光雷达探测有直观的认识和理解。

(二) 传输带宽的急剧提高,赋予雷达协同探测新的使命。协同探测会导致雷达形态和应用发生巨大的变化,是当前雷达研究的热点。本套丛书遴选出协同探测内容的著作共10个分册:

(1)《雷达组网技术》分册从雷达组网使用的效能出发,重点讨论点迹融合、资源管控、预案设计、闭环控制、参数调整、建模仿真、试验评估等雷达组网新技术的工程化,是把多传感器统一为系统的开始。

(2)《多传感器分布式信号检测理论与方法》分册主要介绍检测级、位置级(点迹和航迹)、属性级、态势评估与威胁估计五个层次中的检测级融合技术,是雷达组网的基础。该书主要给出各类分布式信号检测的最优化理论和算法,介绍考虑到网络和通信质量时的联合分布式信号检测准则和方法,并研究多输入多输出雷达目标检测的若干优化问题。

(3)《分布孔径雷达》分册所描述的雷达实现了多个单元孔径的射频相参合成,获得等效于大孔径天线雷达的探测性能。该书在概述分布孔径雷达基本原理的基础上,分别从系统设计、波形设计与处理、合成参数估计与控制、稀疏孔径布阵与测角、时频相同步等方面做了较为系统和全面的论述。

(4)《MIMO雷达》分册所介绍的雷达相对于相控阵雷达,可以同时获得波形分集和空域分集,有更加灵活的信号形式,单元间距不受$\lambda/2$的限制,间距拉开后,可组成各类分布式雷达。该书比较系统地描述多输入多输出(MIMO)雷达。详细分析了波形设计、积累补偿、目标检测、参数估计等关键技术。

(5)《MIMO雷达参数估计技术》分册更加侧重讨论各类MIMO雷达的算法。从MIMO雷达的基本知识出发,介绍均匀线阵,非圆信号,快速估计,相干目标,分布式目标,基于高阶累计量的、基于张量的、基于阵列误差的、特殊阵列结构的MIMO雷达目标参数估计的算法。

(6)《机载分布式相参射频探测系统》分册介绍的是MIMO技术的一种工程应用。该书针对分布式孔径采用正交信号接收相参的体制,分析和描述系统处理架构及性能、运动目标回波信号建模技术,并更加深入地分析和描述实现分布式相参雷达杂波抑制、能量积累、布阵等关键技术的解决方法。

(7)《机会阵雷达》分册介绍的是分布式雷达体制在移动平台上的典型应用。机会阵雷达强调根据平台的外形,天线单元共形随遇而布。该书详尽地描述系统设计、天线波束形成方法和算法、传输同步与单元定位等关键技术,分析了美国海军提出的用于弹道导弹防御和反隐身的机会阵雷达的工程应用问题。

(8)《无源探测定位技术》分册探讨的技术是基于现代雷达对抗的需求应运而生,并在实战应用需求越来越大的背景下快速拓展。随着知识层面上认知能力的提升以及技术层面上带宽和传输能力的增加,无源侦察已从单一的测向技术逐步转向多维定位。该书通过充分利用时间、空间、频移、相移等多维度信息,寻求无源定位的解,对雷达向无源发展有着重要的参考价值。

(9)《多波束凝视雷达》分册介绍的是通过多波束技术提高雷达发射信号能量利用效率以及在空、时、频域中减小处理损失,提高雷达探测性能;同时,运用相位中心凝视方法改进杂波中目标检测概率。分册还涉及短基线雷达如何利用多阵面提高发射信号能量利用效率的方法;针对长基线,阐述了多站雷达发射信号可形成凝视探测网格,提高雷达发射信号能量的使用效率;而合成孔径雷达(SAR)系统应用多波束凝视可降低发射功率,缓解宽幅成像与高分辨之间的矛盾。

(10)《外辐射源雷达》分册重点讨论以电视和广播信号为辐射源的无源雷达。详细描述调频广播模拟电视和各种数字电视的信号,减弱直达波的对消和滤波的技术;同时介绍了利用GPS(全球定位系统)卫星信号和GSM/CDMA(两种手机制式)移动电话作为辐射源的探测方法。各种外辐射源雷达,要得到定位参数和形成所需的空域,必须多站协同。

(三) 以新技术为牵引,产生出新的雷达系统概念,这对雷达的发展具有里程碑的意义。本套丛书遴选了涉及新技术体制雷达内容的 6 个分册:

(1)《宽带雷达》分册介绍的雷达打破了经典雷达 5MHz 带宽的极限,同时雷达分辨力的提高带来了高识别率和低杂波的优点。该书详尽地讨论宽带信号的设计、产生和检测方法。特别是对极窄脉冲检测进行有益的探索,为雷达的进一步发展提供了良好的开端。

(2)《数字阵列雷达》分册介绍的雷达是用数字处理的方法来控制空间波束,并能形成同时多波束,比用移相器灵活多变,已得到了广泛应用。该书全面系统地描述数字阵列雷达的系统和各分系统的组成。对总体设计、波束校准和补偿、收/发模块、信号处理等关键技术都进行了详细描述,是一本工程性较强的著作。

(3)《雷达数字波束形成技术》分册更加深入地描述数字阵列雷达中的波束形成技术,给出数字波束形成的理论基础、方法和实现技术。对灵巧干扰抑制、非均匀杂波抑制、波束保形等进行了深入的讨论,是一本理论性较强的专著。

(4)《电磁矢量传感器阵列信号处理》分册讨论在同一空间位置具有三个磁场和三个电场分量的电磁矢量传感器,比传统只用一个分量的标量阵列处理能获得更多的信息,六分量可完备地表征电磁波的极化特性。该书从几何代数、张量等数学基础到阵列分析、综合、参数估计、波束形成、布阵和校正等问题进行详细讨论,为进一步应用奠定了基础。

(5)《认知雷达导论》分册介绍的雷达可根据环境、目标和任务的感知,选择最优化的参数和处理方法。它使得雷达数据处理及反馈从粗犷到精细,彰显了新体制雷达的智能化。

(6)《量子雷达》分册的作者团队搜集了大量的国外资料,经探索和研究,介绍从基本理论到传输、散射、检测、发射、接收的完整内容。量子雷达探测具有极高的灵敏度,更高的信息维度,在反隐身和抗干扰方面优势明显。经典和非经典的量子雷达,很可能走在各种量子技术应用的前列。

(四) 合成孔径雷达(SAR)技术发展较快,已有大量的著作。本套丛书遴选了有一定特点和前景的 5 个分册:

(1)《数字阵列合成孔径雷达》分册系统阐述数字阵列技术在 SAR 中的应用,由于数字阵列天线具有灵活性并能在空间产生同时多波束,雷达采集的同一组回波数据,可处理出不同模式的成像结果,比常规 SAR 具备更多的新能力。该书着重研究基于数字阵列 SAR 的高分辨力宽测绘带 SAR 成像、极化层析 SAR 三维成像和前视 SAR 成像技术三种新能力。

（2）《双基合成孔径雷达》分册介绍的雷达配置灵活，具有隐蔽性好、抗干扰能力强、能够实现前视成像等优点，是 SAR 技术的热点之一。该书较为系统地描述了双基 SAR 理论方法、回波模型、成像算法、运动补偿、同步技术、试验验证等诸多方面，形成了实现技术和试验验证的研究成果。

（3）《三维合成孔径雷达》分册描述曲线合成孔径雷达、层析合成孔径雷达和线阵合成孔径雷达等三维成像技术。重点讨论各种三维成像处理算法，包括距离多普勒、变尺度、后向投影成像、线阵成像、自聚焦成像等算法。最后介绍三维 MIMO-SAR 系统。

（4）《雷达图像解译技术》分册介绍的技术是指从大量的 SAR 图像中提取与挖掘有用的目标信息，实现图像的自动解译。该书描述高分辨 SAR 和极化 SAR 的成像机理及相应的相干斑抑制、噪声抑制、地物分割与分类等技术，并介绍舰船、飞机等目标的 SAR 图像检测方法。

（5）《极化合成孔径雷达图像解译技术》分册对极化合成孔径雷达图像统计建模和参数估计方法及其在目标检测中的应用进行了深入研究。该书研究内容为统计建模和参数估计及其国防科技应用三大部分。

（五）雷达的应用也在扩展和变化，不同的领域对雷达有不同的要求，本套丛书在雷达前沿应用方面遴选了 6 个分册：

（1）《天基预警雷达》分册介绍的雷达不同于星载 SAR，它主要观测陆海空天中的各种运动目标，获取这些目标的位置信息和运动趋势，是难度更大、更为复杂的天基雷达。该书介绍天基预警雷达的星星、星空、MIMO、卫星编队等双/多基地体制。重点描述了轨道覆盖、杂波与目标特性、系统设计、天线设计、接收处理、信号处理技术。

（2）《战略预警雷达信号处理新技术》分册系统地阐述相关信号处理技术的理论和算法，并有仿真和试验数据验证。主要包括反导和飞机目标的分类识别、低截获波形、高速高机动和低速慢机动小目标检测、检测识别一体化、机动目标成像、反投影成像、分布式和多波段雷达的联合检测等新技术。

（3）《空间目标监视和测量雷达技术》分册论述雷达探测空间轨道目标的特色技术。首先涉及空间编目批量目标监视探测技术，包括空间目标监视相控阵雷达技术及空间目标监视伪码连续波雷达信号处理技术。其次涉及空间目标精密测量、增程信号处理和成像技术，包括空间目标雷达精密测量技术、中高轨目标雷达探测技术、空间目标雷达成像技术等。

(4)《平流层预警探测飞艇》分册讲述在海拔约20km的平流层,由于相对风速低、风向稳定,从而适合大型飞艇的长期驻空,定点飞行,并进行空中预警探测,可对半径500km区域内的地面目标进行长时间凝视观察。该书主要介绍预警飞艇的空间环境、总体设计、空气动力、飞行载荷、载荷强度、动力推进、能源与配电以及飞艇雷达等技术,特别介绍了几种飞艇结构载荷一体化的形式。

(5)《现代气象雷达》分册分析了非均匀大气对电磁波的折射、散射、吸收和衰减等气象雷达的基础,重点介绍了常规天气雷达、多普勒天气雷达、双偏振全相参多普勒天气雷达、高空气象探测雷达、风廓线雷达等现代气象雷达,同时还介绍了气象雷达新技术、相控阵天气雷达、双/多基地天气雷达、声波雷达、中频探测雷达、毫米波测云雷达、激光测风雷达。

(6)《空管监视技术》分册阐述了一次雷达、二次雷达、应答机编码分配、S模式、多雷达监视的原理。重点讨论广播式自动相关监视(ADS-B)数据链技术、飞机通信寻址报告系统(ACARS)、多点定位技术(MLAT)、先进场面监视设备(A-SMGCS)、空管多源协同监视技术、低空空域监视技术、空管技术。介绍空管监视技术的发展趋势和民航大国的前瞻性规划。

(六)目标和环境特性,是雷达设计的基础。该方向的研究对雷达匹配目标和环境的智能设计有重要的参考价值。本套丛书对此专题遴选了4个分册:

(1)《雷达目标散射特性测量与处理新技术》分册全面介绍有关雷达散射截面积(RCS)测量的各个方面,包括RCS的基本概念、测试场地与雷达、低散射目标支架、目标RCS定标、背景提取与抵消、高分辨力RCS诊断成像与图像理解、极化测量与校准、RCS数据的处理等技术,对其他微波测量也具有参考价值。

(2)《雷达地海杂波测量与建模》分册首先介绍国内外地海面环境的分类和特征,给出地海杂波的基本理论,然后介绍测量、定标和建库的方法。该书用较大的篇幅,重点阐述地海杂波特性与建模。杂波是雷达的重要环境,随着地形、地貌、海况、风力等条件而不同。雷达的杂波抑制,正根据实时的变化,从粗犷走向精细的匹配,该书是现代雷达设计师的重要参考文献。

(3)《雷达目标识别理论》分册是一本理论性较强的专著。以特征、规律及知识的识别认知为指引,奠定该书的知识体系。首先介绍雷达目标识别的物理与数学基础,较为详细地阐述雷达目标特征提取与分类识别、知识辅助的雷达目标识别、基于压缩感知的目标识别等技术。

(4)《雷达目标识别原理与实验技术》分册是一本工程性较强的专著。该书主要针对目标特征提取与分类识别的模式,从工程上阐述了目标识别的方法。重点讨论特征提取技术、空中目标识别技术、地面目标识别技术、舰船目标识别及弹道导弹识别技术。

(七)数字技术的发展,使雷达的设计和评估更加方便,该技术涉及雷达系统设计和使用等。本套丛书遴选了3个分册:

(1)《雷达系统建模与仿真》分册所介绍的是现代雷达设计不可缺少的工具和方法。随着雷达的复杂度增加,用数字仿真的方法来检验设计的效果,可收到事半功倍的效果。该书首先介绍最基本的随机数的产生、统计实验、抽样技术等与雷达仿真有关的基本概念和方法,然后给出雷达目标与杂波模型、雷达系统仿真模型和仿真对系统的性能评价。

(2)《雷达标校技术》分册所介绍的内容是实现雷达精度指标的基础。该书重点介绍常规标校、微光电视角度标校、球载 BD/GPS(BD 为北斗导航简称)标校、射电星角度标校、基于民航机的雷达精度标校、卫星标校、三角交会标校、雷达自动化标校等技术。

(3)《雷达电子战系统建模与仿真》分册以工程实践为取材背景,介绍雷达电子战系统建模的主要方法、仿真模型设计、仿真系统设计和典型仿真应用实例。该书从雷达电子战系统数学建模和仿真系统设计的实用性出发,着重论述雷达电子战系统基于信号/数据流处理的细粒度建模仿真的核心思想和技术实现途径。

(八)微电子的发展使得现代雷达的接收、发射和处理都发生了巨大的变化。本套丛书遴选出涉及微电子技术与雷达关联最紧密的3个分册:

(1)《雷达信号处理芯片技术》分册主要讲述一款自主架构的数字信号处理(DSP)器件,详细介绍该款雷达信号处理器的架构、存储器、寄存器、指令系统、I/O 资源以及相应的开发工具、硬件设计,给雷达设计师使用该处理器提供有益的参考。

(2)《雷达收发组件芯片技术》分册以雷达收发组件用芯片套片的形式,系统介绍发射芯片、接收芯片、幅相控制芯片、波速控制驱动器芯片、电源管理芯片的设计和测试技术及与之相关的平台技术、实验技术和应用技术。

(3)《宽禁带半导体高频及微波功率器件与电路》分册的背景是,宽禁带材料可使微波毫米波功率器件的功率密度比 Si 和 GaAs 等同类产品高10倍,可产生开关频率更高、关断电压更高的新一代电力电子器件,将对雷达产生更新换代的影响。分册首先介绍第三代半导体的应用和基本知识,然后详细介绍两大类各种器件的原理、类别特征、进展和应用：SiC 器件有功率二极管、MOSFET、JFET、BJT、IBJT、GTO 等；GaN 器件有 HEMT、MMIC、E 模 HEMT、N 极化 HEMT、功率开关器件与微功率变换等。最后展望固态太赫兹、金刚石等新兴材料器件。

  本套丛书是国内众多相关研究领域的大专院校、科研院所专家集体智慧的结晶。具体参与单位包括中国电子科技集团公司、中国航天科工集团公司、中国电子科学研究院、南京电子技术研究所、华东电子工程研究所、北京无线电测量研究所、电子科技大学、西安电子科技大学、国防科技大学、北京理工大学、北京航空航天大学、哈尔滨工业大学、西北工业大学等近 30 家。在此对参与编写及审校工作的各单位专家和领导的大力支持表示衷心感谢。

2017 年 9 月

前　言

系统仿真是一门伴随着科学技术特别是电子数字计算机的发展而发展起来的新兴技术，它推动了很多学科的发展，特别是对那些非常庞大而又非常复杂的系统或难于求出数学解的诸多领域，系统仿真技术具有良好的应用前景。

"系统"一词的含义是非常广泛的：它可以是教育系统、商业系统、金融系统、交通运输系统、卫生系统等社会系统；也可以是消化系统、血液循环系统、神经系统等生理系统；还可以是雷达系统、通信系统、电子对抗系统、导航系统等电子信息系统。本书面对的是电子信息系统中的雷达系统，重点介绍雷达系统仿真的关键技术和方法，对军用和民用雷达的研究与设计都具有应用价值。作者还希望本书能对通信、导航、信息对抗等系统的研究与设计有一定的参考价值。

过去，我们说对一个系统进行研究，首先想到的是系统分析、系统综合与设计。系统分析是在已知系统结构、参数的情况下，研究系统本身的特性及其对系统输出的影响。而系统综合与设计正好和它相反，它是在给定系统特性的情况下，寻求系统结构及其参数，甚至包括系统寻优。对雷达系统也是如此，首先是理论上的设计，然后用硬件实现，可能要经过多次反复、修改才能定型，其过程将花费大量人力物力。当前，在雷达系统的研究与设计方面又增加了一种新的手段，这就是雷达系统仿真。通过系统仿真既可以对雷达系统进行系统分析，也可以对其进行综合与设计。实际上，在20世纪80年代以后，世界上某些科学技术比较发达的国家已经利用仿真技术对雷达系统进行研究与设计。

雷达仿真技术在雷达系统的研制中有着非常重要的地位，在雷达系统的研究与开发中，可利用仿真技术确定系统设计方案、对给定的雷达系统进行性能评估、寻求新的雷达体制、寻求最佳雷达波形、寻求更好的信号处理技术、寻求抗各种有源和无源干扰的方法等，这些都可以通过仿真得到验证。应当说，雷达仿真技术是一种能够节约大量人力和物力，缩短研制周期，解决设计中的某些难题和推动雷达技术发展的非常有效的方法与手段。在当前，雷达系统仿真技术在雷达系统方案论证、雷达系统性能评估等领域是无以替代的。

本书注重仿真的基本理论、基本技术和基本方法的介绍，所给出的例子尽管比较简单，但易于举一反三。本书注重知识的系统性，力图使读者建立一个完整的全新的雷达系统研究与设计概念。本书以雷达物理系统为核心，将内容基本分为三个部分：一是雷达系统的输入，除了有用信号之外，还包括具有不同分布特性的雷达噪声、杂波、干扰及其它们的产生方法,其中包括独立的、相关的和相干的、非相干的各种杂波环境;二是雷达系统本身,即它的分机和电路模型,以搜索雷达为主线,建立了以高频到视频的模型,以便于读者的使用和参考;三是以雷达系统输出为信源对雷达系统的主要性能作出评价。

本书共分9章,第1章介绍系统仿真的基本概念和所包含的主要内容,通过雷达系统中一个单极点视频积累器的仿真例子,说明雷达系统仿真涉及确定性系统仿真和随机事件仿真两类问题。第2章介绍确定性系统的数学模型,以及采用这些数学模型进行计算仿真时的计算方法。第3章介绍均匀分布随机数的产生和检验方法,这是统计试验的基础,并增强需对随机数的"质量"进行检验的观念。第4章概述了统计试验的方法,通过几个数学问题的求解,使读者对统计试验方法有一个基本的了解,并建立起统计试验法的试验精度与试验次数等相关概念。第5章介绍雷达目标和杂波的统计模型,包括功率谱模型和幅度分布模型,以及雷达的地物杂波、海杂波和箔条杂波等。第6章介绍随机序列的产生方法,包括独立随机序列和相关随机序列,以及服从雷达杂波多种统计模型的随机序列。第7章介绍雷达系统的仿真模型,以搜索雷达系统为主线,建立了雷达发射机、接收机、信号处理、数据处理、显示控制分系统中各个雷达模块单元的数学模型。第8章介绍雷达的仿真,包括雷达电磁环境的仿真和雷达系统的仿真,并给出了雷达系统信号级仿真和功能级仿真的例子。第9章介绍统计试验中的重要抽样技术,该技术在雷达系统性能评估,特别是雷达虚警概率估计中有重要应用。

本书由西安电子科技大学电子工程学院史林、程亮、杨万海著写。我们知道,雷达仿真领域所包含的内容是很丰富的,本书不可能全面介绍,如各种成像雷达、组网雷达的仿真等,如果本书能够起到一点普及和推广雷达仿真技术的作用,也就达到了作者的目的。

作者对负责本书的策划和编辑工作的同志表示衷心的感谢。最后还要感谢我的诸多学生,是他们为我提供了部分仿真数据。

由于作者水平有限,本书一定还存在很多缺点和错误,希望读者多加批评和指正。

作者

2017年2月

目 录

第1章 系统仿真概述 · 001
- 1.1 系统仿真的基本概念 · 001
  - 1.1.1 引言 · 001
  - 1.1.2 系统仿真方法分类 · 004
  - 1.1.3 系统仿真的一般步骤 · 007
- 1.2 雷达系统仿真所包含的主要内容 · 008
  - 1.2.1 雷达的电磁环境及系统的输入 · 008
  - 1.2.2 物理系统 · 009
  - 1.2.3 雷达系统性能评估的主要指标 · 012
- 1.3 电子系统输出信号统计特性的估计 · 015

第2章 系统的数学模型及其仿真的计算方法 · 021
- 2.1 离散系统的数学模型及其仿真 · 022
  - 2.1.1 离散系统的数学模型 · 022
  - 2.1.2 离散系统输出响应的计算方法 · 025
- 2.2 连续系统的数学模型 · 026
  - 2.2.1 连续系统的数学模型 · 026
  - 2.2.2 实现问题 · 030
  - 2.2.3 系统状态初始值设置 · 032
- 2.3 连续系统仿真的计算方法 · 033
  - 2.3.1 连续系统的数值积分法仿真 · 034
  - 2.3.2 连续系统的离散相似法仿真 · 038
  - 2.3.3 雷达仿真中常用的数学模型转换 · 050

第3章 均匀分布随机数的产生与检验 · 053
- 3.1 均匀分布随机数的产生 · 053
  - 3.1.1 平方取中法 · 054
  - 3.1.2 乘同余法 · 055
  - 3.1.3 混合同余法 · 056
  - 3.1.4 反馈移位寄存器法 · 057

3.2 伪随机数的统计检验 ··· 059
　3.2.1 统计检验的原理和方法 ·· 059
　3.2.2 频率检验 ··· 060
　3.2.3 参数检验 ··· 061
　3.2.4 独立性检验 ·· 063
　3.2.5 概率分布检验（直方图）·· 065

第4章　统计试验法概述 ·· 068
4.1 蒲丰问题 ··· 069
　4.1.1 实物统计试验步骤 ··· 071
　4.1.2 在计算机上进行统计试验的步骤 ·· 072
4.2 报童问题 ··· 074
4.3 蒙特卡罗法在解定积分中的应用 ·· 077
　4.3.1 概率平均法 ·· 077
4.4 利用蒙特卡罗法计算 $\sin\theta$ 和 $\cos\theta$ 的快速算法 ······································ 082
　4.4.1 选舍抽样法 Ⅰ ··· 082
　4.4.2 选舍抽样法 Ⅱ ··· 083
4.5 统计试验法的精度 ·· 085
　4.5.1 统计试验法的总精度 ··· 085
　4.5.2 估计数学期望时的精度 ·· 085
　4.5.3 估计均方根值时的精度 ·· 087
　4.5.4 估计事件概率时的精度 ·· 087
4.6 统计试验法的试验次数 ·· 088
　4.6.1 最大试验次数法 ·· 089
　4.6.2 逐步试探法 ·· 090
4.7 统计仿真的特点 ··· 090

第5章　目标与杂波模型 ·· 092
5.1 雷达杂波功率谱模型 ··· 093
　5.1.1 高斯谱 ·· 093
　5.1.2 马尔柯夫谱 ·· 094
　5.1.3 全极型谱 ··· 095
5.2 雷达杂波幅度分布模型 ·· 095
　5.2.1 高斯杂波模型 ··· 097
　5.2.2 莱斯（Rician）杂波模型 ·· 098
　5.2.3 对数 – 正态杂波模型 ··· 099
　5.2.4 混合 – 正态杂波模型 ··· 101

         5.2.5 韦布尔杂波模型 …………………………………………………… 102
         5.2.6 复合 k 分布杂波模型 …………………………………………… 102
         5.2.7 逆高斯-复合高斯(IG-CG)分布杂波模型 ………………………… 106
         5.2.8 球不变(SIR)雷达杂波模型 ……………………………………… 106
         5.2.9 拉普拉斯杂波模型 ………………………………………………… 115
    5.3 箔条杂波模型 ………………………………………………………………… 116
         5.3.1 箔条云的后向散射截面积 ………………………………………… 116
         5.3.2 箔条云杂波及散射特性 …………………………………………… 117
         5.3.3 箔条云的自相关函数 ……………………………………………… 118
         5.3.4 箔条云的功率谱 …………………………………………………… 118
    5.4 雷达目标模型 ………………………………………………………………… 119
         5.4.1 雷达信号模型 ……………………………………………………… 120
         5.4.2 经典模型 …………………………………………………………… 122
         5.4.3 现代目标模型 ……………………………………………………… 125

第6章 随机变量的仿真 …………………………………………………………… 127
    6.1 独立随机变量的仿真 ………………………………………………………… 127
         6.1.1 直接抽样 …………………………………………………………… 128
         6.1.2 近似抽样 …………………………………………………………… 134
         6.1.3 变换抽样 …………………………………………………………… 138
         6.1.4 查表法 ……………………………………………………………… 142
         6.1.5 选舍抽样 …………………………………………………………… 145
         6.1.6 噪声加恒值信号抽样的产生 ……………………………………… 149
         6.1.7 某些随机变量的产生方法 ………………………………………… 154
    6.2 相关雷达杂波的仿真 ………………………………………………………… 166
         6.2.1 相关高斯杂波的仿真 ……………………………………………… 166
         6.2.2 产生相关随机变量的一般方法 …………………………………… 183
         6.2.3 非高斯相关杂波的仿真 …………………………………………… 184
         6.2.4 球不变杂波的仿真 ………………………………………………… 202

第7章 雷达系统模型 ……………………………………………………………… 215
    7.1 雷达发射分系统仿真模型 …………………………………………………… 217
         7.1.1 雷达发射波形 ……………………………………………………… 217
         7.1.2 雷达天线方向图函数 ……………………………………………… 224
         7.1.3 幅度调制器 ………………………………………………………… 226
         7.1.4 相位调制器 ………………………………………………………… 226
         7.1.5 频率调制器 ………………………………………………………… 227

7.2 雷达接收分系统仿真模型 …………………………………………………… 227
　　7.2.1 限幅器模型 ………………………………………………………… 227
　　7.2.2 根据脉冲响应对中频放大器进行仿真 …………………………… 230
　　7.2.3 混频器 ……………………………………………………………… 230
　　7.2.4 包络检波器 ………………………………………………………… 230
　　7.2.5 相位检波器 ………………………………………………………… 232
　　7.2.6 线性相位 FIR 滤波器 ……………………………………………… 234
　　7.2.7 I 和 Q 通道幅相不一致对改善因子 I_{dB} 的限制 ………………… 239
7.3 雷达信号处理分系统仿真模型 ……………………………………………… 241
　　7.3.1 A/D 变换器模型 …………………………………………………… 241
　　7.3.2 缓存器 ……………………………………………………………… 242
　　7.3.3 线性调频脉冲压缩 ………………………………………………… 242
　　7.3.4 固定杂波对消器(MTI) …………………………………………… 244
　　7.3.5 自适应动目标显示(AMTI) ……………………………………… 249
　　7.3.6 离散傅里叶变换对 ………………………………………………… 252
　　7.3.7 多普勒滤波器组(FFT) …………………………………………… 254
　　7.3.8 恒虚警率(CFAR)处理器模型 …………………………………… 254
　　7.3.9 检测器模型 ………………………………………………………… 261
7.4 数据处理模型 ………………………………………………………………… 269
　　7.4.1 距离速度解模糊 …………………………………………………… 270
　　7.4.2 点迹过滤器 ………………………………………………………… 272
　　7.4.3 跟踪滤波 …………………………………………………………… 274
　　7.4.4 数据关联 …………………………………………………………… 289
　　7.4.5 航迹管理 …………………………………………………………… 290
　　7.4.6 伺服控制 …………………………………………………………… 291

第8章 雷达系统仿真 ……………………………………………………… 293

8.1 雷达系统信号级仿真 ………………………………………………………… 294
　　8.1.1 雷达电磁环境建模 ………………………………………………… 294
　　8.1.2 雷达回波信号模型 ………………………………………………… 302
　　8.1.3 雷达系统模型 ……………………………………………………… 305
　　8.1.4 雷达系统信号级仿真举例——机载脉冲多普勒(PD)
　　　　　雷达系统仿真 ……………………………………………………… 316
8.2 雷达系统功能级仿真 ………………………………………………………… 337
　　8.2.1 雷达回波信杂比计算 ……………………………………………… 338
　　8.2.2 雷达抗干扰改善因子(EIF)模型 ………………………………… 342

- 8.2.3 雷达系统综合损耗因子模型 348
  - 8.2.4 大气传输损耗模型 355
  - 8.2.5 雷达检测概率计算模型 355
  - 8.2.6 目标检测和确认模型 360
  - 8.2.7 雷达系统性能指标计算 361
  - 8.2.8 数据处理测量精度改善 364
  - 8.2.9 雷达系统功能级仿真举例——PD 雷达导引头箔条诱饵对抗系统仿真 365

第9章 重要抽样技术 379
9.1 估计概率密度函数的一般方法 379
9.2 重要抽样基本原理 381
9.3 重要抽样在雷达中的应用 384
  - 9.3.1 重要抽样在雷达中的应用Ⅰ 384
  - 9.3.2 重要抽样在雷达中的应用Ⅱ 396
9.4 重要抽样中畸变函数的选择 401
9.5 估计分布函数的一些重要结果 407

参考文献 412
主要符号表 418
缩略语 420

第 1 章
系统仿真概述

1.1 系统仿真的基本概念

1.1.1 引言

系统仿真是一门伴随着科学技术特别是电子数字计算机的发展而发展起来的新兴技术,它推动了很多学科的发展。对那些非常庞大而又非常复杂的系统或难于求出数学解的诸多领域,系统仿真技术显露了魔幻般的身手。

所谓系统,就是许多元件、部件或单元有机地组合在一起,并且能完成特定任务的统一体。它又可能是另一个更大系统的组成部分,而它的部件或单元又可成为子系统,如雷达系统、通信系统、导航系统、电子对抗系统等。从电子信息系统仿真的角度所说的"系统",不仅包含物理系统本身,还包含具有各种不同特性的输入信号、在系统输出端得到的输出信号以及对系统的性能评价,可以认为它是一个广义系统。为了不使涉及面太宽,本书着重介绍电子信息系统中雷达系统仿真的某些关键技术,争取能对通信、导航、电子对抗等系统的仿真具有一定的参考价值。

系统仿真[1,2],简单地说就是利用模型代替实际系统进行试验,包括建立模型(即建模)和利用模型做试验两个过程,当然还要对试验结果进行分析,对系统的性能指标等进行评价。建模是对实际系统进行抽象、简化的过程。根据仿真的目的,通常要求模型在某些特性上与实际系统相同或近似相同,例如为了分析某个实际系统的稳定性,要求模型与实际系统在稳定性方面是等价的。也就是说模型不一定是实际系统的复制,它可以是实际系统的简化,但它与实际系统在某些性能上是等价的。模型可以是物理存在的(即物理模型),也可以是虚拟的对应数学关系的描述(即数学模型),例如:沙盘就是地形地貌和敌我双方态势的模型,是物理模型;飞机的风洞试验也是采用物理模型进行的。如果模型是数学模型,则通常需要利用计算机进行试验,这就需要设计试验的计算方法,让计算机接受数学模型,再将计算方法和试验流程编写成计算机程序,利用计算机进行计算（试验）。

对一个电子信息系统中重要的子系统即雷达系统的仿真，首先是指对雷达系统的各种输入信号的建模和仿真，也就是电磁环境的仿真。在信号模型确定之后，按模型要求生成系统的各种输入信号，如有用信号、噪声、杂波和干扰，其中包括有源干扰和无源干扰等。然后对一个将要研究或设计的实际的物理系统进行建模，用计算机语言将其变成一个"软系统"，再将根据在计算机上所产生的各种输入信号送入"软化"的物理系统，得到系统的各种输出信号，结合系统的战术技术参数，最后对系统的性能进行评估，以得到所设计的系统能不能在给定的电磁环境下完成给定任务的结论。如果结论是否定的，则要根据存在的问题修改模型和设计，重新进行仿真，以便得到预定的结果。从这里不难看出，系统仿真是各种雷达系统研究、设计和性能评估的有利的辅助工具。从上面的叙述可知，雷达系统的仿真可以概括为三个部分：电磁环境的建模与仿真；雷达系统本身的建模与仿真；系统的性能评价。

对一个系统进行研究，通常主要包括系统分析、系统综合与设计和系统仿真。

系统分析，是在已知系统结构、参数的情况下，研究系统本身的特性及其对系统输出的影响。例如，给定一个数字滤波器，可以将它看作一个最简单的系统，找出其传递函数、脉冲响应，以及在给定一个输入信号及其参数的情况下求出它的输出信号及其特征等，均属于系统分析之列。而系统综合与设计正好和它相反，它是在给定系统特性的情况下，寻求系统结构及其参数，甚至包括系统寻优。例如，要求设计一个频带为 B 的数字系统（当然它可以是一个数字滤波器），就需要综合设计一个具有给定特性的滤波器，包括确定滤波器的阶数、结构及具体的滤波器参数等。

要进行系统分析，必须保证系统能被客观地描述，而且能从描述的关系中求出系统的输出。

根据一个给定的数字系统，可以写出一个或一组差分方程，即差分方程能客观地描述数字系统；在给定输入信号的情况下，解差分方程，可求出系统的输出信号，它是根据系统本身的特性、脉冲响应或传递函数等求出的；如果给定的是一个模拟系统，可以写出一组描述它的微分方程，在给定输入信号的情况下，解微分方程，可求出系统的输出信号，它也是根据系统本身的特性、脉冲响应或传递函数等求出的。当然，也可直接由给定的系统脉冲响应与输入信号求输出，并反推出其差分方程或微分方程。

进行系统的综合与设计时，首先要明确地给出系统的响应特性，其次利用所选定的方法，求出满足给定特性的系统元件、部件及参数，并给出元件、部件的连接方式或结构。

例如,要求综合与设计一个具有通带为 B_c 的 MTI 数字对消器,可以选择利用傅里叶级数展开法进行综合与设计,直到确定对消器的阶数和系数为止。

上边所举的例子都是比较简单的,并且也都是能用数学工具进行综合和分析的。随着科学技术的飞速发展,各种复杂的系统相继出现,对这些系统的性能评估、预测及系统设计等越来越显得重要,往往这些系统又都是由许多数字系统组成的,它们可能是更大系统的组成部分,例如一个现代雷达系统,不仅组成部件很多,而且输入信号非常复杂,它不仅包括确定信号,也包括随机信号,并且还有人为的和天然的各种干扰。所以,对这样复杂的系统进行研究,只靠系统分析和系统综合的方法是难以完成的。随着电子技术的发展和计算机技术的广泛应用,出现了另一种系统研究的手段,即系统仿真或模拟技术,它不同程度地解决了各种复杂系统的研究与设计中的一系列问题,即系统分析、系统综合和系统性能评估问题,而且在某些方面还优于数学方法,如研究众多的随机因素对系统的性能影响等。可以说,系统仿真或系统模拟技术的出现,是系统研究方面的一个非常重要的进展,甚至是突破。

我们所说的系统仿真一般就是指在计算机上用软件或硬件或软、硬件相结合地对给定系统进行模仿。通常用某种实体或数学模型来代替实际系统,以实现对实际系统的研究,如图 1.1 所示。在仿真过程中,实际上就是用一个系统模型代替实际系统,对实际系统进行分析、规划、评价、寻优和设计。实际上,雷达系统仿真不仅包括对实际物理系统的仿真,也包括对复杂电磁环境的仿真,在实验室复现电磁环境。雷达系统的输入信号不仅包括有用信号,还包括噪声、杂波和干扰等。在图 1.1 中,仿真系统的输入和输出信号分别是用 $x_1', x_2', \cdots, x_N'$ 和 $y_1', y_2', \cdots, y_N'$ 表示,以示与实际系统的区别。

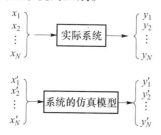

图 1.1 实际系统与仿真模型的关系

根据研究对象、表示方式和使用途径不同,系统模型有多种不同分类。一般地,根据表示方式可分为物理模型和数学模型,这里主要采用系统数学模型。

系统数学模型根据时间关系可分为静态模型、连续时间动态模型、离散时间动态模型和混合时间动态模型。

根据系统的状态描述及变化方式,可分为连续变量系统模型和离散事件系统模型。

目前，面向系统的计算机仿真技术既涵盖了连续变量动态系统的仿真，也涉及离散事件动态系统的仿真。在连续变量系统模型中，系统各主要因素之间的变化关系以及系统的演化规律主要采用方程式描述。例如，微分方程、偏微分方程、差分方程、回归方程等。对于离散事件动态系统模型，由于系统状态的变化域为离散空间，状态变化发生在一串难以预知的离散时间点上，因而难以建立定量变化关系方程，主要采用以网络图为基础的各类流图模型。表1.1为常见的模型形式的分类表。

表 1.1 模型分类

模型描述变量的轨迹	模型的时间集合	模型形式	变量范围	
			连续	离散
空间连续变化模型 空间不连续变化模型	连续时间模型	偏微分方程	√	
		常微分方程	√	
		差分方程	√	
离散（变化）模型	离散时间模型	有限状态机		√
		马尔可夫链		√
	连续时间模型	活动扫描		√
		事件调度		√
		进程交互		√

1.1.2 系统仿真方法分类

由于"系统"涉及各行各业，千差万别，因此系统仿真所采用的分类方法也就多种多样。又由于考虑问题的角度不同，因此也具有不同的分类方法。目前比较典型的分类方法是根据模型的物理属性、数学模型、数据流的形式、系统模型特性、是否具有随机性进行分类。

1.1.2.1 根据模型的物理属性分类

根据模型的物理属性不同，系统仿真可分为三种：物理仿真、数学仿真、半实物仿真。

按照真实系统的物理性质构造系统的物理模型，并在物理模型上进行试验的过程称为物理仿真。物理仿真的优点是直观、形象。在计算机问世以前，基本上是物理仿真，也称为"模拟"。物理仿真的缺点是模型改变困难、试验限制多、投资较大。

对实际系统进行抽象，并将其特性用数学关系加以描述而得到系统的数学模型,再对数学模型进行试验的过程称为数学仿真。计算机技术的发展为数学仿真创造了环境,使得数学仿真变得方便、灵活、经济,因而数学仿真也称为计算机仿真。数学仿真的缺点是受限于系统建模技术,即系统的数学模型不易建立。

半实物仿真即将数学模型与物理模型甚至实物系统联合起来进行试验。对系统中比较简单的部分或对其规律比较清楚的部分,建立数学模型,并在计算机上加以实现;而对比较复杂的部分或对规律尚不十分清楚的部分,其数学模型的建立比较困难,则采用物理模型或实物。仿真时将两者连接起来完成整个系统的试验。

1.1.2.2 根据数学模型分类

从建立数学模型的角度看,应主要以数据形式进行分类,这样就可以把它大致分成两大类。一类是利用各种电子元器件,如加法器、乘法器、积分器、放大器等,按模型提供的方式和结构,适当地连接起来,构成一个仿真系统。这类仿真称为器件仿真或模拟式仿真。另一类是把实际系统数字化,给出数学公式或数学关系,即数学模型,使用一定的计算机语言,在数字计算机上进行仿真,这类仿真称为数字仿真。

20世纪60年代,主要利用器件仿真(模拟计算机仿真)。器件仿真的特点是它用一个具体的仿真系统代替原来的系统,因此便于直观地了解原系统本身、原系统各个环节之间的内在联系,这是器件仿真的突出优点。另外,虽然速度快,但通用性、灵活性差,且不易获得高的仿真精度。

20世纪70年代以后,数字计算机的发展,特别是大型、通用和高速数字计算机的出现,使仿真技术由器件仿真逐渐走向了数字仿真。数字仿真的通用性强、灵活、方便。特别是仿真结果是以数字形式给出的,便于处理。但在当时,存在存储容量和计算时间的问题。这也是当时有些人想将两种仿真技术结合为一体的原因。

到20世纪80年代以后,由于数字计算机技术的飞速发展,全数字仿真几乎完全取代了器件仿真,对于一般仿真来说,速度和容量已经不是主要问题。今天的计算机仿真一般指的就是数字计算机仿真。

1.1.2.3 根据数据流的形式分类

在数字仿真中,根据数据流的形式又可分为信号级仿真和功能级仿真。

信号级仿真是构造描述系统输入信号与输出信号之间关系的数学模型,仿真产生系统的输入信号,利用计算机求解数学模型的解,从而得到系统的输出信号。

功能级仿真则是构造系统输入信号的某些特征量与输出信号特征量之间关

系的数学模型,仿真产生系统输入信号的特征量,由数学模型直接得到系统输出信号的特征量。例如,雷达系统的检测性能和测量精度取决于信噪比,因此可以构造雷达系统输入信噪比与输出信噪比之间的数学模型,仿真计算出不同环境下雷达系统的输入信噪比,由模型直接计算出雷达系统输出的信噪比,进而计算出雷达的检测概率、测距精度等。

1.1.2.4 根据系统模型的特性分类

仿真基于模型,模型的特性直接影响着仿真的实现。从仿真实现的角度来看,系统模型特性可分为两大类:一类是连续系统;另一类是离散事件系统。由于这两类系统的固有运动规律不同,因而描述其运动规律的模型形式就有很大的差别,相应地,系统仿真技术也分为两大类:连续系统仿真和离散事件系统仿真[8]。

1) 连续系统仿真

连续系统是指系统状态随时间连续变化的系统。连续系统的模型按其数学描述可分为:集中参数系统模型,一般用常微分方程(组)描述,如各种电路系统、机械动力学系统、生态系统等;分布参数系统模型,一般用偏微分方程(组)描述,如各种物理和工程领域内的"场"问题。

需要说明的是,离散时间变化模型中的差分方程模型(表1.1)可归为连续系统仿真范畴。原因是当用数字仿真技术对连续系统仿真时,其原有的连续形式的模型必须进行离散化处理,并最终也变成差分方程模型。

2) 离散事件系统仿真

离散事件系统是指系统状态在某些随机时间点上发生离散变化的系统。它与连续系统的主要区别是状态变化发生在随机时间点上。这种引起状态变化的行为称为"事件",因而这类系统是由事件驱动的;而且,"事件"往往发生在随机时间点上,亦称为随机事件,因而离散事件系统一般都具有随机特性。系统的状态变量往往是离散变化的。例如,电话交换台系统,顾客呼号状态可以用"到达"或"无到达"描述,交换台状态则是"忙"或"闲",系统的动态特性很难用人们所熟悉的数学方程形式(如微分方程或差分方程等)加以描述,而一般只能借助于活动图或流程图,这样无法得到系统动态过程的解析表达。对这类系统的研究与分析的主要目标是系统行为的统计性能而不是行为的点轨迹。

1.1.2.5 根据系统是否具有随机性分类

可将仿真分为确定系统的仿真和随机系统的仿真。确定系统指用确定性的数学模型来描述,输出和输入变量之间有完全确定的函数关系。而随机系统则不具备这样的确定关系,就某一时刻而言,随机系统中的各个量都是随机向量,就某个区间来说,它们都是随机过程。这是随机系统和确定系统数学描述的根本区别。

按此分类,蒙特卡罗仿真[6]实际上包含在随机系统仿真之中。由于雷达系统中的杂波、雷达接收机噪声等电磁环境是随机的,因此雷达系统仿真也属于随机系统仿真。

本书主要介绍雷达系统计算机仿真的方法、数学模型,重点介绍信号级仿真。

1.1.3 系统仿真的一般步骤

系统仿真的一般步骤可用图1.2来描述。

(1)确定研究的对象及要解决的问题,根据要解决的问题提出系统仿真所要达到的目的和要求。

(2)根据所研究的问题和目的,确定合理的系统模型,并给出数学表达式,这一步是仿真成败的关键;一般要求模型尽量简化,但又保持与原型的一致,使其不产生粗大误差。如果一个具体模型非常复杂,则涉及两个问题:一是能否在计算机上实现;二是计算时间。

(3)确定具体的系统结构、描述方法和参数。例如要对一个由阻容网络构成的低频放大器进行仿真,选择网络结构,给出描述系统的方程和参数,使它的频率特性与所研究的对象保持一致。

(4)画出程序流程图,用通用语言或专门用于仿真的某种语言编制程序。

(5)确定仿真次数,根据目的要求,进行仿真实验,打印仿真结果或直接绘制曲线显示在显示器上。

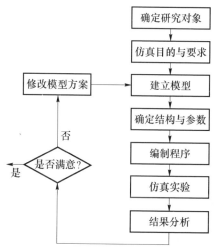

图1.2 实际系统与仿真模型的关系

(6) 对结果进行分析、判断，看是否达到了仿真目的和要求。如果没有达到，则提出修改模型或修改试验参数的意见，然后修改程序，继续进行试验。这一步包括发现试验中由于模型不完善或不合理地近似，或由元、器件的非线性因素等所造成的错误，这是进行复杂系统仿真时必须注意的问题。如果试验满足要求，则结束程序。

1.2 雷达系统仿真所包含的主要内容

1.2.1 雷达的电磁环境及系统的输入

1. 信号

这里所说的信号是指有用信号。对有源雷达来说，有用信号是指接收到的是被观测目标反射的信号，如单脉冲信号、脉冲串信号、连续波信号、相位编码信号等，它与发射信号是相同的，如果是运动目标，所接收的信号不仅具有一定的延迟，而且比发射信号多了一个多普勒频率分量；对无源雷达来说，接收的是观测目标本身的各类辐射信号，如红外雷达接收的是观测目标红外线辐射信号，微波雷达接收的是观测目标发射的无线电信号和目标对其他无线电设备发射信号的反射信号等，当然还可能包括多径信号；对二次雷达或敌我识别器来说，接收信号是询问对象的有针对性的回答信号；对通信系统来说，接收的是对方所发射的信号。必须注意的是，对不同功能的雷达，有用信号的定义可能是不一样的，如对气象雷达来说，平时所说的气象杂波则正是气象雷达所需要的有用信号，显然在进行信号处理时就可能采用不同的处理方法。

2. 外部噪声

外部噪声主要包括天电噪声、工业噪声、各种同频无线电设备所产生的无线电信号等。

3. 系统内部噪声

系统内部噪声包括天线噪声和接收机内部噪声等。

4. 杂波

1）地物杂波

地物杂波简称为地杂波。地物杂波是由地面上的山脉、丘陵、大地、树木、楼房和其他不同高度的建筑物等地形、地物所产生的雷达反射波。地物杂波属于固定杂波或非运动杂波，在反射雷达信号时本不应该产生多普勒频率，但由于地面的一些树木、草等在风的影响下产生运动，以及雷达本身频率不稳定和天线调制等因素，地物杂波在频域仍然具有一定的谱宽。通常地物杂波由幅度分布和功率谱密度来描述，幅度分布有瑞利分布、对数-正态分布和韦布尔分布等。之所以幅度分布有所不同,是因为不同的雷达有不同的分辨率。当然,擦地角的不同,对有相同分辨率的雷达来说,也可能产生具有不同幅度分布的地物杂波。描述地物杂波的功率谱密度实际上是描述地物杂波在时间、空间采样的相关性。当前,地物杂波的功率谱密度主要为高斯谱和全极型谱,其中包括马尔可夫谱。

2) 海洋杂波

海洋杂波简称为海杂波。它是由海洋中的浪和涌产生的杂波,海洋杂波的大小、高度依赖于海上的风力大小。不同的风力会卷起不同的涌浪,通常称为海情,海情由小到大通常分为八级。描述海洋杂波的幅度分布有瑞利分布、韦布尔分布和复合 k 分布。描述海洋杂波的功率谱为高斯谱,通过对海洋杂波的研究表明,海洋杂波的功率谱有时很复杂,甚至有双峰。由于海水在不停地运动,它的雷达反射信号有一定的多普勒频移,因此它的功率谱中心不在零频,通常将此类杂波称为运动杂波。

3) 气象杂波

气象杂波指由云、雾、雨、雪、冰雹等产生的杂波,通常具有高斯谱和瑞利分布。气象杂波也属于运动杂波,因为它在空中随着风不停地运动,因此它的功率谱中心不在零频。

4) 仙波

仙波指的是一些海鸟等所产生的杂波,通常是一些点杂波或面杂波,这取决于鸟群的大小。

5. 干扰

1) 有源干扰

有源干扰指针对特定的雷达所施放的同频干扰,包括各种雷达欺骗信号、白噪声信号等。实际上,各种工业电器设备所产生的不同频率的高功率干扰也属于有源干扰。

2) 无源干扰

无源干扰包括敌人施放的箔条干扰、各种角反射器干扰等。通常,箔条干扰的幅度也服从瑞利分布,并且满足一定的相关函数,它在空中随着风运动,其功率谱密度的中心与气象杂波相似,即也不在零频。实际上,前面所说的地面杂波、海洋杂波和气象杂波等也属于无源干扰。

目前,瑞利分布、对数 – 正态分布、复合 k 分布等模型在通信系统的研究与设计中均得到了广泛的应用。

1.2.2　物理系统

一个典型的相干雷达系统框图[3,12,17,19]如图 1.3 所示。

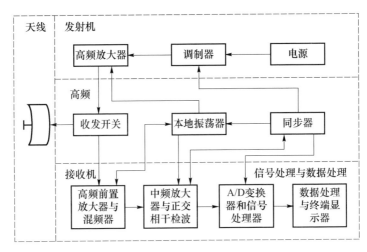

图 1.3 一个典型的相干雷达系统框图

1.2.2.1 雷达天线

天线是雷达系统与空间电磁环境的接口,各种有用信号和无用信号都是通过天线进入雷达接收机的,不同的尺寸和结构决定了天线的频率特性,因此天线对不同频率的信号是有选择性的。天线的驱动通常有两种类型:一种是通过电动机驱动齿轮机构带动天线旋转或做俯仰运动;另一种是相控阵天线,相控阵天线是通过在天线的各个阵元上馈给不同相位的电信号,形成在空中可移动的波束,达到对空间扫描的目的,它是由相控阵雷达的波束控制器控制的。需要注意的是,天线会在不同的温度下产生不同功率的热噪声,它与所接收的有用信号一起进入雷达接收机。在雷达仿真时,天线方向图形状和天线增益是非常重要的参数。对搜索雷达来说,天线方向图在水平方向的宽度往往很窄,这是由方位测量的需要决定的,而垂直方向的方向图很宽,则是由在仰角上的覆盖的需要决定的。也有些雷达具有针状波束,这是雷达功能和测量精度决定的,如相控阵雷达和火控雷达等。另一个不能忽视的参数是天线的旁瓣电平,旁瓣电平越低,从旁瓣进来的杂散信号越少,雷达对干扰抑制的性能越好,如机载脉冲多普勒(PD)雷达,它要求天线有较低的旁瓣电平,以利于在旁瓣杂波区的信号检测。对收发共用天线,收、发信号的隔离度是个非常重要的指标。从种类说,雷达有阵列天线、抛物面天线、裂缝天线等。

1.2.2.2 波导和同轴电缆

它们是连接天线和接收机的连接线,由于阻抗匹配等原因,用它们传输电磁波的损耗是很小的。对不同频段的雷达,波导的尺寸也不同。尽管损耗很小,但在雷达系统仿真时还是应该考虑的,通常以损耗因子表示。

1.2.2.3 发射机

雷达发射机的功能是将各种不同波形的视频信号,经过高频调制,以电磁波的形式由天线发射出去。发射波形有单脉冲、脉冲串、连续波、调频连续波、无载频窄脉冲、相位编码和白噪声等。根据雷达发射机所发射的不同频率,将雷达定义了许多频段,如 X 波段、S 波段、C 波段、L 波段等。不同的频率对应着不同的波长,而对运动目标的反射信号的多普勒频率与雷达使用的波长有关。雷达发射机功率的大小决定了雷达的作用距离(或称威力范围)。雷达发射机功率的大小和采用的雷达波形也决定了雷达系统的被截获性能。

1.2.2.4 接收机

雷达接收机的功能是接收来自天线的各种信号,包括已经混合在一起的各种有用信号和无用信号,并将它们的频率降到零中频或视频。其技术包括混频、中放和检波。混频的功能是把射频信号通过下变频降至中频;中放是对中频信号进行放大,实际上中放是一个匹配滤波器或带通滤波器,只对中频附近的信号进行放大,对其他频率的信号进行抑制;最后通过检波器取出信号的包络,如果是相干雷达,要有两个通道,它们是正交的,所用检波器是相干检波器。相干检波器的功能是利用收、发信号之间的相位差,提取观测目标的多普勒频率。接收机的性能指标主要有接收机增益、噪声系数和带宽,它们均对系统的检测性能有重大影响。

1.2.2.5 信号处理系统

1)输入

送入信号处理机的信号不仅包括有用信号,还包括大量的无用信号,其中有各种类型的杂波、噪声和干扰。

2)功能

信号处理机的功能是提取有用信号,尽可能地抑制无用信号,使人们能够在强杂波或干扰背景中实现对有用信号的检测与识别。

3)处理

(1) A/D 变换:信号处理机首先将模拟信号经过 A/D 变换,将其变成数字信号以便于数字信号处理,A/D 变换器的二进制位数 k 取决于信号处理机的性能。

(2) 杂波抑制:在 A/D 变换之后,对数字信号进行杂波抑制,包括杂波对消和多普勒滤波(FFT)。杂波对消可根据具体情况选用递归或者非递归的一次对消器、二次对消器、三次对消器,或不同阶数的自适应对消器,它们均可不同程度地提高系统的信杂比。多普勒滤波是由多普勒滤波器组或 FFT 实现的,它不仅可以提高信噪比,同时可以实现对运动目标的多普勒频率 f_d 进行估计。

(3) 脉冲压缩:脉冲压缩的功能是实现对线性调频信号或相位编码信号的匹配滤波,为了压低旁瓣电平,通常要对其进行加权,但这时的主瓣略有展宽。

(4) 取模:如果是相干雷达,在杂波对消和多普勒滤波之后,还要对正交双通道信号进行取模处理,以获得信号的包络。

(5) 恒虚警率(CFAR)处理:恒虚警率处理要保证尼曼 - 皮尔逊准则的实现,并进行有无运动目标的判决,以较大的概率确认目标的存在。

(6) 视频积累:目的是进一步提高信噪比,以利于信号检测。

实际上,旁瓣对消、空 - 时二维信号处理等都属于信号处理的范畴。

1.2.2.6 数据处理系统

数据处理的对象是信号处理机送来的点迹。数据处理系统对不断送来的点迹进行处理,包括坐标变换、数据关联、目标未来位置的预测、滤波,实现对观测空域目标的跟踪,提取目标的实时状态信息和特征信息。数据处理属于雷达信息处理中的二次处理,在二次处理时形成目标航迹。二次处理采用的算法包括各种数据关联方法、$\alpha - \beta$ 滤波、$\alpha - \beta - \gamma$ 滤波、自适应 $\alpha - \beta$ 滤波、卡尔曼(Kalman)滤波、自适应卡尔曼滤波等。如果是多雷达/传感器系统,还包括数据融合[22],利用多传感器信息进行目标识别,对各种目标进行态势评估和威胁评估。

1.2.2.7 各种显示器

不同类型的显示器可显示所接收的信号,或这些信号的不同特征、运动轨迹,甚至地形地物等,如 A 式显示器、B 式显示器、PPI 显示器和综合显示器等。A 式显示器显示目标回波信号的幅度与作用距离的关系;B 式显示器是以方位角和距离为坐标的矩形雷达显示器;PPI 显示器称为平面位置显示器,用于显示目标方位和距离关系;综合显示器显示目标的航迹、地形地物,给出目标的批号、坐标、特征参数、时间参数等。

以上给出的实际上是经典雷达所包含的各个部分,对现代雷达来说,相控阵雷达的波束控制器、抑制旁瓣电平的旁瓣相消器、为了提高方位精度所采用的波束压缩器等都是系统的组成部分,在建模时都要考虑。

1.2.3 雷达系统性能评估的主要指标

对系统性能进行评估所利用的信息包括[9,16,18]:系统仿真输出或仿真结果、给定的战术技术参数、雷达系统的设计要求、参数和指标、某些随机模型。

1.2.3.1 评估的主要内容

1）系统的威力范围

这里指的是作用距离,其最大作用距离为

$$R_{\max} = \left[\frac{P_t G_t G_r \lambda^2 \sigma}{(4\pi)^3 L S_{\min}} \right]^{\frac{1}{4}} \tag{1.1}$$

式中 P_t——雷达发射机的峰值功率;

G_t——雷达发射天线增益;

G_r——雷达接收天线增益;

λ——雷达工作波长;

σ——目标的有效反射面积或雷达横截面积;

L——损耗因子;

$S_{\min}$——最小可检测信号。

最小可检测信号功率为

$$S_{\min} = kT_e B(S/N) \tag{1.2}$$

式中 T_e——接收系统的等效噪声温度;

B——接收机带宽;

S/N——信号噪声比;

k——玻耳兹曼常数,$k = 1.38 \times 10^{-23}$ J/K。

这里要强调的是,最大作用距离实际上是一个随机变量,在过去计算最大作用距离 $R_{\max}$ 时,往往将其中的雷达横截面积取为常量,实际上它是一个有起伏的随机变量,并且在不同的条件下,其起伏模型也不同,因此最大作用距离只能是统计平均意义上的最大作用距离。

2）系统的改善因子

系统的改善因子主要是对信号处理机而言的,通常用 I 表示,其定义为:系统输出端的信号杂波比与系统输入端的信号杂波比的比值。改善因子可表示为

$$I = \frac{r_{\text{out}}}{r_{\text{in}}} = \frac{S_{\text{out}}/N_{\text{out}}}{S_{\text{in}}/N_{\text{in}}} \tag{1.3}$$

式中 S_{out}——系统输出的信号幅度;

S_{in}——系统输入的信号幅度;

N_{out}——系统输出的杂波剩余的均方根值;

N_{in}——系统输入的杂波的均方根值;

r_{out}——系统输出信杂比;

r_{in}——系统输入信杂比。

系统的改善因子是对相干雷达而言的,它是衡量现代雷达系统对各类杂波

抑制能力的一种度量,也是现代雷达系统的一个非常重要的指标。

3)系统的发现概率

系统的发现概率是指在系统虚警概率一定的情况下给定一个信号噪声比时系统发现目标的概率。应当指出的是,系统的发现概率和单脉冲的发现概率是不同的,在现代雷达系统中,由于增加了视频积累,所以系统的发现概率大大高于单脉冲的发现概率。

4)系统的虚警概率

系统的虚警概率指在雷达威力范围内不存在目标的情况下,经视频积累后将系统输出判定为有目标的概率。这个概率越小越好,通常设计在 10^{-6} 左右,而单脉冲的虚警概率为 $10^{-2} \sim 10^{-3}$。

5)系统的抗干扰能力

系统的抗干扰能力用于衡量该系统在未来的战争中是否能起作用和起多大作用的问题,是雷达系统的一个非常重要的指标。当前,对雷达进行干扰的手段越来越多,因此在雷达的设计中必须考虑对抗不同干扰的措施,以在严重干扰的情况下保证雷达能够正常工作。

6)系统捕获、跟踪、再捕获机动目标的能力

对现代雷达系统,一般情况下都要求它能对机动目标进行连续跟踪,时时刻刻掌握被跟踪目标的空间位置、特征参数及动向,这就要求它能够对目标及时捕获、判机动、连续跟踪和在目标丢失的情况下及时进行再捕获,并能正确判定航迹混淆等。

7)系统的方位精度

系统的方位精度要求在考虑方位量化误差、机械轴与电轴不重合产生的误差、站址误差、方位测量中的滞后误差等一系列误差之后,在方位上能够满足精度要求。

8)系统的距离精度

系统的距离精度要求在考虑距离量化误差、站址误差、回波前沿抖动等一系列误差之后,在距离上能够满足精度要求。

9)目标识别能力

对现代雷达系统来说,均要求雷达有一定的目标识别能力,如大目标、小目标、低空目标,甚至是歼击机、民航机、运输机、轰炸机、巡航导弹等,这对指挥员和组网雷达系统的作战决策是非常重要的。

10)生存能力。

生存能力指在核爆炸、轰炸和反辐射导弹的环境中能否生存。

1.2.3.2 雷达系统仿真的主要内容

从所给出的雷达系统评估所包含的主要内容可以看出,雷达系统仿真[10,11]

主要包含三个方面的内容。

（1）建模并产生系统的各种输入信号，包括信号、噪声、干扰和杂波，并将其按一定的规律进行混合，然后送入软化的物理系统。

（2）对雷达物理系统进行建模，系统的每一部分都必须建立一个模型，根据给定的模型，将物理系统进行"软化"，也就是说，在计算机上，以软件的形式构造一个"软系统"。显然，这个系统是由很多模块组成的，而每个模块都与物理系统的一个模块相对应。在某些情况下，也可能组成混合仿真系统，即有些模块可能是硬件，有些模块可能是由软件组成的。

（3）利用系统的仿真输出、战术技术参数、雷达系统的设计参数等对雷达系统的性能指标进行综合评估。

雷达系统仿真所包含的主要内容可以用图 1.4 来表示。

图 1.4　雷达系统仿真所包含的三个部分

从上面的叙述还可以看出，以上工作在性质上可分成两类：一类是只包含确定性的工作，如系统建模并将各个模块软化部分，只要算法给定，就可将其变成软件，最终形成一个软系统；另一类是包括环境形成和性能评估的工作，除了确定性工作之外，还有一些随机事件参与其中，这就要用处理随机事件的方法来处理这部分工作。众所周知，对随机事件进行仿真的一种有效方法就是蒙特卡罗法(Monte Carlo Method)。

1.3　电子系统输出信号统计特性的估计

下面通过一个简单的例子来讨论电子信息系统输出信号统计特性的估计问题。

首先假定该系统是一个由电阻电容组成的 RC 积分电路，如图 1.5 所示。本节的目的是：

（1）对给定的输入信号为均值为零、方差为 1 的高斯白噪声的情况，试估计系统输出的概率密度函数、功率谱密度及其相应参数。

（2）对给定的输入信号为均值为零、方差为 1 的高斯白噪声加恒值信号的情况，在虚警概率 $P_f = 10^{-6}$ 的情况下，给定信号噪声比，估计系统输出的检测概率。

（3）寻求系统的最佳参数。从仿真的角度出发，要估计电子信息系统输出的信号统计特性，首先必须完成两部分工作，即完成各种输入信号的仿真和电子信息系统本身的建模。电子信息系统如果是离散系统,则由于它是由差分方程描述的,所以可直接在计算机上进行仿真;如果是连续系统,则由于它是由微分方程描述的,所以不能直接在数字计算机上进行仿真,而必须按照某种方法先将其变成离散系统。

假定,图 1.5 中的 $x(t)$ 和 $y(t)$ 分别表示该系统的输入信号和输出信号,则描述该系统的微分方程可表示为

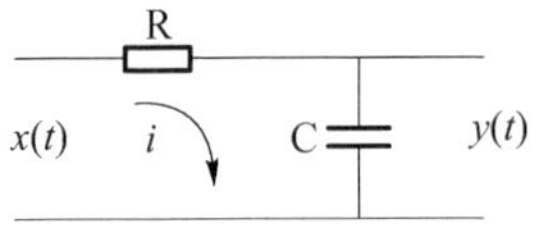

$$x(t) = iR + \frac{1}{C}\int i \mathrm{d}t \tag{1.4}$$

图 1.5 RC 积分电路

式中 i——通过系统的电流。

可以通过如下的方法将其变成离散系统,由图 1.5 可知,系统输出可表示成

$$y(t) = \frac{1}{C}\int i \mathrm{d}t \tag{1.5}$$

$$\frac{\mathrm{d}y}{\mathrm{d}t} = \frac{i}{C}$$

或

$$i = C \frac{\mathrm{d}y}{\mathrm{d}t}$$

令 $\dfrac{\mathrm{d}y}{\mathrm{d}t} \Rightarrow \dfrac{y_n - y_{n-1}}{T}$,其中 T 为采样周期,则有

$$x(t) = C\frac{\mathrm{d}y}{\mathrm{d}t}R + y(t)$$

$$x_n = RC\frac{y_n - y_{n-1}}{T} + y_n$$

整理,得

$$y_n = \frac{T}{1+RC}x_n + \frac{RC}{1+RC}y_{n-1}$$

令 $k = \dfrac{RC}{1+RC}$, $T = 1$,则有

$$y_n = (1-k)x_n + ky_{n-1} \tag{1.6}$$

显然,该差分方程所描述的系统是一个只有一个极点的数字系统。实际上它就是经常用于非相干雷达信号积累的单极点视频积累器。在式(1.6)中,加权系数 k 必须是一个小于 1 的常数,否则该系统就是一个不稳定系统。也就是说,系统的极点在单位圆之内。系统结构如图 1.6 所示。

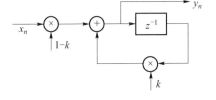

图 1.6 单极点积累器

该系统的输入信号通常是非相干雷达接收机输出的视频信号,也可以是相干雷达接收机的信号经相干检波、信号处理和取模之后的视频信号。显然,它的输出信号的统计特性将直接影响雷达的目标发现能力。这样,系统模型建立之后,便可将仿真信号送入已经软化的电子系统,求出系统的输出信号,最后对其进行统计特性的估计。

实际上,这个简单的电子系统输出信号的某些参数是可以计算的,如其输出信号的均值和方差可分别表示为

$$\begin{cases} E(y) = \dfrac{1}{1-k}E(x) \\ D(x) \approx \sigma_{in}^2 \dfrac{1}{1-k^2} \end{cases} \quad (1.7)$$

式中 σ_{in}^2 ——输入信号的方差。

而当输入为高斯白噪声加马克姆目标时,其输出信号噪声比为

$$S/N \approx \dfrac{1+k}{1-k} \quad (1.8)$$

显然,以上参量也可以用模拟的方法来进行估计,因为对于一个复杂系统是很难用解析的方法求出这些参数的,但用统计模拟的方法就可迎刃而解了。按给定的条件估计的功率谱密度、概率密度函数及其参量如图1.7所示。

这里没有给出估计信号功率谱密度和估计概率密度函数的方法,在以后的学习中,需要注意这些方法。

图1.7中的曲线只是对一个特定的k值的估计结果,如果多选择几个k值,就会得到一组曲线,从中可以看到,系统中的加权系数k越大,系统的频带越窄,系统输出序列的相关性就越强,功率谱密度的宽度就越窄,输出信号的分布的方差就越小,这与理论分析结果是一致的。如果将系统的输出信号与一个门限电平进行比较,超过门限就认为存在目标,那么这就构成了一个最简单的雷达信号检测器。众所周知,雷达信号检测是以尼曼-皮尔逊准则为基础的,故描述检测器性能的指标包括发现概率p_d、虚警概率p_f和信号噪声比S/N。当然,作为检测器它也可以对目标的方位进行测量,如对搜索雷达以上穿门限为目标开始,以下穿门限作为目标结束,便可计算出目标的方位中心。

对以上单极点视频积累器要获得其检测概率用解析法是困难的,当然对于更复杂的检测器更是如此。通常采用统计模拟的方法估计系统的目标发现能力。

用统计实验法估计系统输出的发现概率时分以下几个步骤。

(1) 按输入信号的统计模型产生满足要求的输入信号。对于非相干积累器,输入信号分两种。

① 在没有回波信号的时候,经检波之后,系统输出只有纯噪声,通常它服从

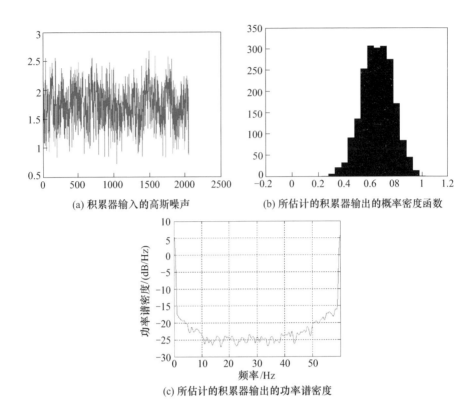

图 1.7 积累器输出的概率密度函数和功率谱的估计

瑞利分布,即

$$p(x) = \frac{x}{\sigma^2}\exp\left(-\frac{x^2}{2\sigma^2}\right) \quad (1.9)$$

均值和方差为

$$\begin{cases} E(x) = \sqrt{\frac{\pi}{2}}\sigma \\ D(x) \simeq 0.43\sigma^2 \end{cases} \quad (1.10)$$

应当注意的是,参数 σ^2 并不是瑞利分布的方差,它是系统检波前高斯分布的方差,而瑞利分布的方差是 $0.43\sigma^2$。

在此模型的基础上,按第 3 章将要学习的内容产生瑞利分布的随机变量,作为系统在纯噪声情况下的输入信号。

② 在有回波信号的情况,前面已经指出它是马克姆目标,即雷达回波信号为恒幅的情况。经检波之后,系统的输出为"信号+噪声",通常它服从广义瑞利分布或莱斯分布,即

$$p_s(x) = \frac{x}{\sigma^2}\exp\left(-\frac{x^2+A^2}{2\sigma^2}\right)I_0\left(\frac{xA}{\sigma}\right) \qquad (1.11)$$

式中 A——雷达回波信号的幅度;

$I_0(\cdot)$——第一类修正贝塞尔函数。

在此模型的基础上,仍然按第 3 章将要学习的内容产生广义瑞利分布的随机变量,作为系统在"信号 + 噪声"情况下的输入信号。

需要特别注意的是,前面所说的满足要求的信号不仅包括统计分布,而且包括其分布参数,如瑞利分布的 σ、广义瑞利分布的 σ 和信号幅度 A。

(2)给定系统参数,该系统只有唯一的一个参数 k。

(3)在输入为纯噪声时,用统计实验法或称蒙特卡罗法求出虚警概率 P_f。由于雷达有很低的虚警概率 P_f(一般都在 10^{-6} 左右),故常常要做大量的统计试验,以便确定满足给定虚警概率 P_f 所要求的门限电平。如果统计试验的时间很长,则必须考虑采用方差减小技术,如重要采样技术,将试验时间减小几个数量级。

这里需要注意的是,虚警率确定之后,就等于确定了门限电平。

(4)给定信号噪声比,按给定的统计模型产生"信号 + 噪声"的混合信号,并将其送入软化的系统,然后用统计试验法求出系统的发现概率,该发现概率便是在虚警概率 $P_f = 10^{-6}$ 的情况下,在已知信号噪声比 S/N 时的发现概率 P_d。这里需要指出的是,对发现概率进行统计估计时的试验次数与估计虚警概率时所需要的试验次数不同,它是大概率事件,最多有几百次就够了。

尽管该系统模型非常简单,但它反映了对电子信息系统输出信号进行性能估价的基本思路。特别是对在复杂电磁环境下工作的电子信息系统,不仅希望知道它在某种环境下的工作特性,还希望知道它在各种电磁环境下的工作特性,这是系统分析和外场试验难于做到的,而用统计试验法只要能在计算机上根据所建立的统计模型产生各种环境下的系统输入信号,获得系统输出的统计特性是容易做到的。当然,在实际工作中,希望系统有最佳的性能,统计试验法还可以对系统的性能进行优化,得到系统的最佳参数。这就是说,统计试验法对系统设计、寻求最佳设计方案和最佳参数都有非常重要的应用价值。

对上面给出的单极点视频积累器的参数 k,从系统的稳定性来说,要求 $k<1$ 就可以了,但从系统的检测性能来说,完全可以通过统计试验法来找出最佳参数 k_{opt}。其方法如下:

首先取一个系数 k_1,重复上述仿真过程,得到一个发现概率。然后再取一个参数 k_2,重复上述过程,再得到一个发现概率,依此类推,最后得到一个 k 值由小到大的检测概率曲线,从中找出最佳的 k_{opt}。试验结果表明,最佳的 $k_{opt} \approx 0.8$。当然,这一结果是有条件的,即是在目标回波数 $m=16$ 且 $P_f = 10^{-6}$ 的情况下得到的。

从上面的例子不难看出：

（1）电子信息系统仿真技术是研究电子信息系统的一种非常有效的手段，特别是所研究的系统特别庞大的时候，其中有线性环节，也有非线性环节，某些环节得不到封闭的数学解，并且系统非常复杂。例如 C^3I 系统，其中包括很多传感器，不仅有各种类型的雷达，如机载预警雷达、地面搜索雷达、火控雷达、跟踪雷达等，还可能包括红外传感器、电视传感器、电子支援测量系统和敌我识别系统等，并且还必须有庞大的计算机网络把这些传感器连接起来，这样庞大的系统很难用纯理论分析的方法进行研究。

（2）电子信息系统仿真技术遇到两类问题，一类是确定性的问题，另一类是非确定性的问题，两类问题均有一个共同的问题，即建模。非确定问题需要建立统计数学模型，才能在计算机上实现其算法。确定性问题实际上是电路与系统的问题，给出电路结构和性能指标，便可将电路模型变成软系统进行仿真了。

第 2 章
系统的数学模型及其仿真的计算方法

为了研究一个仿真对象,除对其物理性质有一个正确认识外,还必须推导其数学模型。通常它是由基本的物理定律或其他客观规律决定的。从这些定律得出所研究变量间的一些关系,一般用微分方程加以描述。有了数学模型,就可以采用各种分析方法和计算机工具,对系统进行分析和综合。

在推导数学模型过程中应注意以下两点[6,21]。

(1) 必须在模型的简化和准确性之间作出折中的考虑。因为影响系统的因素很多,把它们全部都考虑在内,虽然模型很准确、很全面,但是往往太复杂,导致可用性降低。所以根据系统使用的条件,忽略一些次要的因素,采用适当简化的模型较为适合。例如,用集中参数模型时总是忽略物理系统中存在着一定的分布参数因素。但是需要注意,集中参数模型只在一定工作范围内才是合适的。

(2) 实际的系统常常是由非线性方程描述的,即使对所谓的线性系统来说,也只是在一定的工作范围内保持真正的线性关系。

非线性微分方程式没有一般的封闭解。为了解这类问题,常常需要引入"等效"线性系统来代替非线性系统。其具体办法是假定变量对某一工作状态的偏离很小,将非线性环节的表达式在该点附近按泰勒级数展开,而将高于一次的导数项都忽略掉,这样就变成了线性系统。严格说来,任何一个系统都是非线性的,都具有不同程度的非线性特征,线性系统只是在非线性可以忽略不计的情况下所采用的数学模型。当然对于本质上具有非线性特征的就根本不容许把它们线性化,需要用非线性理论加以研究。

根据系统动态特性,可对系统作如下分类[2,8]。

1) 连续或离散系统

连续和离散系统的主要区别在于时间这个自变量如何取值,系统动态行为是随时间连续变化的为连续系统,仅在离散的瞬时上变化的为离散系统。在实践中,当控制所需要的测量是以间断的方式进行时,或者当大型控制计算机被数个控制对象所分,致使输送到每一个控制对象去的控制信号仅为周期性信号时,或者当采用数字计算机去完成控制所必需的计算时,都会产生离散系统。连续系的动态行为一般用微分方程描述,而离散系统或采样数据系统则用差分方程代替。

2) 线性或非线性系统

线性和非线性系统的主要区别在于表征系统动态行为的数学方程是线性的还是非线性的。如果微分方程的系数是常数或者仅仅是自变量的函数,则称为线性微分方程。线性系统最重要的特性就是可采用叠加原理。叠加原理说明,两个不同的作用函数同时作用于系统的响应等于两个作用函数单独作用的响应之和。

非线性系统用非线性微分方程表示,不能应用叠加原理。因此,对包含有非线性系统的问题求解,其过程通常是非常复杂的。一般需要借助于数值计算的方法求出数值解。

在本章我们只讨论线性系统。

3) 集中参数或分布参数系统

表征系统特性时,将它分解成有限个元素,用它的元素间的相互关联做成模型,这个系统称为集中参数系统。若根据在空间分布的无限个微小部分建立模型,称做分布参数系统。分布参数系统的数学模型用偏微分方程来表示。

4) 确定或随机性系统

系统模型按照变量的情况,可分为确定性模型和随机性模型。对于服从确定因果联系的连续自然过程,可以运用经典的数学方法,用各种公式来描述,这类模型称为确定性模型。对于事物发展变化没有确定的因果性,系统受到一些复杂的随机因素影响,使得系统在有确定输入时,得到的输出是不确定的,这样的系统称为随机系统,所建立的模型为随机性模型。

2.1 离散系统的数学模型及其仿真

连续系统中的输入和输出信号是连续型时间的函数,而离散时间系统则是离散型时间的函数。常用的离散时间系统数学模型有差分方程、传递函数、离散状态空间表达式、离散系统结构图 4 种[8]。

2.1.1 离散系统的数学模型

假定一个系统的输入量、输出量及内部状态量是时间的离散函数,即为时间序列$\{u(kT)\},\{y(kT)\},\{x(kT)\}$,其中 T 为离散时间间隔(有时为简单起见,在序列中不写 T,而直接用$\{u(k)\},\{y(k)\},\{x(k)\}$表示),那么可以用离散时间模型描述它。离散系统常用的数学模型主要有 4 种。

2.1.1.1 差分方程

众所周知,线性时不变离散系统是由线性常系数差分方程描述的,即

$$y_n = [a_0 x_n + a_1 x_{n-1} + \cdots + a_N x_{n-N}] - [b_1 y_{n-1} + b_2 y_{n-2} + \cdots + b_M y_{n-M}] \quad (2.1)$$

写成和的形式为

$$y_n = \sum_{i=0}^{N} a_i x_{n-i} - \sum_{i=1}^{M} b_i y_{n-i} \quad (2.2)$$

式中 y_n——时刻 n 时系统的输出信号;

x_n——时刻 n 时系统的输入信号;

y_{n-i}——时刻 n_{n-i} 时系统的输出信号;

x_{n-i}——时刻 n_{n-i} 时系统的输入信号;

a_i, b_i——加权系数。

式(2.1)和式(2.2)表示系统在时刻 n 时,系统的输出信号是时刻 n 时的输入信号、时刻 n 以前的输入信号和输出信号的线性组合。通常,加权系数 a_i 和 b_i 的数目是有限的,故式(2.2)是有限阶差分方程。

2.1.1.2 传递函数

系统的传递函数定义为

$$H(z) = \frac{Y(z)}{X(z)} = \frac{\sum_{i=0}^{N} a_i z^{-i}}{\sum_{i=1}^{M} b_i z^{-i}} \quad (2.3)$$

即系统的传递函数等于系统输出信号的 z 变换和系统输入信号的 z 变换之比。这样一来,在已知系统的输入信号和系统的传递函数 $H(z)$ 时,就可通过逆 z 变换求出系统的输出信号。

令传递函数中的 $z^{-1} = e^{-j\omega T}$,其中 ω 为角频率。这样,就可直接由传递函数求出系统频率响应的一般表达式:

$$H(e^{-j\omega T}) = = \frac{\sum_{i=0}^{N} a_i e^{-ji\omega T}}{\sum_{i=1}^{M} b_i e^{-ji\omega T}} \quad (2.4)$$

通过式(2.4)可以直接求出系统的幅频响应和相频响应。如果已知系统输入信号的频谱,那么就可利用系统的频率响应,通过傅里叶逆变换求出系统的输出信号。如果将式(2.3)展成多项式,则可求出系统的零点和极点,每个零点和极点都可单独构成一个子系统。若干子系统并联,传递函数相加;若干子系统串联,传递函数相乘。这些都是数字信号处理中的基本概念。

2.1.1.3 离散状态方程表达式

差分方程和脉冲传递函数仅仅描述了离散时间系统的外部特性,称为外部模型。引入状态变量序列$\{z(kT)\}$,则可以构成离散状态方程表达式。

如式(2.1)所描述的系统,如果设

$$\sum_{j=0}^{n} a_j q^{-j} z(n+k) = x(k) \tag{2.5}$$

并令

$$q^{-j} z(n+k) = z_{n-j+1}(k), \quad j = 1, 2, \cdots, n \tag{2.6}$$

则有

$$\sum_{j=1}^{n} a_j q^{-j} z(n+k) + a_0 z(n+k) = x(k)$$

即

$$\sum_{j=1}^{n} a_j z_{n-j+1}(k) + a_0 z(n+k) = x(k)$$

设$a_0 = 1$,并令$z(n+k) = z_n(k+1)$,则不难得到

$$z(n+k) = z_n(k+1) = -\sum_{j=1}^{n} a_j z_{n-j+1}(k) + x(k) \tag{2.7}$$

可列出以下n个一阶差分方程

$$z_1(k+1) = z_2(k)$$
$$z_2(k+1) = z_3(k)$$
$$\vdots$$
$$z_{n-1}(k+1) = z_n(k)$$
$$z_n(k+1) = -a_n z_1(k) - a_{n-1} z_2(k) - \cdots - a_1 z_n(k) + x(k)$$

写成矩阵形式为

$$z(k+1) = \boldsymbol{F} z(k) + \boldsymbol{G} x(k) \tag{2.8}$$

其中

$$\boldsymbol{F} = \begin{bmatrix} 0 & 1 & 0 & \cdots & 0 \\ 0 & 0 & 1 & \cdots & 0 \\ \vdots & \vdots & \vdots & \ddots & \vdots \\ -a_n & -a_{n-1} & \cdots & \cdots & -a_1 \end{bmatrix}, \boldsymbol{G} = \begin{bmatrix} 0 \\ 0 \\ \vdots \\ 1 \end{bmatrix}$$

将式(2.8)代入式(2.5),可得

$$\sum_{j=0}^{n} a_j q^{-j} y(k) = \sum_{j=1}^{n} b_j q^{-j} x(k) = \sum_{j=1}^{n} b_j q^{-j} \sum_{j=0}^{n} a_j q^{-j} z(n+k)$$

故有

$$y(k) = \sum_{j=1}^{n} b_j q^{-j} z(n+k) = \sum_{j=1}^{n} b_j z_{n-j+1}(k) = \boldsymbol{\Gamma} z(k) \tag{2.9}$$

式中

$$\boldsymbol{\Gamma} = \begin{bmatrix} b_n & b_{n-1} & \cdots & b_1 \end{bmatrix}$$

即称为系统离散状态方程模型,实际上是一个一阶差分方程组。

2.1.1.4 离散系统结构图

结构图是系统中每个元件的功能和信号流向的图解表示,它比较直观,并且通过结构图变换很容易写出整个系统的传递函数。

离散系统的计算机仿真计算方法是比较简单的,只要给定差分方程及其初始值,就可在计算机上进行迭代运算。图 2.1 是一个具有两个极点的数字系统,其差分方程为

$$y_n = x_{n-1} + k_1 y_{n-1} - k_2 y_{n-2} \tag{2.10}$$

式中 k_1、k_2——已知的加权系数。

其传递函数为

$$H(z) = \frac{z}{z^2 - k_1 z + k_2} \tag{2.11}$$

其零频增益为

$$C = H(\mathrm{e}^{\mathrm{j}\omega T})\big|_{\omega=0} = H(1) = \frac{1}{1 - k_1 + k_2} \tag{2.12}$$

线性时不变离散时间系统的差分方程模型、传递函数模型、状态方程模型、结构图模型之间是可以相互转换的。

2.1.2 离散系统输出响应的计算方法

利用差分方程的迭代计算方法,由系统的输入序列和系统的初始值就可以计算出系统的响应,或根据差分方程计算出系统的单位冲激响应,通过计算输入序列与系统单位冲激响应的卷积和,计算出系统的零状态响应。

例如,如图 2.1 所示的双极点非相干积累器,由结构图可写出系统的差分方程,给定积累器的输入序列$\{x(n)\}$,初始值 y_{-1} 和 y_{-2},就可以按照差分方程的迭代关系,编制程序进行仿真,计算出积累器的输出序列$\{y(n), n=0,1,2,\cdots\}$。

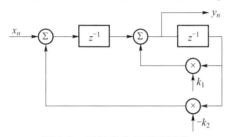

图 2.1 双极点非相干积累器

2.2 连续系统的数学模型

连续系统指的是系统的状态变量随时间连续变化的系统,或系统的输入信号和输出信号都是随时间连续变化的,即是时间的连续函数。线性时不变连续系统通过用线性常微分方程或者偏微分方程等来描述。常微分方程描述的系统通常称为集中参数系统,它的数学模型常常是一组常微分方程,这类系统一般包括各种电路、动力学以及种群生态系统;偏微分方程描述的系统通常称为分布参数系统,它的数学模型常常是一组偏微分方程,这类系统包括工程领域内的对流扩散系统、物理领域内的流体系统等。

2.2.1 连续系统的数学模型

如果一个系统的输入量$x(t)$、输出量$y(t)$、内部状态变量$z(t)$都是时间的连续函数,那么可以用连续时间模型描述该系统。系统的连续时间模型通常可以由以下几种表示方式:微分方程模型、传递函数模型、状态空间模型、线性结构图模型。本节仅简要介绍其一般描述形式。

2.2.1.1 微分方程

众所周知,一个连续系统可以用微分方程来描述,其一般表达式为

$$\frac{d^n y}{dt^n} + b_1 \frac{d^{n-1} y}{dt^{n-1}} + \cdots + b_{n-1} \frac{dy}{dt} + b_n y = a_0 \frac{d^{n-1} x}{dt^{n-1}} + a_1 \frac{d^{n-2} x}{dt^{n-2}} + \cdots + a_{n-1} x \quad (2.13)$$

式中 a_i、b_i——加权系数。

引入算子 $p \equiv \frac{d}{dt}$,则可写成

$$p^n y + b_1 p^{n-1} y + \cdots + b_{n-1} p y + b_n y = a_0 p^{n-1} x + a_1 p^{n-2} x + \cdots + a_{n-1} x \quad (2.14)$$

写成和的形式为

$$\sum_{i=0}^{n} b_{n-i} p^i y = \sum_{i=0}^{n-1} a_{n-i-1} p^i x \quad (2.15)$$

式中 $b_0 = 1$。

输出量与输入量之比可写成

$$\frac{y}{x} = \frac{\sum_{i=0}^{n-1} a_{n-i-1} p^i}{\sum_{i=0}^{n} b_{n-i} p^i} \quad (2.16)$$

当系统输入为多变量且满足多个微分方程时,则所构成的微分方程组为描述系统模型的数学表达式。

2.2.1.2 传递函数

输出量与输入量的拉普拉斯变换之比,则是连续系统的传递函数,以 $H(s)$ 表示,得到

$$H(s) = \frac{Y(s)}{X(s)} = \frac{\sum_{i=0}^{n-1} a_{n-i-1} s^i}{\sum_{i=0}^{n} b_{n-i} s^i} \qquad (2.17)$$

2.2.1.3 状态空间表达式

作为表征连续系统的数学模型,式(2.13)和式(2.17)仅仅描述了外部特性,只确定了系统输入与系统输出变量之间的关系,故称为系统外部模型。为了描述系统的内部特性,下面引入系统的内部变量——状态变量。一个系统的状态是指能够完全描述系统行为的最小的一组变量,这里用向量 z 表示。注意:系统的状态变量不一定具有严格的物理意义。

这样,一个连续系统也可以用状态方程来表示了。假定描述连续系统的微分方程为

$$\frac{d^n y}{dt^n} + b_1 \frac{d^{n-1} y}{dt^{n-1}} + \cdots + b_{n-1} \frac{dy}{dt} + b_n y = x(t) \qquad (2.18)$$

引入状态变量 z,即

$$z_1 = y$$

$$z_2 = \dot{z}_1 = \frac{dy}{dt}$$

$$z_3 = \dot{z}_2 = \frac{d^2 y}{dt^2}$$

$$\vdots$$

$$z_n = \dot{z}_{n-1} = \frac{d^{n-1} y}{dt^{n-1}}$$

$$a_n = \frac{d^n y}{dt^n} = -b_1 \frac{d^{n-1} y}{dt^{n-1}} - b_2 \frac{d^{n-2} y}{dt^{n-2}} - \cdots - b_{n-1} \frac{dy}{dt} - b_n y + x(t)$$

$$= -b_1 z_n - b_2 z_{n-1} - \cdots - b_{n-1} z_2 - b_n z_1 + x(t) \qquad (2.19)$$

如果将上述 n 个微分方程写成矩阵的形式,则

$$z = \begin{bmatrix} z_1 \\ z_2 \\ \vdots \\ z_n \end{bmatrix} = \begin{bmatrix} 0 & 1 & 0 & \cdots & 0 \\ 0 & 0 & 1 & \cdots & 0 \\ \vdots & \vdots & \vdots & \ddots & \vdots \\ -b_n & -b_{n-1} & -b_{n-2} & \cdots & -b_1 \end{bmatrix} \begin{bmatrix} y_1 \\ y_2 \\ \vdots \\ y_n \end{bmatrix} + \begin{bmatrix} 0 \\ 0 \\ \vdots \\ z_n \end{bmatrix} x \quad (2.20)$$

$$y = \begin{bmatrix} 1 & 0 & \cdots & 0 \end{bmatrix} \quad (2.21)$$

如果令

$$A = \begin{bmatrix} 0 & 1 & 0 & \cdots & 0 \\ 0 & 0 & 1 & \cdots & 0 \\ \vdots & \vdots & \vdots & \ddots & \vdots \\ -b_n & -b_{n-1} & -b_{n-2} & \cdots & -b_1 \end{bmatrix}, B = \begin{bmatrix} 0 \\ 0 \\ \vdots \\ 1 \end{bmatrix}, C = \begin{bmatrix} 1 \\ 0 \\ \vdots \\ 0 \end{bmatrix}^T$$

最后有

$$\begin{cases} \dot{z} = Az + Bx \\ y = Cz \end{cases} \quad (2.22)$$

前者是状态方程,后者是输出方程。

比较式(2.13)和式(2.18),可以看出式(2.13)是微分方程的一般形式,而式(2.18)是系统不含输入量的导数项时的特殊情况,而式(2.22)是这种情况所对应的状态空间方程形式,那么对应于式(2.13)的更一般的状态空间方程为

$$\begin{cases} \dot{z} = Az + Bx \\ y = Cz + Dx \end{cases} \quad (2.23)$$

式中 z——n 维状态变量;

x——输入向量;

y——输出向量;

A——系统矩阵;

B——输入矩阵;

C——输出矩阵;

D——直传矩阵。

式(2.23)所对应的外部模型为

$$H(s) = C(SI - A)^{-1}B + D \quad (2.24)$$

仿真时,必须将系统的外部模型转换成内部模型,也就是建立与输入/输出特性等价的状态方程。这个问题在控制理论中称为实现问题。在2.2.2节中将介绍几种模型结构变换方法。

2.2.1.4 线性结构图表示

如果描述系统的微分方程如式(2.13),则可引入 n 个状态变量 $z_1,z_2,\cdots,z_n$。设

$$\sum_{i=0}^{n} b_{n-i}p^i z = x \tag{2.25}$$

又

$$p^i z = z_{i+1}, i = 0,1,\cdots,n-1$$

则

$$\sum_{i=0}^{n-1} b_{n-i}z_{i+1} + b_0 p^n z = x$$

因为 $b_0 = 1$,所以有

$$p^n z = z_n = -\sum_{i=0}^{n-1} b_{n-i}z_{i+1} + x \tag{2.26}$$

最后亦归结为

$$\dot{\boldsymbol{Z}} = \boldsymbol{A}z + \boldsymbol{B}x$$

$$y = \sum_{i=0}^{n-1} a_{n-i-1}z_{i+1} = \boldsymbol{C}z$$

$$\boldsymbol{C} = \begin{bmatrix} a_{n-1} & a_{n-2} & \cdots & a_0 \end{bmatrix}$$

这样,在状态方程和输出方程的基础上,就可进行器件仿真或在模拟计算机上进行仿真了。仿真框图见图2.2。

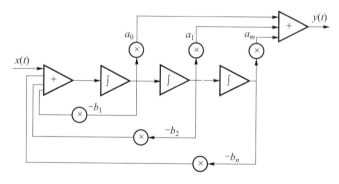

图 2.2 系统器件仿真框图

由图2.2可以看出,对于一个由 n 阶线性微分方程所描述的系统,它的仿真器件只涉及 n 个积分器及若干个加法器和乘法器。积分器的输出就是状态变量,对于 n 阶系统,则有 n 个状态变量。

2.2.2 实现问题

在控制理论中,实现问题是指由传递函数确定系统的状态空间表达式,由于状态空间模型易于在计算机上实现对系统的仿真,因此实现问题对于计算机仿真技术有很实际的意义。对一个连续系统进行仿真,首先要建立系统的内部模型——状态空间表达式。

本节简要介绍外部模型(微分方程、传递函数)到内部模型(状态方程)之间的转换,即实现问题。

2.2.2.1 微分方程转换为状态方程

设系统可用式(2.13)的微分方程表示,先设系统不含输入量的导数项也就是式(2.18),而式(2.18)~式(2.22)的推导过程就是化微分方程为状态方程的过程。下面讨论系统含有输入量的导数(一般输入导数项的阶数 m 小于或等于系统的阶数 n,即 $m \leq n$)的情况。这里以 $m=n$ 为例说明,若 $m<n$,可令其对应项的系数 a_i 为零。系统微分方程如所示,其中 $m=n$。

取状态变量

$$z_1 = y - \beta_0 x$$
$$z_i = z_{i-1} - \beta_{i-1} x, i = 2, \cdots, n$$

可以推出

$$z_1 = z_2 + \beta_1 x$$
$$z_2 = z_3 + \beta_2 x$$
$$\vdots$$
$$z_{n-1} = z_n + \beta_{n-1} x$$
$$z_n = -a_0 z_1 - a_1 z_2 - \cdots - a_{n-1} z_n + \beta_n x$$
$$y = z_1 + \beta_0 x$$

则同样可得状态空间方程为

$$\begin{cases} \dot{Z} = Az + Bx \\ y = Cz + Dx \end{cases} \tag{2.27}$$

式中

$$A = \begin{bmatrix} 0 & 1 & 0 & \cdots & 0 \\ 0 & 0 & 1 & \cdots & 0 \\ \vdots & \vdots & \vdots & \ddots & \vdots \\ -a_0 & -a_1 & \cdots & \cdots & -a_{n-1} \end{bmatrix}$$

$$\boldsymbol{B} = \begin{bmatrix} \beta_1 \\ \beta_2 \\ \vdots \\ \beta_n \end{bmatrix}, \beta_i = b_{n-i} - \sum_{j=1}^{i} a_{n-j}\beta_{i-j}, i = 0,1,\cdots,n$$

$$\boldsymbol{C} = \begin{bmatrix} 1 & 0 & \cdots & 0 \end{bmatrix}$$

$$\boldsymbol{D} = \beta_0$$

由于选取的状态变量不同,所得到的状态方程也不一样,即转换方程不唯一。

2.2.2.2 传递函数转换为状态方程

对于一个可实现的传递函数或传递函数矩阵其实现也是不惟一的,根据控制理论可分别给出可控标准型、可观标准型和对角型等。这里根据仿真的要求,仅列举可控标准型的建立。

设系统传递函数为

$$H(s) = \frac{Y(s)}{X(s)} = \frac{b_{n-1}s^{n-1} + b_{n-2}s^{n-2} + \cdots + b_1 s + b_0}{s^n + a_{n-1}s^{n-1} + \cdots + a_1 s + a_0} \tag{2.28}$$

改写成

$$H(s) = \frac{1}{s^n + a_{n-1}s^{n-1} + \cdots + a_1 s + a_0} \cdot (b_{n-1}s^{n-1} + b_{n-2}s^{n-2} + \cdots + b_1 s + b_0)$$

$$= \frac{V(s) Y(s)}{X(s) V(s)} \tag{2.29}$$

将

$$\frac{V(s)}{X(s)} = \frac{1}{s^n + a_{n-1}s^{n-1} + \cdots + a_1 s + a_0}$$

和

$$\frac{Y(s)}{V(s)} = b_{n-1}s^{n-1} + b_{n-2}s^{n-2} + \cdots + b_1 s + b_0$$

取拉普拉斯反变换,可得

$$\frac{\mathrm{d}^n V(t)}{\mathrm{d}t^n} + a_{n-1}\frac{\mathrm{d}^{n-1} V(t)}{\mathrm{d}t^{n-1}} + \cdots + a_1 \frac{\mathrm{d}V(t)}{\mathrm{d}t} + a_0 V(t) = x(t)$$

$$y(t) = b_{n-1}\frac{\mathrm{d}^{n-1} V(t)}{\mathrm{d}t^{n-1}} + \cdots + b_1 \frac{\mathrm{d}V(t)}{\mathrm{d}t} + b_0 V(t)$$

取状态变量为

$$z_1 = v \quad z_2 = \dot{v} \quad \cdots \quad z_n = v^{(n-1)}$$

便可得到可控标准型，即

$$\dot{Z} = Az + Bx$$
$$y = Cz$$

式中

$$A = \begin{bmatrix} 0 & 1 & 0 & \cdots & 0 \\ 0 & 0 & 1 & \cdots & 0 \\ \cdots & \cdots & \cdots & \ddots & \cdots \\ -a_0 & -a_1 & \cdots & & -a_{n-1} \end{bmatrix}, B = \begin{bmatrix} 0 \\ 0 \\ \vdots \\ 1 \end{bmatrix}, C = \begin{bmatrix} b_0 & b_1 & \cdots & b_{n-1} \end{bmatrix}$$

2.2.3 系统状态初始值设置

如果系统是非零初始条件，那么从外部模型变换到内部模型还必须考虑如何将给定的初始条件——通常是给定 $y(t)$ 和 $x(t)$ 及其各阶导数的初始值——转变为相应的状态变量的初始值。

设系统的微分方程如式(2.18)所示，那么它的状态空间模型为

$$\dot{Z} = Az + Bx$$
$$y = Cz$$

已知系统的初始条件为

$$y(0), \dot{y}(0), \cdots, y^{(n-1)}(0)$$
$$x(0), \dot{x}(0), \cdots, x^{(n-2)}(0)$$

则为了由上述初始值求出状态变量 $z_1, z_2, \cdots, z_n$ 的初始值，可列出以下方程：

$$y(t) = Cz(t)$$
$$\dot{y}(t) = C\dot{z}(t) = CAz(t) + CBx(t)$$
$$\ddot{y}(t) = C\ddot{z}(t) = CA\dot{z}(t) + CB\dot{x}(t) = CA^2 z(t) + CABx(t) + CB\dot{x}(t)$$
$$\vdots$$

于是可得下列矩阵方程：

$$\mathbf{y}(t) = \mathbf{V}z(t) + \mathbf{T}\mathbf{x}(t) \tag{2.30}$$

式中

$$\mathbf{y}(t) = \begin{bmatrix} y(t) & \dot{y}(t) & \cdots & y^{(n-1)}(t) \end{bmatrix}^{\mathrm{T}}$$
$$\mathbf{x}(t) = \begin{bmatrix} x(t) & \dot{x}(t) & \cdots & x^{n-1}(t) \end{bmatrix}^{\mathrm{T}}$$

$$V = \begin{vmatrix} C \\ CA \\ \vdots \\ CA^{n-1} \end{vmatrix} \text{为 } n \times n \text{ 方阵}$$

$$T = \begin{bmatrix} 0 & 0 & \cdots & 0 \\ CB & 0 & \cdots & 0 \\ \vdots & \vdots & \ddots & \vdots \\ CA^{n-2}B & CA^{n-3}B & \cdots CB & 0 \end{bmatrix}$$

可得

$$z(t) = V^{-1}[y(t) - Tx(t)] \tag{2.31}$$

即,若 V^{-1} 存在,则可由求出 $z(t)$ 的初始值。由控制理论可知,V 是 A、B、C 的能观判别阵,若 A、B、C 是完全能观的,则 V 非奇异。这就是说,由高阶微分方程输入/输出变量初始值转变为状态初始值的条件是:内部模型 A、B、C 是完全能观的。

2.3 连续系统仿真的计算方法

上面讨论了描述连续系统和离散系统的不同方法,其中微分方程是描述连续系统的最基本的描述方式,那么在数字计算机上对连续系统进行仿真,实际上等同于对微分方程做数值积分运算。也就是说系统的微分方程为

$$\frac{d^n y}{dt^n} + b_1 \frac{d^{n-1} y}{dt^{n-1}} + \cdots + b_{n-1} \frac{dy}{dt} + b_n y = a_0 \frac{d^{n-1} x}{dt^{n-1}} + a_1 \frac{d^{n-2} x}{dt^{n-2}} + \cdots + a_{n-1} x \tag{2.32}$$

一般需要在给出初始条件 $x(0), \dot{x}(0), \cdots$ 和 $y(0), \dot{y}(0), \cdots$ 的基础上,求解式(2.32),从而得到方程的解,也就是得到系统输出量 y 随时间变化的过程 $y(t)$。这就是典型的微分方程的初值问题数值计算法,这里简称为数值积分法。

通过 2.2 节的介绍可知,微分方程模型很容易就能转换为状态方程模型,那么对于状态方程模型表示的系统,因为状态方程 $\dot{Z} = Az + Bx$,就是向量形式的一阶微分方程组,因此可以通过利用数值计算方法求解一阶微分方程组来实现系统的仿真。

上面都是利用数值积分方法进行直接积分得到方程(方程组)的解的方式来进行仿真。虽然具有容易控制计算误差的优点,但是缺点也能明显,如算法复杂、计算量大。离散系统输出响应的计算是代数运算或矩阵运算,算法简单、计算量小。因此,可利用离散系统的输出响应来近似连续系统的输出响应,思路是

将连续系统模型离散化。

连续系统的数学模型,特别是对于电子信息系统仿真来讲,主要是建立电子信息系统的传递函数和状态方程。对这两种方式所描述的连续系统,在进行仿真时也可以对连续系统的数学模型进行离散化处理,求得与其近似的离散系统的数学模型,基于其离散模型容易实现快速实时仿真,这种仿真方法称为离散相似法,主要包括对传递函数作离散化处理得到 z 函数(z 域离散相似模型)及对状态空间模型离散化得到离散状态方程(时域离散相似模型)。

对于常见的连续系统数学模型的仿真方法总结如下:
(1) 微分方程模型:利用数值计算方法求解高阶微分方程。
(2) 状态方程模型:利用数值计算方法求解一阶微分方程组、或利用时域离散相似法。
(3) 传递函数模型:可转换为高阶微分方程,或利用 z 域离散相似法。
(4) 冲击响应模型:可转换为传递函数模型,或利用数值积分。
下面分别讨论数值积分法和离散相似法。

2.3.1 连续系统的数值积分法仿真

对于形如 $\dot{y}=f(y,u,t)$ 的系统,已知系统变量 y 的初始条件 $y(t_0)=y_0$,现在要求 y 随时间变化的过程 $y(t)$ 计算过程可以这样考虑(图 2.3):首先求出初始点 $y(t_0)=y_0$ 的 $f(t_0,y_0)$,微分方程为

$$y(t) = y_0 + \int_{t_0}^{t} f(t,y) \mathrm{d}t \tag{2.33}$$

如图 2.3 所示曲线下的面积就是 $y(t)$,由于难以得到 $f(y,u,t)$ 积分的数值表达式,所以人们对数值积分方法进行了长期探索,其中最经典的近似方法是欧拉法。

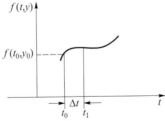

图 2.3 数值积分法原理

2.3.1.1 欧拉法

欧拉法用矩形面积近似表示积分结果,也就是当 $t=t_1$ 时,$y(t_1)$ 的近似值为 y_1,即

$$y_1 = y(t_1) \simeq y_0 + \Delta t \cdot f(t_0, y_0) \tag{2.34}$$

重复上述作法，当 $t = t_2$ 时，有

$$y_2 = y(t_2) \simeq y_1 + (t_2 - t_1) \cdot f(t_1, y_1)$$

所以，对任意时刻 t_{k+1}，有

$$y_{k+1} = y(t_{k+1}) \simeq y_k + (t_{k+1} - t_k) \cdot f(t_k, y_k) \tag{2.35}$$

令 $t_{k+1} - t_k = h_k$ 称为第 k 步的计算步距。若积分过程中步距不变 $h_k = h$，可以证明，欧拉法的截断误差正比于 h^2。

2.3.1.2 梯形法

为进一步提高计算精度，人们提出了"梯形法"。梯形法近似积分形如式（2.21）所示。

令

$$t_{k+1} - t_k = h_k$$

已知 $t = t_k$ 时 $y(t_k)$ 的近似值 y_k，那么

$$y_{k+1} = y(t_{k+1}) \simeq y_k + \frac{1}{2} h [f(t_k, y_k) + f(t_{k+1}, y_{k+1})] \tag{2.36}$$

可见，梯形法是隐函数形式。采用这种积分方法最简单的预报——校正方法是用欧拉法估计初值，用梯形法校正，即

$$y_{k+1}^{(i+1)} \simeq y_k + \frac{1}{2} h [f(t_k, y_k) + f(t_{k+1}, y_{k+1}^{(i)})] \tag{2.37}$$

$$y_{k+1}^{(i)} \simeq y_k + h \cdot f(t_k, y_k) \tag{2.38}$$

式（2.38）称作预报公式，采用欧拉法，式（2.37）为校正公式，采用梯形法。用欧拉法估计一次 $y_{k+1}^{(i)}$ 的值，代入校正公式得到 y_{k+1} 的校正值 $y_{k+1}^{(i+1)}$。设 ε 为规定的足够小正整数，称为允许误差。$i = 0, i + 1 = 1$ 称为第一次校正；$i = 1, i + 1 = 2$ 称为第二次校正；通过反复迭代，直到满足 $(y_{k+1}^{i+1} - y_{k+1}^{i}) \leq \varepsilon$，这时 $y_{k+1}^{(i+1)}$ 是满足误差要求的校正值。

2.3.1.3 龙格-库塔法

经典的数值积分法可分为单步法与多步法两类，下面主要介绍最常用也是最经典的单步法中的龙格-库塔法。

在连续系统的仿真中，主要的数值计算工作是对 $\frac{dy}{dt} = f(t, y)$ 的一阶微分方程进行求解。因为

$$y(t_{k+1}) = y(t_k) + \int_{t_k}^{t_{k+1}} f(t, y) dt$$

若令

$$y_k \simeq y(t_k), Q_k \simeq \int_{t_k}^{t_{kk+1}} f(t,y)\,dt$$

则有

$$y(t_{k+1}) \simeq y_{k+1} = y_k + Q_k \tag{2.39}$$

因此主要问题就是如何对 Q_k 进行数值求解,即如何对 $f(t,y)$ 进行积分。通常称作"右端函数"计算问题。已知 $y(t_0) = y_0$,假设从 t_0 跨出一步,$t_1 = t_0 + h$,t_1 时刻为 $y_1 = y(t_0 + h)$,可以在 t_0 附近展开泰勒级数,只保留 h^2 项,则有

$$y_1 = y_0 + f(t_0, y_0)h + \frac{1}{2}\left(\frac{\partial f}{\partial y}\frac{dy}{dt} + \frac{\partial f}{\partial t}\right)\bigg|_{t_0} h^2 \tag{2.40}$$

式中括号后的下标 0 表示括号中的函数将用 $t = t_0$ 和 $y = y_0$ 均同。假设这个解可以写成如下形式,即

$$y_1 = y_0 + (a_1 k_1 + a_2 k_2)h \tag{2.41}$$

式中

$$k_1 = f(t_0, y_0), k_2 = f(t_0 + b_1 h\ y_0 + b_2 k_1 h)$$

对 k_2 式右端的函数在 $t = t_0\ y = y_0$ 处展成泰勒级数,保留 h 项,可得

$$k_2 \simeq f(t_0, y_0) + \left(b_1 \frac{\partial f}{\partial t} + b_2 k_1\right)\bigg|_{t_0} h$$

将 k_1 和 k_2 代入式(2.41),则有

$$y_1 = y_0 + a_1 h f(t_0, y_0) + a_2 h \left[f(t_0, y_0) + \left(b_1 \frac{\partial f}{\partial t} + b_2 k_1 \frac{\partial f}{\partial y}\right)\bigg|_{t_0} h\right]$$

将上式与式(2.40)进行比较,可得

$$a_1 + a_2 = 1, \quad a_2 b_1 = 1/2, \quad a_2 b_2 = 1/2$$

可见有 4 个未知数 a_1、a_2、b_1、b_2,但只有 3 个方程,因此有无穷多个解,若限定 $a_1 = a_2$,则可得其中一个解

$$a_1 = a_2 = \frac{1}{2}\ b_1 = b_2 = 1$$

将这个解代入式(2.41)可得一组计算公式:

$$y_1 = y_0 + \frac{h}{2}(K_1 + K_2) \tag{2.42}$$

式中

$$K_1 = f(t_0, y_0), K_2 = f(t_0 + h\ y_0 + K_1 h)$$

若写成一般递推形式,即为

$$y(t_{k+1}) \simeq y_{k+1} = y_k + \frac{h}{2}(K_1 + K_2) \tag{2.43}$$

式中

$$K_1 = f(t_k, y_k), K_2 = f(t_k + h, y_k + K_1 h)$$

由于式(2.40)只取了 h 和 h^2 两项,而将 h^3 以上的高阶项略去,所以这种递推公式的截断误差正比于 h^3,又由于计算时只取了 h 及 h^2 项,故这种方法被称为二阶龙格-库塔法。

根据上述原理,若在展成泰勒级数时保留 h、h^2、h^3 及 h^4 项,那么可得一套截断误差正比于 h^5 的四阶龙格-库塔法公式,即

$$y(t_{k+1}) \simeq y_{k+1} = y_k + \frac{1}{6}(K_1 + 2K_2 + 2K_3 + K_4) \quad (2.44)$$

式中

$$K_1 = f(t_k, y_k)$$

$$K_2 = f(t_k + \frac{h}{2}, y_k + \frac{h}{2}K_1)$$

$$K_3 = f(t_k + \frac{h}{2}, y_k + \frac{h}{2}K_2)$$

$$K_4 = f(t_k + h, y_k + hK_3)$$

由于这组计算公式有较高的精度,所以在数字仿真中应用较为普遍。

为了更好地掌握这种方法的使用,下面龙格-库塔法的特点作一些介绍。

(1) 由于在解 a_1、a_2、b_1、b_2 时,可以得到许多种龙格-库塔公式,经常使用的除及式给出的两组公式外,还有

$$y_{k+1} = y_k + K_2 h \quad (2.45)$$

式中

$$K_1 = f(t_k, y_k)$$

$$K_2 = f(t_k + \frac{h}{2}, y_k + \frac{h}{2}K_1)$$

$$y_{k+1} = y_k + \frac{h}{8}(K_1 + 3K_2 + 3K_3 + K_4) \quad (2.46)$$

式中

$$K_1 = f(t_k, y_k)$$

$$K_2 = f(t_k + \frac{h}{3}, y_k + \frac{h}{3}K_1)$$

$$K_3 = f(t_k + \frac{2}{3}h, y_k - \frac{h}{3}K_1 + hK_2)$$

$$K_4 = f(t_k + h, y_k + K_1 h - K_2 h + K_3 h)$$

式(2.45)为二阶,式(2.46)为四阶。

(2) 所有龙格-库塔公式都有以下两个特点。

① 在计算 y_{k+1} 时只用到 y_k,而不直接用 y_{k-1} 和 y_{k-2} 等项。换句话说,在后一步的计算中,由于仅仅利用前一步的计算结果,所以称为单步法。显然它不仅能使存储量减小,而且此法可以自启动,即已知初值后,不必用别的方法来帮助,就能由初值逐步计算得到后续各时间点上的仿真值。

② 步长 h 在整个计算中并不要求固定,可以根据精度要求改变,但是在一步中,为计算若干个系数 K_i(俗称龙格-库塔系数),则必须用同一个步长 h。

(3) 龙格-库塔法的精度取决于步长 h 的大小及方法的阶次。许多计算实例表明:为达到相同的精度,四阶方法的 h 可以比二阶方法的 h 大 10 倍,而四阶方法的每步计算量仅比二阶方法大一倍,所以总的计算量仍比二阶方法小。正是由于上述原因,一般系统进行数字仿真常用四阶龙格-库塔公式。值得指出的是:高于四阶的方法由于每步计算量将增加较多,而精度提高不快,因此使用得也比较少。

龙格-库塔法属于单步法,只要给定方程的初值 y_0 就可以一步步求出 y_1, $y_2, \cdots, y_n$ 的值。故单步法有下列优点:①需要存储的数据量少,占用的存储空间少;②只需要知道初值,即可启动递推公式进行运算,可自启动;③容易实现变步长运算。

2.3.2 连续系统的离散相似法仿真

用数字计算机对一个连续系统进行仿真时,必须将这个系统看作一个时间离散系统。也就是说,只能计算到各状态量在各计算步距点上的数值,它们是一些时间离散点上的数值。2.3.1 节主要是从数值积分法的角度来讨论数字仿真问题,没有显式地涉及"离散"这个概念。为了进一步揭示数字仿真模型的实质,提出了另一种数字仿真的方法,这一类方法在连续系统数字仿真技术中被称为离散相似法。

所谓"离散相似法"就是将一个连续系统进行离散化处理,然后求得与它等价的离散模型。由于连续系统的模型可以用传递函数来表示,也可以用状态空间模型来表示,因此与连续系统等价的离散模型可以通过两个途径获得:一是对传递函数作离散化处理得离散传递函数(或脉冲传递函数),称为频域离散相似模型;二是基于状态方程离散化,得到时域离散相似模型。下面分别加以讨论。

2.3.2.1 线性状态方程的离散化(连续状态方程转换为离散状态方程)

该方法也被称为时域离散相似法。

设线性状态方程为

$$\begin{cases} \dot{z} = Az + Bx \\ y = Cz + Dx \end{cases} \qquad (2.47)$$

其离散状态方程为

$$z[(k+1)T] = F(T)z(kT) + G(T)x(kT) \qquad (2.48)$$

式中：T 为采样周期或者计算步长。

为了确认 $F(T)$ 和 $G(T)$，需要式(2.47)的解。状态方程改写为

$$\dot{z}(t) - Az(t) = Bx(t)$$

两边左乘 e^{-At}，得

$$e^{-At}[\dot{z}(t) - Az(t)] = e^{-At}Bx(t)$$

由于

$$\frac{d}{dt}[e^{-At}z(t)] = e^{-At}\dot{z}(t) - e^{-At}Az(t) = e^{-At}[\dot{z}(t) - Az(t)]$$

代入状态方程有

$$\frac{d}{dt}[e^{-At}z(t)] = e^{-At}bx(t)$$

两边积分得

$$\int_0^t \frac{d}{d\tau}[e^{-A\tau}z(\tau)]d\tau = \int_0^t e^{-A\tau}bx(\tau)d\tau$$

于是有状态方程的解，即

$$\begin{aligned} z(t) &= e^{At}z(0) + \int_0^t e^{A(t-\tau)}Bx(\tau)d\tau \\ &= F(t)z(0) + \int_0^t F(t-\tau)Bx(\tau)d\tau \end{aligned} \qquad (2.49)$$

式中是 $F(t)$ 为状态转移矩阵，$F(t) = e^{At}$；$z(0)$ 为初始状态向量。

下面由状态方程的解析解来推导系统的离散化方程。

给定 kT 和 $(k+1)T$ 两个采样点，由上式可得状态变量的值分别为

$$z(kT) = e^{AkT}z(0) + \int_0^{kT} e^{A(kT-\tau)}Bx(\tau)d\tau \qquad (2.50)$$

$$z[(k+1)T] = e^{A(k+1)T}z(0) + \int_0^{(k+1)T} e^{A[(k+1)T-\tau]}Bx(\tau)d\tau \qquad (2.51)$$

用 e^{At} 左乘式(2.50)等号两侧，然后与式(2.51)相减，得

$$z[(k+1)T] = e^{AT}z(kT) + \int_{kT}^{(k+1)T} e^{A[(k+1)T-\tau]}Bx(\tau)d\tau$$

令 $\tau = kT + t$,得

$$z[(k+1)T] = e^{AT}z(kT) + \int_{0}^{T} e^{A(T-\tau)}Bx(kT+t)dt \qquad (2.52)$$

这时,如果给定系统输入 $x(t)$,就能根据式(2.52)求出离散化的状态方程。

在 $x(t)$ 未知的情况下,需要对 kT 和 $(k+1)T$ 两个采样时刻之间的 $x(kT+t)$ 采用近似方法处理,通常有两种方法。下面进行讨论。

(1) 第一种情况是 $x(t)$ 在每个采样周期内保持常值,即 $x(kT+t) = x(kT)$,$0 \leq t \leq T$,这相当于在输入端加了一个采样开关和零阶保持器,这时有

$$\begin{aligned} z[(k+1)T] &= e^{AT}z(kT) + \int_{0}^{T} e^{A(T-t)}Bdt \cdot x(kT) \\ &= F(T)z(kT) + G(T)x(kT) \end{aligned} \qquad (2.53)$$

式中

$$F(T) = e^{AT}; G(T) = \int_{0}^{T} e^{A(T-t)}Bdt$$

(2) 第二种情况,是为了减小因假设 $x(t)$ 为常值而引起的误差,假设通过点 $(kT, x(kT))$ 和点 $(kT+T, x(kT+T))$ 做直线逼近 $x(t)$,此时有

$$x(kT+t) = x(kT) + \frac{x(kT+T) - x(kT)}{T} \approx x(kT) + \dot{x}(kT)t \qquad (2.54)$$

这相当于在输入端加了一个采样开关和一阶保持器,代入式(2.52)得

$$\begin{aligned} z[(k+1)T] &= e^{AT}z(kT) + \int_{0}^{T} e^{A(T-t)}Bdt \cdot x(kT) + \int_{0}^{T} e^{A(T-t)}Btdt \cdot \dot{x}(kT) \\ &= F(T)z(kT) + G(T)x(kT) + \hat{G}(T)\dot{x}(kT) \end{aligned} \qquad (2.55)$$

式中

$$\hat{G}(t) = \int_{0}^{T} e^{A(T-t)}Btdt$$

式(2.53)和式(2.55)为线性连续系统离散化状态方程,输出变量形式可由输出方程直接确定。$F(T)$、$G(T)$ 和 $\hat{G}(T)$ 称为系统的离散矩阵。

下面举例说明如果利用离散相似法实现系统的仿真。

设连续系统状态方程为

$$\dot{Z} = Az + Bx$$
$$y = Cz$$

式中

$$A = \begin{bmatrix} 0 & 0 \\ 1 & -1 \end{bmatrix}, B = \begin{bmatrix} K \\ 0 \end{bmatrix}, C = \begin{bmatrix} 0 & 1 \end{bmatrix}$$

根据前述,有

$$F(T) = e^{AT} = L^{-1}[(sI - A)^{-1}]$$

因为

$$sI - A = \begin{bmatrix} s & 0 \\ -1 & s+1 \end{bmatrix}$$

所以有

$$(sI - A)^{-1} = \begin{bmatrix} \dfrac{1}{s} & 0 \\ \dfrac{1}{s(s+1)} & \dfrac{1}{s+1} \end{bmatrix}$$

$$F(T) = L^{-1}[(sI - A)^{-1}] = \begin{bmatrix} 1 & 0 \\ 1 - e^{-T} & e^{-T} \end{bmatrix}$$

$$G(T) = \int_0^T e^{A(T-t)} B \, dt = \int_0^T \begin{bmatrix} 1 & 0 \\ 1 - e^{-(T-\tau)} & e^{-\tau} \end{bmatrix} \begin{bmatrix} K \\ 0 \end{bmatrix} d\tau$$

$$= \int_0^T \begin{bmatrix} K \\ K(1 - e^{-(T-\tau)}) \end{bmatrix} d\tau = \begin{bmatrix} KT \\ K(T + 1 - e^{-T}) \end{bmatrix}$$

则由式(2-45)可得离散状态方程

$$\begin{bmatrix} x_1(k+1) \\ x_2(k+1) \end{bmatrix} = \begin{bmatrix} 1 & 0 \\ 1 - e^{-T} & e^{-T} \end{bmatrix} \cdot \begin{bmatrix} x_1(k) \\ x_2(k) \end{bmatrix} + \begin{bmatrix} KT \\ K(T + 1 - e^{-T}) \end{bmatrix} u(k)$$

(2.56)

式中:$(k+1)$即$[(k+1)T]$,(k)即(kT),以后为简单起见均如此表示。

离散相似法的基本问题是计算系统的离散矩阵$F(T)$、$G(T)$和$\hat{G}(T)$,而它们的计算主要归结为计算状态转移矩阵e^{AT}。下面讨论e^{AT}的计算问题。

1) 系数矩阵的计算方法

系数矩阵的计算方法有很多,包括相似变换法、最小多项式计算法、拉普拉斯变换法等。其中最常用的是泰勒级数展开方法,即将e^{AT}展成泰勒级数形式,然后截取其中的前若干项。下面讨论泰勒级数展开法。

状态转移矩阵e^{AT}可以用无穷级数来表示,即$e^A = \sum_{i=0}^{\infty} \dfrac{A^i T^i}{i!}$,$A^0 = I$,这个级数在有限的时间间隔内是均匀收敛的,因此可以在一定精度内计算e^{AT}。

若级数在 $i = L$ 处截断,则可以写成

$$\mathbf{e}^{AT} = \sum_{i=0}^{\infty} \frac{A^i T^i}{i!} = \sum_{i=0}^{L} \frac{A^i T^i}{i!} + \sum_{i=L+1}^{\infty} \frac{A^i T^i}{i!} = M + R \qquad (2.57)$$

式中第一项为级数的近似值,第二项为余数项。要求 $(r_{ij}) \leq E(m_{ij})$,r_{ij} 和 m_{ij} 对应为 $\mathbf{R}$ 与 $\mathbf{M}$ 的元素,$E = 10^{-d}$,d 为正整数。或

$$|r_{max}| \leq E|m_{min}| \qquad (2.58)$$

式中:r_{max} 为 r_{ij} 中最大元素。m_{min} 是容易求出的,但 r_{max} 却无法求出,因为 $\mathbf{R}$ 仍是一个无穷项的和,下面估计 r_{max}。

令 $\|R\|$ 为矩阵 $\mathbf{R}$ 的范数,根据矩阵范数的定义,$\|R\| = \sum_{i,j=1}^{n} |r_{ij}|$,有 $r_{max} \leq \|R\|$,

由

$$\|R\| = \left\|\sum_{i=L+1}^{\infty} \frac{A^i T^i}{i!}\right\| \leq \sum_{i=L+1}^{\infty} \frac{\|A\|^i T^i}{i!}$$

$$= \frac{\|A\|^{L+1} T^{L+1}}{(L+1)!} \left(1 + \frac{\|A\| T}{L+2} + \frac{A^2 T^2}{(L+3)(L+2)} + \cdots\right)$$

$$\leq \frac{\|A\|^{L+1} \cdot T^{L+1}}{(L+1)!} \left(1 + \frac{\|A\| T}{L+2} + \frac{\|A\|^2 T^2}{(L+2)^2} + \cdots\right)$$

令

$$\frac{\|A\| T}{L < 2} = \varepsilon \qquad (2.59)$$

则有

$$\|R\| \leq \frac{\|A\|^{L+1} \cdot T^{L+1}}{(L+1)!} (1 + \varepsilon + \varepsilon^2 + \cdots)$$

如果 $\varepsilon < 1$,则

$$\|R\| \leq \frac{\|A\|^{L+1} \cdot T^{L+1}}{(L+1)!} \left(\frac{1}{1-\varepsilon}\right)$$

因此,若

$$\left|\frac{\|A^{L+1} \cdot T^{L+1}\|}{(L+1)!} \cdot \frac{1}{1-\varepsilon}\right| \leq E|m_{min}| \qquad (2.60)$$

则满足式(2.58),$\mathbf{e}^{AT}$ 可以按照以下迭代过程来计算:

(1) 选择初始 L。
(2) 计算矩阵 $\mathbf{M}$ 及 m_{min}。
(3) 用式(2.59)求 ε。
(4) 用式(2.60)判别是否满足精度的要求。若满足,则可用 $\mathbf{M}$ 来代替,否

则 $L = L+1$,并重新计算。

值得指出的是,在求出 $\mathbf{e}^{AT}$ 的同时,可以计算出式(2.53)中的另一项系数 $G(T)$,因为 $G(T) = B \cdot \int_0^T \mathbf{e}^{A(T-\tau)} \mathrm{d}t$,令 $T - \tau = \tau'$,则有

$$G(T) = \int_0^T \mathbf{e}^{A\tau'} B \mathrm{d}\tau' = \sum_{i=0}^{\infty} \int_0^T \frac{A^i \tau^i}{i!} \mathrm{d}\tau B = T \sum_{i=0}^{\infty} \frac{A^i \tau^{i+1}}{(i+1)i!} B = T \left(\sum_{i=0}^{\infty} \frac{A^i \tau^i}{(i+1)!} \right) B$$
(2.61)

可见 $G(T)$ 的计算公式与 $\mathbf{e}^{AT}$ 的计算公式十分相似,因此可以编在一个计算程序中。

2) $\mathbf{e}^{AT}$ 加速收敛算法

要注意的是泰勒级数展开法收敛性较差,需要取很多项才能达到精度要求。然而项数增加,矩阵计算引入的舍入误差大大增加,影响计算精度。

如何加速收敛就成为状态转移矩阵计算中一个必须解决的关键问题。下面讨论通过缩方与乘方进行加速收敛的方法。

根据 $\mathbf{e}^{AT}$ 的特性,若设 $DT = T \times 2^{-m}$,m 为大于零的整数,则有

$$\mathbf{e}^{AT} = (\mathbf{e}^{ADT \cdot 2^m}) = [(\mathbf{e}^{ADT})^2]^m \tag{2.62}$$

由于 m 大于零,故 $DT < T$,假定 m 取得比较大,那么将有 $DT \ll T$。比如 $m = 4$,则 $DT = \dfrac{T}{16}$,若先利用泰勒级数法来计算 $\mathbf{e}^{ADT}$,那么可以取较少的级数项而能获得较高的精度,然后再将它进行 2^m 次方相乘,即可计算出 $\mathbf{e}^{AT}$。

下面介绍有关这个算法的两个问题:

(1) 初始 L 的确定。

由式(2.59)可知,当 $\dfrac{\|A\|DT}{L+2} = \varepsilon < 1$ 时收敛,考虑 $\|A\| \leq n^2 |a_{\max}|$,则可得

$$n^2 |a_{\max}| DT \leq L+2 \tag{2.63}$$

$$L \geq n^2 |a_{\max}| DT - 2 \tag{2.64}$$

经验表明,当 $a_{\max} T < 1$ 时,一般初始 L 可取值为 n。

(2) 计算步骤。

步骤 1 给定步距 DT、T 及误差限 E,比如,$E = 10^{-6}$。

步骤 2 令 $L = n$,计算 $H = \sum_{j=0}^{L} \dfrac{1}{j!} (ADT)^j$,并找出它的最小元素绝对值 $h_{\min}$,然后估计 $R_{\max}$。

步骤 3 判断是否满足 $R_{\max} \leq E \cdot h_{\min}$,若满足,则表示精度满足要求,转步骤 4,若不满足,则要加大 L,并重复步骤 2 和步骤 3 两步。

步骤 4 计算 $\mathbf{e}^{AT}$：

$$\mathbf{e}^{AT} = \mathbf{e}^{ADT \cdot 2^m} \simeq ((((\mathbf{e}^{ADT})^2\overbrace{)^2)^2)\cdots^2}^{m})^2$$

需要指出的是，m 也不能太大，一般 m 应小于 $4\sim 8$，否则计算 $\mathbf{e}^{AT}$ 时会产生很大的舍入误差。

3) 增广矩阵法

前面的推导过程中，在点 $(kT, x(kT))$ 和点 $(kT+T, x(kT+T))$ 处做直线逼近 $x(t)$ 的处理，输入量 $x(t)$ 的近似处理会给导出的离散化状态方程带来误差。如果将状态方程化为齐次方程 $\dot{z} = Az$，则可避免式（2.53）中的积分项的近似处理所带来的误差。这种方法称为增广矩阵法。下面列举一些典型输入函数情况下的增广矩阵。

考虑单输入单输出系统 $\dot{z}(t) = Az(t) + Bx(t), y(t) = Cz(t), z(t_0) = z(0)$。增广矩阵法是将上式所表示的系统输入量 $z(t)$ 全部增广为系统的状态量，因而使 $\dot{z} = Az + Bx$ 这样一个非齐次常微分方程组转化为 $\dot{\tilde{z}} = \tilde{A}\tilde{z}$ 这样一个齐次常微分方程组。系统如下式所示的齐次方程组

$$\begin{cases} \dot{\tilde{z}}(t) = \tilde{A}\tilde{z}(t) \\ y(t) = \tilde{C}\tilde{z}(t) \\ \tilde{z}(t_0) = \tilde{z}(0) \end{cases} \quad (2.65)$$

式中：$\tilde{z}(t)$ 既包含原有的状态量 $z(t)$，还包含输入量 $x(t)$。这样，与式（2.65）等价的离散模型就变成

$$\tilde{z}(k+1) = \tilde{F}(T)\tilde{z}(K) \quad (2.66)$$

式中：$\tilde{F}(T) = \mathbf{e}^{\tilde{A}T}$，显然，利用式（2.66）进行仿真将只有一项误差，就是计算 $\mathbf{e}^{\tilde{A}T}$ 的误差。

(1) 输入为阶跃输入时，即

$$x(t) = X_0 \varepsilon(t), \varepsilon(t) = \begin{cases} 1, & t \geq 0 \\ 0, & t < 0 \end{cases}$$

定义第 $n+1$ 个状态变量为 $z_{n+1}(t) = x(t) = X_0\varepsilon(t)$，则有 $\dot{z}_{n+1}(t) = 0$，$z_{n+1}(0) = X_0$，增广后的状态方程和输出方程可以写为

$$\begin{bmatrix} \dot{z}(t) \\ \vdots \\ \dot{z}_{n+1}(t) \end{bmatrix} = \begin{bmatrix} A & \cdots & B \\ \vdots & \ddots & \vdots \\ 0 & \cdots & 0 \end{bmatrix} \begin{bmatrix} z(t) \\ \vdots \\ z_{n+1}(t) \end{bmatrix}, \begin{bmatrix} z(0) \\ \vdots \\ z_{n+1}(0) \end{bmatrix} = \begin{bmatrix} z_0 \\ \vdots \\ X_0 \end{bmatrix},$$

$$y(t) = \begin{bmatrix} C & \cdots & 0 \end{bmatrix} \begin{bmatrix} z(t) \\ \vdots \\ z_{n+1}(t) \end{bmatrix}$$

(2) 输入为斜坡函数,即

$$x(t) = X_0 t$$

令 $z_{n+1}(t) = x(t) = X_0 t$,$z_{n+2}(t) = \dot{z}_{n+1}(t) = X_0$,且 $z_{n+2}(0) = X_0$,增广后的状态方程和输出方程可以写为

$$\begin{bmatrix} \dot{z}(t) \\ \dot{z}_{n+1}(t) \\ \dot{z}_{n+2}(t) \end{bmatrix} = \begin{bmatrix} A & B & 0 \\ 0 & 0 & 1 \\ 0 & 0 & 0 \end{bmatrix} \begin{bmatrix} z(t) \\ z_{n+1}(t) \\ z_{n+2}(t) \end{bmatrix}, \begin{bmatrix} z(0) \\ z_{n+1}(0) \\ z_{n+2}(0) \end{bmatrix} = \begin{bmatrix} z_0 \\ 0 \\ X_0 \end{bmatrix},$$

$$y(t) = \begin{bmatrix} C & 0 & 0 \end{bmatrix} \begin{bmatrix} z(t) \\ z_{n+1}(t) \\ z_{n+2}(t) \end{bmatrix}$$

(3) 输入为指数函数,即

$$x(t) = X_0 \exp(-t)$$

定义 $z_{n+1}(t) = x(t) = X_0 \exp(-t)$,则有 $\dot{z}_{n+1}(t) = -X_0 \exp(-t) = -z_{n+1}(t)$,且 $z_{n+1}(0) = X_0$,增广后的状态方程和输出方程可以写为

$$\begin{bmatrix} \dot{z}(t) \\ \vdots \\ \dot{z}_{n+1}(t) \end{bmatrix} = \begin{bmatrix} A & \cdots & B \\ \vdots & \ddots & \vdots \\ 0 & \cdots & -1 \end{bmatrix} \begin{bmatrix} z(t) \\ \vdots \\ z_{n+1}(t) \end{bmatrix}, \begin{bmatrix} z(0) \\ \vdots \\ z_{n+1}(0) \end{bmatrix} = \begin{bmatrix} z_0 \\ \vdots \\ X_0 \end{bmatrix},$$

$$y(t) = \begin{bmatrix} C & \cdots & 0 \end{bmatrix} \begin{bmatrix} z(t) \\ \vdots \\ z_{n+1}(t) \end{bmatrix}$$

2.3.2.2 传递函数的离散化(传递函数转换为 z 函数)

对传递函数的离散化也被称为频域离散相似法。

1) 加入采样器和信号重构器

如果线性连续系统的模型表示为传递函数的形式,则可以在系统中加入采样器和信号重构器,然后由 z 变换求出传递函数的离散形式——z 函数,由此也可得到差分方程。

首先对系统的输入进行采样。假设采样周期为 T。由此得到离散的输入量

$u(kT)=0,1,2,\cdots$,然后再利用信号重构器将其恢复为连续信号,在作用到系统 $G(s)$ 后产生输出 $y(t)$。对系统作同样的采样得到 $y(kT)$。显然,只要 $\tilde{u}(t)$ 能足够精确地表示 $u(t)$,那么 $\tilde{y}(t)$ 也就能足够精确地表示 $y(t)$,故图 2.4(b)所示的离散模型也就能足够精确地表示图 2.4(a)所示的连续模型。

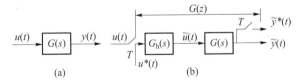

图 2.4 频域离散相似法

由 z 变换理论,对应传递函数 $G(z)$ 的离散传递函数可表示为

$$G(z)=Z\{G_\mathrm{h}(s)G(s)\}$$

式中:$G_\mathrm{h}(s)$ 为信号重构器的传递函数。

离散相似方法具有物理意义明确、程序简单、计算量小的特点,是一种恒稳的计算方法。由于离散相似模型中引入了虚拟采样开关和虚拟信号重构器,所以连续信号离散化为离散信号然后经重构器恢复成连续信号。从理论上讲,信号重构器应能无失真地将离散信号重新恢复该连续信号,实际上这是非常困难的。

对采样器及信号重构器的要求:

为使离散相似模型与连续模型相似,首先要求采样开关的频率 $\omega_\mathrm{s}=2\pi/T$ 大于信号最大频率 ω_m 的 2 倍。换句话说,采样周期 T 不能过大。奈奎斯特采样定理规定的采样频率 $\omega_\mathrm{s}/2\geqslant\omega_\mathrm{m}$ 这个条件,也就是相邻两频谱互不重叠的条件。

满足奈奎斯特采样定理后,离散信号的频谱就没有重叠现象,接下来要用一个信号重构器完全恢复连续信号,这时候要求该信号重构器的频率特性如图 2.5 所示(图中只画出了幅频,相频要求为零度),即要求它有一个锐截止的频率特性。

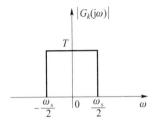

图 2.5 理想信号重构器的频率特性

显然,这种理想的信号重构器是无法实现的,实际上能实现的只是各种近似

于图 2.5 特性的信号重构器。下面介绍常用的三种重构器。

(1) 零阶信号重构器。它是将离散信号在两个采样点之间保持不变,因而使离散信号恢复为一个阶梯状的连续信号,可表示为 $f_h(t) = f(kT), kT \leq t \leq (k+1)T$。相应的传递函数为 $G_h(s) = \dfrac{1-e^{-Ts}}{s}$。

(2) 一阶信号重构器。一阶信号重构器是以当前时刻和前一时刻两个采样值为基础进行外推,也即要求 $f_h(t)$ 满足 $f_h(t) = f(kT) + \dfrac{f(kT)-f[(k-1)T]}{T}(t-kT), kT \leq t \leq (k+1)T$。传递函数为 $G_h(s) = T(1+Ts)\left(\dfrac{1-e^{-Ts}}{Ts}\right)^2$。

(3) 三角信号重构器。上述两种信号重构器对一般信号都有较大的误差,为了减少误差,可以采用三角形信号重构器,它满足 $f_h(t) = f(kT) + \dfrac{f[(k+1)T]-f(kT)}{T}, kT \leq t \leq (k+1)T$。传递函数为 $G_h(s) = \dfrac{e^{Ts}}{T}\left(\dfrac{1-e^{-sT}}{Ts}\right)^2$。

这三种信号重构器都不是理想的低通滤波器,即幅度随频率提高而减少,截止频率是 n 个,即除了允许主要频率分量通过外,还允许高频频谱分量通过。因此,被重构的信号会失真。与其他高阶信号重构器相比较,零阶信号重构器简单且容易实现具有较小相位滞后,所以在闭环系统中经常被采用。

除了上述加信号保持器的 z 变换方法外,还有两种直接求与传递函数等价的 z 函数 $G(z)$ 的方法,即替换法和根匹配法。由于这两种方法简便且易于实现,所以经常被工程技术人员用作快速实时仿真。

2) 替换法

从 $G(s)$ 直接导出与它相匹配的 $G(z)$ 有两种方法:一种是替换法,即设法找到与的一个对应公式,然后将 $G(s)$ 中的 s 转换成 z,由此求得 $G(z)$;另一种是下面将要介绍的根匹配法,即设法找到一个 $G(z)$,它具有与 $G(s)$ 相同的零极点。

已知 z 与 s 的关系为 $z = e^{sT}$,这是一个超越函数,在进行仿真模型变换时,不能直接用它来替换。下面介绍 z 与 s 之间的两种替换方法,即,欧拉替换和双线性替换(图士汀替换)法。

(1) 欧拉替换。今假定要求出能满足 $\dfrac{dx}{dt} = u(t)$ 这个微分方程 $x(t)$,根据欧拉积分公式,有 $x_{k+1} = x_k + Tu_k = x_k + T\dot{x}_k$,可得

$$(z-1)x = T\dot{x} \quad \text{或} \quad \dfrac{x}{\dot{x}} = \dfrac{T}{z-1}$$

因为 $\dfrac{x}{\dot{x}} = \dfrac{1}{s}$,故有

$$s = \frac{z-1}{T} \tag{2.67}$$

式(2.67)称为欧拉替换,公式虽然很简单,但是并不实用。因为若用此关系代入 $G(s)$,由此获得的 $G(z)$,在 T 较大的情况下,将会使 $G(z)$ 不稳定。

现在考虑 $G(z)$ 的稳定性,设 $s = \sigma + j\Omega$,根据式(2.67),有 $z = Ts + 1$,进一步可知
$$|z|^2 = (1 + T\sigma)^2 + \Omega^2 T^2$$

如果系统就是稳定,则要求 $G(z)$ 的所有极点全部都在 Z 平面的单位圆内,有 $|z|^2 = 1$,故
$$(1 + T\sigma)^2 + \Omega^2 T^2 = 1$$

或
$$\left(\sigma + \frac{1}{T}\right)^2 + \Omega^2 = \left(\frac{1}{T}\right)^2 \tag{2.68}$$

式(2.68)说明,在 S 平面上所表示的图形正好是以 $(-1/T, 0)$ 为圆心,以 $1/T$ 为半径的一个圆,如图 2.6 所示。

这就是说,平面上的单位圆按式(2.67)映射到平面上,将是一个以 $(-1/T, 0)$ 为圆心,以 $1/T$ 为半径的圆。

假定 $G(s)$ 的极点如图 2.6 所示(图中的 ×),显然,该系统是稳定的,其中有三个极点在 S 左半平面的单位圆内,而有两个虽在 S 左半平面,但位于单位圆外。若用式(2.67)来替换 $G(s)$ 中的 s,所得的 $G(z)$ 将有三个点在单位圆内,而两个在单位圆外,因此 $G(z)$ 是不稳定的。

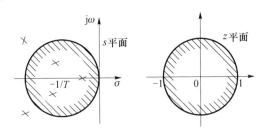

图 2.6 S 域到 Z 域的映射关系

由图 2.7 可知,为使 $G(z)$ 稳定,要求加大 $1/T$,也即减少 T。为保证在 $G(s)$ 稳定的条件下替换得到的 $G(z)$ 也能稳定,只有当 $T \to 0$ 时才有可能,因此,这种替换具有很大的局限性。

(2) 双线性替换。双线性替换公式是比较简单而且实用的公式,它是从梯形积分公式中直接推导出来。按这种替换公式进行替换,可以保证 $G(z)$ 的稳定性,而且,具有一定的仿真精度。

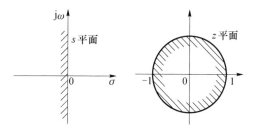

图 2.7 线性化替换的映射

已知梯形积分公式为 $x_{k+1} = x_k + \frac{T}{2}(\dot{x}_k + \dot{x}_{k+1})$,变形后为

$$(z-1)x = \frac{T}{2}(z+1)\dot{x}$$

则

$$s^{-1} = \frac{x}{\dot{x}} = \frac{T}{2}\frac{z+1}{z-1} \qquad (2.69)$$

即

$$s = \frac{2}{T}\frac{z-1}{z+1} \qquad (2.70)$$

式(2.70)称为双线性替换公式,也可写成为 $z = \frac{1+sT/2}{1-sT/2}$ 或

$$|z|^2 = \frac{\left(1+\frac{\sigma T}{2}\right)^2 + \left(\frac{\Omega}{2}T\right)^2}{\left(1-\frac{\sigma T}{2}\right)^2 + \left(\frac{\Omega}{2}T\right)^2} \qquad (2.71)$$

由式(2.71)可知,若 $\sigma < 0$,则 $|z| < 1$;若 $\sigma = 0$,则 $|z| = 1$,而若 $\sigma > 0$,则 $|z| > 1$。这就是说,若采用式(2.70)的替换公式,z 平面上的单位圆,映射到 s 平面上将是整个左半平面,其逆也真,如图2.7所示。因此如果原来 $G(s)$ 稳定,那么 $G(z)$ 也是稳定的。

3)根匹配法

假定连续系统的传递函数如下所示

$$G(s) = \frac{K(s-q_1)(s-q_2)\cdots(s-q_m)}{(s-p_1)(s-p_2)\cdots(s-p_n)}, n \geq m \qquad (2.72)$$

式中:K 为系统的增益,q_i 和 p_i 分别为零点和极点。

系统的特性完全由增益和零点、极点所确定。

根匹配法的基本做法就是由 $z = e^{sT}$ 的转换关系,在 z 平面上也一一对应地确定出零点、极点的位置,然后根据其他特点(如终值点)来确定 K_z,则可得如下式所示的 z 函数 $G(z)$,即

$$G(z) = \frac{K_Z(s-q_1')(s-q_2')\cdots(s-q_m')}{(s-p_1')(s-p_2')\cdots(s-p_n')} \tag{2.73}$$

若 $G(s)$ 是稳定的,即它的全部极点都位于 S 平面的左半平面上,也就是说 $p_1,p_2,\cdots,p_n$ 都具有负实部,那么由式(2.73)所得的 $G(z)$ 也必定稳定。这是因为,Z 平面上的极点 $e^{p_1T},e^{p_2T},\cdots,e^{p_nT}$ 都在单位圆内。因此,当采用根匹配法建模时,只要原系统是稳定的,则不论 T 取多大,都能保证仿真模型也是稳定的。根匹配法的一般步骤如下:

(1) 由 $G(s)$ 计算出 $K,q_1,q_2,\cdots,q_m,p_1,p_2,\cdots,p_n$。
(2) 把 S 平面上的零极点映射到平面上,即 $p_i' = e^{p_iT}, q_i' = e^{q_iT}$。
(3) 初步构造一个具有上述零极点的 $G(z)$。
(4) 在典型输入下,根据终值定理求出连续系统 $G(s)$ 的终值及离散系统 $G(z)$ 的终值。
(5) 根据终值相等的原则确定 K_z。
(6) 确定 z 平面上的附加零点。因为 $m \leq n$,故在 s 平面上有 $n-m$ 个零点在负无穷远处,不妨假设均在 $-\infty$ 处,由此可见,在 z 平面上尚有 $n-m$ 个零点在 $e^{-\infty T} = 0$ 处,即尚有 $n-m$ 个零点在 z 平面的原点。

2.3.3 雷达仿真中常用的数学模型转换

前边之所以要介绍连续系统的基本知识,是因为在一些电子信息系统中可能要涉及一些模拟网络,通常它们不会超过四阶。但本书主要考虑的是数字仿真,因此就涉及如何将一个连续系统转换为数字系统的问题。实际上这类方法除了上面介绍的几种方法之外,这里再介绍两种在电子信息系统中最常用的方法。

2.3.3.1 脉冲响应不变法(传递函数转换为 z 函数)

这种方法和前面介绍的双线性替换法相类似,都属于连续系统离散相似法中的频域离散相似法,实现对传递函数的离散化。

脉冲响应不变法的出发点在于使一个离散系统的脉冲响应等于一个给定的连续系统的脉冲响应的采样。于是,有

$$H(s) = \sum_{i=1}^{m} \frac{A_i}{s+s_i} \Rightarrow \sum_{i=1}^{m} \frac{A_i}{1-e^{-s_iT}z^{-1}} = H(z) \tag{2.74}$$

连续系统的脉冲响应 $h(t)$,是由它的传递函数 $H(s)$ 的拉普拉斯变换定义的,故

$$h(t) = L^{-1}[H(s)] = L^{-1}\left[\sum_{i=1}^{m} \frac{A_i}{s+s_i}\right] = \sum_{i=1}^{m} A_i e^{-s_i t} \tag{2.75}$$

离散系统的脉冲响应 $h(nT)$,是由它的传递函数 $H(z)$ 的 z 变换定义的,即

$$h(nT) = Z^{-1}[H(z)] \tag{2.76}$$

按照上述思想,有如下的关系

$$h(nT) = h(t), t = 0, T, 2T, \cdots \tag{2.77}$$

则有

$$h(nT) = \sum_{i=1}^{m} A_i e^{-s_i t} \tag{2.78}$$

这样,再对数字系统的脉冲响应 $h(nT)$ 求 z 变换,就可得到 $H(z)$

$$H(z) = \sum_{n=0}^{\infty} h(nT) z^{-n} = \sum_{n=0}^{\infty} \sum_{i=1}^{m} A_i e^{-s_i nT} z^{-n} = \sum_{i=1}^{m} A_i \sum_{n=0}^{\infty} e^{-s_i nT} z^{-n} = \sum_{i=1}^{m} \frac{A_i}{1 - e^{-s_i T} z^{-1}} \tag{2.79}$$

式中:A_i 和 s_i 是由连续系统传递函数给定的。

需要指出的是,这种方法把 s 平面虚轴上的零点映射到 z 平面单位圆上之后,却不一定是 z 平面的零点,因此当零点是离散系统的主要因素时,一般不采用这种方法。

下面用脉冲响应不变法将一个 RC 模拟网络变成离散网络。

已知连续系统的传递函数为

$$H(s) = \frac{a}{s+a} \tag{2.80}$$

利用拉普拉斯逆变换,求得脉冲响应为

$$h(t) = L^{-1}[H(s)] = L^{-1}\left[\frac{a}{a+s}\right] = a e^{-at} \tag{2.81}$$

令离散系统的脉冲响应 $h(nT)$ 等于 $h(t)$,则

$$h(nT) = a e^{-at} \tag{2.82}$$

最后,通过 z 变换求得离散系统的传递函数为

$$H(z) = \sum_{i=0}^{\infty} a e^{-anT} z^{-n} = \frac{a}{1 - e^{-aT} z^{-1}} \tag{2.83}$$

这样,一个简单的离散系统就得到了,其差分方程为

$$y_n = a x_n + e^{-aT} y_{n-1} \tag{2.84}$$

这样,就通过脉冲响应不变的方法将一个模拟低通滤波器变成了一个数字低通滤波器。它是以脉冲响应不变为基础的。其中常数 a 和采样周期 T 是已知的,这样就可以根据数字传递函数写出差分方程,画出系统的结构图和程序流程图,编制程序,最后在计算机上对它进行仿真。

2.3.3.2 时域采样法(微分方程转换为差分方程)

连续系统是由微分方程描述的,而数字系统是由差分方程描述的,时域采样法就是利用它们之间的关系实现这种变换的,即

$$\begin{cases} \dfrac{dy}{dt} \Rightarrow \dfrac{y_n - y_{n-1}}{\tau} \\ \dfrac{d^2 y}{dy^2} \Rightarrow \dfrac{y_n - 2y_{n-1} + y_{n-2}}{\tau^2} \end{cases} \quad (2.85)$$

式中 τ——由 y_{n-1} 到 y_{n-2} 之间的时间间隔,即采样间隔,故称这种方法为时域采样技术。

为了满足一定的精度要求,应使 τ 足够小。图 2.8 是一个由 RCL 组成的模拟网络,要求利用时域采样技术将其变成一个相应数字网络。

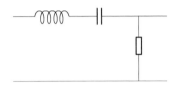

图 2.8 RLC 网络

首先根据网络写出微分方程:

$$x(t) = L\frac{di}{dt} + \frac{1}{C}\int i dt + iR \quad (2.86)$$

将电流用电压表示,微分方程变成

$$x(t) = \frac{L}{R}\frac{dy}{dt} + \frac{1}{RC}\int y dt + y$$

将等式两端同时微分,有

$$\frac{dx}{dt} = \frac{L}{R}\frac{d^2 y}{dt^2} + \frac{1}{RC}y + \frac{dy}{dt}$$

利用式(2.85),最后得到所需要的差分方程:

$$Ay_n - By_{n-1} + Cy_{n-2} = \frac{1}{\tau}(x_n - x_{n-1}) \quad (2.87)$$

式中

$$A = \frac{L}{R\tau^2} + \frac{1}{\tau} + \frac{1}{RC}, B = \frac{L}{R\tau^2} + \frac{1}{\tau}, C = \frac{L}{R\tau^2}$$

经 z 变换,得数字系统的传递函数

$$H(z) = \frac{1}{\tau A} \frac{1 - z^{-1}}{\left(1 - \dfrac{B}{A}z^{-1} + \dfrac{C}{A}z^{-2}\right)} \quad (2.88)$$

这样就可以根据传递函数写出差分方程,画出系统的结构图和程序流程图,编制程序,最后在计算机上对它进行仿真。实际上,利用这种方法也可以将状态方程离散化,构成差分方程而得到数字系统。

第 3 章
均匀分布随机数的产生与检验

由已知分布随机总体中抽取简单子样,在雷达系统仿真中占有非常重要的地位。众所周知,雷达系统的外部环境是非常复杂的,在不同条件下,各种电磁信号可能有不同的统计特性,如幅度分布可能千差万别,有的幅度在同一随机总体中,子样之间可能是相互独立的,而有的幅度可能是相关的。显然,若能复现雷达系统的复杂的电磁环境,需要具有不同分布的简单子样。由概率论知,产生各种分布的随机总体的简单子样的一种最简单,也是最基本的方法就是利用均匀分布随机总体的简单子样,经过一定的变换来得到。均匀分布随机总体中的简单子样称为随机数序列,其中的每个子样称为随机数[20]。这样,首先就必须解决均匀分布随机总体中子样的产生问题。

3.1 均匀分布随机数的产生

已知,随机变量 ξ 在 $[0,1]$ 区间上服从均匀分布,则有概率密度函数

$$p(x) = \begin{cases} 1, & 0 \leqslant x \leqslant 1 \\ 0, & 其他 \end{cases} \tag{3.1}$$

其分布函数为

$$F(x) = \begin{cases} 0, & x < 0 \\ x, & 0 \leqslant x \leqslant 1 \\ 1, & x \geqslant 1 \end{cases} \tag{3.2}$$

其均值与方差分别为

$$E(x) = \frac{1}{2}, D(x) = \frac{1}{12} \tag{3.3}$$

在以后的讨论中,就将由该总体中抽取的 N 个简单子样 $\xi_1, \xi_2, \cdots, \xi_N$ 称为 $[0,1]$ 区间上的均匀分布随机数序列,或简单称为随机数。当前,在电子数字计算机上产生随机数的方法大致可分三大类。最早使用的产生随机数的方法是把

已有的随机数表,例如 Tippet 四万随机数表和 Rand 百万随机数表,存在计算机的外部存储器内,用时再将其读到计算机。由于它要占用大量的存储单元及随机数个数的限制,目前已基本不用。产生随机数的另一种方法是物理法,在使用之前需在计算机上安装一台物理随机数发生器,它可能是放射型随机数发生器,也可能是噪声型的随机数发生器,他们的统计特性决定于所采用的发生源的器件。这类方法的主要优点在于它能获得真正的随机数,也正是如此,给仿真时的复算和检验带来了一定的困难。从速度上说,由于它是外源输入,不一定能节省多少运行时间。产生随机数的第三类方法,即数学法,它是目前使用最为普遍的方法。利用这种方法产生随机数的实质在于,利用电子数字计算机能对数字直接进行数值运算和逻辑运算的特点,选择一个比较合适的数学递推公式

$$\xi_{n+k} = T(\xi_n, \xi_{n+1}, \cdots, \xi_{n+k-1}) \tag{3.4}$$

并利用计算机程序,按式(3.4)对数字进行处理和加工,产生具有均匀总体简单子样统计特性的随机数。式中的 k 值为一个不大的正整数。当 $k=1$ 时,是最简单情况,则变为

$$\xi_{n+1} = T(\xi_n) \tag{3.5}$$

只要给定初始值 ξ_0,就可迭代运算了。由此可以看出,在计算机上实现上述运算,显然存在两个问题:一是一旦确定所选定的递推公式和初始值,所产生的随机数序列便被唯一地确定下来了,这就不满足采样间相互独立的要求;二是由于计算机的字长是有限的,随机数序列不可避免地会出现重复,于是就出现了周期性的循环现象,这就是说,在计算机上所产生的随机数序列并不是真正的随机数序列,通常将其称为伪随机数序列,以示与真随机数序列的区别。但本节讨论的序列均是在计算机上用数学的方法产生的,为简单起见,仍然将其称为随机数序列。

用数学的方法产生的随机数序列占用的计算机的内存小、运行速度快,它的伪随机性给仿真时的复算、检查带来了方便。虽然它与真随机数序列不同,但只要经过各种有关的统计检验(如独立性、均匀性等),仍然可以将其当作真随机数序列利用。通常,要求它具有均匀总体简单子样的统计特性(如分布的均匀性,抽样的随机性、数列间的独立性),要有足够长的周期和快的生成速度。

在计算机上利用数学的方法产生随机数的方法有平方取中法、移位寄存器法和各种同余法等。由于这类技术比较成熟,且有较多的参考资料,这里只简单介绍几种方法,并建立与仿真有关的某些概念。

3.1.1 平方取中法

平方取中法是最早用来产生随机数的一种数学方法,并获得了普遍应用。

它是由冯·诺伊曼提出来的。我们知道，一个 $2k$ 位的数 x 自乘以后，会得到一个 $4k$ 位的数 x^2。顾名思义，平方取中就是在 x^2 的 $4k$ 位数中，去掉该序列前边的 k 位和后边的 k 位数，将中间的 $2k$ 位保留下来，作为下一个随机数，依此类推，就可获得一个随机数序列 $\xi_1,\xi_2,\cdots,\xi_N$。例如

$$x_1 = 81, \quad x_1^2 = 6561$$
$$x_2 = 56, \quad x_2^2 = 3136$$
$$x_3 = 13, \quad x_3^2 = 0169$$
$$x_4 = 16, \quad x_4^2 = 0256$$
$$x_5 = 25, \quad x_5^2 = 0625$$
$$x_6 = 62, \quad x_6^2 = 3844$$
$$\vdots \quad\quad \vdots$$

如果用 10^{-2k} 乘所得到的每个随机数，那么就可以得到 $[0,1]$ 区间上的均匀分布随机数序列：$0.81, 0.56, 0.13, 0.16, 0.25, 0.62, \cdots$，实际上，对于二进制数也是如此。这样，在一部有 $2k$ 位尾数的二进制计算机上，平方取中法便可表示为

$$x_{i+1} \equiv [2^{-k} x_i^2] \quad (\bmod\ 2^{2k})$$

$$\xi_{i+1} = \frac{x_{i+1}}{2^{2k}} \tag{3.6}$$

式中：$[2^{-k} \times i^2]$ 为不超过实数 $2^{-k} \times i^2$ 的最大整数部分。$X \equiv A (\bmod M)$ 表示整数 A 被正整数 M 除后的余数，在数论上称同余式。

经反复迭代，便可得到 $[0,1]$ 区间上均匀分布的随机数序列 $\xi_1, \xi_2, \cdots, \xi_N$。这种产生随机数的方法简单，运算速度快，但由于它们是早期提出来的，不可避免地存在着严重的缺点：一是易于退化，对某些初始值，迭代结果，最后随机数序列可能变成零；二是均匀性不是很好；三是最大周期不易确定。当前，只是在要求不高的场合才采用它。之所以还采用它是因为它简单，产生一个随机数只需要几个计算机语句便可以了，不管用什么语言，编程都比较方便。

3.1.2 乘同余法

用乘同余法产生随机数序列的递推公式为

$$x_{n+1} \equiv \lambda x_n \quad (\bmod\ M) \tag{3.7}$$

式中：λ 和 M 均为参数；x_0 为初始值。众所周知，不管用什么方法产生随机数，都希望它具有长的周期，好的统计特性和快的运算速度，而中的参数和初始值则是影响这些要求的直接因素，故这些参数的选择必须仔细。

对一部尾数字长为 k 位的二进制计算机,通常取 $M=2^k$,它是计算机能表示的不同数字的最大个数。这样来取有两个好处,一是它可能得到较长的周期序列;另一个是使用方便,能简化运算,从而提高运算速度。在取 $M=2^k$,当 $k>2$ 时,它可以得到的最大可能周期为 $T=2^{k-2}$ 的随机数序列,但必须满足以下两个条件:

(1) $x_0=2^b+1$,b 为正整数,显然,初始值 x_0 必须是奇数。

(2) $\lambda=2^3 a \pm 3$,a 为整数。

理论分析表明,在利用乘同余法产生随机数时,乘子 λ 在确定随机数的统计特性方面起着关键的作用。这一点从相关系数分析可以看到。根据定义,随机变量 x 和 y 的相关系数可以写作

$$\rho=\frac{E(x,y)-E(x)E(y)}{\sigma(x)\sigma(y)} \tag{3.8}$$

取 (x,y) 的第 n 次抽样值为一对随机数 (ξ_n, ξ_{n+j}),$j>0$,可得到间隔为 j 的随机数之间的线性相关系数 $\rho(j)$ 的估计值 $\hat\rho(j)$。取 $\lambda=3a+5$,$x_0=4b+1$,计算间隔为 1 时,序列的相关系数为 $\rho(1)$。我们会看到,当 $\lambda \ll M$ 时,相关系数 $\rho(1) \approx \frac{1}{\lambda}$。显然,$\lambda$ 越大,$\rho(1)$ 值越小,通常都要选择比较大的 λ 值。在计算机上的大量的统计试验表明,选接近 M 的二进制 0 和 1 序列无明显规律性的 λ 值,一般都可以得到有较好统计特性的随机数序列。经验表明,取 $\lambda=5^{2s+1}$ 是一种较好的方案。其中 s 为正整数,满足 $5^{2s+1}<2^k<5^{2s+3}$。当 $k=31\sim 34$ 时,s 可取 6,λ 值则为 1220703125;$k=35\sim 39$ 时,s 可取 7,λ 值则为此 0517578125。

大量的统计试验结果还说明,当 λ 的二进制形式为一些规律性较强的序列时,如

$$10101010,\cdots,10101010$$
$$11011011,\cdots,11011011$$

等,所获得的随机数序列的统计性能不佳。

下面给出两组已经通过统计检验的参数:

(1) $M=2^{35}$,$x_0=1$,$\lambda=5^{15}$。

(2) $M=2^{35}+1$,$x_0=10.987,654,321$,$\lambda=23$。其周期 $T\equiv 10^6$。

3.1.3 混合同余法

用混合同余法产生随机数序列的递推公式为

$$x_{n+1} \equiv \lambda x_n + c \pmod{M} \tag{3.9}$$

式中:初始值 x_0、增量 c、乘子 λ 和模 M 都取非负的整数。显然,当增量 $c=0$ 时,

混合同余法便退化为乘同余法。

M 的取值与同乘余法相同,即 $M=2^k$。这时所得到的整周期序列的周期为 $T=2^k$。为了得到 $T=2^k$ 的整周期序列,参数 λ,c,x_0 必须满足:

(1) $\lambda=4a+1$,a 为任一正整数。

(2) 增量 c 为奇数,初始值 x_0 为任意的非负整数。

理论分析表明,用混合同余法产生的随机数集合 $\{x_n^*\}$ 和取参数 $\lambda=8a+5$,$x_0=4x_0^*+1$,$M=2^k$ 用乘同余法产生的随机数集合 $\{x_n\}$ 之间存在一一对应关系,即 $x_n=4x_n^*+1$,因此在取参数 $\lambda=8a+5<2^{k-2}$ 时,可以把乘同余法作为混合同余法的一个特例。这里是用"$*$"把混合同余法和乘同余法加以区别的。

除了以上给出的几种产生随机数序列的方法外,还有一些其他的方法,如果需要,可参考有关文献。

3.1.4 反馈移位寄存器法

混合同余法和乘同余法为代表的线性同余发生器具有以下缺点:①产生的均匀随机数作为 m 维均匀随机向量时相关性较大;②周期 T 与计算字长有关。在整数的尾数为 L 的计算机上,周期不会超过 2^L 的均匀随机数列。于是 1965 年,Tausworthe 提出了反馈位移寄存器法来克服以上缺点。

反馈移位寄存器法主要原理是通过对寄存器进行移位(递推),直接在存储单元中形成随机数。用线性递推公式

$$a_k=(c_p a_{k-p}+c_{p-1}a_{k-p+1}+\cdots+c_1 a_{k-1})(\bmod 2), \quad k=0,1,2,\cdots$$
(3.10)

对寄存器中的二进制码 a_k 做递推运算,其中 p 是给定的正整数,$c_p=1$,$c_i=0,1$ ($i=1,2,\cdots,p-1$) 为给定数。

给定初值(也称为种子)(a_{-p+1},a_{-p+2},a_0),由产生的 0 或者 1 组成一个二进制数列 $\{a_n\}$,截取数列 $\{a_n\}$ 中连续的 L 位构成一个 L 位的二进制数;接着截取 L 位,又形成一个整数,依次类推可得

$$x_1=(a_1,a_2,\cdots,a_L)_2$$
$$\vdots$$
$$x_n=(a_{(n-1)L+1},a_{(n-1)L+2},\cdots,a_{nL})_2$$

令 $r_n=x_n/2^L$ ($n=1,2,\cdots$),则 $\{a_n\}$ 为反馈位移寄存法产生的均匀随机数。

图 3.1 所示是一个 4bit 的移位寄存器,它由 4 个触发器 D_4,D_3,D_2 和 D_1 构成 4 位移位寄存器,每一次移位操作都使 D_3,D_2 和 D_1 的状态 a_3,a_2 和 a_1 左移一位,分别送到 D_4,D_3 和 D_2 中,而 D_1 的新状态由反馈电路输出的 a_0 来决定。

反馈电路输出的 a_0 是4个触发器当前状态的逻辑函数，表达式为

$$a_0 = F(a_4, a_3, a_2, a_1) \tag{3.11}$$

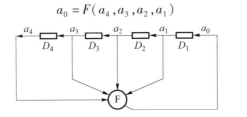

图 3.1　带反馈的 4 比特移位寄存器

这里的逻辑函数如果是一种固定不变的线性关系,就将其称为线性移位寄存器,它的反馈函数表达式为

$$a_0 = C_4 a_4 + C_3 a_3 + C_2 a_2 + C_1 a_1 + C_0 \tag{3.12}$$

式中: a_4, a_3, a_2 和 a_1 为4个触发器的当前状态; C_4, C_3, C_2 和 C_1 为相关系数,它只能取逻辑值0和逻辑值1。相关系数 C_0 表示反馈输出与该触发器的当前状态无关;相关系数1表示反馈输出与该触发器的当前状态有关。C_0 为逻辑常量,可以为0,也可以为1。式中的"加"运算为不考虑进位的模二加法。实际上当 C_0 为0时,反馈函数的输出 a_0 就是相关系数为1的各个触发器状态的"偶校验"结果;当 C_0 为1时,反馈函数的输出 a_0 就是相关系数为1的各个触发器状态的"奇校验"结果。

4个触发器组成的移位寄存器可以有 $2^4 = 16$ 种不同的状态,但接成线性移位寄存器后,最多只能有 $2^4 - 1 = 15$ 中不同状态(因为禁止出现全0状态,因为一旦出现全0,以后的序列将恒为0)。

如图3.2所示,线性反馈逻辑为 $a_0 = a_4 + a_2$(即 D_4 和 D_2 为1, D_1 和 D_0 为0)。

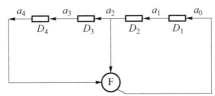

图 3.2　一种反馈逻辑的 4bit 移位寄存器

设该寄存器的初始状态为0001,可以算出反馈函数的值为 $a_0 = a_4 + a_2 = 0 + 0 = 0$,移位一次后,状态变为0010。这时反馈函数的值也会发生相应的变化为 $a_0 = a_4 + a_2 = 0 + 1 = 1$;再移位一次后,状态变为0101,依次类推可以得到状态变化为 0001→0010→0101→0110→0100→1000→0001,周期为6;如果寄存器的初始状态为0110,状态变化为 0110→1101→1011→0110,周期为3。从中可以看出来线性移位寄存器的周期不仅和线性反馈逻辑有关,而且和初始状态有关。

3.2 伪随机数的统计检验

前面介绍了几种产生均匀分布随机数的方法,它们都是假定所产生的随机数体现了给定的分布规律。实际上,所产生的这些所谓的"均匀分布"随机数与理论上的均匀分布随机数有多大的差别,是否满足特定的要求,尚不得而知。这就要求设立一些能表征其特性的准则,用这些准则去衡量这些随机数,看是否能够满足这些准则,如果满足,就承认它,否则就拒绝它。这个过程称为随机数的检验。由于随机数的各种参数都是用统计方法估计的,故又称为随机数的统计检验[4]。

3.2.1 统计检验的原理和方法

随机数的统计检验就是典型的假设检验问题,是先对总体参数提出一个假设,再利用样本信息去检验这个假设是否成立。假设检验的问题可以分为两类:一类是关于总体参数的检验问题,称为参数检验;另一类是关于总体模型描述及随机变量概率分布的检验,称为非参数检验。下面详细进行介绍。

统计检验时,首先根据已知分布算出它的某些能够表征其特性的参量 p_1,p_2,$\cdots$,p_n,然后再用统计方法估计出所产生的服从该分布随机数 ξ 的各个参量 $\hat{p}_1$,$\hat{p}_2$,$\cdots$,$\hat{p}_n$,最后将二者进行比较,从某些准则的角度看,参量 p_i 与 $\hat{p}_i$ 的差别不显著,就承认所产生的随机数序列符合要求,否则就不符合要求而拒之。与数理统计中相似,通常也是用 H_0 来表示这样的统计假设。检验过程中是接受还是拒绝 H_0,一般都给定一个称为显著水平的临界概率 α,观测到的事件的概率大于 α,就接受假设 H_0;如果观测到的事件的概率小于或等于 α,就拒绝假设 H_0。

具体地说,假设利用某种方法得到了一组伪随机数 ξ_1,ξ_2,$\cdots$,ξ_N,并假设它的某一统计量 $E_i = E(\xi_1, \xi_2, \cdots, \xi_N)$ 且 E 服从分布 $p_i(E)$,给定一个显著水平 α,并令

$$\alpha = 1 - \beta \tag{3.13}$$

式中:β 称为置信度,$\beta = p_i(x_\alpha)$;x_α 为临界值。如果观测值 $E_i < x_\alpha$,则认为 E_i 与理论值的差异不显著,接受 H_0;如果 $E_i \geq x_\alpha$ 则认为差异显著,拒绝 H_0。上述原理可用示意图表示为图 3.3 所示。

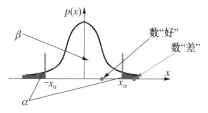

图 3.3 统计检验示意图

例如，$p(x) = N(0,1)$，则 β 与 x_α 的对应值如表 3.1 所列。

表 3.1　β 与 x_α 的对应值

β	0.8	0.9	0.95	0.98	0.99	0.999
x_α	1.282	1.645	1.960	2.326	2.576	3.291

3.2.1.1　统计检验的步骤

从中可以得到统计检验的步骤为：

(1) 提出需要检验的假设，称为原假设，记为 H_0。如总体分布为 $U(0,1)$。

(2) 构造用于检验的统计量 T，称为检验统计量，并确定 T 在 H_0 成立时的概率分布。

(3) 给定显著水平 $\alpha(0 < \alpha < 1)$。如 $\alpha = 0.05$。

(4) 确定 H_0 的否定域，即根据检验统计量的概率分布和显著水平 α，确定使 H_0 不成立的区域。

(5) 根据样本观测值计算检验统计量之值。

(6) 进行统计判断，若检验统计量之值不落入否定域，则接受 H_0，否则否定 H_0。

伪随机数的统计检验方法，主要分两大类，即均匀性检验和独立性检验。二者有一定的差别，也有一定的联系。如果用某种方法产生了伪随机数，则到底选用哪种统计检验方法取决于将所产生的伪随机数用于什么目的。如果要求产生的伪随机数主要满足均匀性的要求，比如用来计算积分，那么只着重检验均匀性就行了；如果用于产生雷达、通信系统中杂波和干扰，两者都必须进行检验，不仅如此，还必须适当减小显著水平 α。

3.2.2　频率检验

随机数的频率检验也称均匀性检验。所谓频率检验，就是检验随机数序列的观测频数与理论频数的差异是否显著。

具体地说，就是把整个 $[0,1]$ 区间等分成 k 个子区间，并将包含有 N 个随机数 $\xi_1, \xi_2, \cdots, \xi_N$ 的随机数序列，按由小到大的顺序分成 k 组。假设 n_i 是第 i 组的观测频数。我们知道，随机数属于第 i 组的概率为

$$p_i = \frac{1}{k}, i = 1, 2, \cdots, k \tag{3.14}$$

故，属于第 i 组的理论频数是

$$m_i = Np_i = \frac{N}{k}, i = 1, 2, \cdots, k \tag{3.15}$$

令统计量

$$\chi^2 = \sum_{i=1}^{k} \frac{(n_i - m_i)^2}{m_i} = \frac{k}{N} \sum_{i=1}^{k} \left(n_i - \frac{N}{k}\right)^2 \qquad (3.16)$$

χ^2 的分布函数为 $F_N(z)$，则分布函数序列 $\{F_N(z)\}$ 满足自由度为 $(k-1)$ 的 χ^2 分布

$$\lim_{N \to \infty} F_N(z) = \begin{cases} \dfrac{1}{2^{\frac{k-1}{2}} \Gamma\left(\dfrac{k-1}{2}\right)} \displaystyle\int_0^\infty z^{\frac{k-3}{2}} e^{-\frac{z}{2}} dz, & z > 0 \\ 0, & z \leq 0 \end{cases} \qquad (3.17)$$

式中：$\Gamma(\cdot)$ 为 Γ 函数。

这样，只要给定一个显著水平 α，我们就可以确定观测频数与理论频数之差异程度了。首先根据 α，按下式求出 χ_α^2，即

$$\frac{1}{2^{\frac{k-1}{2}} \Gamma\left(\frac{k-1}{2}\right)} \int_{\chi_\alpha^2}^\infty z^{\frac{k-3}{2}} e^{-\frac{z}{2}} dz = \alpha \qquad (3.18)$$

由于式(3.18)比较复杂，不易计算，通常都是事先列出表格，按 α 值查表就行了。一般 α 取 0.05 或 0.01。

然后，令 N 为某一个比较大的数，根据预检序列 $\xi_1, \xi_2, \cdots, \xi_N$，计算统计量 χ^2。最后把 χ^2 和 χ_α^2 进行比较，如果 $\chi^2 \geq \chi_\alpha^2$，则称为差异显著，拒绝假设 H_0；否则，$\chi^2 < \chi_\alpha^2$，则称不显著，该假设可以被接受。

例如，某长度为 $N=16384$ 的随机数序列，将其分成 32 组，即 $k=32$。显然，$m_i=512$，该 χ^2 分布的自由度 $d=k-1=31$。当 $\alpha=0.05$ 时，查表得 $\chi_\alpha^2=44.7$，而我们根据预检序列求出的 $\chi^2=17.4$，这样我们可以说，该随机数序列通过了频率检验。为了有效地进行统计检验，N 值最好大于 100，$k>10$，$m_i>10$，这就是说，在较多的间隔里，每个间隔中所落入的随机数不要太少，结果才比较可信。在雷达仿真中，通常 $N \geq 1024$，这对计算机实现运算不会增加多大的困难。值得注意的是，在 χ^2 统计量的自由度 $d>30$ 时，统计量

$$u = \sqrt{2\chi^2} - \sqrt{2d-1}$$

渐近地服从均值为 0，方差为 1 的正态分布，即 $N(0,1)$。这一结果有时会给你的工作带来方便，如果你的手头没有 χ^2 分布表可查，就可构造一个统计量 u，去查正态分布表。正态分布表在一般的数理统计的书中可找到。

3.2.3 参数检验

随机数的参数检验是检验随机数分布的各个参数的观测值和理论值的差异

是否显著。由于所检验的参数主要包括各阶矩,故参数检验有时也称矩检验。

假定随机数序列包括 N 个随机数 $\xi_1,\xi_2,\cdots,\xi_N$。依此可以计算出随机变量 ξ 的各阶矩的观测值

$$\hat{m}_k = \frac{1}{N}\sum_{i=1}^{N}\xi_i^k \qquad (3.19)$$

显然,一阶矩和二阶矩即是随机变量 ξ 的均值和均方值

$$\hat{m}_1 = \frac{1}{N}\sum_{i=1}^{N}\xi_i, \hat{m}_2 = \frac{1}{N}\sum_{i=1}^{N}\xi_i^2 \qquad (3.20)$$

对一般情况,计算出一、二阶矩就够了。众所周知,随机变量 ξ 的各阶矩和相应方差的理论值分别为

$$m_k = \frac{1}{k+1} \qquad (3.21)$$

$$\sigma_{k,N}^2 = \frac{1}{N}\left(\frac{1}{2k+1} - m_k^2\right) \qquad (3.22)$$

一、二阶矩及其方差的理论值分别为

$$m_1 = \frac{1}{2}, \sigma_{1,N}^2 = \frac{1}{12N} \qquad (3.23)$$

$$m_2 = \frac{1}{2}, \sigma_{2,N}^2 = \frac{4}{45N} \qquad (3.24)$$

构造一个统计量

$$z_{k,N} = \frac{\hat{m}_k - m_k}{\sigma_{k,N}} \qquad (3.25)$$

对于 $k = 1,2$ 时,分别为

$$z_{1,N} = \sqrt{12N}\left(\hat{m}_1 - \frac{1}{2}\right) \qquad (3.26)$$

$$z_{2,N} = \frac{1}{2}\sqrt{45N}\left(\hat{m}_2 - \frac{1}{3}\right) \qquad (3.27)$$

根据中心极限定理,$z_{k,N}$ 的分布函数 $F_N(z)$ 渐近正态分布

$$\lim_{N\to\infty}F_N(z) = \varphi(z) = \frac{1}{\sqrt{2\pi}}\int_{-\infty}^{z}e^{-\frac{z^2}{2}}dz \qquad (3.28)$$

给定显著水平 α,可以根据

$$\varphi(z_\alpha) = 1 - \alpha \qquad (3.29)$$

求出临界值 z_α。通常,它是由正态分布表查得的。这样,在 N 足够大时,如果观测值 $|z_{k,N}| \geq z_\alpha$,则拒绝假设 H_0;如果观测值 $|z_{k,N}| < z_\alpha$,则预检序列通过了矩检验,即接受假设 H_0。

根据同样道理,也可以对随机变量的方差进行直接的检验,观测值可写成

$$s^2 = \frac{1}{N}\sum_{I=1}^{n}\left(\xi_i - \frac{1}{2}\right)^2 = \hat{m}_2 - \hat{m}_1 + \frac{1}{4} \qquad (3.30)$$

理论值

$$m_{s^2} = \frac{1}{12}, \sigma_{s^2}^2 = \frac{1}{180N} \qquad (3.31)$$

同样可以构成统计量

$$z_{s^2,N} = \frac{s^2 - M_{s^2}}{\sigma_{s^2}} = \sqrt{180N}\left(s^2 - \frac{1}{12}\right) \qquad (3.32)$$

显然,统计量 $z_{s^2,N}$ 也服从渐近正态分布。

3.2.4 独立性检验

随机数的独立性检验,就是检验随机数序列 $\xi_1, \xi_2, \cdots, \xi_N$ 中的前后各数的统计相关性是否异常。独立性检验通常包括相关系数检验、均方相继检验、联列表检验和连检验等。

本节只简单介绍两种检验方法。

3.2.4.1 相关系数检验

我们知道,两个随机变量互不相关,不一定相互独立,但它是随机变量相互独立的必要条件,所以作为衡量两个随机变量之间相关程度的相关系数的大小,便可被用来检验随机数的独立性。

假设已经用某种方法获得了一个随机数序列 $\xi_1, \xi_2, \cdots, \xi_N$。随机变量相距为 j 的相关系数定义为

$$\hat{\rho}_j = \left[\frac{1}{N-j}\sum_{i=1}^{N-j}\xi_i\xi_{j+i} - \hat{m}_1\right]/s^2 \qquad (3.33)$$

式中:$\hat{m}_1$ 和 s^2 分别为随机变量 ξ 的均值和方差。

只要 N 足够大,新的统计量

$$u = \hat{\rho}_j\sqrt{N-j} \qquad (3.34)$$

就服从渐近正态分布,即 $N(0,1)$ 分布。通常取 $N-j > 50$。这样,就可根据给定的显著水平 α 及正态分布表查出临界值了。

3.2.4.2 连检验

将随机数序列 $\xi_1, \xi_2, \cdots, \xi_N$ 按某种规则分类,例如我们将其分为两类,分别

称 A 类和 B 类。令属于 A 类的概率为 p,属于 B 类的概率为 $q = 1 - p$。然后,根据随机数 $\xi_i, i = 1, 2, \cdots, N$,是属于 A 类,还是 B 类,按先后次序进行排列

$$A\ B\ B\ A\ A\ A\ B\ A\ A\ B\ B\ B\ B\ A\ A$$

将相邻的同类元素称为连,同类元素的个数称为连长。如果以 N_1 表示 A 类元素的个数,以 N_2 表示 B 类元素的个数,则随机数的总数

$$N = N_1 + N_2$$

如果以 $r_{A,i}$ 表示连长为 i 的 A 类元素的连数,则

$$N_1 = \sum_i i r_{A,i}$$

同样

$$N_2 = \sum_i i r_{B,i}$$

如果以 R_1 和 R_2 分别表示类元素和类元素的连数,则总连数

$$R = R_1 + R_2$$

而

$$R_1 = \sum_{i=1}^{N_1} r_{A,i}$$

$$R_2 = \sum_{i=1}^{N_2} r_{B,i}$$

显然,R 是一个统计量,在 R 为偶数时,它服从以下分布

$$p(R = 2v) = 2 C_{N_1-1}^{v-1} C_{N_2-1}^{v-1} p^{N_1} q^{N_2} \tag{3.35}$$

统计量 R 的数学期望和方差为

$$E(R) = p^2 + q^2 + 2npq \tag{3.36}$$

$$D(R) = 4npq(1 - 3pq) - 2pq(3 - 10pq) \tag{3.37}$$

统计量渐近地服从正态分布 $N(2npq, 2\sqrt{npq(1-3pq)})$,即均值为 $2npq$,标准差为 $2\sqrt{npq(1-3pq)}$ 的正态分布。

1) 正负连检验

把随机数序列 $\xi_1, \xi_2, \cdots, \xi_N$ 中的每个随机数均减去它的理论上的均值,即 $\frac{1}{2}$,然后构成一个新的随机数序列 $\left\{\xi_i - \frac{1}{2}\right\}$,根据它的正、负号分两类,组成正、负两类连。显然,根据均匀性和独立性假设,出现 A 类、B 类分别为正、负两类事件的概率均为 0.5,且

$$E(R) = \frac{N}{2} + 1$$

$$D(R) = \frac{N-1}{4}$$

$$P\{l=k\} = 2^{-k}, k=1,2,\cdots \tag{3.38}$$

这样就构造了一个 $N[0,1]$ 的新的统计量 u,并进行检验。

2)升降连检验

将随机数序列 $\xi_1, \xi_2, \cdots, \xi_N$ 按 $\{\xi_i - \xi_{i-1}\}$ 构成一个新的随机数序列,然后,按正、负分两类,构成升降二类连,其均值和方差分别为

$$E(R) = \frac{2N-4}{3}, D(R) = \frac{16N-29}{90} \tag{3.39}$$

且有

$$p_1 = \frac{5}{8}, p_2 = \frac{11}{40}, p_3 = \frac{19}{240}, p_4 = \frac{29}{1684}$$

于是又可构造一个 $N[0,1]$ 统计量 u,并进行统计检验。

从以上介绍可以看出,不管是哪类检验,关键的问题是在已知随机数序列之后,要想办法构造一个已知分布的统计量,然后给定一个显著水平 α,在相应的表中查出临界值,并将其与计算值相比较,以决定是接受还是拒绝该假设 H_0。

3.2.5 概率分布检验(直方图)

假设检验的另一个重要分支是随机变量的概率(密度)函数的检验。我们知道产生的随机数有的服从正态分布,有的服从泊松分布,当然也可能服从其他的分布。当随机数发生器,工作不正常或存在问题时,分布将发生变化,因此对分布规律进行检验可以帮助我们判断发生器是否正常,有利于提高测试的可靠性。分布规律的检验方法通常分为两类:数值分析法和图解法(直方图法)。直方图法是分布函数的近似求法,使用简便,容易掌握,直观易懂。数值分析法中常用的是 χ^2 皮尔逊检验法。下面介绍直方图法的原理和检验步骤。

3.2.5.1 直方图估计法

设随机变量 x 的样本序列为 $\xi_1, \xi_2, \cdots, \xi_N$,根据样本值近似求 x 的密度,可用直方图。

(1)把样本值 $\xi_1, \xi_2, \cdots, \xi_N$ 进行分组。

① 找出 $\xi_1, \xi_2, \cdots, \xi_N$ 中的最大值和最小值

$$\xi_1^* = \min\{\xi_1, \xi_2, \cdots, \xi_N\} \tag{3.40}$$

$$\xi_N^* = \max\{\xi_1, \xi_2, \cdots, \xi_N\} \tag{3.41}$$

② 取 $a(<\xi_1^*)$，$b(<\xi_N^*)$，将区间 (a,b) 等分成 $m+1$ 个小区间 $[t_i, t_{i+1}]$，其中

$$a = t_0 < t_1 < \cdots < t_M < t_{M+1} = b \tag{3.42}$$

一般取略小于 ξ_1^*，使 (a, t_1) 内有 $\xi_1, \xi_2, \cdots, \xi_N$ 中的点。一般取 10～15 为好，当然也要视其大小而异。

③ 统计样本数据落在区间 $[t_i, t_{i+1}]$ 的个数 n_i，即为频数。

(2) 计算出样本值落在区间 $[t_i, t_{i+1}]$ 频率

$$f_i = \frac{n_i}{N}, \quad i = 0, 1, \cdots, m \tag{3.43}$$

有

$$f_i \approx P(t_i < x < t_{i+1}), i = 0, 1, 2, \cdots, m \tag{3.44}$$

(3) 假设 x 的概率密度函数为 $f(x)$，则有

$$f_i \approx P(t_i < x < t_{i+1}) = \int_{t_i}^{t_{i+1}} f(x)\mathrm{d}x \approx f(x_i)(t_{i+1} - t_i), i = 0, 1, \cdots, m \tag{3.45}$$

于是有 $f(x)$ 在处的近似值

$$f(x_i) \approx \frac{f_i}{t_{i+1} - t_i} \tag{3.46}$$

或者作直方图。在平面上作以 $t_i t_{i+1}$ 为底，以 $y_i \approx \dfrac{f_i}{t_{i+1} - t_i}$ 为高的长方形，$i = 0, 1, 2, \cdots, m$。于是得直方图。由直方图大致曲线（用光滑曲线顺序链接各长方形的中点 $\dfrac{t_{i+1} - t_i}{2}$ 处的高之点所得曲线）。就是 x 的概率密度 $f(x)$ 的近似曲线。

3.2.5.2 χ^2 皮尔逊检验法

设随机变量 x 的样本序列为 $\xi_1, \xi_2, \cdots, \xi_N$，提出假设"$H_0$ 总体的概率分布为 $F(x)$"。

初始步骤和直方图法相类似，把样本数据分为 $m+1$ 个区间（$t_0 = -\infty$，$t_{m+1} = +\infty$）；算出样本值落在区间 $[t_i, t_{i+1}]$ 频率 $f_i = \dfrac{n_i}{N}$。用 P_i 表示取值落入第 i 个区间的概率。

若 H_0 成立(即总体的服从分布 $F(x)$),则

$$p_i = \int_{t_{i-1}}^{t_i} F'(x)\mathrm{d}x = F(t_i) - F(t_{i-1}), i = 1,2,\cdots,M+1 \qquad (3.47)$$

由频率与概率的关系,$(f_i - p_i)^2$ 应该较小,因而 $(f_i - p_i)^2 \Big/ \dfrac{n_i}{N}$ 也应较小。于是

$$\sum_{i=1}^{m+1}(f_i - p_i)^2 \Big/ \dfrac{p_i}{N}$$

比较小才合理。当 N 较大时,统计量

$$V = \sum_{i=1}^{m+1}(f_i - p_i)^2 \Big/ \dfrac{p_i}{N} = \sum_{i=1}^{m+1}\dfrac{(n_i - Np_i)^2}{Np_i}$$

服从自由度为 $m-r$ 的 χ^2 分布,其中,m 为划分的区间个数 -1,r 为被估计得参数的个数。于是给定检验水平,查 χ^2 分布临界值表得 λ,使

$$p[\chi^2(m-r) > \lambda] = a \qquad (3.48)$$

然后比较 V 和 λ 就可以对假设 H_0 作出判断。

总体概率分布假设检验的步骤:

(1) 提出检验假设 $H_0:x$ 服从 $F(x)$,$F(x)$ 是已知的概率密度函数。

(2) 计算"频数 n_i"$(i=1,2,\cdots,M+1)$:n_i 是样本值落入第 i 个区间的个数。

(3) 计算统计量 V 的值:$V = \sum\limits_{i=1}^{m+1}(f_i - p_i)^2 \Big/ \dfrac{p_i}{N} = \sum\limits_{i=1}^{m+1}\dfrac{(n_i - Np_i)^2}{Np_i}$,式中 $p_i = \int_{t_{i-1}}^{t_i} p(x)\mathrm{d}x$。

(4) 估计概率分布中的参数:泊松分布中只有一个参数 λ,如果未知,需要估计,则 $r=1$,正态分布中有 2 个参数 μ 和 σ^2;若都要估计,则 $r=2$;若参数已知,则 $r=0$。

(5) 由检验水平和自由度 $m-r$,查 χ^2 分布临界值表得 λ,使 $p(\chi^2(m-r) > \lambda) = a$。

(6) 比较 V 和 λ 作出判断:如果 $V > \lambda$,则否定 H_0,H_0 的否定域为 $(\lambda, +\infty)$;如果 $V \leq \lambda$,则 H_0 相容,H_0 的相容域为 $(0,\lambda]$。

如果需要更多的此方面的内容,则可参考有关资料。需要说明的是,目前很多计算机语言中均有均匀分布随机数产生器,但性能不一,在使用之前必须对它进行严格的统计检验,否则,可能一个较差的随机数产生器会给仿真结果带来不堪设想的后果。

第 4 章
统计试验法概述

统计试验法(Statistical Testing Method)又称随机抽样技术,应用最多的是蒙特卡罗法[6,12]。

所谓蒙特卡罗法,是一种通过对实际过程的建模、随机抽样和统计试验来求解各种工程技术、数学物理、社会生活和企业管理等不同问题的近似解的概率统计方法。用蒙特卡罗法解题并不是通过真实试验来完成的,而是抓住事物运动的基本特征,如统计特性、统计参数、几何特征等,利用数学方法在计算机上对真实事物、过程进行仿真,即进行数字统计模拟来完成的。实际上,这种概率统计方法并不是现代才提出来的,在很久以前,在赌场中,赌徒们为了检查赌具——骰子的均匀性以防有人作弊,在正式开始赌博之前总要将骰子掷几下,甚至几十下,用来粗略地检查六个点出现的机会是否相等或是否总出现某一个点。后来人们逐渐地将这种古老的思想用于生产实践中。蒙特卡罗法真正地作为一种独立的方法被采用,是在 20 世纪中期。首先是用于核物理的研究方面,后来逐渐扩大其应用范围,到当前几乎科学技术的各个领域都有蒙特卡罗法的踪迹。这个古老的思想之所以经过几百年之后才得到广泛应用,究其原因是因为要获得精确的统计试验结果,必须进行大量的统计试验或运算,这在计算机发明之前,人是难以胜任的。即使在 20 世纪 50 年代,甚至 60 年代计算机速度较低时,也难以广泛应用。实际上,蒙特卡罗法的应用与推广是与电子数字计算技术的发展与普及紧密地联系在一起的。可以说,蒙特卡罗法的广泛应用是概率论、数理统计与电子数字计算技术多学科发展的结果。

蒙特卡罗法真正地用于电子信息系统领域虽然只有 40 年左右的历史,但已经成为电子信息系统的研究与设计者的非常强有力的工具。当前,把蒙特卡罗法与系统仿真结合起来,在实验室完全可以复现各种复杂的雷达或电子信息系统的电磁环境,产生雷达或电子信息系统的各种输入信号、相干或非相干的杂波、干扰和噪声,对其进行信号处理、检测以产生点迹、航迹,对各类目标进行外推、跟踪、数据融合,进而进行综合显示。在电子信息领域以下的几个方面蒙特卡罗法将会有广泛的应用前景:

(1) 雷达或电子信息系统电磁环境的生成。
(2) 用于雷达或电子信息系统的验收与性能评估。
(3) 用于雷达或电子信息系统的方案设计,系统性能的优化。
(4) 研究和选择电子信息系统抗各种有源、无源干扰手段。
(5) 研究或寻求各种先进的雷达或电子信息系统的体制、波形和先进的技术。
(6) 将蒙特卡罗法和电子信息系统仿真、EDA 技术结合在一起用于现代雷达或电子信息系统的自动化设计。

随着计算技术的飞速发展,统计试验法在雷达或电子信息系统的研究和设计方面必将更加普及、更加成熟。这是因为:

(1) 经济性:在雷达与电子信息系统的研究和设计方面,利用统计试验法可以节省大量的人力、物力。
(2) 有效性:利用统计试验法对雷达和电子信息系统进行研究可以大大地缩短系统的研制周期。
(3) 唯一性:利用统计试验法可以完成人工难以完成或根本无法完成的工作,特别是对那些无法求出数学解或极其复杂的问题,是目前唯一有效的方法。
(4) 蒙特卡罗法不仅能解决概率问题,也可以解决非概率问题,在大多数情况下都是将非概率问题转化为概率问题来进行求解。

4.1 蒲丰问题

蒲丰(Buffon)是一位法国的科学家,他是第一个把统计试验法用来解决实际问题的科学家。他提出了用统计试验法确定圆周率 π 的概率统计模型。通常称其为蒲丰模型或随机投针试验模型。

蒲丰问题叙述如下:在一个任意的平面上,划一组平行线,线与线之间的距离为 $2R$,R 为一常数。然后向平面上任投一针,针的长度为 $2l$,并且有 $R>l>0$,问这一针与任一直线相交的概率是多少?图 4.1 中给出了描述这一问题的示意图,不过图中只给出了两条平行线,图中 M 点是针的中点,x 是 M 点到最近的一条平行线的垂直距离,针与相交线之间的夹角为 ϕ。

从投针方式和图 4.1 可以看出,针的中点 M 等概率地落在长度为 R、垂直于所划平行线的线段上,即随机变量 x 在 $[0,R]$ 区间上是均匀分布的,其概率密度函数为

$$f(x) = \begin{cases} \dfrac{1}{R}, & 0 \leq x \leq R \\ 0, & 其他 \end{cases} \qquad (4.1)$$

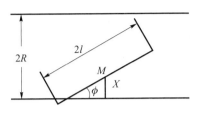

图 4.1 蒲丰模型示意图

其次,夹角 ϕ 界于 ϕ_1 和 $\phi_1 + \Delta\phi$ 之间的概率与增量 $\Delta\phi$ 的大小成正比,即 ϕ 在 $[0,\pi]$ 区间上是均匀分布的,其概率密度函数为

$$f(\phi) = \begin{cases} \dfrac{1}{\pi}, & 0 \leq \phi \leq \pi \\ 0, & 其他 \end{cases} \quad (4.2)$$

另外,随机变量 x 与 ϕ 是互相独立的,针与线相交与否完全由 x 和 ϕ 决定,其充要条件为

$$x \leq l\sin\phi, \quad 0 \leq x \leq R \quad (4.3)$$

这样,x 和 ϕ 的联合概率密度函数为

$$f(x,\phi) = \dfrac{1}{R\pi} \quad (4.4)$$

于是,针线相交的概率为

$$p = \int_0^\pi \int_0^{l\sin\phi} p(x,\phi)\,\mathrm{d}x\mathrm{d}\phi = \int_0^\pi \dfrac{1}{\pi}\dfrac{l\sin\phi}{R}\mathrm{d}\phi \quad (4.5)$$

令 $\phi = \pi y$,则有

$$p = \int_0^1 \dfrac{l}{R}\sin(\pi y)\,\mathrm{d}y = \dfrac{2l}{R\pi}$$

如果令 $R = l$,则有

$$p = \dfrac{2}{\pi} = 0.63661978 \quad (4.6)$$

如果令 $R = 2l$,则得到更简单的结果,即

$$p = \dfrac{1}{\pi} \quad (4.7)$$

可见,只要用统计试验法求出概率 p,则 π 值的估值就可求出来了,即

$$\hat{\pi} = \dfrac{1}{p} \quad (4.8)$$

对于 $2l > R$ 的情况,结果比较复杂,即

$$p = \dfrac{1}{\pi R}\left\{ R\left[\pi - 2\sin^{-1}\left(\dfrac{R}{l}\right)\right] + 2l\left(1 - \sqrt{1 - \dfrac{R^2}{l^2}}\right) \right\} \quad (4.9)$$

π值的渐近无偏估计为

$$\hat{\pi} = \frac{2rN}{m} \tag{4.10}$$

式中：$r = l/R$，是试验次数，是针线相交数。
渐近方差为

$$\text{Var}(\hat{\pi}) = \frac{\pi^2}{N}\left(\frac{1}{2}\pi - 1\right) \approx \frac{5.6335}{N} \tag{4.11}$$

如果针的长度大于相邻二线之间的距离，针至少与一条线相交的概率

$$p = \frac{2l}{\pi R}(1 - \sin\phi) + \frac{2\phi}{\pi} \tag{4.12}$$

式中：$\sin\phi = R/l$。这样，也可以得到π的估值。
上述过程称为建模，它用一个数学模型表达了蒲丰模型。

4.1.1 实物统计试验步骤

（1）在任一平面上按模型要求划一组平行线，线的间距为$2R$。
（2）向该平面任意投一根针，针的长度等于$2l$，投针时记录总试验次数N和针与线相交的次数m。
（3）计算事件A出现的相对频率

$$\hat{p} = \frac{m}{N} \tag{4.13}$$

根据大数定理知，在试验次数是独立的条件下，只要试验次数N足够大，概率估值$\hat{p}$与概率p值之差小于某一正数ε的概率趋近于1，即

$$p\left(\left|\frac{m}{N} - p\right| \leq \varepsilon\right) \to 1 \tag{4.14}$$

这样，便可用相对频率$\hat{p}$代替概率p。
（4）得到π的估值，即

$$\hat{\pi} = \frac{1}{\hat{p}} = \frac{N}{m} \tag{4.15}$$

后人根据这一模型给出了人工仿真结果，见表4.1。

表4.1 前人给出的π的估计结果

仿真者	时间	仿真次数	π的近似值
Wolf	1850	5000	3.1596
Smith	1855	3204	3.1553
Demorgan	1860	600	3.137
Fox	1894	1120	3.1419
Lazzarini	1901	3408	3.1415929
Reina	1925	2520	3.1795

4.1.2 在计算机上进行统计试验的步骤

由于人工仿真存在一系列问题,特别是试验次数数值很大时,人是无法完成的。如前面给出的蒲丰问题数据,人工给出的试验次数最多只有 5000。如试验次数再增加几个数量级,这对雷达等电子信息系统的仿真和性能评估来说,是经常发生的,显然人工是难以完成的,但对当今计算机来说,可能是举手之劳。对蒲丰问题的计算机仿真步骤如下:

步骤 1 首先,在电子计算机上产生两个相互独立的随机变量 y,θ 的随机抽样序列 $\{y_i,\theta_i, i=1,2,\cdots,N\}$,$y_i,\theta_i$ 均服从 $[0,1]$ 区间上的均匀分布。

步骤 2 然后,分别将随机变量 y_i,θ_i 变换成 $[0,a]$ 区间和 $[0,\pi]$ 区间上的均匀分布随机序列 $\{x_i,\phi_i,i=1,2,\cdots,N\}$,即

$$\begin{cases} x_i = Ry_i \\ \phi_i = \pi\theta_i, i=1,2,\cdots,N \end{cases}$$

步骤 3 在计算机上检验不等式

$$x \leq l\sin\phi_i \tag{4.16}$$

即

$$y_i \leq \frac{l}{R}\sin(\pi\theta_i)$$

是否成立,如果此式成立,则认为投针试验成功,即针线相交;否则就算失败,针与线没有相交。

步骤 4 重复步骤 1~步骤 3 N 次,得成功次数函数,即

$$m(x_i,\phi_i) = \begin{cases} 1, & x_i \leq l\sin\phi_i \\ 0, & 其他 \end{cases}$$

计算 p 的估值 $\hat{p}$ 和 π 的估值 $\hat{\pi}$

$$\hat{p} = \frac{1}{N}\sum_{i=1}^{N} m(x_i,\phi_i) \tag{4.17}$$

$$\hat{\pi} = \frac{N}{\sum_{i=1}^{N} m(x_i,\phi_i)} \tag{4.18}$$

步骤 5 最后对精度进行估计,看是否需要增加试验次数继续进行统计试验。如果满足精度要求,则结束仿真,给出仿真结果。表 4.2 中给出的一组数据是在计算机上得到的估计结果。从这组数据可以看出,π 值的精度基本上是随着试验次数 N 的增加而增加的。

表4.2 π值估计结果

模拟次数	π的估值
1000	3.31125828
2000	3.16960639
3000	3.18809775
4000	3.16725106
5000	3.20718409
6000	3.21754165
7000	3.01994140
8000	3.17082838
9000	3.14043478
10000	3.14087631

这里需要说明的是,在进行仿真实验之前,必须对计算机中所给出的[0,1]区间的均匀分布随机数进行统计检验。

综合以上步骤,给出投针试验的程序流程图,如图4.2所示。图中 N_0 表示满足精度的试验次数。

尽管蒲丰问题比较简单,但通过对它的分析,不难归纳出用统计试验法来解概率问题的一般步骤:

步骤1 根据待解决问题的物理过程,建立描述该过程的概率模型,即对问题进行建模。

步骤2 根据要求,确定满足试验精度的试验次数。

步骤3 产生[0,1]区间上的均匀分布随机数。

步骤4 产生仿真系统所需要的随机变量,它们可能是独立的,也可能是相关的。

步骤5 根据所选定的方法划出程序流程图,然后选定仿真语言,编出源程序,上机进行仿真。

步骤6 对仿真结果进行评估。

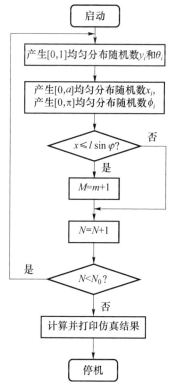

图4.2 蒲丰投针试验的程序流程图

4.2 报童问题

与蒲丰问题不同,报童问题是决策方面的一个简单例子。对一个报童来说,他每天由报社买来报纸,然后到街上去卖,希望获得最大的利润。如果把报童问题看作一个系统,那么报纸、顾客、报童和利润就成了该系统的重要组成部分。问题是,根据市场需求,报童寻求一个什么样的定货法则或策略才能使他所获得的利润最大。因为定货多了,如果市场需求小,卖不了将导致利润下降,甚至亏本;定货少了,如果市场需求量大,又失去了赚钱的机会。这样一来,定货法则或定货策略就成了报童能否赚取最大利润的关键。当然,最好是每天需要多少份就定多少份,但市场需求量是一个随机变量,这就需要每天用统计方法作出决策。

设 B_n 为当天买进或订购的报纸数量;S_n 为当天卖掉的报纸数量;D_n 为当天社会需要报纸的数量,显然它是一个随机变量。

再假定,报童每天买进和卖出每份报纸的价格分别用 P_B 和 P_S 表示,且 $P_S > P_B$,即卖出价大于买入价,则第 n 天的利润为

$$P_n = S_n P_S - B_n P_B \tag{4.19}$$

报童决定:当天订购报纸的数量等于前一天的市场需求量,即

$$B_n = D_{n-1} \tag{4.20}$$

而当天卖掉的报纸的数量 S_n 则由以下两个条件来决定

$$\begin{cases} S_n = D_n, & D_n \leq B_n \\ S_n = B_n, & D_n > B_n \end{cases} \tag{4.21}$$

即是说,如果当天订购的报纸的数量大于需求量,当天卖掉的报纸的数量只能等于需求量;如果当天买的报纸的数量小于需求量,即当天卖掉的报纸的数量等于当天订购量和当天需求量二者中的小者。

现在的问题是,前一天的需求量如何决定。报童决定利用过去一年的统计数字确定 D_{n-1}。报童根据以前的卖报记录知道,每天的需求量可能为 40 份、41 份、42 份、43 份、44 份、45 份、46 份,相对频数为 P_n,因此得到如表 4.3 所列的一组数据。

表 4.3　需求量与相对频数的关系

需求量 D_n	相对频数 P_n
40	0.05
41	0.10

(续)

需求量 D_n	相对频数 P_n
42	0.20
43	0.30
44	0.15
45	0.10
46	0.10

其需求量的平均值

$$\overline{D}_n = \sum_i i p_i = 43.10$$

最后,报童做了一个轮盘,并将其分成了 7 份,每份的大小分别等于每个需求量对应的频数,即需求量分别为 $40,41,\cdots,46$ 份报纸时,其轮盘上对应的面积分别为 $0.05,0.1,\cdots,0.1$ 类推,如图 4.3 所示。

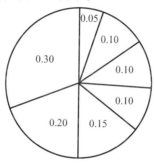

图 4.3 轮盘示意图

这样,报童每天去订货之前转一次轮盘,指针所指的数量就作为前一天的需求量 D_{n-1}。

假定,第一天转了一次,$D_{n-1}=42$,即 $D_0=42$,作为第二天买报的依据;第二天又转了一次,$D_1=41$,表示当天的需求量,说明这一天订购 42 份,由于 $B_n > D_n$,所以只卖掉 41 份,即 $S_n=D_n$。第三天又转了一次,$D_2=45$,表示当天的需求量,说明这一天订购 41 份,由于 $B_n < D_n$,所以当天只卖掉 41 份,即 $S_n=B_n$,依此类推。表 4.4 给出了 10 天的仿真结果。

表 4.4 报童问题的 10 天的仿真结果

n	D_n	B_n	$D_n \leq B_n$	$D_n > B_n$	S_n	P_n	$\sum P_n$
0	42	—	—	—	—	—	—
1	41	42	Y	—	41	11.8	11.8
2	45	41	—	Y	41	12.3	24.1

(续)

n	D_n	B_n	$D_n \leq B_n$	$D_n > B_n$	S_n	P_n	$\sum P_n$
3	44	45	Y	—	44	12.7	36.8
4	43	44	Y	—	43	12.4	49.2
5	46	43	—	Y	43	12.9	62.1
6	43	46	Y	—	43	11.4	73.5
7	42	43	Y	—	42	12.1	85.6
8	44	42	—	Y	42	12.6	98.2
9	43	44	Y	—	43	12.4	110.6
10	40	43	Y	—	40	10.5	121.1

从整个仿真可以看出,在价格确定之后,利润的多少关键在于决策法则。由于 D_n 是一个随机变量,实际上当天的订购策略可能有许多选择,如 $B_n = (D_{n-1} + D_{n-2})/2$,也可以用长时间的统计平均值。如果报童积累的数据较多,也可以建立 D_n 的统计模型。表 4.4 是在 $P_B = 0.5, P_S = 0.8$ 时得到的。

表 4.5 给出了采用四种决策规则所获得的 17 天的利润累计结果。从表中可以看出,不同的决策规则所获得的利润是不一样的。

表 4.5 采用不同的决策准则时报童所获得的利润

N_0	17 天的利润	报童使用的决策规则
1	335.5 元	$B_n = D_{n-1}$
2	347.0 元	$B_n = (D_{n-1} + D_{n-2})/2$
3	358.5 元	$B_n =$ 常数,历史上 m 天 D 的平均值
4	366.0 元	$B_1 = D_0$ $B_2 = (D_0 + D_1)/2$ $\vdots$ $B_n = (D_0 + D_1 + \cdots + D_{n-1})]/n$
		说明:B_n 为每天买入的报纸数量;D_n 为每天社会的需求量;过去累计的需求量及相应的概率为 40　41　42　43　44　45　46 0.05　0.10　0.20　0.30　0.15　0.10　0.10

从以上结果可以看出,当采用不同的决策准则时,其结果是不同的。在没有计算机的时代,做一个轮盘已经是够科学了,但对于今天,10 天的统计结果和 $B_n = D_{n-1}$ 的决策原则是不够的,如果能够利用更多的数据建立一个统计模型或如前所述改变决策准则,将会获得更多的利润。从决策的角度说,这样一个简单

的例子尽管没有普遍意义,但我们从这里看到了从建模开始到随机变量的产生及如何进行仿真的全过程。这也说明,统计试验法的应用范围是很广的,他不仅仅用于电子信息系统的仿真研究。

4.3 蒙特卡罗法在解定积分中的应用

计算定积分是蒙特卡罗法的一个很重要的应用。在通常情况下,定积分都是用数值计算的方法来解的,但当积分的重数增加时,其工作量的增加特别显著,甚至用电子数字计算机也难于完成,然而用蒙特卡罗法,这个问题就迎刃而解了,特别是对多重积分,效果更明显。就是用蒙特卡罗法计算一般的积分,也不失为一种较好的选择。这里只介绍计算定积分的两种基本方法,为对电子信息系统性能评估奠定基础。

4.3.1 概率平均法

首先考虑定积分

$$J = \int_a^b f(x) \mathrm{d}x \tag{4.22}$$

假设 ξ 为 OX 轴某区域 Ω 上取值为 x 的连续随机变量,取值范围由 a 到 b,它的分布规律由 Ω 域上的概率密度函数 $f(x)$ 决定,如图 4.4 所示。实际上,计算该积分的问题就是计算随机变量 ξ 落在 Ω 域上 ω 区间内的概率问题,它应等于概率密度函数 $f(x)$ 和 a 与 b 在 x 轴所限定区间的面积,即

$$p = p, a \leq \xi < b$$

首先,根据给定的概率密度函数 $f(x)$,产生满足该分布规律的随机变量 x_i,然后检验 x_i 是否落在 ω 区间之内,如果 x_i 处于此区间,则认为此次试验是成功的,否则就认为是失败的。在进行 N 次独立试验之后,得出成功次数 m,则可得到随机变量 ξ 落入区间 ω 内的概率估值,或相对频率为

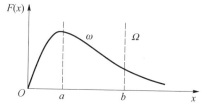

图 4.4 概率密度函数与积分边界关系图

$$\hat{p} = \frac{m}{N} = \frac{1}{N} \sum_{i=1}^m x_i \tag{4.23}$$

利用贝努利定理,假定事件 A 出现的概率为 p,在 N 次统计试验中事件 A 出现的次数为 m,则对任意正数 ε,有

$$\lim_{N\to\infty} p\left(\left|\frac{m}{N} - p\right| < \varepsilon\right) = 1 \tag{4.24}$$

显然,当 N 足够大时,取 $\frac{m}{N}$ 作为上述积分的近似值是合理的,即 $p = \hat{p}$。

由此,得到统计试验步骤如下:

步骤1　从具有分布规律为 $f(x)$ 的随机总体中抽取随机数 x_i。

步骤2　将随机数 x_i 与区间 ω 的界 a 与 b 进行比较,比较结果用一个特征指标 β 来表示,如果满足不等式

$$a \leq x_i < b$$

则 $\beta = 1$,否则 $\beta = 0$。

步骤3　将比较所得到的 β 值加入一个试验成功计数器,该计数器用 m 表示,称为 m 计数器。

步骤4　每次试验完毕,不管试验成功与否,均在试验次数计数器内加1。

步骤5　在 N 次统计试验之后,计算成功计数器内的数值与试验次数 N 的比值,即为所求概率的估值 $p = \hat{p} = \frac{m}{N}$。

例4.1　用蒙特卡罗法进行概率计算,假定随机变量 ξ 服从瑞利分布

$$f(x) = \frac{x}{\sigma^2}\exp\left(-\frac{x^2}{2\sigma^2}\right), x \geq 0 \tag{4.25}$$

试计算 ξ 小于任一门限 T 的概率,这里假定,$T = 1, \sigma = 1$。

该积分的理论值

$$p = \int_0^T x\exp\left(-\frac{x^2}{2}\right)\mathrm{d}x = 1 - \mathrm{e}^{-\frac{T^2}{2}} \tag{4.26}$$

用统计试验法计算的结果列于表4-6。表中 x_i 表示依次取的随机数,它服从瑞利分布。m 为成功次数。由表可见,在20次的统计试验中,只有6次满足 $x_i < T$ 的条件,即 $p = 0.30$。由式(4.26)计算的结果为 $p = 0.393$。显然,20次的统计试验的结果是不太精确的,误差达25%。如果要提高精度,必须增加试验次数。然而值得注意的是,在此表中似乎 $n = 10$ 时更精确,实际上这只是一种偶然现象。在统计试验时,只有多次试验的结果趋于稳定的时候,才能说所得到的结果是该积分的近似解,否则只能说明试验次数太少,这时需要继续进行补充试验。

以上求积分的方法是作为概率问题来解的,它应当满足以下条件:

$$\begin{cases} f(x) \geq 0 \\ \int_{-\infty}^{\infty} f(x)\,\mathrm{d}x = 1 \end{cases} \tag{4.27}$$

表4.6 例4.1的计算结果

	1	2	3	4	5	6	7	8	9	10
x_i	1.042	0.811	1.225	0.526	0.927	2.071	1.906	0.635	1.586	1.379
m	0	1	1	2	3	3	3	4	4	4
P	0	0.50	0.33	0.50	0.6	0.50	0.43	0.50	0.44	0.40
N	11	12	13	14	15	16	17	18	19	20
x_i	3.154	1.845	1.133	1.786	2.481	0.476	2.391	1.076	0.727	3.000
m	4	4	4	4	4	5	5	5	6	6
P	0.36	0.30	0.31	0.29	0.27	0.31	0.29	0.28	0.32	0.30

如果给定的被积函数不是概率密度函数,通常经过适当的变换可使其满足式(4.27)的要求。在大多数情况下,这种变换是可能的,但有时要进行非常复杂的运算,甚至复杂到不下于计算积分本身,即使能够很快得到变换表达式,又要通过适当的抽样方法得到新的分布的随机抽样,如是这样,就要考虑是否选择其他的计算方法的问题了。

下面介绍一种利用均匀分布随机数通过随机投点来计算定积分的方法,二维随机投点法。

首先,假定有一定积分为

$$J = \int_0^1 g(x) \, dx \quad (4.28)$$

其被积函数满足条件 $0 \leq g(x) \leq 1$。

利用均匀分布随机数计算定积分原理如图4.5所示。

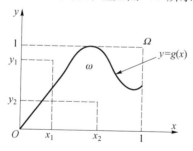

图4.5 利用均匀分布随机数计算定积分原理图

Ω 域是由不等式 $0 \leq x \leq 1$、$0 \leq y \leq 1$ 确定的,而 ω 又是由曲线 $y = g(x)$、x 轴和 $x = 1$ 所限定的区域。显然,该积分 J 等于 ω 域的面积,因为 Ω 域的面积等于1。如果利用两个相互独立的 $[0,1]$ 区间上均匀分布随机数 x_i 和 y_i 构成一个二维随机点 (x_i, y_i),当将 N 个随机点均投到 Ω 域上时,显然这些随机点将均匀地分布在 Ω 域上,那么落入 ω 域中的点数显然与其面积成正比,而与这些点所落的位置无关。这些点落入 Ω 域的概率等于1。

如果已知从一均匀分布随机总体中抽出的 N 个随机点为 $(x_1,y_1),(x_2,y_2),\cdots,(x_N,y_N)$，那么它们的联合概率密度函数仍然是均匀分布的，且有联合概率密度函数 $f(x,y)=1$，故随机点 (x_i,y_i) 落入 ω 域的概率为

$$p(\omega) = J = \iint_\omega f(x,y)\mathrm{d}x\mathrm{d}y \tag{4.29}$$

于是得到计算该积分面积的计算步骤：

步骤1 产生 $[0,1]$ 区间上的均匀分布的随机数序列。

步骤2 从该随机数序列中任意抽取一对随机数，构成一个随机点 (x_i,y_i)。

步骤3 将随机点 (x_i,y_i) 变成坐标 $[x_i,y_i]$，并判断其是否落入 ω 区。

① 先依 ξ_i，求出 $y_i = g(\xi_i)$。

② 将 y_i 与 η_i 进行比较，如果 $y_i \leqslant \eta_i$，则该次试验算成功，在成功计数器 m 中加1，否则算失败。

步骤4 不管试验成功与否，每试验一次，在试验计数器中加1。

步骤5 求随机点落入 ω 区的概率估值

$$\hat{J} = \frac{m}{N}$$

或

$$\hat{J} = \frac{1}{N}\sum_{i=1}^{N} m_i \begin{cases} m_i = 1, & y_i \leqslant \eta_i \\ m_i = 0, & y_i > \eta_i \end{cases} \tag{4.30}$$

最后，将 $\hat{J}$ 作为 p 的近似值。

在某些情况下，积分限不是从 0 到 1，而是从 a 到 b，例如

$$J = \int_a^b h(x)\mathrm{d}x \tag{4.31}$$

对这种情况，则需要对随机数做变换，即

$$y_i = a + (b-a)x_i \tag{4.32}$$

即将 $[0,1]$ 区间的均匀分布随机数变成 $[a,b]$ 区间的均匀分布随机数，以保持投点区间与积分限的一致。

例4.2 用蒙特卡罗法计算正方形内切圆的面积。正方形及其内切圆如图4.6所示，其中圆的半径 R 为1，正方形的边长 L 为2。该圆面积的理论值应为 $S = \pi R^2 = \pi \approx 3.1415926$。

在用蒙特卡罗法对该面积进行估计时，采用前面介绍的随机投点的方法，其基本步骤如下：

步骤1 产生两个相互独立的且在 $[-1,1]$ 区间均匀分布的随机数序列 $\{x_i\},\{y_i\}$（方法见第6章）

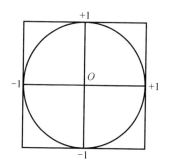

图4.6 用蒙特卡罗法计算正方形内切圆面积示意图

$$\begin{cases} x_i = 2u_{i1} - 1 \\ y_i = 2u_{i2} - 1 \end{cases} \tag{4.33}$$

式中:u_{i1},u_{i2}为$[0,1]$区间上的均匀分布随机数。

步骤2 取一对随机数x_i,y_i,在正方形内形成一个交点,等效于向正方形内随机投点。

步骤3 检验由x_i,y_i决定的点是否落入正方形的内切圆内,即$x_i^2 + y_i^2 < 1$。如果该点落入圆内,认为此次试验成功,成功计数器m加1,同时试验次数计数器N也加1。如果结果不满足式的条件,试验算失败,此种情况下只有试验次数计数器N加1。最终m计的是落入圆内的试验次数,N计的是总的试验次数。

步骤4 重复步骤1~步骤3,一直到试验次数N等于给定的试验次数N_0为止,得到随机点落入圆内的概率估值

$$\hat{p} = \frac{m}{N}$$

该估值意味着,圆的面积占正方形面积的百分比。

步骤5 由于该正方形的面积是已知的,即等于4,故最后得到圆的面积

$$S = 4\hat{p} = 4\frac{m}{N} \tag{4.34}$$

表4.7中给出了一组统计试验结果。

表4.7 用蒙特卡罗法计算圆面积的试验结果

技术试验次数	所计算的圆的面积值	计算的相对误差
100	3.36	-0.0695212
500	3.192	-0.0160452
1000	3.18	-0.0122255
2000	3.164	-0.0071325
3000	3.12	0.00687314
4000	3.156	-0.00458602
5000	3.1376	0.00127088

从计算结果我们看到,在实际计算时,计算误差时正时负,随着统计试验次数 N 值的增加,计算结果慢慢地收敛于 π 的真值。如图 4.7 所示,其收敛速度与试验次数 N 和均匀分布随机数的均匀性有关。但只要试验次数足够大,稳定之后,其相对误差是比较小的。实际上,蒙特卡罗法用于解多重积分效率更高,这里不仅介绍有兴趣的读者可参考有关资料。

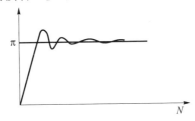

图 4.7 收敛过程与试验次数 N 的关系曲线

4.4 利用蒙特卡罗法计算 $\sin\theta$ 和 $\cos\theta$ 的快速算法

4.4.1 选舍抽样法 I

利用变换抽样所获得的正态分布随机抽样公式中包含着正弦函数 $\sin\theta$ 和余弦函数 $\cos\theta$,在计算机上实现 $\sin\theta$ 和 $\cos\theta$ 的运算是很花费计算机时间的,这就要求利用快速算法加快运算速度。本节给出一种由 Van Neumann 提出的算法。首先,分别以 I 和 Q 表示正弦函数和余弦函数,即

$$\begin{cases} I = \sin\theta \\ Q = \cos\theta \end{cases} \tag{4.35}$$

根据半角公式,式(4.35)可以写成

$$\begin{cases} I = \sin\theta = 2\sin\dfrac{\theta}{2}\cos\dfrac{\theta}{2} \\ Q = \cos\theta = \cos^2\dfrac{\theta}{2} - \sin^2\dfrac{\theta}{2} \end{cases} \tag{4.36}$$

现在定义图 4.8 中单位圆内直角三角形的两条直角边,则

$$\begin{cases} \sin\dfrac{\theta}{2} = \dfrac{B}{\sqrt{A^2+B^2}} \\ \cos\dfrac{\theta}{2} = \dfrac{A}{\sqrt{A^2+B^2}} \end{cases} \tag{4.37}$$

将式(4.37)代入式(4.36)中,最后得到 $\sin\theta$ 和 $\cos\theta$ 的表达式为

$$\begin{cases} I = \sin\theta = \dfrac{2AB}{A^2 + B^2} \\ Q = \cos\theta = \dfrac{A^2 - B^2}{A^2 + B^2} \end{cases} \quad (4.38)$$

显然,只要给定 A 和 B 的数值,便可直接计算 $\sin\theta$ 和 $\cos\theta$ 的数值。关键的问题就是如何确定 A 和 B 的数值。

由图 4.8 可以看出,可以把 A 和 B 看作是两个独立的在 $[-1,1]$ 区间上均匀分布的随机变量。这样当产生一对 A_i 和 B_i 时,就在单位圆内构成一个随机点 p_i。显然,随机点 p_i 在单位圆内是均匀分布的,那么随机点 p_i 到单位圆圆心的线段 p_i0 与 x 轴之间的夹角 $\theta/2$ 也是均匀分布的,则 θ 必然也是均匀分布的。于是,在已知均匀分布随机数 A_i 和 B_i 的时候,就可按式 (4.37) 计算 $\sin\theta$ 和 $\cos\theta$ 的数值了。

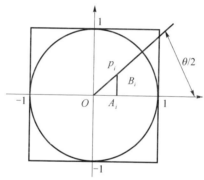

图 4.8　利用选舍抽样法 I 计算 $\sin\theta$ 和 $\cos\theta$

在计算的过程中值得注意的是,如果发现 $A_i^2 + B_i^2 > 1$,则必须抛弃由该组 A_i 和 B_i 所产生的结果,重新选一对 A_i 和 B_i 继续进行计算,一直到新的或更新的一组 A_i 和 B_i 满足 $A_i^2 + B_i^2 > 1$,才保留该结果并用它们去计算 $\sin\theta$ 和 $\cos\theta$。利用这种方法计算的 $\sin\theta$ 和 $\cos\theta$ 所用的机器时间只是幂级数法的 $\dfrac{1}{3}$ 左右。它的精度只与随机数的性能和乘除运算的结尾误差有关。由于公式本身是精确的,故它不存在幂级数计算中的项数有限所产生的误差。这种方法的计算效率 $E = \pi R^2/4 = 0.785$。

4.4.2　选舍抽样法 II

前面所介绍的计算 $\sin\theta$ 和 $\cos\theta$ 的方法能够大大地提高计算速度,但它存在一个问题,即它的抽样效率 $E = \pi/4 = 0.785$,抽样效率较低。这就意味着在 $\xi_1^2 + \xi_2^2$ 的计算中,有近 25% 是做了无用的功。下面介绍一种具有较高抽样效率的计算方法,如图 4.9 所示。

其基本思想仍然是向单位圆随机投点,只是单位圆不是正方形的内切圆,而是正六边形的内切圆,该正六边形的边长为 $2/\sqrt{3}$。由于是向二维平面随机投点,因此选用两个随机数模拟投点结果:一个随机变量 ξ_1 是在 $[-1,1]$ 区间上均匀分布的;另一个随机变量 ξ_2 是在 $[0,\sqrt{3}]$ 区间上均匀分布的。由 ξ_1 和 ξ_2 描述图中 CD 线段的方程为

$$\xi_2 = \frac{2}{\sqrt{3}} - \frac{1}{\sqrt{3}} \xi_1, \xi_1 \geq 0 \tag{4.39}$$

CE 段的方程为

$$\xi_2 = \frac{2}{\sqrt{3}} + \frac{1}{\sqrt{3}} \xi_1, \xi_1 \leq 0 \tag{4.40}$$

于是,有抽样方法如图 4.10 所示。

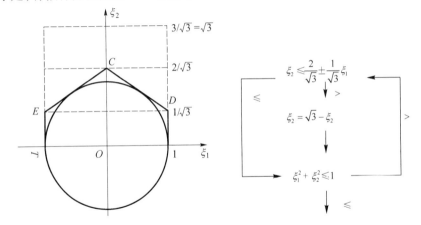

图 4.9 计算 $\sin\theta$ 和 $\cos\theta$ 的快速算法　　图 4.10 抽样方法流程图

则按选舍抽样法 I 中计算 $\sin\theta$ 和 $\cos\theta$ 表达式的方法有

$$\cos\theta = \frac{\xi_1^2 - \xi_2^2}{\xi_1^2 + \xi_2^2}$$

$$\sin\theta = \frac{2\xi_1\xi_2}{\xi_1^2 + \xi_2^2} \tag{4.41}$$

有抽样效率为

$$E = \frac{\pi R^2}{2\sqrt{3}} \approx 0.906$$

与前一种方法相比提高抽样效率 12.1%,但它增加了两次加法运算和两次乘法运算。

这种方法值得注意两点:一是在抽样运算时利用了公式 $\xi_2 = \sqrt{3} - \xi_2$,因为 $\sqrt{3} - \xi_2$ 在 $[0, \sqrt{3}]$ 区间也是均匀分布的;二是在抽样效率公式分母中的 $\sqrt{3}$,它不是图中在纵轴方向的 $0 \to \sqrt{3}$ 的 $\sqrt{3}$,它是计算矩形面积时在纵轴方向的等效边长,刚好也是 $\sqrt{3}$。

4.5 统计试验法的精度

4.5.1 统计试验法的总精度

在统计试验法的应用中,它的仿真精度是非常重要的问题,因为它关系到应用这种方法的成败问题。在仿真时,为了达到足够的精度,必须考虑许多因素对仿真结果的影响,例如,其中一个很重要的因素,就是抽样数。如果抽样数很大,那么必然要占用大量的计算机时间,有时不得不放弃应用统计试验法。通常,采用统计试验法时,影响精度的主要因素有:

(1)输入数据不精确。
(2)采用的模型不精确。
(3)存在计算误差。
(4)试验次数有限。

这样,在忽略一些次要因素的情况下,统计试验法的总精度可以表示为

$$\sigma_z = \sqrt{\sigma_1^2 + \sigma_2^2 + \sigma_3^2 + \sigma_4^2} \tag{4.42}$$

式中:$\sigma_1, \sigma_2, \sigma_3, \sigma_4$ 分别为输入数据不精确、采用的模型不精确、存在计算误差和试验次数有限误差的均方根值。

通常,只要计算机的字长足够长,计算误差是可以忽略不计的。对输入数据,我们知道,可能是确知量,也可能是随机量,对确知量是无须说明的,但对随机量,为了保证一定的仿真精度,必须进行一定的检验。例如,在电子信息系统电磁环境仿真时,我们要用到均匀分布的伪随机数,它是否服从均匀分布,子样间是否独立以及它的统计参数是否符合仿真要求等,都必须进行严格的检验。对在仿真中所建立的模型,应尽量简化,以便进行更多的试验,而又不增加计算机时间。当然,模型的化简将会增加方法误差,但应以不造成粗大误差为原则,即将模型简化到最合适的程度,以保证用一定的计算机时间使总误差最小。下面着重讨论子样数有限所产生的误差。

4.5.2 估计数学期望时的精度

首先,假定进行了 N 次独立试验,得到某随机变量 ξ 的 N 个值,$x_1, x_2, \cdots,$

x_N,该随机数序列的均值的估计为

$$\bar{x} = \frac{1}{N}\sum_{i=1}^{N} x_i \tag{4.43}$$

方差的估计为

$$s^2 = \frac{1}{N-1}\sum_{i=1}^{N}(x_i - \bar{x})^2 \tag{4.44}$$

如果 x_0 为数学期望的真值,则

$$\alpha = p, \quad -\varepsilon \leq \bar{x} - x_0 \leq \varepsilon \tag{4.45}$$

式中:$\varepsilon = t_\alpha \frac{s}{\sqrt{N}}$,$t_\alpha$ 可根据 $\alpha, k = N-1$ 由"学生"分布表中查出来。α 通常称作可信度。如果我们要求出某随机变量的数学期望,并使其误差以给定的可信度 α 不超过 ε 值,则可利用式(4.45)和"学生"分布表求之。由于我们用到的 N 值一般都比较大,故只用 $N = \infty$,α 为不同的 t_α 即可。具体数值如表4.8所列。

表4.8 对于不同的 ε, p 值,在 $\alpha = 0.95$ 时得到的试验次数

p	q	$\varepsilon = 0.05$	$\varepsilon = 0.01$	$\varepsilon = 0.005$	$\varepsilon = 0.001$
0.9	0.1	$N_1 = 140$	3600	14000	36×10^4
0.9	0.1	$N = 720$	18000	72000	18×10^5
0.5	0.5	$N_1 = 390$	9800	39000	98×10^4
0.5	0.5	$N = 2000$	50000	2×10^5	5×10^6

该表只适用于 $k > 50$ 的情况。由于 $k = N - 1$,故此条件通常总是满足的。随机变量 $(\bar{x} - x_0)$ 的均方根值为

$$\sigma(\bar{x} - x_0) = \frac{s}{\sqrt{N}}\sqrt{\frac{N-1}{N-3}} \tag{4.46}$$

当 N 值很大时,该式可以化简为

$$\sigma(\bar{x} - x_0) = \frac{s}{\sqrt{N}} \tag{4.47}$$

例4.3 在对雷达滑窗检测器进行性能仿真时,除了测量发现概率之外,还要在发现目标之后测量目标的方位中心。在试验次数 $N = 2000$,发现概率 $p_d = 0.5$,要求在可信度 $\alpha = 0.9$ 时,相对误差不超过 5%。试根据测量结果估算测量精度是否满足要求。

已知测量结果如下:
(1) 方位中心的均值为 $\bar{x} = 0.56°$。
(2) 方位中心最大均方根值为 $s = 0.14°$。

首先,根据给定的 α 值,查表得 $t_\alpha = 1.6345$,则有

$$\varepsilon = t_\alpha \frac{s}{\sqrt{Np_d}} = 0.00728°$$

$$\frac{\varepsilon}{\bar{x}} = 0.013$$

从计算结果和所提的要求看,所求得的方位中心不仅满足要求,而且具有较高的精度。

4.5.3 估计均方根值时的精度

按式(4.44)计算 s 值作为均方根值 σ 的合理估计。

数理统计已经证明

$$\alpha = p(s \leq q\sigma) \tag{4.48}$$

式中: σ 为均方值的真值。

q 值可根据 $\alpha, k = N-1$ 由"学生"分布表中查出。

用来计算 s 的均方根值的近似式为

$$\sigma(s) = \frac{\sigma}{\sqrt{2N-1.4}} \tag{4.49}$$

该式与式 4.46 一起都可用于计算统计试验法的总误差。

例4.4 继续例4.3,并要求真值 σ 不大于 s 的 1.1 倍,问已求得的结果是否满足这一要求。

由 N, p_d 和 α 值,查得 $q = 0.963$,得

$$\frac{\sigma}{s} = \frac{1}{q} 1.037$$

显然,满足要求。

4.5.4 估计事件概率时的精度

在相同条件下,进行 N 次的独立的重复试验,如果事件 A 出现 m 次,且它每次出现的概率都相同,那么就可以说,事件 A 出现的频率为

$$\hat{p} = \frac{m}{N}$$

当 $N \to \infty$ 时,事件 A 出现的概率 $p = \hat{p}$,即随机变量 $\hat{p}$ 的数学期望为 p,即

$$E(\hat{p}) = p$$

其均方根误差为

$$\sigma(\hat{p}) = \sqrt{\frac{p(1-p)}{N}} \tag{4.50}$$

这个结果可用来估计统计试验结果的总误差。但由于 p 值是未知的，直接使用该公式有困难，通常只得用 $\hat{p}$ 代替 p 值。

4.6 统计试验法的试验次数

在进行统计试验时，只有试验次数 $N \to \infty$ 时，事件 A 出现的频率才与事件 A 出现的概率相等。显然，进行这样多的统计试验是不可能的。通常都是以一定的置信度 α 来满足一定精度 ε 作为选择统计试验次数的依据。这样，就可以将置信度 α、仿真精度 ε 和统计试验次数 N 联系起来。能把这三个量联系起来的数学表达式就是切比雪夫不等式，即

$$p\left\{\left|\frac{m}{N}-p\right|<\varepsilon\right\} \geq 1 - \frac{\sigma^2(\hat{p})}{\varepsilon^2} \tag{4.51}$$

式中　N——统计试验次数；

　　　m——事件 A 出现的次数；

　　　p——每次试验时事件 A 出现的概率，$p = 1 - q$，q 是事件 A 不出现的
　　　　　概率；

　　　ε——所选择的误差。

将计算事件概率时的方差 $\sigma^2(\hat{p})$ 代入上式，则有

$$p\left\{\left|\frac{m}{N}-p\right|<\varepsilon\right\} \geq 1 - \frac{pq}{N\varepsilon^2} \tag{4.52}$$

如果希望事件 A 出现的频率与概率的差值小于某一正数 ε 的概率不小于置信度 α，即

$$\alpha \leq 1 - \frac{pq}{N\varepsilon^2}$$

则有

$$N \geq \frac{pq}{(1-\alpha)\varepsilon^2} \tag{4.53}$$

由式(4.53)可以看出，只要给定置信度 α、仿真精度 ε 和概率 p，便可由此式计算出统计试验次数 N。

例 4.5　在某一概率测量时，要求测量置信度 $\alpha = 0.95$，概率 $p = 0.9$，测量误差 ε 不超过 0.01，试求试验次数。

根据式(4.53)，求出最小试验次数

$$N \geqslant 1.8 \times 10^4$$

实际上，按上式计算的试验次数仍然是偏大的，因为没有利用某些已知的统计特性，仿真时就会占用太多的计算时间。更精确的 N 值的估值，应该考虑平均概率这一随机变量 $\hat{p}$ 的统计分布。

众所周知，随机变量 $\hat{p}$ 具有渐近正态的统计特性，于是 $\dfrac{p-\hat{p}}{\sigma(\hat{p})}$ 便服从 $N(0,1)$ 分布，于是便有

$$p\left\{\frac{p-\hat{p}}{\sigma(\hat{p})}<t_\alpha\right\}\geqslant\alpha \tag{4.54}$$

式中，t_α 为区间临界值，可根据置信度 α 从正态分布表中求出，结果为

$$\varepsilon=t_\alpha\sigma(\hat{p})$$

或

$$\varepsilon=t_\alpha\sqrt{\frac{pq}{N}} \tag{4.55}$$

由此，便可确定出新的试验次数 N_1 为

$$N_1=\frac{p(1-p)}{\varepsilon^2}t_\alpha^2 \tag{4.56}$$

利用式(4.56)所确定的试验次数 N_1 要比式(4.53)中的 N 值小得多。仍以例 4.1 为例，查正态分布表得 $t_\alpha=1.65$，经计算，$N_1=2450$，是 N 值的 7.35 倍，尽管不到一个数量级，但对机器时间来说，减少到原来时间的 0.136 倍是可观的。表 4.8 中列出了对于不同的 ε 和 p 值，在 $\alpha=0.95$ 时利用式(4.55)和式(4.56)得到的试验次数 N 和 N_1。

这里需要指出的是，试验次数是指所采用的随机变量之间是相互独立的，如果所采用的随机变量之间是相关的，则必须根据相关系数的大小适当增加试验次数。

在统计试验时，由于概率 p 值并不总是已知的，这时不得不采用最大试验次数法或逐步试探法。

4.6.1 最大试验次数法

所谓最大试验次数，就是选择最大可能的 N 值，使它对任何概率值都能满足要求。前面已经给出随机变量 $\hat{p}$ 的方差

$$\sigma^2(\hat{p})=\frac{p(1-p)}{N} \tag{4.57}$$

则有

$$N=\frac{p(1-p)}{\sigma^2(\hat{p})} \tag{4.58}$$

若先对其求导,然后令其等于零,即

$$\frac{\mathrm{d}N}{\mathrm{d}p} = \frac{1-2p}{\sigma^2(p)} = 0$$

解此方程,则得到 $p = q = 0.5$。这说明,按 $p = q = 0.5$ 所确定的 N 值是最大可能值。显然,这样确定的 N 值是以增加计算机时间为代价的。这里仍以 $\alpha = 0.95$ 和 $\varepsilon = 0.01$ 为例,按这种方法确定的 N 值为 10^4,要比上面所计算的 N_1 值高出 3 倍。

值得注意的是,仿真中能否采用这种方法,要根据具体情况来确定。如在检测器的仿真时,在不考虑加速收敛的情况下,测其发现概率不超过一分钟,而测虚警概率时,如 10^{-6},则要用几十分钟以上,显然前者是允许的,而后者是不能接受的。通常,对小概率情况,可采用逐步试探法。

4.6.2 逐步试探法

这里只给出逐步试探法的基本思想。人们根据这一思想就可以画出程序流程图并在计算机上进行计算。

这种方法的基本思想是这样的:根据问题模型,依据经验首先选择一个试验次数 N_0,然后进行 N_0 次统计试验,依事件 A 出现的次数计算出一个相对频率 $\hat{p}$,把该相对频率作为 p 的估值,求出一个新的 N 值。如果新计算出来的 N 值大于开始选择的 N_0,则必须根据 N 与 N_0 的差值进行补充试验。如果在补充试验之后求出的 $\hat{p}$ 值与原来的 $\hat{p}$ 值相比有显著变化,则必须用更新的 N 值再去做补充试验,一直到用选定的某个 N 值做试验,使所求得的 $\hat{p}$ 值趋于稳定为止。

4.7 统计仿真的特点

统计试验法与数值计算方法、概率统计方法一样,都是求解各类数学物理、工程技术、社会生活与企业管理问题近似解的一种工具。给定一个实际的问题,能否利用统计试验法求解,是由许多因素决定的,如给定问题的物理背景、构造统计模型的难易、所使用的计算机的运算速度、计算技巧和工程技术人员对统计试验特点理解的深入程度等。所以熟悉统计试验的特点是一个工程技术人员能否正确利用这种方法的关键。

(1) 根据对蒲丰等几个问题的分析可以看出,统计试验法的基本原理是大数定理。具体地说,是贝努力定理,即

$$\lim_{N \to \infty} p\left\{\left|\frac{m}{N} - p\right| < \varepsilon\right\} = 1$$

该式表明,在实验次数为无穷大的情况下,所测得的概率 $\hat{p}=\dfrac{m}{N}$ 与概率的真值之差的绝对值小于某个任意小的正数 ε 的概率为1。但在我们解决实际问题的工作中,试验次数总是有限的,它使我们有可能以一定的精度用事件出现的相对频率去代替事件出现的概率,当然,"一定的精度"是指工程背景而言的,即它必须满足要求。

(2)统计试验法的另一个特点是它的随机性。从电子信息系统研究的角度来说,统计试验法实质上是模拟给定概率模型中的随机变量、随机向量、随机流,及它们与有用信号混合以后,使它们通过给定的电子信息系统,显然系统的输出信号也是随机变量,它们都是统计试验所研究的对象。系统输入信号的生成是对系统电磁环境的仿真,当然我们对系统的输出信号更感兴趣,要对它们进行统计分析,以得出一些有用的结论。

(3)统计试验工作是大量的简单的重复工作,例如在对雷达系统的检测器的虚警概率进行仿真时,在虚警概率要求为 10^{-6} 时,为了保证仿真精度,同样的工作最少也需要重复 10^8 次。即使采用第9章将要介绍的方差减小技术,也得重复几千次。显然,这种工作只能由计算机来完成,由计算机完成大量的重复工作又构成了统计试验法的另一个特点。

(4)由蒲丰问题的分析可以看出,对于同一个概率模型可能有不同的解法,并且可能给出不同的仿真精度。实际上这又提供了一种选择较满意的仿真方法的机会。当然,选择原则是满足精度的前提下,使试验次数最少。

(5)统计试验法的精度不高,收敛速度较慢。如要以增加试验次数提高仿真精度,要付出极大的代价,甚至成百倍的增加计算机时间。因此,它应用于要求精度不高的场合。正因为如此,在进行统计试验设计时,就要考虑应用减小方差技术,以便进一步提高工作效率。

(6)根据实际的物理过程构造的统计模型是统计仿真的关键。既要使概率模型与实际过程一致,也要包括矛盾的各个方面,还要尽可能的简单以便于在计算机上能够进行仿真。否则,要么不能实现,要么所获得的近似解的精度太低。所以,在对某个过程进行仿真时,对这一环节必须小心对待。

(7)统计试验法的实用性。许多物理过程非常复杂,难以用数学分析的方法获得数学解,特别是影响它们的因素或参数非常多时,用统计试验法均可迎刃而解。

(8)统计试验法的普遍性。即它可以用于各种领域,与其他技术的结合可能产生巨大的经济效益和社会效益。

第 5 章
目标与杂波模型

在对雷达系统进行仿真时,首当其冲的问题就是对电磁环境的仿真。电磁环境这里主要指两类电磁信号,即有用信号和无用信号。

(1) 有用信号主要包括各种不同体制的主动雷达所发射的各种波形由探测目标直接反射回来的信号,如单脉冲信号、脉冲串信号、相位编码信号、线性调频信号和步进频率信号等;同时也包括被动雷达的各种辐射信号,如热辐射和电磁辐射信号等。

(2) 无用信号可分为三大类,即杂波、噪声和干扰。杂波是由大地、海洋、云、雨、雪、雾、冰雹以及鸟群等产生的反射信号,分别将其称为地物杂波、海洋杂波、气象杂波和仙波;噪声主要包括外部天电噪声和接收机内部噪声。外部天电噪声主要由宇宙噪声、大气噪声和工业噪声等组成,通常为宽带噪声。接收机内部噪声包括热噪声和散弹噪声,通常是窄带噪声。实际上,从对雷达接收机的影响来说,后者远远大于前者。不管接收机输出噪声是由多少种噪声迭加而成的,由于接收机是窄带的,因此其输出均为窄带噪声。干扰包括有源干扰和无源干扰。有源干扰指专门针对不同体制雷达人为施放的电子干扰。无源干扰最有代表性的是人为施放的箔条干扰,即箔条杂波。实际上,地物杂波、海洋杂波和气象杂波等也是一种无源干扰。需要指出的是,对气象雷达来说,气象杂波实际上是有用信号。

从以上叙述可知,雷达接收机的输出信号实际上是有用信号、各种杂波和噪声的混合信号。不管雷达发射的是不是确定信号,也不管接收的是不是有用信号,雷达接收机的输出都是随机信号。

本章的任务就是对以上各种信号进行建模,包括有用信号和无用信号。通常,用具有不同统计特性的随机过程来描述[14,21]各种雷达杂波、噪声和有用回波信号。采样间的幅度特性、相关特性或频域特性,均从不同的角度给出了不同的信息,这对从杂波和噪声背景中提取有用信号以及进行杂波抑制和杂波识别是非常有意义的。实际雷达测量表明,许多雷达杂波都是相关的,除了幅度分布特性之外,它的谱特性或相关特性是描述雷达杂波的一个非常重要的参量。杂波频域功率谱的宽窄,以及时域相邻采样或空间采样间相关性的强弱,都直接影响雷达系统的性能,所以通过仿真所产生的雷达杂波数据,必须同时满足幅度特性和相关特性的要求。

5.1 雷达杂波功率谱模型

当前,在雷达系统的研究、设计与仿真过程中,经常使用的雷达杂波功率谱模型主要有高斯谱、马尔柯夫谱、全极型谱。其中,有的是经验公式,有的是对实测数据进行曲线拟合得到的,并且有很好的拟合度。

5.1.1 高斯谱

该杂波功率谱模型是由 Barlow 给出的。它是最早给出的雷达杂波功率谱模型,也是在多种文献和资料中引用最多的一种杂波功率谱模型。其功率谱密度表达式为

$$S(f) = S_0 \exp\left[-\frac{f^2}{2\sigma_f^2}\right] = \frac{p_c}{\sqrt{2\pi}\sigma_f} \exp\left[-\frac{f^2}{2\sigma_f^2}\right] \tag{5.1}$$

式中 S_0——零频时杂波功率谱密度;

σ_f——杂波频谱的均方根值,$\sigma_f = \frac{2\sigma_v}{\lambda}$;

p_c——杂波功率;

λ——雷达工作波长;

σ_v——杂波速度的均方根值。

当杂波有平均速度时,所对应的平均多普勒频率用$\bar{f_d}$来表示,则多普勒频率时杂波功率谱密度函数为

$$S(f) = \frac{1}{\sqrt{2\pi}\sigma_f} \exp\left[-\frac{(f-\bar{f_d})^2}{2\sigma_f^2}\right] \tag{5.2}$$

众所周知,功率谱密度和相关函数是一对傅里叶变换,所以该类杂波也有一个高斯型的相关函数,即

$$R(\tau) = p_c \exp\left[-\frac{\tau^2}{2\sigma_c^2}\right] \tag{5.3}$$

式中:$\sigma_c = \frac{1}{2\pi\sigma_f}$,将它们代入式(5.3),得到归一化表达式

$$R(\tau) = \exp[-\alpha\tau^2] \tag{5.4}$$

式中:$\alpha = 8\pi^2\sigma_v^2/\lambda^2$。显然,$\alpha$值的大小决定了高斯型相关函数曲线的离散程度。当然,也可以用杂波多普勒频率的均方根值来表示,即

$$R(k) = \exp[-2(\pi\sigma_f kT)^2] \tag{5.5}$$

式中：T 为采样周期。其协方差矩阵可写成

$$\boldsymbol{R}_n = \sigma_x^2 \begin{bmatrix} 1 & \rho_{12} & \rho_{13} & \cdots & \rho_{1n} \\ \rho_{21} & 1 & & \cdots & \\ \rho_{31} & & 1 & \cdots & \vdots \\ \vdots & \vdots & \vdots & 1 & \\ \rho_{n1} & & & \cdots & 1 \end{bmatrix} \tag{5.6}$$

式中：$\rho_{ij} = \exp[-(i-j)^2\Omega^2/2]$，$\Omega = 2\pi\sigma_f T$，$\sigma_x^2$ 为高斯分布相干分量的杂波功率。

5.1.2 马尔柯夫谱

通常，马尔柯夫谱也称柯西谱，它有功率谱密度为

$$S(f) = S_0 \frac{f_c^2}{f^2 + f_c^2} \tag{5.7}$$

式中　f_c——截止频率，在该频率处杂波功率谱与零频相比下降 3dB；
　　　S_0——零频的谱密度。

该模型是下面将要介绍的全极型谱的特例，即全极型谱在参数 $n = 2$ 时的表达式。

该模型是假设一类杂波是用一阶高斯马尔柯夫过程描述的，其差分方程为

$$y_n = \rho y_{n-1} + \omega_n \tag{5.8}$$

式中　ρ——相关系数；
　　　ω_n——白高斯序列。

其归一化的相关函数为

$$R(\tau) = \exp[-\alpha|\tau|] \tag{5.9}$$

式中：$\alpha = 2\pi f_c$。

显然，该相关函数是双指数型的，如果 f_c 很大，即 α 很大，那么 $R(\tau)$ 将很小，当 $\alpha \to \infty$ 时，$R(\tau)$ 则变成 δ 函数，使马尔柯夫谱白化。

马尔柯夫谱的归一化协方差矩阵，以 Toeplitz 矩阵的形式给出，即

$$\boldsymbol{R}_n = \begin{bmatrix} 1 & a & a^2 & \cdots & a^{N-1} \\ a & 1 & a & \cdots & a^{N-2} \\ a^2 & a & 1 & \cdots & a^{N-3} \\ \vdots & \vdots & \vdots & 1 & \vdots \\ a^{N-1} & a^{N-2} & a^{N-3} & \cdots & 1 \end{bmatrix} \tag{5.10}$$

式中：$a = R(1)/R(0)$。其逆矩阵为

$$R_n^{-1} = \frac{1}{1-a^2} \begin{bmatrix} 1 & -a & 0 & \cdots & 0 \\ -a & 1+a^2 & -a & \cdots & 0 \\ 0 & -a & 1+a^2 & \cdots & 0 \\ \vdots & \vdots & \vdots & \ddots & \vdots \\ 0 & 0 & 0 & \cdots & 1 \end{bmatrix} \quad (5.11)$$

5.1.3 全极型谱

对地杂波的功率谱的测量表明,在雷达设计中经常采用的高斯谱模型不能精确地描述所测地杂波功率谱分布的"尾巴",更精确的描述可由下面的表达式给出,即

$$S(f) = S_0 \frac{1}{1+\left(\dfrac{f}{f_c}\right)^n} \quad (5.12)$$

显然,它是马尔柯夫谱的推广,或者说马尔柯夫谱是它的特例。式中 n 值通常为 $3\sim 5$。对 x 波段雷达,$n=3$ 时,得到的立方谱为

$$S(f) = S_0 \frac{1}{1+\left(\dfrac{f}{f_c}\right)^3} \quad (5.13)$$

式中:$f_c = k\exp(\beta\gamma)$,$k=8.36\text{Hz}$,$\beta=0.1356$,γ 为以节表示的风速。

显然,立方谱又是全极型谱在 $n=3$ 时的特例。

在国外,美国海军研究实验室(NRL)对该模型有较深入的研究,在获取大量测量数据的基础上,经曲线拟合,得到了上述结论。20 世纪 80 年代后期,国内研究机构多次用不同频段的雷达在不同风速的情况下,对不同的山区、丘陵、城市的杂波谱特性和幅度特性进行了测量,经对实测数据的统计分析和拟合计算,也得到了类似的结论,并且给出了在不同环境下不同风速与杂波谱宽的关系。

需要指出的是,这里给出的是当前常用的已经模型化了的几种杂波功率谱模型。在对各种杂波的测量中,发现实际的杂波谱的类型要复杂得多,如在海杂波的测量中就发现在某些海情的情况下杂波谱会出现双峰。

5.2 雷达杂波幅度分布模型

幅度分布是雷达杂波的主要统计特性之一。已知杂波幅度分布特性对雷达信号处理、检测、识别、仿真及对系统设计和性能评估均有十分重要的意义。长

期以来，雷达工作者一直都在研究和探讨这一问题，雷达杂波比较复杂，包括地杂波、海杂波、气象杂波、仙波和箔条杂波等各种有源和无源干扰，并且在不同的条件下千变万化，故分析起来比较困难。一般都是用统计的方法对它们进行分析或对实测数据进行拟合，从而对雷达杂波的幅度分布进行建模。到目前为止，雷达杂波幅度分布模型有指数分布、瑞利分布、莱斯分布、对数-正态分布、混合-正态分布、韦布尔分布、复合 k 分布和学生 t 分布等。

20世纪60年代中期以前，在对雷达目标进行检测时，均采用高斯杂波模型。它假设雷达包络检波之后的地杂波、海杂波具有瑞利概率密度函数，这对平稳海情和均匀地面，低分辨率雷达在高擦地角时是正确的。随着科学技术的发展，雷达的分辨率及测量精度不断提高，以及出现了许多新体制雷达，原来的模型已经不能给出满意的结果。主要表现在随着距离分辨率的提高及擦地角的减小，非均匀地面和海面杂波回波出现了比瑞利分布更长的"尾巴"，即出现了更多的大幅度的杂波回波。这使建立在经典理论基础上的检测系统，出现更多的虚警。

经过对杂波理论长期研究的结果表明，地杂波和海杂波的幅度分布特性与许多因素有关，它们是雷达脉冲宽度、频率、极化方式及海情或地形条件的函数。对高分辨率雷达，地杂波和海杂波的幅度分布已不是瑞利分布，而是对数-正态分布或混合-正态分布，这一结论是20世纪60年代后期提出来的，到20世纪70年代，人们又提出用韦布尔分布描述雷达地杂波和海杂波，韦布尔分布有介于瑞利分布和对数-正态分布之间的"尾巴"。这些模型的提出是建立在实际测量基础上的，它推动了雷达信号检测理论和技术的发展，以上结果都是以平稳随机过程理论为基础的。

随着对海杂波研究的深入，20世纪80年代，人们发现，海杂波实际上是个非平稳随机过程，不仅幅度分布服从某一分布，其均值也是个随机变量，是时变的，后来提出用复合 k 分布来描述海杂波，使海杂波研究达到了前所未有的水平。曲线拟合表明，它更能真实地描述海杂波，为从海杂波中提取运动目标信息奠定了新的理论基础，同时也推动了在海杂波中检测有用信号的各种技术的发展。2012年又提出了一种新的复合高斯模型，即高斯-逆高斯（IG-CG）分布模型拟合海杂波。

通过以上回顾，可以得出以下结论：

（1）对雷达波束照射面积大和高擦地角的情况，对各类地杂波、海杂波，根据中心极限定理，其幅度分布均服从瑞利分布，在距离上的相关性，与脉冲宽度相当。对雷达波束照射面积大的低分辨率雷达的气象杂波和箔条干扰也服从瑞利分布。

（2）对高分辨率雷达，在低擦地角、粗糙的海面和接收与发射信号均是水平极化的情况下,按观测条件差异,各类杂波将分别服从对数-正态分布、韦布尔分布、复合 k 分布和学生 t 分布,它们有一个共同的特点,就是均有一个大的"尾巴",利用固定门限进行信号检测时,相对瑞利分布而言将会产生更多的虚警。

(3) 对数-正态分布相对于韦布尔分布和复合 k 分布,具有更大的"尾巴"。

(4) 复合 k 分布和学生 t 分布更适用于海杂波,特别是在小概率区域与实际情况拟合的更好。

(5) 除了复合 k 分布之外,其他的非瑞利杂波在理论上还不够完善,特别是在时间和空间相关性方面从散射机制方面的研究尚少。

5.2.1 高斯杂波模型

高斯杂波模型适用于由分布散射体反射回来的杂波,即其中没有任何一个子集占主导地位的杂波。当反射体的数目很多,且可以比拟时,根据中心极限定理知,它属于高斯杂波,其包络服从瑞利分布,这种杂波很具代表性,通常它可以描述属于无源干扰的箔条杂波、气象杂波、由低分辨率雷达观察到的海杂波和地杂波等。

众所周知,当杂波的载波角频率为 ω_0 时,随机杂波过程可以表示成

$$r(t) = x(t)\cos(\omega_0 t) + y(t)\sin(\omega_0 t) \tag{5.14}$$

式中:$x(t), y(t)$ 均为均值为零、方差为 σ^2 的独立正态过程,其包络

$$r(t) = [x^2(t) + y^2(t)]^{\frac{1}{2}} \tag{5.15}$$

具有瑞利概率密度函数,即

$$f(r) = \frac{r}{\sigma^2} \exp\left(-\frac{r^2}{2\sigma^2}\right), r \geq 0 \tag{5.16}$$

式中 σ ——高斯分布的均方根值。

瑞利分布有分布函数为

$$F(r) = 1 - \exp\left(-\frac{r^2}{2\sigma^2}\right)$$

瑞利分布的 n 阶矩阵为

$$E(r^n) = 2^{\frac{n}{2}} \sigma^n \Gamma\left(1 + \frac{n}{2}\right)$$

其均值和方差分别为

$$\begin{cases} E(r) = \sqrt{\frac{\pi}{2}}\sigma \\ D(r) \approx 0.43\sigma^2 \end{cases} \tag{5.17}$$

利用 $P = r^2$ 关系式,得杂波功率分布为

$$f(P) = \frac{1}{P_c}\exp\left(-\frac{P}{P_c}\right) \quad (5.18)$$

式中:$P_c = 2\sigma^2$。由于杂波截面积与功率包络成正比,因此杂波横截面积 A 具有指数概率密度函数为

$$f(A) = \frac{1}{\overline{A}}\exp\left(-\frac{A}{\overline{A}}\right) \quad (5.19)$$

式中 $\overline{A}$——平均杂波横截面积为

$$\overline{A} = \overline{\sigma_0} A_c \quad (5.20)$$

式中 $\overline{\sigma_0}$——是平均后向散射系数;
A_c——雷达分辨单元的面积。

$$A_c = R_r R \theta_{AZ} \sec\phi \quad (5.21)$$

式中 R_r——发射脉冲宽度对应的距离($c\tau/2$),m;
τ——发射脉冲宽度,s;
R——杂波距离,m;
θ_{AZ}——方位波束宽度,rad;
ϕ——擦地角;
c——光速,3×10^8 m/s。

5.2.2 莱斯(Rician)杂波模型

如果在分布杂波上迭加一个稳态的大散射体,则该杂波模型就是所谓的莱斯模型,即在高斯杂波回波中加上一个直流分量,如某些地杂波,可能有两个分量,即慢散射分量和镜面反射分量,与式(5.18)对应的信号功率有概率密度函数

$$f(P) = \frac{1+m^2}{\overline{P}}e^{-m^2}e^{-\frac{P(1+m^2)}{\overline{P}}}I_0\left(2m\sqrt{(1+m^2)\frac{P}{\overline{P}}}\right) \quad (5.22)$$

式中 $I_0(\cdot)$——第一类零阶修正的贝塞尔函数;
m^2——稳态功率 A^2 与分布功率 P_0 之比值,即

$$m^2 = \frac{A^2}{P_0} \quad (5.23)$$

总功率则为稳态功率和分布功率之和为

$$\overline{P} = A^2 + P_0 = P_0(m^2 + 1) \quad (5.24)$$

于是载波下的杂波过程即可写成

$$Z(t) = [A+x(t)]\cos(\omega_c t) + y(t)\sin(\omega_c t) \qquad (5.25)$$

取其包络,有

$$r(t) = \sqrt{[A+x(t)]^2 + [y(t)]^2}$$

信号 $r(t)$ 的幅度服从莱斯分布

$$f(r) = \frac{r}{\sigma^2}\exp\left(-\frac{r^2+A^2}{2\sigma^2}\right)I_0\left(\frac{rA}{\sigma}\right) \qquad (5.26)$$

如果反射面很粗糙,其镜面反射分量很小,或 $A \approx 0$,则其合成信号的包络服从瑞利分布。相反,如果反射面很平滑,镜面分量很大,即 $A \gg \sigma$,则包络变成正态分布为

$$f(r) = \frac{1}{\sqrt{2\pi}\sigma}\exp\left(-\frac{(r-A)^2}{2\sigma^2}\right) \qquad (5.27)$$

对于散射合成信号的相位,则取决于散射信号的镜面分量和慢散射分量之比,其概率密度函数为

$$f(\theta) = \frac{1}{2\pi}\exp\left(\frac{A^2}{2\sigma^2}\right)\left\{1 + \sqrt{2\pi}\frac{A}{\sigma}\cos\theta\left(\frac{A}{\sigma}\cos\theta\right)\exp\left[\frac{1}{2}\left(\frac{A}{\sigma}\cos\theta\right)^2\right]\right\},$$
$$-\pi \ll \theta \ll \pi \qquad (5.28)$$

5.2.3 对数-正态杂波模型

美国海军研究实验室于1967年用高分辨率雷达对 Ⅰ-Ⅲ 海情的海面进行了海杂波测量,该雷达的主要参数:雷达波段为 X 波段;波束宽度为 $0.5°$;脉冲宽度为 $0.02\mu s$;擦地角 $4.7°$;极化方式为垂直极化。

测量结果表明,对高分辨率雷达,海杂波的幅度分布不是瑞利的,且海情越高,偏离瑞利分布越远。经数据处理及曲线拟合,认为对数-正态和混合-正态分布更适合描述高分辨率雷达海杂波。

对数-正态模型的一个主要特点是,出现大幅度杂波的概率相当高,如果用控制门限的办法来压制其虚警数,则必然要使门限电平太高,致使发现概率降低很多,因此在该种杂波环境中检测目标信号的性能较差。当然,如果其功率谱较窄,在经过信号处理之后,也会有好的效果。

相对而言,对数-正态模型的动态范围较大,对海杂波,它与"海尖峰"信号有关,由它所产生的镜面反射是很强的;对地杂波来说,与大的方向性反射体有关。根据观测的角度不同,会产生许多的波峰和阴影,从而造成很大的动态范围。用高分辨综合孔径雷达测得的杂波数据表明,它们与对数-正态模型拟合的很好。

海杂波的包络服从对数-正态分布,即意味着线性包络检波器的输出 v 有一维概率密度函数

$$f(v) = \frac{1}{\sqrt{2\pi}\sigma_v v}\exp\left[-\frac{\left(\ln\frac{v}{v_m}\right)^2}{2\sigma_v^2}\right], v \geq 0 \qquad (5.29)$$

式中 σ_v ——标准正态分布的标准差;

v_m ——对数-正态分布的中值。

对数-正态分布有积累分布函数为

$$F(v) = \Phi\left(\frac{\ln v - \ln v_m}{\sigma_v}\right)$$

式中 $\Phi(\cdot)$ ——误差函数。

对数-正态分布的 n 阶矩阵为

$$E(v^n) = \exp\left(n\ln v_m + \frac{1}{2}n^2\sigma_v^2\right)$$

由此得到 v 的均值和方差分别为

$$\begin{cases} E(v) = v_m \exp\left(\dfrac{\sigma_v^2}{2}\right) \\ D(v) = v_m^2 \exp(\sigma_v^2)\left[\exp(\sigma_v^2) - 1\right] \end{cases} \qquad (5.30)$$

得均值-中值比为

$$\rho = \frac{E(v)}{v_m} = \exp\left(\frac{\sigma_v^2}{2}\right) \qquad (5.31)$$

如果将概率密度函数中的 σ_v 用均值-中值比 ρ 来表示,也可以写出另一个对数-正态分布表示式。测量结果表明,ρ 值范围在 $0.5 \sim 6\mathrm{dB}$。若令 $A = v^2$,$A_m = v_m^2$,则功率包络密度函数为

$$f(A) = \frac{1}{\sqrt{2\pi}\sigma_P A}\exp\left[-\frac{\left(\ln\frac{A}{A_m}\right)^2}{2\sigma_P^2}\right], \quad A \geq 0 \qquad (5.32)$$

式中:$\sigma_P = 2\sigma_v$,A_m 为杂波截面积的中值。

相应的分布函数由下式给出

$$F_\rho(A) = \frac{1}{2}\left[1 + \Phi\left(\frac{1}{\sqrt{2}\sigma_P}\ln\frac{A}{A_m}\right)\right] \qquad (5.33)$$

对数-正态分布所对应的标准正态分布为

$$f_A(A_{\mathrm{dB}}) = \frac{1}{\sqrt{2\pi}\sigma_{\mathrm{dB}}}\exp\left(-\frac{A_{\mathrm{dB}}^2}{2\sigma_{\mathrm{dB}}^2}\right) \qquad (5.34)$$

式中　$A_{dB} = 10\lg\dfrac{A}{A_m}$;

$\sigma_P = 0.2303\sigma_{dB}$。

表 5.1 给出了一组雷达波段、擦地角、σ_P 和地形/海情关系的测量数据。

表 5.1　雷达波段、擦地角、σ_P 和地形/海情关系的测量数据

地形/海情	频率	φ/(°)	σ_P
海情Ⅱ-Ⅲ	X	4.7	1.382
海情Ⅲ	Ku	1~5	1.45~0.96
海情Ⅳ	X	0.24	1.548
海情Ⅴ	Ku	0.50	1.634
地杂波(离散)	S	低	3.916
地杂波(分布)	S	低	1.38
地杂波	P-Ka	10~70	0.728~2.584
雨杂波	X		0.68
仙波			1.352~1.62

5.2.4　混合-正态杂波模型

混合-正态杂波模型有概率密度函数

$$f(x) = (1-\gamma)\frac{1}{\sqrt{2\pi}\sigma}\exp\left\{-\frac{x^2}{2\sigma^2}\right\} + \gamma\frac{1}{\sqrt{2\pi}k\sigma}\exp\left\{-\frac{x^2}{2k^2\sigma^2}\right\} \quad (5.35)$$

式中　γ——混合系数,它决定两个分量的混合比例;

k——两个正态分布标准差之比,它决定两个分量的离散程度。

该模型的合理性在于,它有比正态分布大的"尾巴",并且随着雷达分辨率的降低或照射杂波区面积增大,能自然地退化为正态分布。

曲线拟合结果表明,低海情,垂直极化的海杂波用混合-正态模型描述较好。高海情,水平极化的海杂波用对数-正态模型更合适。1969年,NRL利用X波段雷达实测的两种分布的参数如表 5.2 所列。

表 5.2　混合-正态和对数-正态杂波参数

极化方式	混合-正态分布		对数-正态分布
	γ	kσ	σ
垂直	0.35~0.46	2.7~3.2	2.3~2.6
水平	0.025~0.10	4.5~5.6	3.0~3.5

值得注意的是 σ 值,在有的文献中可能与这里给出的不同,这要具体看所给出的概率密度函数表达式。

5.2.5 韦布尔杂波模型

韦布尔杂波主要用来描述高分辨率雷达的地杂波和海杂波。该模型是介于瑞利分布和对数-正态分布模型之间的一种杂波模型。由于它是一个分布族,所以它的应用范围较广。

韦布尔模型有概率密度为

$$f(R) = \alpha \ln 2 R^{\alpha-1} \exp(-\ln 2 R^{\alpha}), R > 0 \tag{5.36}$$

它是归一化于中值 v_m 的包络检波器输出电压的一维概率密度函数。$R = \dfrac{v}{v_m}, \alpha$ 为形状参量。如令 $A = v^2$,则有

$$f(A_c) = \beta \ln 2 A_c^{\beta-1} \exp(-\ln 2 A_c^{\beta}), A_c > 0 \tag{5.37}$$

式中:$A_c = \dfrac{A}{A_m}, \beta = \dfrac{\alpha}{2}, A_m$ 为杂波截面积的中值,杂波的平均值为

$$\overline{A} = A_m \Gamma\left(1 + \dfrac{1}{\beta}\right) / (\ln 2)^{\frac{1}{\beta}} \tag{5.38}$$

以分贝表示的分布函数为

$$A_{dB} = A_{mdB} + 1.592/\beta + (10/\beta) \lg\left\{\ln\left[\dfrac{1}{(1-F_A(A))}\right]\right\} \tag{5.39}$$

如果韦布尔分布的形状参量 $\alpha = 2$,则韦布尔分布变成了瑞利分布,如果 $\alpha = 1$,则为指数分布。表 5.3 列出了韦布尔模型的若干观测值。

表 5.3 韦布尔杂波参数

地形/海情	频率	波束宽度/(°)	ϕ/(°)	脉宽/μs	β
石头山	S	1.5	—	2	0.256
林木山	L	1.7	≈0.5	3	0.313
森林带	X	1.4	0.7	0.17	0.253~0.266
耕地	X	1.4	0.7~5	0.17	0.303~1
海情Ⅰ	X	0.5	4.7	0.02	0.726
海情Ⅲ	Ku	5	1~30	0.1	0.58~0.8915

5.2.6 复合 k 分布杂波模型

通过对大量的海杂波的实际测量数据的分析表明,海杂波并不是一个简单的平稳随机过程,它除了有一个快变分量之外,还有一个慢变的调制分量,经曲线拟合,提出了高分辨率雷达海杂波可用复合分布 k 描述。

在组成海杂波复合 k 分布的两个杂波回波分量中,慢变分量表示快变分量

的平均电平。它有一个长时间的去相关周期,不受频率捷变的影响,它除了表征海杂波尖峰的平均电平变化之外,还表征海杂波幅度的周期变化,它与广义 chi 分布拟合得很好。快变分量有一个由慢变分量决定的平均电平,来自各分辨单元的回波有短时间的去相关周期,并且可通过频率捷变由脉冲到脉冲完全去相关,通常,也称其为斑点分量,由于这一分量来自多个可比拟的散射体,因此,它总是服从瑞利分布的。

如果慢变分量以 y 表示,则有广义 chi 分布概率密度函数

$$f(y) = \frac{2b^{2v}}{\Gamma(v)} y^{2v-1} \exp(-b^2 y^2), 0 \leqslant y < \infty \tag{5.40}$$

式中 $\Gamma(v)$——Γ 函数;

v——形状参数;

b——比例参数,有 $b^2 = \dfrac{v}{E(y^2)}$,这里 $E(y^2)$ 为平均杂波功率。

快变分量 x 有瑞利概率密度函数,即

$$f\left(\frac{x}{y}\right) = \frac{\pi x}{2y^2} \exp\left(-\frac{\pi x^2}{4y^2}\right), 0 \leqslant x < \infty \tag{5.41}$$

如果令 $\dfrac{2y^2}{\pi} = \sigma^2$,则该式便可表示成标准瑞利分布

$$f\left(\frac{x}{\sqrt{\frac{\pi}{2}}\sigma}\right) = \frac{x}{\sigma^2} \exp\left(-\frac{x^2}{2\sigma^2}\right) \tag{5.42}$$

我们知道,瑞利分布有均值 $E(x) = \sqrt{\dfrac{\pi}{2}}\sigma$,显然在已知 $\sigma = y\sqrt{\dfrac{2}{\pi}}$ 的情况下,随机变量 x 的均值 $E(x) = y$,即式(5.40)所描述的随机变量 y 是快变分量 x 的平均电平。

由式(5.40)还可以求出随机变量 y 的 n 阶矩阵,即

$$\overline{y^n} = \frac{1}{b^n} \frac{\Gamma\left(v + \dfrac{n}{2}\right)}{\Gamma(v)} \tag{5.43}$$

最后,由两个随机变量相乘,使总的幅度分布服从 k 分布。正由于它是两个随机变量相乘的结果,故通常称其为复合 k 分布,即

$$\begin{aligned} f(x) &= \int_0^\infty p(y) p(x/y) \mathrm{d}y \\ &= \frac{2c}{\Gamma(v)} \left(\frac{cx}{2}\right)^v K_{v-1}(cx) \end{aligned} \tag{5.44}$$

式中　$K_{v-1}(\cdot)$——$(v-1)$阶第二类修正的贝塞尔函数；
　　　c——比例系数，其值为$c=b\sqrt{\pi}$。
复合k分布的n阶矩阵为

$$E(x^n) = \frac{2^n \Gamma\left(\frac{n}{2}+v\right)\Gamma\left(\frac{n}{2}+1\right)}{c^n \Gamma(v)} \tag{5.45}$$

复合k分布的积累概率密度函数为

$$F(x) = 1 - \frac{2}{\Gamma(v)}\left(\frac{cx}{2}\right)^v K_v(cx) \tag{5.46}$$

除了以上特点之外，复合k分布还有如下特性：N个具有$[0,2\pi]$区间的均匀分布相位因子的复合k分布随机变量之和，即

$$S = \sum_{i=1}^{N} x_i \exp(j\varphi_i) \tag{5.47}$$

仍然服从复合k分布，即$z=|S|$有概率密度函数为

$$f(z) = \frac{4c^{Nv+1}}{\Gamma(Nv)} z^{Nv} K_{Nv-1}(2cz) \tag{5.48}$$

复合k分布的一个很重要参数便是形状参数v，测量结果表明其值范围为$0.1 < v < \infty$。它是雷达波束擦地角、横向距离分辨率和涌浪方向的函数，有经验公式

$$\lg v = \frac{2}{3}\lg\phi + \frac{5}{8}\lg l + \delta - k_1 \tag{5.49}$$

式中　ϕ——以度表示的擦地角，其范围为$0.1° \sim 10°$；
　　　l——横向距离分辨率，其范围为$100 \sim 800$m；
　　　v——形状参数的估计值。

$\delta = -\frac{1}{3}$表示与涌平行方向；$\delta = +\frac{1}{3}$表示与涌垂直方向；$\delta = 0$表示与涌方向成$45°$角或无涌。

δ也可以用余弦函数的形式表示，即

$$\delta = -\frac{1}{3}\cos(2\theta) \tag{5.50}$$

当指向与浪脊的方向相同时，角度θ等于零，与浪脊方向垂直时，角度$\theta = 90°$。天线为垂直极化时，$k_1 = 1$，为水平极化时，$k_1 = 1.7$。复合k分布的平均功率可由下式定义，即

$$P_c = \frac{4v}{c^2}$$

复合 k 分布的比例参数 c 可由下式进行估计或预测,即

$$c = \sqrt{\frac{4v}{P_t G_t^2 \frac{\lambda^2 f^4}{(4\pi)^3 R^3}\left(\sigma_0 \theta_B \frac{c_1 \tau_p}{2}\right)}}$$

式中　P_t——雷达发射功率;

　　　G_t——雷达天线增益;

　　　λ——雷达工作波长;

　　　f^4——雷达天线双向方向图在海面的值;

　　　R——雷达到杂波单元的距离;

　　　θ_B——雷达天线双向方向图宽度;

　　　τ_P——雷达脉冲宽度;

　　　c_1——光速;

　　　σ_0——平均杂波反射系数。

在多年的研究中对平均杂波反射系数 σ_0 建立了很多模型,如 SIT 模型、GIT 模型、TSC 模型和 HYB 模型,它们都是针对不同环境条件的。这里给出一个 X 波段雷达的海杂波 σ_0 模型,即 SIT 模型。

每个单位面积的雷达横截面积为

$$\sigma_0 = \alpha + \beta \lg \frac{\phi}{\phi_0} + \left[\delta \lg \frac{\phi}{\phi_0} + \gamma\right]\lg \frac{W_V}{W_0}$$

式中　ϕ_0——参考擦地角(°);

　　　W_0——参考风速(节);

　　　ϕ——擦地角;

　　　W_V——风速;

　　　$\alpha,\beta,\gamma,\delta$——常数。

考参数和常数如表 5.4 所列。

表 5.4　SIT 海杂波模型参数

风向	极化	$\phi_0/(°)$	$W_0/节$	α/dB	β/dB	γ/dB	δ/dB
迎风	水平	0.5	10	-50	12.6	34	-13.2
侧风	水平	0.5	10	-53	6.5	34	0
迎风	垂直	0.5	10	-49	17	30	-12.4
侧风	垂直	0.5	10	-58	19	50	-33

研究还表明,复合 k 分布包络的概率密度函数的同向和正交分量均服从广义拉普拉斯分布

$$p(x_I) = p(x_Q) = \frac{2b^{\frac{v}{2}+\frac{1}{4}}}{\Gamma(v)\pi^{\frac{1}{2}}} x_{I(Q)}^{v-\frac{1}{2}} K_{v-1}(2x_{I(Q)}\sqrt{b}) \tag{5.51}$$

式中 x_I、x_Q——信号的同向分量和正交分量的幅度；

b——比例参数；

v——形状参数。

表5.5给出海杂波在不同海情的情况下的风速、波高和海面光滑程度的数据。

表5.5 八类海情海面杂波环境数据

海情/级	海面分类	波高/m	风速近似值/节
I	光滑	0~1	0~6
II	弱粗糙	1~3	6~12
III	中等粗糙	3~5	12~15
IV	粗糙	5~8	15~20
V	非常粗糙	8~12	20~25
VI	高海面	12~20	25~30
VII	极高海面	20~40	30~35
VIII	陡峭海面	40	50以上

5.2.7 逆高斯-复合高斯(IG-CG)分布杂波模型

相对于 K 分布杂波模型，逆高斯-复合高斯(IG-CG)分布杂波模型对高分辨率湖面杂波的拟合效果更好，概率密度函数为

$$f(x) = 2^{\frac{3}{2}}\sqrt{\frac{\beta}{\pi}}\exp(\beta)x\left(1+\frac{2x^2}{\beta}\right)^{-\frac{3}{2}} \cdot K_{\frac{3}{2}}\left(\beta\sqrt{1+\frac{2x^2}{\beta}}\right) \tag{5.52}$$

式中 $K_{\frac{3}{2}}(\cdot)$——第二类修正的贝塞尔函数；

β——形状参数。

积累概率密度函数为

$$F(x) = 1 - \exp(\beta)\left(-\beta\sqrt{1+\frac{2x^2}{\beta}}\right)\left(1+\frac{2x^2}{\beta}\right)^{-\frac{1}{2}} \tag{5.53}$$

5.2.8 球不变(SIR)雷达杂波模型

早期基于低分辨率雷达的以中心极限定理为基础的高斯模型，由于比较简单，故获得了广泛应用。随着雷达基本理论及雷达技术的发展，雷达环境模型也越来越完善，正如前边已经指出的，通过杂波测量、数据处理及曲线拟合表明，高

斯模型与许多实际情况并不完全相符,如高分辨雷达与低擦地角工作的雷达。其主要原因有两个:一是雷达照射区独立散射体较少,不满足中心极限定理的条件;二是雷达照射区的不平稳特性,使高斯模型所对应的平稳随机过程的假设也不成立。

描述一个随机过程需要 n 维概率密度函数,但如果是高斯过程,只需要均值和协方差函数就够了。而非高斯过程则需要更多维概率密度函数来描述。我们希望找到一种随机过程模型它既在统计特性上与现有的一些非高斯杂波相吻合,而又能用较少的统计特性完全描述它的全部特征。球不变随机矢量(SIRV)或球不变随机过程(SIRP)为我们提供了一个较好的方案。已经证明,许多类型的杂波,如韦布尔杂波,复合 k-分布杂波和学生 t-分布杂波均可用球不变随机矢量来描述[27,28]。

5.2.8.1 球不变随机过程及其基本特性

一个实随机矢量 $\boldsymbol{X} = [x_1\ x_2\ \cdots\ x_N]^T$,若其 N 维联合概率密度函数有如下形式:

$$f_N(\boldsymbol{X}) = |\boldsymbol{M}|^{-\frac{1}{2}}(2\pi)^{-\frac{N}{2}} h_N[(\boldsymbol{X}-\boldsymbol{U})^T \boldsymbol{M}^{-1}(\boldsymbol{X}-\boldsymbol{U})] \tag{5.54}$$

式中 $\boldsymbol{X}$——球不变随机矢量;

$\boldsymbol{U}$——矢量 $\boldsymbol{X}$ 的均值矢量;

$\boldsymbol{M}$——其协方差矩阵,$h_N(\cdot)$ 为一非负的,单调递减函数。

式(5.54)基本特征之一,是表达式中包含了一个二次函数

$$q = (\boldsymbol{X}-\boldsymbol{U})^T \boldsymbol{M}^{-1} (\boldsymbol{X}-\boldsymbol{U}) \tag{5.55}$$

式(5.54)中,$h_N(\cdot)$ 为一非负的单调递减函数,可以把它看作是 N 维高斯过程的推广,即

$$h_N(q) = \exp\left(-\frac{q}{2}\right) \tag{5.56}$$

因此,可以说高斯过程是一种特殊的球不变随机过程。为了保证 $f_N(\boldsymbol{X})$ 是概率密度函数,必须满足

$$h_N(q) = \int_0^\infty s^{-N} \exp\left(-\frac{q}{2s^2}\right) \mathrm{d}F(s) = \int_0^\infty s^{-N} \exp\left(-\frac{q}{2s^2}\right) f(s)\mathrm{d}s \tag{5.57}$$

式中 $F(s)$——所对应的 SIRV 的特征积分布函数(CCDF),可为任意指定的积累分布函数;

$f(s)$——该 SIRV 的特征概率密度函数(CPDF),为与 $F(s)$ 对应的概率密度函数。

下面给出 SIRV 的基本特性。

(1) 对式(5.57)求导后,有

$$\begin{cases} \dfrac{\mathrm{d}h_N(q)}{\mathrm{d}q} = -h_{N+2}(q)/2 \\ h_{2N+1}(q) = (-2)^N \dfrac{\mathrm{d}^N}{\mathrm{d}q^N}[h_1(q)] \\ h_{2N+2}(q) = (-2)^N \dfrac{\mathrm{d}^N}{\mathrm{d}q^N}[h_2(q)] \end{cases} \quad (5.58)$$

可见,不同阶次的函数 $h_N(q)$ 之间存在着递推关系。由于可以很方便地求出 $h_1(q)$ 和 $h_2(q)$,因此一旦给出较低阶的概率密度函数 $f_N(X)$,即可得到任意高阶的 SIRV 概率密度函数的表达式。

(2) 代入 $f_N(X)$,可以证明,有 N 维概率密度函数,即

$$f_N(X) = \int_0^\infty (2\pi)^{-\frac{N}{2}} |s^2 M|^{-\frac{1}{2}} \exp\left(-\frac{(X-U)^{\mathrm{T}}(s^2 M)^{-1}(X-U)}{2}\right) \mathrm{d}F(s)$$

(5.59)

式(5.59)说明,一个球不变随机矢量可以看成是一个具有概率密度函数为 $f(s)$ 的随机变量和一个具有均值为 U,协方差矩阵为 $s^2 M$ 的高斯随机变量之积。推广到随机过程,就是一个球不变随机过程可以描述为一个概率密度函数为 $f(s)$ 的随机变量和一个独立于这个随机变量的高斯过程之积。

(3) 至此,不难看出,一个 SIRV X 完全可以由其均值 U、协方差矩阵 M 和一阶概率密度函数 $f_1(X)$ 或 $F(X)$ 完全表征。推广到随机过程则有,一个球不变过程完全可以由它的均值函数 $E[x(t)]$,协方差函数 $C_x(t_1,t_2)$ 及其一维概率密度函数 $f_1(X)$(或 CPDF)来表征。

(4) SIRV 与高斯随机矢量一样,有线性运算特性,即

$$Y = LX + b \quad (5.60)$$

若 L 为一 $m \times n$ 矩阵,且 LL^{T} 满足非奇异性,b 为一 m 维矢量,则 Y 仍为一 m 维的 SIRV,且均值为 $U_y = LU_x + b$,协方差矩阵 $M_y = LM_xL^{\mathrm{T}}$,且与 X 有相同的 CCDF F。这样,只需在式(5.60)中令 $L = D^{-\frac{1}{2}}E^{\mathrm{T}}, b = -D^{-\frac{1}{2}}EU_x$,即可由一个 SIRV $X(U_x, M_x, F)$ 变换成另一个 SIRV $Y(0, I, F)$,这里 I 为单位矩阵,D 为由 M_x 的特征值所构成的对角线矩阵,E 为 M_x 的归一化特征向量矩阵。

(5) Goldman 证明了将 SIRV 表示为极坐标形式的定理。

假设,$X = [x_1 \quad x_2 \quad \cdots \quad x_N]^{\mathrm{T}}$ 为一 N 维具有零均值和单位协方差矩阵的 SIRV,X 的各个分量在广义极坐标中表示为

$$\begin{cases} X_1 = R\cos\phi_1 \\ X_k = R\cos\phi_k \prod_{i=1}^{k-1} \sin\phi_i, 1 < k \leq N-2 \\ X_{N-1} = R\cos\theta \prod_{i=1}^{N-2} \sin\phi_i \\ X_N = R\sin\theta \prod_{i=1}^{N-2} \sin\phi_i \end{cases} \quad (5.61)$$

式中 $R \in (0, \infty)$;

$\phi \in (0, 2\pi)$;

$\theta \in (0, \pi)$。

分别有概率密度函数为

$$\begin{cases} f_R(v) = \dfrac{v^{N-1}}{2^{\frac{N}{2}-1} \Gamma\left(\dfrac{N}{2}\right)} h_N(v^2) \\ f_{\phi_k}(\phi_k) = \dfrac{\Gamma\left(\dfrac{N-k+1}{2}\right)}{\sqrt{\pi} \Gamma\left(\dfrac{N-k}{2}\right)} \sin^{N-1-k}\phi_k \\ f_\theta(\theta) = \dfrac{1}{2\pi} \end{cases} \quad (5.62)$$

式中 $\Gamma(\cdot)$ —— Γ 函数。$R, \theta, \phi_k (k=1,2,\cdots,N-2)$ 的联合概率密度函数为

$$f_{R,\theta,\phi_1,\cdots,\phi_{N-2}}(v, \theta, \phi_1, \cdots, \phi_{N-2}) = \frac{r^{N-2}}{(2\pi)^{\frac{N}{2}}} h_N(r^2) \prod_{k=1}^{N-2} \sin^{N-1-k}\phi_k \quad (5.63)$$

以上一组变换说明,一个具有均值为零和单位协方差矩阵的白 SIRV,在广义球坐标下,$R, \theta, \phi_k, (k=1,2,\cdots,N-2)$ 是相互独立的,并且从一种白 SIRV 到另一种白 SIRV,仅仅是 **R** 变成了 **X** 的模,即 $R^2 = \|X\|$。

(6) 令 $X(t) = n_c(t) + jn_s(t)$ 表示一复 SIRP,则其正交分量 $n_c(t)$ 和 $n_s(t)$ 的联合概率密度函数可由式(5.54)令 $n=2$ 得到,其中的 **U** 和 **M** 分别取随机矢量 $[n_c(t) \quad n_s(t)]^T$ 的均值与协方差矩阵。若 $n_c(t)$ 与 $n_s(t)$ 满足零均值,等方差,则有

$$f_{N,N}(x,y) = (2\pi\sigma^2)^{-1} h_2[(x^2 + y^2)/\sigma^2] \quad (5.64)$$

这里 h_2 为任意对 SIRP 可容许的函数。由对称性可以看出 n_c 和 n_s 同分布,该式变换到极坐标后有

$$f(R, \theta) = (2\pi\sigma^2)^{-1} R h_2(R^2/\sigma^2) \quad (5.65)$$

可见，在 $n_c(t)$ 与 $n_s(t)$ 满足上述前提的情况下，R 和 β 均为独立随机变量，且分别有边缘概率密度函数为

$$f(\theta) = 1/2\pi, 0 \leq \theta \leq \pi$$

$$f(R) = \sigma^{-2} R h_2(R^2/\sigma^2), 0 < R \tag{5.66}$$

以上所有这些特性为我们对雷达信号进行检测、滤波及电磁环境仿真提供了理论支撑。

5.2.8.2 雷达杂波的 SIRP 模型

已经指出，只有能够用 SIRP 描述的雷达杂波才能够用 SIRP 对其进行建模。当前已经知道很多随机过程都能用 SIRP 来描述，如高斯分布、拉普拉斯分布、柯西分布、k-分布、学生 t 分布、韦布尔分布、chi 分布、莱斯分布等，其中大部分都与雷达杂波的幅度分布模型一致，只有少数杂波模型难于用 SIRP 来描述，如对数—正态杂波。下面给出两种确定复 SIRV PDF 的方法及得到的一些结果。

1. 基于已知特征概率密度函数的方法

我们知道，$h_N(p)$ 有如下形式

$$h_N(p) = \int_0^\infty s^{-N} \exp\left(-\frac{p}{2s^2}\right) f_S(s) \mathrm{d}s$$

显然，当特征 PDF $f_S(s)$ 给定，且可求出该式积分的情况下，$h_{2N}(p)$ 便确定了。

(1) 高斯分布。

具有均值为 b_k，方差为 σ_k^2 的正交高斯分布有边缘 PDF 为

$$f(y_k) = \frac{1}{\sqrt{2\pi}\sigma_k} \exp\left(-\frac{(y_k - b_k)^2}{2\sigma_k^2}\right) \tag{5.67}$$

其特征概率密度函数为 $f(s) = \delta(s-1)$，式中 δ 为单位冲击函数。利用式 (5.57)，有 $h_N(q) = \exp\left(-\dfrac{p}{2}\right)$，中，$p = (y-b)^T \Sigma^{-1}(y-b)$，所对应的概率密度函数为

$$f_Y(y) = (2\pi)^{-\frac{N}{2}} |\Sigma|^{-\frac{1}{2}} h_N(p) \tag{5.68}$$

(2) k-分布。

k-分布包络有概率密度函数为

$$f_R(r) = \frac{2b}{\Gamma(\alpha)} \left(\frac{br}{2}\right)^\alpha K_{\alpha-1}(br) \tag{5.69}$$

其特征概率密度函数为

$$f_S(s) = \frac{2b}{\Gamma(\alpha)2^\alpha}(bs)^{2\alpha-1}\exp\left(-\frac{b^2s^2}{2}\right) \tag{5.70}$$

可以证明,有

$$h_N(p) = \frac{b^N}{\Gamma(\alpha)} \frac{(b\sqrt{p})^{\alpha-\frac{N}{2}}}{2^{\alpha-1}} K_{\frac{N}{2}-\alpha}(b\sqrt{p}) \tag{5.71}$$

需要说明的是,如果涉及正交分量,则用 $2N$ 代替 N。

(3) 学生 t 分布。

对具有正交分量的学生 t 分布

$$f_{Y_k}(y_k) = \frac{\Gamma\left(v+\frac{1}{2}\right)}{b\sqrt{\pi}\Gamma(v)}\left(1+\frac{y_k^2}{b^2}\right)^{-v-\frac{1}{2}}, \quad v > 0 \tag{5.72}$$

式中 b——比例参数;

v——形状参数。

其特征概率密度函数为

$$f_S(s) = \frac{2}{\Gamma(\alpha)}\left(\frac{1}{2}\right)^v b^{2v-1}\exp\left(-\frac{b^2}{2s^2}\right) \tag{5.73}$$

可以证明,有

$$h_N(p) = \frac{2^{\frac{N}{2}} b^{2v} \Gamma\left(v+\frac{N}{2}\right)}{\Gamma(v)(b^2+p)^{\frac{N}{2}+v}} \tag{5.74}$$

当涉及正交分量的时候,要用 $2N$ 代替 N。

(4) 混合高斯分布。

对具有正交分量的 PDF

$$f_{Y_k}(y_k) = \sum_i a_i(2\pi k_i^2)^{-\frac{1}{2}}\exp\left(-\frac{(y_k-b_k)^2}{2k_i^2}\right) \tag{5.75}$$

其特征概率密度函数为

$$f_S(s) = \sum_i a_i\delta(s-k_i), a_i \geq 0, \sum_i a_i = 1, i = 1,2,\cdots \tag{5.76}$$

可以证明,有

$$h_N(p) = \sum_i k_i^{-N} a_i \exp\left(-\frac{p}{2k_i^2}\right) \tag{5.77}$$

2. 基于未知特征概率密度函数的方法

当特征概率密度函数未知或尽管特征概率密度函数已知,但在式(5.57)难于求出封闭解的情况下,可以借助于 $h_2(q)$ 与一阶概率密度函数的关系求出

$h_{2N}(q)$。第 i 个正交分量的联合概率密度可以表示为

$$f_{Y_{ci},Y_{si}}(y_{ci},y_{si}) = (2\pi)^{-1}\sigma^{-2}h_2(p)\beta, i=1,2,\cdots,N \tag{5.78}$$

式中:$p=(y_{ci}^2+y_{si}^2)/\sigma^2$,$\sigma^2$ 为正交分量的公共方差。第 i 个正交分量的包络和相位分别为

$$R_i = \sqrt{Y_{ci}^2+Y_{si}^2}, \theta_i = \arctan\frac{Y_{si}}{Y_{ci}} \tag{5.79}$$

其联合概率密度函数

$$f_{R,\theta}(r,\theta) = \frac{r}{2\pi\sigma^2}h_2\left(\frac{r^2}{\sigma^2}\right) \tag{5.80}$$

于是就可把它看作是两个相互独立的边缘概率密度函数的乘积,分别为

$$f_R(r) = \frac{r}{\sigma^2}h_2\left(-\frac{r^2}{\sigma^2}\right), f_\theta(\theta) = \frac{1}{2\pi} \tag{5.81}$$

最后得到

$$h_2\left(\frac{r^2}{\sigma^2}\right) = \frac{\sigma^2}{r}f_R(r) \tag{5.82}$$

于是,建立了包络 PDF 和 $h_2(q)$ 之间的关系。然后利用 $h_2(q)$ 得到 $h_{2N}(q)$。最后,利用 p 代替 q,便得到了 $h_{2N}(p)$。下面给出几个利用边缘概率密度函数得到 $h_{2N}(p)$ 的例子。

(1) chi 分布包络 PDF。

chi 分布包络的 PDF 为

$$f_R(r) = \frac{2b}{\Gamma(\alpha)}(br)^{2v-1}\exp(-b^2r^2) \tag{5.83}$$

式中　b——比例参数;

　　　v——形状参数。

根据递推公式直接得到

$$h_{2N}(q) = (-2)^{N-1}A\sum_{k=1}^{N}G_k q^{v-k}\exp(-Bq) \tag{5.84}$$

式中

$$G_k = \binom{N-1}{k-1}(-1)^{N-k}B^{N-k}\frac{\Gamma(v)}{\Gamma(v-k+1)}$$

$$A = \frac{2}{\Gamma(v)}(B\sigma)^{2v}$$

$$B = b^2\sigma^2$$

这里需要指出的是,只有在 $v \leqslant 1$ 的情况下,SIRV PDF 才是正确的,因为只有满足上述条件,$h_2(p)$ 和它的导数才是单调递减的。在 $v = 1$ 时,chi 分布包络 PDF 退化为瑞利包络 PDF,相对应的 SIRV PDF 变成高斯的。

(2) 韦布尔包络的 PDF。

韦布尔包络的 PDF 由下式给出,即

$$f_R(r) = abr^{b-1}\exp(-ar^b) \tag{5.85}$$

式中　a——比例参数;
　　　b——形状参数。

利用递推公式直接得到

$$h_{2N}(q) = \sum_{K=1}^{n} C_k Q^{\frac{KB}{2}-N}\exp(-Aq^{\frac{b}{2}}) \tag{5.86}$$

式中

$$C_k = \sum_{m=1}^{k}(-1)^{m+N} 2^N \frac{A^k}{k!}\binom{k}{m}\frac{\Gamma\left(1+\frac{mb}{2}\right)}{\Gamma\left(1+\frac{mb}{2}-N\right)}$$

这里,只有形状参数 $b \leqslant 2$,韦布尔包络作为 SIRV 的 PDF 才是"可允许"的。这对韦布尔雷达杂波建模并没有什么影响,因为韦布尔分布的形状参数也正是在这个范围之内。

(3) 广义瑞利包络 PDF。

广义瑞利包络 PDF 由下式给出,即

$$f_R(r) = \frac{\alpha r}{\beta^2 \Gamma\left(\frac{2}{\alpha}\right)}\exp\left[-\left(\frac{r}{\beta}\right)^\alpha\right] \tag{5.87}$$

有

$$h_2(q) = A\exp(-Bq^{\frac{\alpha}{2}}) \tag{5.88}$$

式中

$$A = \frac{\sigma^2 \alpha}{\beta^2 \Gamma\left(\frac{2}{\alpha}\right)}$$

$$B = \beta^{-\alpha}\sigma^\alpha$$

然后,有

$$h_{2N}(q) = \sum_{k=1}^{N-1} D_k q^{\frac{k\alpha}{2}-N+1}\exp(-Bq^{\frac{\alpha}{2}}) \tag{5.89}$$

式中

$$D_k = \sum_{m=1}^{k}(-1)^{m+N-1}2^{N-1}\frac{B_k}{k!}\binom{k}{m}\frac{\Gamma\left(1+\frac{m\alpha}{2}\right)}{\Gamma\left(2+\frac{m\alpha}{2}-N\right)}$$

这里 SIRV PDF 的使用范围为 $0 \leq \alpha \leq 2$。当 $\alpha = 2$ 时,广义瑞利包络 PDF 退化为瑞利包络的 PDF。

(4) 莱斯包络 PDF Ⅱ。

这里考虑相关复高斯零均值随机过程,因为可以直接由 $h_2(q)$ 的微分得到 SIRV PDF。对这种情况,包络概率密度函数为

$$f_R(r) = \frac{r}{\sqrt{1-\rho^2}}\exp\left[-\frac{r^2}{2(1-\rho^2)}\right]I_0\left[\frac{\rho r^2}{2(1-\rho^2)}\right], 0 < \rho \leq 1 \quad (5.90)$$

式中 $I_0(\cdot)$——第一类零阶修正的贝塞尔函数。

令

$$A = \frac{\sigma^2}{2(1-\rho^2)}$$

则有

$$h_2(q) = \frac{\sigma^2}{\sqrt{1-\rho^2}}\exp(-Aq)I_0(\rho Aq) \quad (5.91)$$

最后,有

$$h_{2N}(q) = \frac{\sigma^{2N}}{(1-\rho^2)^{N-\frac{1}{2}}}\sum_{k=0}^{N-1}\binom{N-1}{K}(-1)^k\left(\frac{\rho}{2}\right)^k\xi_k\exp(-Aq) \quad (5.92)$$

式中:

$$\xi_k = \sum_{m=0}^{k}\binom{k}{m}I_{k-2m}(\rho Aq)$$

当 $\rho = 0$ 时,莱斯包络 PDF 退化为瑞利包络 PDF。

(5) 广义 Gamma 包络 PDF。

广义 Gamma 包络 PDF 为

$$f_R(r) = \frac{ac}{\Gamma(\alpha)}(ar)^{c\alpha-1}\exp(-ar^c) \quad (5.93)$$

式中:a 为比例参数;α 和 c 为形状参数。当其参数取不同的值时,可得到不同的 PDF:

① 当 $\alpha = 1$ 时,广义 Gamma 包络 PDF 退化为韦布尔包络 PDF;

② 当 $c=1$ 时,广义 Gamma 包络 PDF 退化为 Gamma 包络 PDF;
③ 当 $c=\alpha=1$ 时,广义 Gamma 包络 PDF 退化为指数包络 PDF;
④ 当 $c=2$ 时,广义 PDFGamma 包络 PDF 退化为 chi 包络 PDF;
⑤ 当 $c=2,\alpha=1$ 时,广义 Gamma 包络 PDF 退化为瑞利包络 PDF;

同理,有

$$h_2(q) = Aq^{\frac{c\alpha}{2}-1}\exp(-Bq^{\frac{c}{2}}) \tag{5.94}$$

式中

$$A = \frac{(a\sigma)^{c\alpha}c}{\Gamma(\alpha)}$$

$$B = a\sigma^c$$

最后,得

$$h_{2N}(q) = \sum_{k=0}^{N-1} F_k q^{\frac{c\alpha}{2}-N}\exp(-Bq^{\frac{c}{2}}) \tag{5.95}$$

式中

$$F_k = (-2)^{N-1}A\binom{N-1}{k}\frac{\Gamma\left(\frac{c\alpha}{2}\right)}{\Gamma\left(\frac{c\alpha}{2}-N+k+1\right)}\sum_{m=1}^{k}\sum_{l=1}^{m}(-1)^{m+l-1}\frac{B^m}{m!}\frac{\Gamma\left(\frac{lc}{2}+1\right)}{\Gamma\left(\frac{lc}{2}-k+1\right)}q^{\frac{mc}{2}}$$

在第 6 章相关随机变量产生中,将着重讨论如何产生一个 SIRP,因为它在雷达系统及环境仿真中有重要意义。

5.2.9 拉普拉斯杂波模型

在某些条件下的海杂波有时要用拉普拉斯分布来描述。具有均值为零、方差为 σ_z^2 的拉普拉斯随机变量有概率密度函数为

$$f(z) = \frac{1}{\sigma_z\sqrt{2}}\exp\left(-\frac{\sqrt{2}|z|}{\sigma_z}\right) \tag{5.96}$$

离散时间拉普拉斯过程便可由下式得到,即

$$z(k) = \frac{\sigma_z}{\sqrt{2}}[x_1(k)x_2(k) + x_3(k)x_4(k)] \tag{5.97}$$

式中:$x_i(k)(i=1,2,3,4)$ 是独立的高斯过程。这种类型的拉普拉斯过程有相关函数

$$\rho_z(l) \equiv \frac{E[z(k+l)z(k)]}{\sigma_z^2} = \frac{1}{2}[\rho_1(l)\rho_2(l) + \rho_3(l)\rho_4(l)] \tag{5.98}$$

式中:$\rho_i(l)$ ($i=1,2,3,4$)是归一化的高斯过程 $x_i(k)$ 的相关函数。

如果上述四个高斯过程有相关函数

$$\rho_i(l) = [\text{sign}(r)^i]|r|^{-\frac{l}{2}}, i=1,2,3,4$$

最后有

$$\rho_z(l) = r^{-|l|}, -1 < r < 1$$

式中 r——相关采样之间的相关系数。

该过程称为拉普拉斯-马尔柯夫过程。与此相对应的四个高斯过程为

$$x_i(k) = [\text{sign}(r)]^i \sqrt{r} x_i(k-1) + \sqrt{1-|r|} \xi_i(k), i=1,2,3,4 \quad (5.99)$$

式中 $\xi_i(k)$——独立高斯白噪声序列。

这样,就可以利用其幅度分布和相关函数来产生相关拉普拉斯序列了。

5.3 箔条杂波模型

5.3.1 箔条云的后向散射截面积[89]

众所周知,如果一根箔条在空间位置的取向是随机的,则它的雷达散射截面积为 $\sigma_1 = 0.17\lambda^2$,其中,λ 为雷达工作波长。由于空间箔条之间的耦合、屏蔽及黏连效应,空中的 N 根箔条所形成的箔条云的雷达截面积并不等于 $N\sigma_1$,通常要小于 $N\sigma_1$,如果将其表示为 $N_1\sigma_1$,则 N_1 小于 1,其大小与箔条形状、长短及制造工艺等因素有关[32]。一般认为箔条偶极子之间的距离大于 $5\lambda \sim 10\lambda$ 时,它们之间的电磁耦合效应才可被忽略不计[91,92]。

由于空间偶极子之间的屏蔽作用,在深度为 x 处单位几何面积所形成的雷达截面积为 $\sigma(x) = 1 - \exp(-N_1\sigma_1 x)$,其中,$N_1$ 为单位体积内有效箔条单元的数目。显然,箔条云的体密度和深度越大,所形成的雷达截面积越大,当 $N_1\sigma_1$ 大到一定程度时,则 $\sigma(x) \to 1$,即说明箔条云的截面积近似于其几何投影面积。反之,如果 $N_1\sigma_1$ 很小,则 $\sigma(x) \approx N_1\sigma_1 x$ 时,$\sigma(x)$ 近似与深度 x 成正比关系,比雷达照射方向的几何投影面积大,从而扩大了箔条实际散射截面积。

当雷达照射方向上的箔条云的投影面积大于雷达波束的截面积时,则有效的雷达截面积为

$$\sigma_1 = A_{\theta\phi}[1 - \exp(-N_1\sigma_1\Delta r)] \quad (5.100)$$

式中 $A_{\theta\phi}$——雷达波束截面积;

Δr——距离分辨单元。

如果相反,则

$$\sigma_1 = A[1 - \exp(-N_1 \sigma_1 \Delta r)] \quad (5.101)$$

式中 A——箔条云的几何投影面积。

实际上,箔条云在空中不断地扩展和运动,它的截面积是随时间变化的,实验表明,其散开时间是很短的,只有 $4 \sim 5s$。对于不同用途或种类的箔条,其散开时间的长短也有所区别。

5.3.2 箔条云杂波及散射特性

通常箔条云是 N 个箔条偶极子散射单元的集合,它反射雷达信号,形成箔条杂波。假设在观察期间这一杂波为平稳随机过程,但每个偶极子由于旋转及运动使散射信号具有随机振幅和相位。研究表明,回波信号的振幅与偶极子的取向有关,相位则与其取向关系不大,而雷达与偶极子中心距离的变化,则既影响振幅,也影响相位。通常假定偶极子的运动是在忽略多次散射的情况下,对 N 个散射单元合成的复信号 S 为多个回波信号的矢量和,即

$$S = V\exp(j\theta) = \sum_{i=1}^{N} A_i e^{j\varphi_i} \quad (5.102)$$

式中 A_i——第 i 个散射单元的回波信号振幅;

φ_i——第 i 个散射单元的回波信号相位。

根据中心极限定理,各个散射单元的尺寸可比拟,该合成信号的概率密度函数服从高斯分布,即

$$f(v) = \frac{1}{\sqrt{2\pi}\sigma}\exp\left(-\frac{v^2}{2\sigma^2}\right) \quad (5.103)$$

其包络服从瑞利分布为

$$f(r) = \frac{r}{\sigma^2}\exp\left(-\frac{r^2}{2\sigma^2}\right), r \geq 0 \quad (5.104)$$

其相位服从均匀分布为

$$f(\theta) = \frac{1}{2\pi}, -\pi < \theta < \pi \quad (5.105)$$

雷达截面积有概率密度函数为

$$f(s) = \frac{1}{\bar{s}}\exp\left(-\frac{s}{\bar{s}}\right) \quad (5.106)$$

式中:$\bar{s}$ 为平均功率,$\bar{s} = NA^2$。

于是有如下结论:

(1) 箔条云后向散射杂波电压包络为瑞利分布。

(2) 相位为均匀分布。

(3) 雷达散射截面积为负指数分布。

5.3.3 箔条云的自相关函数

箔条云的自相关函数的计算比较复杂,它不仅与空中的风速有关,而且还与偶极子的空气动力学特性有关。因此,一般都进行实际测量而获得它的自相关特性。文献中给出了一个在 3.2cm 波长上所测得的电压自相关函数 $R(V,\tau)$,它以非常缓慢的速度趋近于零,并且有微小的振荡,这是由偶极子缓慢旋转所引起的。相关时间 $t_c \approx 16\text{ms}$。有关文献在 $f=9.26\text{GHz}$ 时也给出了类似的结果。如果相关时间为 $10\sim20\text{ms}$,那么这就意味着主要频率成分为 $50\sim100\text{Hz}$。尽管该结果有点粗糙,但它为雷达反箔条的研究工作提供了一定的依据。

5.3.4 箔条云的功率谱

由于箔条云在空中是运动的,故它的功率谱相对于发射频率有一个频偏,这便是多普勒频率。尽管雷达采用单频工作,反射信号也要占据一定的谱宽,它说明箔条云中的每个偶极子散射单元可能具有不同的速度,并且与大气的扰动有非常密切的关系。初步研究表明,箔条云功率谱的宽度主要与以下几个因素有关:

(1) 在空中偶极子的固有扩散。
(2) 大气湍流引起的空间扩散。
(3) 由重力引起的偶极子下降。
(4) 由风力引起的偶极子不同速度的运动。
(5) 由风力及湍流引起的偶极子自旋。

目前,大多数雷达文献中,都假定箔条云幅度谱为高斯型[97,98],归一化表达式为

$$S_A(f) = \exp\left\{-\left[\frac{(f-f_d)\lambda}{\sqrt{8}\sigma_v}\right]^2\right\} \tag{5.107}$$

式中 $f_d = 2v_0/\lambda$,v_0 为箔条云的平均径向速度;

λ——雷达工作波长;

σ_v——箔条云径向速度标准差。

其功率谱密度为

$$S(f) = S_0 \exp\left[-\frac{\lambda^2(f-f_d)^2}{4\sigma_v^2}\right] \tag{5.108}$$

式中 $\sigma_v = \sigma_g + \sigma_\omega + \sigma_a$;

σ_g——重力引起的速度标准差;

σ_ω——风力引起的速度标准差;

σ_a——大气湍流引起的速度标准差。

当偶极子具有所有可能取向时,其旋转速度 ω_r 和移动速度 ω_d 均为正态分布,其分别为,$N(\bar{\omega}_r,\sigma_r^2)$ 和 $N(\bar{\omega}_d,\sigma_d^2)$,可得到协方差矩阵为

$$\mathbf{Cov}(\tau) = \exp(j\bar{\omega}_d\tau - \sigma_d^2\tau^2/2)\frac{1}{5}\begin{bmatrix} \frac{2}{3} & 0 & \frac{1}{2} \\ 0 & \frac{1}{12} & 0 \\ \frac{1}{2} & 0 & \frac{2}{3} \end{bmatrix}$$

$$+ \exp\{j\bar{\omega}_d\tau - [(\sigma_d^2 + 4\sigma_r^2)/2]\tau^2\}\cos(2\bar{\omega}_r\tau)\frac{2}{10}\begin{bmatrix} \frac{1}{3} & 0 & \frac{1}{2} \\ 0 & \frac{1}{4} & 0 \\ -\frac{1}{6} & 0 & \frac{1}{3} \end{bmatrix}$$

(5.109)

式中:$\bar{\omega}_d$ 和 $\bar{\omega}_r$ 为箔条移动速度和旋转速度的均值;σ_d^2 和 σ_r^2 为其对应的方差。

5.4 雷达目标模型

众所周知,雷达的作用距离是目标横截面积的函数,在计算雷达作用距离时,往往按给定的横截面积进行计算,但实际雷达目标在空中由于受多种因素的影响,如大气湍流、发动机震动、风力、机动等,使其等效横截面积不是一个常量,而是一个随机变量,这就称之为目标的起伏,这种目标就称起伏目标。当然,也有的目标起伏很小,甚至可以忽略,这种目标就称非起伏目标。目标的起伏程度的大小,取决于目标本身的形状、几何尺寸和环境条件等因素。

若确切地估计目标横截面积的起伏,必须知道概率密度函数。为了确定目标横截面积与时间或脉冲数的相关程度,必须知道目标与时间的相关特性。各种目标是千差万别的,要得到它们的完整数据非常困难。从对目标起伏特性的研究表明,用一些模型对各类目标的起伏统计特性进行逼近是合理的,对雷达设计者来说也是方便的。通常,都用功率信噪比 S 来研究雷达横截面积,因为它们之间有单值关系。

当前,所采用的目标模型可以分为两大类,即经典的目标模型和现代的目标模型。前者主要包括恒值的马克姆(Marcum)模型和斯威林(Swerling)起伏模

型。斯威林起伏模型又分四种,即斯威林Ⅰ-Ⅳ型,现代目标模型包括χ^2模型、莱斯模型和对数-正态模型等[88]。

5.4.1 雷达信号模型

1. 发射信号

发射机发射的单个脉冲信号可以表示成

$$P(t) = \sqrt{2P_t}A(t)\cos[2\pi f_c t + \theta(t)], |t| \leq \frac{T_p}{2} \tag{5.110}$$

或表示成复数形式

$$P(t) = \sqrt{2P_t}\text{Re}[\tilde{p}(t)e^{j2\pi f_c t}], |t| \leq \frac{T_p}{2}$$

式中　P_t——发射机的峰值功率;
　　　f_c——雷达发射机载频;
　　　T_p——脉冲宽度;
　　　$A(t)$——脉冲幅度;
　　　$\tilde{p}(t)$——发射脉冲复包络,$\tilde{p}(t) = A(t)\exp(j\theta(t))$;
　　　$\text{Re}[\cdot]$——表示括号内信号的实部。

2. 目标反射信号

一个匀速运动的起伏点目标反射的信号可表示为

$$S(t) = \text{Re}[\tilde{S}(t)e^{j2\pi f_c t}], \left|t - \frac{2R}{c}\right| \leq \frac{T_p}{2} \tag{5.111}$$

式中

$$\tilde{S}(t) = \tilde{K}\tilde{b}\tilde{p}\left(t - \frac{2R}{c}\right)e^{j2\pi f_d t}$$

式中　c——光速,$c = 3 \times 10^8 \text{m/s}$
　　　f_d——目标多普勒频率,$f_d = 2v/\lambda$;
　　　v——目标的径向速度;
　　　b——目标散射参量,$b = |\hat{b}|\exp(j\beta)$,$\beta$为目标的散射相位,在[0,2]区间是均匀分布的;
　　　$|\tilde{b}|$——目标的雷达横截面积,$|\hat{b}| = \sigma$;
　　　$\tilde{K}$——雷达距离方程常数,即

$$\tilde{K} = \sqrt{\frac{2P_t L_s}{(2\pi)^3}\frac{\tilde{G}_t \tilde{G}_r \lambda}{R^2}}$$

式中　L_s——系统总损耗因子，$0 < L_s < 1$；

　　　$\tilde{G}_t$——发射天线的复电压增益；

　　　$\tilde{G}_r$——接收天线的复电压增益；

　　　R——目标斜距；

　　　λ——雷达工作波长，$\lambda = c/f_c$。

如果目标的运动速度保持不变，则由第 n 个发射脉冲所接收的信号为

$$\tilde{S}_n(t) = \tilde{K}\tilde{b}\tilde{p}\left(t - \frac{2R}{c}\right)e^{-j2\pi f_d(t-nT_r)}, n=0,1,\cdots,m, \left|t - \frac{2R}{c}\right| \leq \frac{T_p}{2}$$

式中　T_r——脉冲重复周期；

　　　m——脉冲回波数。

该式可表示目标横截面积由脉冲到脉冲起伏变化的信号，如果用 T_s 表示采样周期，则相应的采样信号可表示如下

$$\tilde{S}_n(kT_s) = \tilde{K}\tilde{b}_n\tilde{p}\left(kT_s - \frac{2R}{c}\right)e^{-j2\pi f_d(kT_s-nT_r)}, n=0,1,\cdots,m, \left|kT_s - \frac{2R}{c}\right| \leq \frac{T_p}{2}$$

(5.112)

这里需要说明的是，在考虑目标起伏模型时，如果是脉冲到脉冲起伏，则目标横截面积 $|\tilde{b}_n|$ 在 m 个脉冲其间是按斯威林起伏模型规律变化的。如果是扫描到扫描起伏，则对点目标来说，在 m 个回波其间信号是不变的，在下一个 m 个脉冲其间是按斯威林起伏模型变化的，这 m 个脉冲的变化是相同的，即目标横截面积 $|\tilde{b}_n|$ 由扫描到扫描变化一次。这就是将回波模型放在目标模型部分来介绍的原因，以便把信号的变化与起伏模型联系起来。

3. 接收机噪声

可以将雷达接收机噪声看作是一个高斯过程的采样函数。带通噪声信号可表示为

$$n(t) = \text{Re}[\tilde{n}(t)e^{j2\pi f_c t}] \tag{5.113}$$

式中　$\tilde{n}(t) = n_d(t) - jn_q(t)$；

　　　$n_d(t)$、$n_q(t)$——均值为零，方差为 σ_N^2 的独立高斯随机过程。

噪声方差是由接收机噪声系数 N_F 和接收机带宽 B_R 计算的，即

$$\sigma_N^2 = kT_o N_F B_R \tag{5.114}$$

式中　k——玻耳兹曼常数，$k = 1.38 \times 10^{-23}$ J/(°)；

　　　T_o——接收机等效温度（290K）；

　　　B_R——接收机带宽，单位为 Hz；

在雷达接收机设计时,接收机噪声系数通常是这样定义的:实际接收机输出的噪声功率与理想接收机输出的噪声功率之比。

4. 杂波反射信号

这里只考虑主瓣杂波。在一般情况下,认为旁瓣很低,可以忽略。杂波单元的反射信号可表示成复数形式

$$C(t) = \text{Re}[\tilde{C}(t)e^{j2\pi f_c t}] \tag{5.115}$$

式中

$$\tilde{C}_n(t) = \tilde{K} \tilde{g}_n \tilde{P}\left(t - \frac{2R_c}{c}\right)$$

式中

$$\tilde{K} = \sqrt{\frac{2P_t L_s}{(4\pi)^3}} \frac{\tilde{G}_t \tilde{G}_r \lambda}{R_c^2}$$

式中 $\tilde{G}_t$——杂波单元中心方向上发射天线的复电压增益;

$\tilde{G}_r$——杂波单元中心方向上接收天线的复电压增益;

R_c——到杂波单元的斜距;

$\tilde{g}_n$——杂波复散射参量。

通常,$\tilde{g}_n$由一个固定分量加一个复高斯分量组成一个复散射参量,对地杂波来说,复高斯过程脉冲到脉冲的采样是相关的,它是构造具有各种统计特性杂波的基础。

5. 合成雷达反射信号

合成反射信号是将目标,杂波和接收机噪声的采样信号进行叠加形成的。在雷达扫描其间,每个组合反射信号由下式给出

$$r(t) = \text{Re}[\tilde{r}_n(t)e^{j2\pi f_c t}]$$

式中

$$\tilde{r}_n(t) = \tilde{S}_N(t) + \tilde{c}_n(t) + \tilde{n}(t) \tag{5.116}$$

5.4.2 经典模型

目标起伏就是目标散射面积的起伏,它导致了目标回波功率的起伏。由于目标的起伏是不确定的,所以目标起伏模型就是将目标散射面积看成是随机序列,用统计模型来描述。

5.4.2.1 马克姆模型

该模型也称恒幅模型。它假定目标的横截面积为常量,即输入信号噪声功

率比 S 不变。该模型与窄带高斯噪声迭加一个恒值信号相对应,中频信号经线性检波得到的信号包络有概率密度函数

$$p(z) = \frac{z}{\sigma_n^2}\exp\left[-\frac{(z^2+A^2)}{2\sigma_n^2}\right]I_0\left(\frac{Az}{\sigma_n^2}\right), x \geq 0 \tag{5.117}$$

式中 $I_0(\cdot)$ ——第一类零阶修正的虚幅角贝塞尔函数;
A ——信号幅度;
σ_n ——噪声的均方根值。

该分布称为莱斯分布,或称广义瑞利分布。令 $x = z/\sigma_n, a = z/\sigma_n$,则有规一化概率密度函数

$$p(x) = x\exp\left[-\frac{(x^2+A^2)}{2}\right]I_0(ax), x \geq 0 \tag{5.118}$$

当 $a=0$ 时,该密度函数变成瑞利概率密度函数

$$p(x) = x\exp\left(-\frac{x^2}{2}\right), x \geq 0 \tag{5.119}$$

在 a 值取不同值时可绘出一个曲线族。实际上这时的 a 值就是幅度信号噪声比。$a=0$ 那条线就是纯噪声时的接收机输出信号的概率模型,即服从瑞利分布,其均值、均方值和方差分别为

$$\begin{cases} E(x) = \sqrt{\frac{\pi}{2}}\sigma_n \\ E(x^2) = 2\sigma_n^2 \\ D(x) = \mathrm{Var}(x) = \left(2-\frac{\pi}{2}\right)\sigma_n^2 \simeq 0.43\sigma_n^2 \end{cases} \tag{5.120}$$

对莱斯分布有均值

$$E(x) = \sqrt{\frac{\pi}{2}}\sigma_n\exp\left[-\frac{A^2}{4\sigma_n^2}\right]\cdot\left\{\left(1+\frac{A^2}{2\sigma_n^2}\right)I_0\left(\frac{A^2}{4\sigma_n^2}\right)+\frac{A^2}{2\sigma_n^2}I_1\left(\frac{A^2}{4\sigma_n^2}\right)\right\} \tag{5.121}$$

式中 $I_1(\cdot)$ ——第一类一阶修正的贝塞尔函数。

莱斯分布的 k 阶距

$$m_k = E(x^k) = (2\sigma_n^2)^{\frac{k}{2}}\Gamma\left(1+\frac{k}{2}\right){}_1F_1\left(-\frac{k}{2},1,\frac{A^2}{2\sigma_n^2}\right) \tag{5.122}$$

式中 $\Gamma(\cdot)$ ——Γ 函数;
$F_1(\cdot)$ ——合流超几何函数。

在大信噪比情况下,莱斯分布趋于高斯分布,即

$$f(x) = \frac{1}{\sqrt{2\pi}\sigma_n}\exp\left[-\frac{(x-A)^2}{2\sigma_n^2}\right] \tag{5.123}$$

对小信号时的线性检波相当于平方律检波。根据前面分析,可直接得到其概率密度函数为

$$f(x) = \frac{1}{\sigma_n^2}\exp\left[-\frac{(2x+A^2)}{2\sigma_n^2}\right]I_0\left(\frac{A\sqrt{2x}}{\sigma_n^2}\right), x \geq 0 \tag{5.124}$$

经归一化,则有

$$f(x) = \exp\left[-\frac{(2x+A^2)}{2}\right]I_0(A\sqrt{2x}), x \geq 0 \tag{5.125}$$

以信噪比(功率信噪比 $s = a^2/2$)表示,则

$$f(x) = \exp[-(x+s)]I_0(2\sqrt{sx}), x \geq 0 \tag{5.126}$$

其特征函数为

$$C(j\omega) = \frac{1}{1-j\omega\sigma_n^2}\exp\left(-\frac{A^2}{2\sigma_n^2}\right)\exp\left(\frac{\frac{A^2}{2\sigma_n^2}}{1-j\omega\sigma_n^2}\right) \tag{5.127}$$

这种模型适用于球形或近于球形的目标和点目标,以及表征在相邻两个脉冲之间方向不变的固定目标或运动目标,包括人造卫星(球形的)、气球和流星。

5.4.2.2 斯威林-I型目标起伏模型

该模型是扫描到扫描的起伏模型。其特点是每次扫描时所接收的回波是恒定的,一次扫描到下一次扫描其回波幅度是按一定规律变化的,由于起伏间隔较长,有时也称之为慢起伏模型。假定一次扫描到下次扫描是不相关的,其输入功率信噪比 S 的概率密度函数为

$$f(s) = \frac{1}{\bar{s}}\exp\left(-\frac{s}{\bar{s}}\right), s \geq 0 \tag{5.128}$$

式中 $\bar{s}$——平均功率信噪比。

需要注意的是,该表达式有时也用平均截面积表示。

该模型适用于由多个独立起伏的散射体组成的目标,这些散射体的反射面积近似相等。理论上,独立散射体的数目应无限多,但实际上,有4个以上的这种散射体,就可应用这种目标模型。与波长相比很大的物体,遵循这种模型,包括表面较大的喷气式飞机、雨杂波、和地杂波(擦地角在5°以上)。

5.4.2.3 斯威林-II型目标起伏模型

斯威林-II型目标起伏为脉冲到脉冲起伏,与斯威林-I型相比起伏更快,

故称为快起伏。其特点:每次扫描所得到的脉冲之间都是起伏的,并且是脉冲到脉冲独立的。其输入功率信噪比 S 的概率密度函数与斯威林 - Ⅰ 型相同。

该模型的适用范围是面积较大的螺旋浆飞机和直升飞机、雨杂波和地杂波。

5.4.2.4 斯威林 - Ⅲ 型目标起伏模型

斯威林 - Ⅲ 型目标起伏情况同斯威林 - Ⅰ 型,也是扫描到扫描起伏,但概率密度函数为

$$f(s) = \frac{4s}{\bar{s}^2}\exp\left(-\frac{2s}{\bar{s}}\right), s \geq 0 \tag{5.129}$$

这种模型适用于一个大散射体加一些小散射体描述的目标,或一个大散射体,而方向稍有变化的目标,包括导弹(长而窄的表面)、飞机(长而窄的表面)、火箭(长而窄的表面)和具有延长体的圆形人造卫星。

5.4.2.5 斯威林 - Ⅳ 型目标起伏模型

斯威林 - Ⅳ 型目标起伏情况同斯威林 - Ⅱ 型。但概率密度函数同 Ⅲ 型,应用范围同 Ⅲ 型。

5.4.3 现代目标模型

经典目标模型的特点包括:
(1) 经典目标模型与许多实际目标非常接近。
(2) 马克姆对恒幅情况给出了 p_f, p_d 和 S/N 的关系并给出了图表。
(3) 斯威林给出了 4 种目标模型。迪费和梅耶给出了 5 种情况的更多图表,使设计、计算非常方便。
(4) 经典目标模型有一定局限性,而现代目标模型更有一般性。

现代目标模型主要包括 χ^2 模型,莱斯模型和对数 - 正态模型等。下面简单介绍 χ^2 目标模型。

χ^2 目标模型与实际测量的目标截面积数据比较表明,χ^2 密度函数作为目标模型更合适。其概率密度函数为

$$p(\chi^2) = \frac{(\chi^2)^{k-1}\exp\left(-\frac{\chi^2}{2}\right)}{2^k \Gamma(k)} \tag{5.130}$$

式中:$k = v/2$ 为双自由度函数。对单个信号加噪声脉冲回波时,概率密度函数为

$$f(s) = \left[\frac{k}{\Gamma(k)\bar{s}}\right]\left(\frac{ks}{\bar{s}}\right)^{k-1}\exp\left(-\frac{ks}{\bar{s}}\right), s \geq 0 \tag{5.131}$$

式中　s——瞬时单脉冲信噪比;

$\bar{s}$——其平均值。

它是在经变量代换 $\chi^2 = 2ks/\bar{s}$ 得到的,即

$$f(s) = f(\chi^2)\frac{\mathrm{d}\chi^2}{\mathrm{d}s} \tag{5.132}$$

其均值和方差为

$$E(s) = \bar{s}, D(s) = \mathrm{Var}(s) = \frac{\bar{s}^2}{2} \tag{5.133}$$

当 $k<1$ 时,该模型又称温斯脱克模型。适用于随机相位的圆柱体目标。其 k 值在 0.3~0.7 范围内。

实际上,上面所给出的五种经典目标模型是 χ^2 目标模型的特例,在一定条件下,莱斯、对数-正态目标模型又可由 χ^2 模型来近似,这里就不再介绍了。

第 6 章
随机变量的仿真

概率论是在已知随机变量的情况下研究随机变量的统计特性及其参数[7]，而随机变量的仿真正好与此相反，是在已知随机变量的统计特性及其参数的情况下，研究如何在计算机上产生服从给定统计特性和参数的随机变量。

6.1 独立随机变量的仿真

随机变量的仿真就是通常所说的随机变量的抽样。它是指由已知分布的总体中产生简单子样。前边介绍的均匀分布随机数序列是由[0,1]区间上均匀分布的随机总体中抽取的简单子样，它是由已知分布进行随机抽样的一个特殊情况。但在雷达、导航、声纳、通信和电子对抗等系统中，应用得最多的概率统计模型还是正态分布或高斯分布、指数分布、瑞利分布、莱斯分布或广义瑞利分布、韦布尔分布、对数-正态分布、m 分布、拉普拉斯分布、复合 k-分布等。在这些随机总体中进行随机抽样，实际上都是以[0,1]区间上的均匀分布随机总体为基础的。这就是在有关系统仿真的书籍中首先要讨论均匀分布随机数产生的原因。原则上讲，只要已知[0,1]区间上的均匀分布随机数序列，总可以通过某种方法来获得某已知分布的简单子样。实际上，这一过程就是通过某种数学方法把已知的[0,1]区间上的均匀分布的随机数序列变换成某一给定分布的随机数序列的过程，因此有时将利用[0,1]区间上的均匀分布随机数产生某给定分布随机数的过程，称作随机数的变换。只要给定的均匀分布随机数序列满足均匀且相互独立的要求，经过严格的数学变换或者严格的数学方法，所产生的任何分布的简单子样都会满足具有相同的总体分布和相互独立的要求。

随机变量的抽样，又分离散随机变量的抽样和连续随机变量的抽样，本书以介绍连续随机变量的抽样为主，只简单地给出几种离散随机变量的抽样公式。连续随机变量的抽样方法有许多种，如直接抽样、变换抽样、复合抽样、选舍抽样等[8,20,31]。本章除介绍各种抽样方法的基本原理外，还将通过一些例子给出雷达、声纳、通信、导航和电子对抗等系统中经常遇到的各种分布的随机数序列的表达式。

6.1.1 直接抽样

直接抽样法,有时也称分布函数特征法,顾名思义,就是利用积分分布函数的特性,来获得给定分布随机抽样的。概率论中已经证明,如果随机变量 ξ 的概率密度函数为 $f(x)$,那么,随机变量

$$u = \int_{-\infty}^{\xi} f(x) \mathrm{d}x \tag{6.1}$$

在[0,1]区间上服从均匀分布。显然,只要已知随机变量 ξ 的概率密度函数 $f(x)$,并能求出该积分的表达式

$$u = F(\xi) \tag{6.2}$$

就可根据反函数,方便地求出随机变量 ξ 的抽样公式

$$\xi_i = F^{-1}(u_i) \tag{6.3}$$

式中:u_i 为[0,1]区间上的均匀分布随机数。实际上,$F(x)$ 就是随机变量 ξ 的分布函数,因此,这种方法有时被称为反函数法。

值得注意的是,式(6.1)的积分并不是总能得到显式解的,如果是这种情况,就要考虑用其他方法获得某种分布的随机数了。图 6.1 给出了利用直接抽样方法获得某种分布随机数的基本原理。

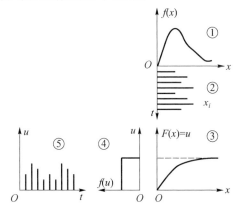

图 6.1 直接抽样基本原理示意图

图 6.1 中,①为随机变量 x 及其概率密度函数的曲线;②表示随机变量 x 在不同时刻的抽样 x_i 与时间的关系;③为随机变量 x 及其分布函数的曲线。注意,这里 $F(x)=u$,其值最大为 1;④为随机变量 u 及其概率密度函数的曲线,u 在[0,1]区间是均匀分布的。注意,这里概率密度函数的上限与 $F(x)$ 的最大值是对应的;⑤表示随机变量 u 在不同时刻的抽样 u_i 与时间的关系。可见,图 6.1 反映了由随机变量到随机变量 u 的变换过程。

图 6.1 不仅形象地说明了直接抽样的基本原理,同时还可以看出,利用直接抽样法获得任意分布随机变量在理论上是严格的,并且概念清楚,产生方便。

下面通过一些例子,给出一些在雷达、通信、导航和电子对抗等系统中经常遇到的分布规律的随机变量的抽样公式。

例 6.1 利用直接抽样法,获得 $[a,b]$ 区间上的均匀分布随机变量。

已知随机变量 ξ,有概率密度函数

$$f(x) = \begin{cases} \dfrac{1}{b-a}, & a \leq x \leq b \\ 0, & 其他 \end{cases} \tag{6.4}$$

这是任意区间 $[a,b]$ 上的均匀分布。从实际应用的角度来说,它比 $[0,1]$ 区间上的均匀分布应用得更经常、更广泛。但 $[0,1]$ 区间上的均匀分布随机变量是产生其他分布随机变量的基础。因此在许多书中对它给予了更多的关注。

根据直接抽样原理,有

$$u = \int_a^\xi \frac{1}{b-a} \mathrm{d}x = \frac{\xi - a}{b - a} \tag{6.5}$$

通过求反函数,得到 $[a,b]$ 区间上均匀分布随机抽样公式为

$$\xi_i = (b-a)u_i + a \tag{6.6}$$

当 $a = -1, b = 1$ 时,利用可直接获得 $[-1,1]$ 区间上的均匀分布随机数的抽样公式,即

$$\xi_i = 2u_i - 1 \tag{6.7}$$

当 $a = 0, b \neq 0$ 时,可得到 $[0,b]$ 区间上均匀分布随机数的抽样公式,即

$$\xi_i = bu_i \tag{6.8}$$

式 6.6 ~ 式(6.8)中,u_i 均为 $[0,1]$ 区间上的均匀分布的随机数。

例 6.2 利用直接抽样法,获得指数分布随机变量。

假设随机变量 ξ 服从指数分布为

$$f(x) = \begin{cases} \lambda \exp(-\lambda x), & x \geq 0 \\ 0, & 其他 \end{cases} \tag{6.9}$$

其均值和方差分别为

$$E(x) = \frac{1}{\lambda}, D(x) = \frac{1}{\lambda^2}$$

式中 λ——指数分布参量。

根据式(6.1),可写出表示式

$$u = \int_0^\xi \lambda \exp(-\lambda x) \mathrm{d}x = 1 - \exp(-\lambda \xi) \tag{6.10}$$

则有

$$\xi_i = -\frac{1}{\lambda}\ln(1-u_i) \tag{6.11}$$

可以证明,如果u_i在$[0,1]$区间上服从均匀分布,那么$(1-u_i)$在$[0,1]$区间上也服从均匀分布,故又有公式

$$\xi_i = -\frac{1}{\lambda}\ln u_i \tag{6.12}$$

如果令$\lambda = 1$,则

$$\xi_i = -\ln u_i \tag{6.13}$$

如果令$\frac{1}{\lambda} = \bar{x}$,则

$$\xi_i = -\bar{x}\ln u_i \tag{6.14}$$

根据知,随机变量ξ有概率密函数

$$f(x) = \frac{1}{\bar{x}}\exp(-x/\bar{x}) \tag{6.15}$$

显然,它是在雷达系统仿真中经常用到的斯威林－Ⅰ和斯威林－Ⅱ型起伏的概率密度函数,$\bar{x}$是整个目标起伏期间的平均信噪比。

通常,认为普通雷达接收机输出的小信号服从指数分布。除此之外,诸如机器寿命,系统的稳定时间等,在一般条件下,也被认为服从指数分布。应当指出,指数分布是系统仿真中所用到的最基本的随机变量之一,根据它又可以产生一些其他的有关随机变量,如Γ分布,χ^2分布等随机变量。可以证明,若干指数分布的随机变量之和服从Γ分布。Γ分布有概率密度函数

$$f(x) = \frac{\lambda^k}{\Gamma(k)}x^{k-1}\exp(-\lambda x) \tag{6.16}$$

其均值与方差分别为

$$E(x) = \frac{k}{\lambda}, \qquad D(x) = \frac{k}{\lambda^2}$$

为了产生具有给定均值和方差的Γ分布随机变量,可以利用下面的公式确定分布参数

$$\lambda = \frac{E(x)}{D(x)}, \; k = \frac{E(x)^2}{D(x)}$$

由于若干指数分布随机变量之和为Γ分布,有Γ分布随机变量产生公式

$$\xi_i = -\frac{1}{\lambda}\sum_{i=1}^{k}\ln(1-u_i) \tag{6.17}$$

式中　k——指数分布随机数的数目,为整数,通常称其为Γ分布的自由度;

　　　u_i——$[0,1]$区间上的均匀分布随机变量。

显然,取不同的k值和λ值,随机变量ξ将有不同的分布曲线。k取非整数

情况的表达式将在后面介绍。

例 6.3 利用直接抽样法,获得瑞利分布随机变量。

假设 ξ 是服从瑞利分布的随机变量,有概率密度函数

$$f(x) = \frac{x}{\sigma^2}\exp\left(-\frac{x^2}{2\sigma^2}\right), x \geq 0 \quad (6.18)$$

其均值为

$$E(x) = \sqrt{\frac{\pi}{2}}\sigma \approx 1.25\sigma$$

方差为

$$D(x) = \left(2 - \frac{\pi}{2}\right)\sigma^2 \approx 0.43\sigma^2$$

式中:σ 为瑞利分布参量,注意,它不是瑞利分布的均方根值。在雷达系统中,如果 ξ 是线性接收机的输出,σ 则是中频高斯噪声的均方根值。

根据式(6.1),可写出

$$u = \int_{-\infty}^{\xi} f(x)dx = 1 - \exp\left(-\frac{\xi^2}{2\sigma^2}\right) \quad (6.19)$$

则

$$\xi_i = \sigma\sqrt{2\ln\frac{1}{1-u_i}} \quad (6.20)$$

经化简,最后得到瑞利分布的直接抽样公式为

$$\xi_i = \sigma\sqrt{-2\ln u_i} \quad (6.21)$$

根据瑞利分布的变型公式,随机变量 ξ 又可写成

$$\xi_i = \sqrt{-\ln u_i} \quad (6.22)$$

这就意味着噪声功率 $\sigma^2 = \frac{1}{2}$。显然,根据式(6.12),如果已知指数分布随机数序列,那么再开方即可获得瑞利分布随机数序列,这就给出了指数分布随机数序列与瑞利分布随机数序列的关系。

众所周知,瑞利分布也是系统仿真中经常用到的概率分布之一,在雷达、通信、导航、信息对抗、C^3I 等系统中,它是最基本也是最主要的统计模型。例如在雷达系统中,线性接收机输出的噪声,低分辨率雷达的海杂波回波,无源干扰中的箔条杂波回波等在幅度上均服从瑞利分布。

例 6.4 利用直接抽样法,获得韦布尔分布随机变量。

假设随机变量 ξ 服从三参量的韦布尔分布

$$f(x) = \frac{a}{b}\left(\frac{x-x_n}{b}\right)^{a-1}\exp\left\{-\left(\frac{x-x_n}{b}\right)^a\right\}, a>0, b>0, 0 \leq x < \infty \quad (6.23)$$

式中 x_n——韦布尔分布的位置参量；

a——韦布尔分布的形状参量；

b——韦布尔分布的标度参量。

在不考虑位置参量的情况下，韦布尔分布的均值和方差分别为

$$E(x) = b\Gamma\left(\frac{1}{a} + 1\right)$$

$$D(x) = b^2\left[\Gamma\left(\frac{2}{a} + 1\right) - \Gamma^2\left(\frac{1}{a} + 1\right)\right]$$

式中 $\Gamma(\cdot)$——Γ 函数。

由式(6.1)，可写出

$$u = \int_{-\infty}^{\xi} f(x)\mathrm{d}x = 1 - \exp\left[-\left(\frac{\xi - x_n}{b}\right)^a\right] \tag{6.24}$$

最后，得到韦布尔分布随机抽样表达式

$$\xi_i = x_n + b\sqrt[a]{-\ln u_i} \tag{6.25}$$

从可以看出，要想获得韦布尔分布的随机数序列，首先必须给出参量 x_n、a 和 b。不同的参量又可得到不同的韦布尔分布的随机数序列曲线，从而构成一个韦布尔分布曲线族。

近年来，对韦布尔分布的研究较多，除某些特定的陆地杂波反射及用高分辨率雷达测量时所得到的海杂波反射服从韦布尔分布之外，在电子器件的寿命和系统可靠性研究等方面，韦布尔分布均有广泛应用。

在位置参数 $x_n = 0$，形状参数 $a = 2$ 时，韦布尔分布随机抽样表达即是瑞利分布抽样公式。

在位置参数 $x_n = 0$，形状参数 $a = 1$ 时，韦布尔分布随机抽样表达便是指数分布的抽样公式。从随机变量域也说明瑞利分布和指数分布是韦布尔分布的特例。

上述直接抽样法是一种在系统仿真中得到普遍应用的方法，它可以获得较高的精度，并且这种方法概念清晰，运算直接。然而如上面指出的，在某些情况下，得不到显式解，即求不出积分表达式，故这种方法又受到一定程度的限制。另外，从以上几种分布的抽样公式看，大部分公式中都包括对数运算。我们知道，对数运算要花费许多计算机时间，这是我们所不希望的。因此，用直接抽样法求出的抽样公式不一定是最好的。从这点出发，也可考虑寻求其他抽样公式。当然，也可研究更好的数值计算方法来提高对数运算的计算速度。

例6.5 利用直接抽样法，获得 Nakagami m 分布随机变量

已知 Nakagami m 分布有概率密度函数

$$f(x) = \frac{2m^m x^{2m-1}}{\Gamma(m)\Omega^m}\exp\left(-\frac{mx^2}{\Omega}\right), x \geq 0 \tag{6.26}$$

式中　Ω——x 的均方值；

　　　m——常数，$m \geqslant \dfrac{1}{2}$，其中包括非整数。

利用直接抽样法

$$u = F(\xi) = \int_{-\infty}^{\xi} f(x)\,\mathrm{d}x = \int_{-\infty}^{\xi} \frac{2m^m x^{2m-1}}{\Gamma(m)\Omega^m} \exp\left(-\frac{mx^2}{\Omega}\right)\mathrm{d}x \quad (6.27)$$

令 $t = \dfrac{mx^2}{\Omega}$，则

$$u = \int_0^{\frac{m\xi^2}{\Omega}} \frac{1}{\Gamma(m)} t^{m-1} \mathrm{e}^{-t}\,\mathrm{d}t \quad (6.28)$$

利用关系式

$$\int_{y_0}^{\infty} \frac{1}{\Gamma(m)} t^{m-1} \mathrm{e}^{-t}\,\mathrm{d}t \quad (6.29)$$

及 $(1-u)$ 也是均匀分布的概念，得

$$u_i = \exp\left(-\frac{m\xi_i^2}{\Omega}\right) \sum_{j=1}^{m} \frac{(m\xi_i^2/\Omega)^{j-1}}{\Gamma(j)} \quad (6.30)$$

显然，该式比较复杂，且 m 必须为整数，若要从该式解出随机变量 ξ 的一般表达式是比较困难的，但对于有限的 m 值，它的表达式也并不十分复杂。

当 $m = 1$ 时，有

$$u_i = \exp\left(-\frac{\xi_i^2}{\Omega}\right) \quad (6.31)$$

显然，ξ 为瑞利分布，且

$$\xi_i = \sqrt{-\Omega \ln(1-u_i)} \quad (6.32)$$

当 $m = 2$ 时，有

$$u_i = \exp\left(-\frac{2\xi_i^2}{\Omega}\right) 2\xi_i^2/\Omega \quad (6.33)$$

取自然对数

$$\ln u = \ln + 2\ln\xi - 2\xi^2/\Omega \quad (6.34)$$

尽管该式不能给出 ξ 的显式解，但将其制成表格，用起来也是十分方便的。

当 m 值是整数或是 $\dfrac{1}{2}$ 时，可用如下递推关系产生随机变量

$$\begin{cases} p(a+1,x) = p(a,x) - \dfrac{x^a \mathrm{e}^{-x}}{\Gamma(a+1)} \\ p(1,x) = 1 - \mathrm{e}^{-x} \end{cases} \quad (6.35)$$

或

$$p\left(\frac{1}{2},x\right) = \mathrm{erf}(x)$$

erf(x)是 x 的误差函数,即

$$\text{erf}(x) = \frac{2}{\sqrt{\pi}} \int_0^x e^{-t^2} dt$$

它可以以 10^{-5} 的精度由下式逼近

$$\text{erf}(x) = 1 - (a_1 t + a_2 t^2 + a_3 t^3) \exp(-x^2) \tag{6.36}$$

式中：$t = \dfrac{1}{(1+px)}$；$p = 0.47047$；$a_1 = 0.3480242$；$a_2 = -0.0958798$；$a_3 = 0.7478556$。

最后,对任意的 m 值,根据下式产生随机变量 R,即

$$\left[1 - p\left(\frac{mR^2}{\Omega}, m' - \frac{1}{2}\right)\right]\left[\frac{\omega^2}{2} - \frac{\omega}{2}\right] + \left[1 - p\left(\frac{mR^2}{\Omega}, m'\right)\right][1 - \omega^2]$$
$$+ \left[1 - p\left(\frac{mR^2}{\Omega}, m' + \frac{1}{2}\right)\right]\left[\frac{\omega^2}{2} + \frac{\omega}{2}\right] = u \tag{6.37}$$

式中　m'——小于 m 的最接近 m 的整数,$\omega = m - m' > 0$。

在通信系统的研究中,经常用 Nakagami m 分布来描述闪烁现象,虽然它是单参量分布,但通过选择 m 值,可用它描述多种经验的或解析的概率密度函数。如果 $m = 0.5$,该分布变为单边高斯分布；$m = 1$,则如前边指出的,变为瑞利分布；如经 $y = x^2$ 的变换,又变成有 $2m$ 自由度的 chi 分布,这时 m 必须为整数。按给定的条件代入,可得到多种分布的表达式。对于不同的 m 值便有不同的 Nakagami m 分布曲线。Nakagami m 分布的 m 值越大,分布曲线就越集中。

6.1.2　近似抽样

正态分布在概率论与数理统计中是一种非常重要的分布,因为自然界中的许多统计现象都服从正态分布。在雷达系统仿真中,正态分布也有着非常重要的地位,因为雷达接收机的内部噪声,雷达的各种测量误差等,均服从正态分布,并且还可由正态分布获得指数分布、瑞利分布、韦布尔分布和对数正态分布等许多非高斯分布表达式,因此可以说正态分布是产生许多非高斯随机变量的基础。

要想获得正态分布的随机抽样,利用直接抽样的方法是得不到的,因为利用直接抽样法得不到积分表达式(6.1)的显式解。这时,就要考虑其他抽样方法了,如近似抽样。

近似抽样,又分多种,如统计近似,密度近似等。所谓统计近似,就是根据概率论中的中心极限定理,即服从任何分布规律的数量足够多的随机抽样之和服从正态分布来获得正态分布随机抽样的。所谓密度近似,是利用多项式或其他数学方法产生随机抽样来逼近正态分布的密度函数,要求它与理论分布有较小的误差。

1. 用近似法产生正态分布随机变量

1) 统计近似法

假设,有 N 个相互独立的随机变量 $u_1, u_2, \cdots, u_N$,它们有相同分布,其均值 $E(u_i) = m$,方差 $D(u_i) = \sigma^2$,则根据中心极限定理,这 N 个随机变量之和服从高斯分布,即

$$\lim_{N \to \infty} P\left(a < \frac{\sum_{i=1}^{N} u_i - Nm}{\sqrt{N}\sigma} < b \right) = \frac{1}{\sqrt{2\pi}} \int_a^b e^{-\frac{1}{2}y^2} dy \quad (6.38)$$

式中 $[a, b]$ 为分布区间。其均值和方差分别为

$$E\left(\sum_{i=1}^{N} u_i \right) = Nm \quad (6.39)$$

$$D\left(\sum_{i=1}^{N} u_i \right) = N\sigma^2 \quad (6.40)$$

高斯随机变量为

$$y_j = \frac{\sum_{i=1}^{N} u_i - Nm}{\sigma \sqrt{N}} \quad (6.41)$$

显然,它是归一化的随机变量。当随机变量 u_i 为 $[0,1]$ 区间上的均匀分布随机变量时,有

$$x_j = \sum_{i=1}^{N} u_i \quad (6.42)$$

其均值和方差分别为

$$E(x_j) = \frac{N}{2} \quad (6.43)$$

$$D(x_j) = \frac{N}{12} \quad (6.44)$$

有通用的归一化的高斯随机变量表达式为

$$y_j = \frac{\sum_{i=1}^{N} u_i - \frac{N}{2}}{\sqrt{N/12}} \quad (6.45)$$

当所要求的高斯分布的均值 $E(y_i) = m_1$,方差 $D(y_i) = \sigma_1^2$,则

$$y_j = \sigma_1 \left(\frac{12}{N} \right)^{\frac{1}{2}} \left(\sum_{i=1}^{N} u_i - \frac{N}{2} \right) + m_1 \quad (6.46)$$

通常,均匀分布随机变量 u_i 的数目 N 至少要大于 8。当均匀分布随机变量的数目 $N = 12$ 时,式 (6.41) 化简为

$$y_j = \sum_{i=1}^{12} u_i - 6 \tag{6.47}$$

或者

$$y_j = \sum_{i=1}^{6} (u_{2i} - u_{2i-1}) \tag{6.48}$$

显然，由式(6.47)和式(6.48)产生正态分布随机数序列，在满足一定的精度的情况下，会有较高的运算速度，给运算带来了方便。每产生一个正态分布的随机数，最多只需12次加法运算或减法运算。需注意的是高斯随机变量 y 的取值范围应是 $[-\infty,\infty]$，但这里是 $[-6,6]$。

2) 密度近似法

密度近似法，有时能给出较精确的随机抽样，但可能要花较多的计算机时间。对高斯分布，可按下式构成随机变量 y_i，即

$$y_i = \frac{x_i}{\sqrt{n}} - \left(\frac{bx_i^2}{\sqrt{n}} - \frac{x_i^3}{n\sqrt{n}}\right)/an \tag{6.49}$$

式中：$a=20$；$b=3$；x_i 由式(6.42)给出。此式只要 n 取为5，随机变量 y_i 就已经很接近正态分布规律了。

如果采用

$$y_i = x_i\left[1 - \left(\frac{x_i^4}{n^2} - \frac{cx_i^2}{n} + d\right)a/bn^2\right] \tag{6.50}$$

式中：$a=41$；$b=13440$；$c=10$；$d=15$。只要 $n=2$，就可获得比较满意的结果。

这里再给出一种用 Hasting 有理逼近法产生 $N(0,1)$ 随机抽样的公式为

$$y_i = x_i - \frac{a_0 + a_1 x_i + a_2 x_i^2}{1 + b_1 x_i + b_2 x_i^2 + b_3 x_i^3} \tag{6.51}$$

式中：$a_0 = 2.515517$；$a_1 = 0.802853$；$a_2 = 0.010328$；$b_1 = 1.432788$；$b_2 = 0.189269$；$b_3 = 0.001308$。

利用这种方法所获得的随机抽样，误差小于 10^{-4}，并且均值为零，方差为1。它的缺点是有太多的乘法运算。

2. 利用正态分布随机变量构成其他分布随机变量

1) 产生瑞利分布随机变量

前面介绍了利用均匀分布随机变量直接获得瑞利分布随机变量的方法。这里介绍在已知正态分布随机变量的情况下，如何获得瑞利分布随机变量。下面将会看到，利用这种方法很容易与莱斯分布，即广义瑞利分布联系起来，这对雷达接收机噪声和信号加噪声的仿真是非常方便的。

众所周知，两个正态分布的随机变量的模服从瑞利分布，因此可以按下述方法获得服从瑞利分布规律的随机变量。

首先,从具有均值为零,方差为 1 的正态分布随机总体中抽取两个随机数 x_i 和 y_i,然后计算

$$r_i = \sqrt{x_i^2 + y_i^2} \tag{6.52}$$

随机变量 r_i 即服从瑞利分布,其均值和方差分别为

$$E(x) = \sqrt{\pi/2} \tag{6.53}$$

$$D(x) \approx 0.43 \tag{6.54}$$

2)产生 χ^2 分布随机数

已经指出,χ^2 分布是一种比较有代表性的分布,很多分布都是它的特例。χ^2 分布的概率密度函数为

$$f_{\chi^2}(x) = \begin{cases} \dfrac{1}{2^{\frac{n}{2}}\Gamma\left(\dfrac{n}{2}\right)} \exp\left(-\dfrac{x}{2}\right) x^{\frac{n}{2}-1}, & x > 0 \\ 0, & x \leq 0 \end{cases} \tag{6.55}$$

χ^2 分布分别有均值和方差为

$$E(x) = n$$
$$D(x) = 2n$$

根据正态分布之平方和为 χ^2 分布这一基本原理,可直接获得 χ^2 分布随机变量抽样为

$$\xi(n) = \sum_{j=1}^{n} x_j^2 \tag{6.56}$$

式中:x_j 为采样间相互独立的均值为 0,方差 1 的正态分布随机变量;n 为 χ^2 分布的自由度。由表达式可以看出,自由度 n 是决定该分布的唯一分布参量。

当 $n = 2$ 时,有

$$\xi_i(2) = x_1^2 + x_2^2 \tag{6.57}$$

显然,它是指数分布。

当 $n = 4$ 时,它又是两个指数分布之和的分布。已知,两个指数分布之和的分布为斯威林 - Ⅲ 和斯威林 - Ⅳ 型起伏模型,即

$$f(x) = xe^{-x} \tag{6.58}$$

所以,$n = 4$ 时的 χ^2 分布随机变量是在 $\bar{x} = 2$ 时的斯威林 - Ⅲ 和斯威林 - Ⅳ 型的随机变量,它有概率密度函数

$$f(x, \bar{x}) = \frac{4x}{\bar{x}^2} \exp\left(-\frac{2x}{\bar{x}}\right) \tag{6.59}$$

可以证明斯威林 - Ⅲ 和斯威林 - Ⅳ 型起伏模型有随机变量表达式

$$\xi_i = -\frac{\bar{x}}{2}(\ln u_{1i} + \ln u_{2i}) \tag{6.60}$$

式中：u_{1i} 和 u_{2i} 为两个 [0,1] 区间均匀分布随机变量。

Γ 分布有概率密度函数为

$$f(x) = \frac{\alpha^k x^{k-1} e^{-\alpha x}}{(k-1)!} \tag{6.61}$$

从式 (6.61) 可以看到，χ^2 分布与 Γ 分布有非常紧密的关系。

当 $n = 2k$ 时，只要令 Γ 分布的参量 $\alpha = \frac{1}{2}$，则两者是一致的，即变成式 (6.55)。

从这点上说，Γ 分布比 χ^2 分布更具有代表性，其中 k 和 λ 为 Γ 分布的参量。

当 $n > 30$ 时，可以得到一个著名的高斯变量的近似公式

$$z_i = \sqrt{2\chi_n^2} - \sqrt{2n-1} \tag{6.62}$$

于是，得到另一个 χ^2 随机变量的抽样公式

$$\xi_i(n > 30) = \chi_n^2 = \frac{(z + \sqrt{2n-1})^2}{2} \tag{6.63}$$

当然，利用正态分布随机变量产生其他分布随机数变量还有许多例子，如广义瑞利分布随机变量、广义指数分布随机变量等，将在后面介绍。

6.1.3 变换抽样

假设，随机变量 x 具有密度函数 $f(x)$，新的随机变量 y 与随机变量 x 存在着函数关系 $y = g(x)$，如果 $g(x)$ 的逆函数存在，记作 $g^{-1}(x) = h(y)$，并且具有一阶连续导数，则随机变量 $y = g(x)$ 的概率密度函数为

$$f(y) = f[h(y)] |h'(y)| \tag{6.64}$$

实际上，这种随机抽样法就是雅可比变换法，通常称作变换抽样。

对于二维情况，有随机向量 (x, y)，其二维联合概率密度函数为 $f(x, y)$，对随机变量 x, y 进行以下变换，即

$$\begin{aligned} z_1 &= g_1(x, y) \\ z_2 &= g_2(x, y) \end{aligned} \tag{6.65}$$

并假定 g_1, g_2 的逆函数存在，记作

$$\begin{aligned} g_1^{-1} &= h_1(z_1, z_2) \\ g_2^{-1} &= h_2(z_1, z_2) \end{aligned} \tag{6.66}$$

同时存在一阶连续导数，如果用 J 表示雅可比行列式，则

$$J = \begin{vmatrix} \dfrac{\partial \eta_1}{\partial \zeta_1} & \dfrac{\partial \eta_1}{\partial \zeta_2} \\ \dfrac{\partial \eta_2}{\partial \zeta_1} & \dfrac{\partial \eta_2}{\partial \zeta_2} \end{vmatrix} \tag{6.67}$$

且取值不为零,则 z_1 和 z_2 的联合概率密度函数为

$$f(z_1,z_2) = f[h_1,h_2]|J| \qquad (6.68)$$

例 6.6 已知随机变量 x 服从正态或高斯分布,其均值 $E(x)=a$,方差 $D(x)=\sigma^2$,有概率密度函数

$$f(x) = \frac{1}{\sqrt{2\pi}\sigma}\exp\left[-\frac{(x-a)^2}{2\sigma^2}\right] \qquad (6.69)$$

试利用变换抽样法,获得标准正态分布 $N(0,1)$ 的随机抽样。

根据变换抽样基本原理,令

$$y = \frac{x-a}{\sigma} = g(x) \qquad (6.70)$$

其逆函数为

$$g^{-1}(y) = x = \sigma y + a = h(y) \qquad (6.71)$$

求一阶导数

$$h'(y) = \sigma \mathrm{d}y = \mathrm{d}x \qquad (6.72)$$

则

$$f(y) = \frac{1}{\sqrt{2\pi}\sigma}\exp\left\{-\frac{(\sigma y+a-a)^2}{2\sigma^2}\right\}\sigma = \frac{1}{\sqrt{2\pi}}\exp\left\{-\frac{y^2}{2}\right\} \qquad (6.73)$$

该式便是标准正态分布的概率密度函数,其随机抽样公式可写成

$$y_i = \frac{x_i - a}{\sigma} \qquad (6.74)$$

实际上,这一过程就是雅可比变换过程,而式(6.74)便是其变换函数,它使高斯分布变成均值 $a=0$,方差 $\sigma^2=1$ 的标准正态分布。

例 6.7 利用变换抽样法,由均匀分布随机变量获得指数分布的随机抽样。

已知均匀分布随机变量有密度函数

$$f(x) = \begin{cases} \dfrac{1}{b-a}, & b \leqslant x \geqslant a \\ 0, & 其他 \end{cases} \qquad (6.75)$$

令

$$g(x) = y = -\frac{1}{\lambda}\ln x \qquad (6.76)$$

$$g^{-1}(x) = h(y) = x = \mathrm{e}^{-\lambda y} \qquad (6.77)$$

求一阶导数

$$h'(y) = -\lambda \mathrm{e}^{-\lambda y}\mathrm{d}y \qquad (6.78)$$

由雅可比变换可知

$$f(x)\mathrm{d}x = f(y)\mathrm{d}y$$

故

$$f(y) = f[h(y)]\left|\frac{\mathrm{d}x}{\mathrm{d}y}\right| = \frac{1}{b-a}\lambda e^{-\lambda y} \tag{6.79}$$

在均匀分布的参量 $b=1, a=0$ 时,得

$$f(y) = \lambda e^{-\lambda y}, \lambda > 0 \tag{6.80}$$

显然,随机抽样公式可写成

$$y_i = -\frac{1}{\lambda}\ln x_i \tag{6.81}$$

此式与直接抽样法所得到的公式是相同的。

例 6.8 利用变换抽样法,获得对数 – 正态分布随机抽样。

假设,随机变量 x 服从对数 – 正态分布,即

$$f(x) = \frac{1}{\sqrt{2\pi}\sigma_c x}\exp\left\{-\frac{1}{2\sigma_c^2}\left(\ln\frac{x}{u_c}\right)^2\right\} \tag{6.82}$$

对数 – 正态分布随机变量 x 的均值和方差分别为

$$E(x) = \exp\left(u_c + \frac{\sigma_c^2}{2}\right)$$

$$D(x) = [\exp(2u_c + \sigma_c^2)][\exp(\sigma_c^2) - 1] = E(x)^2[\exp(\sigma_c^2) - 1]$$

为了对给定均值和方差的对数 – 正态随机变量进行仿真,必须先求出对数 – 正态分布的两个参量

$$\sigma_c^2 = \ln\left[\frac{D(x)}{E(x)^2} + 1\right]$$

$$u_c = \ln(E(x)) - \frac{1}{2}\ln\left[\frac{D(x)}{E(x)^2} + 1\right]$$

这里,先令

$$z = \ln x \tag{6.83}$$

则

$$f(z) = \frac{1}{\sqrt{2\pi}\sigma_c}\exp\left\{-\frac{(z - \ln u_c)^2}{2\sigma_c^2}\right\} \tag{6.84}$$

经归一化处理

$$f(y) = \frac{1}{\sqrt{2\pi}}\exp\left\{-\frac{y^2}{2}\right\} \tag{6.85}$$

显然,它是标准正态分布,y 是归一化的随机变量,即

$$y = \frac{z - \ln u_c}{\sigma_c} \tag{6.86}$$

将 $z = \ln x$ 重新代入上式,则

$$\sigma_c y = \ln x - \ln u_c \tag{6.87}$$

最后得到对数-正态分布的随机抽样表达式,即
$$x_i = \exp(\sigma_c y_i + \ln u_c) \tag{6.88}$$
只要有关参量已知,并给出正态分布随机抽样 y_i,便可获得对数-正态分布随机抽样。需要指出,这种抽样方法既需要对数运算,又要进行指数运算,同时又要产生正态分布的随机抽样,所占计算机时间较长。所以有必要研究更有效的抽样方法和快速算法,以适应雷达仿真的需要。当然,如果所用计算机的速度较高,也可缩短仿真时间。

例 6.9 利用变换抽样法,获得正态分布的随机抽样。

首先假定,x_1 和 x_2 是两个相互独立的标准正态随机变量,其联合概率密度函数为
$$f(x_1, x_2) = \frac{1}{2\pi} \exp\left(-\frac{x_1^2 + x_2^2}{2}\right) \tag{6.89}$$
如果考虑变换
$$\begin{cases} x_1 = r\cos\theta \\ x_2 = r\sin\theta \end{cases} \tag{6.90}$$
即
$$\begin{cases} r = \sqrt{x_1^2 + x_2^2} \\ \theta = \arctan\dfrac{x_2}{x_1} \end{cases} \tag{6.91}$$
则有雅可比行列式为
$$J = \begin{vmatrix} \dfrac{\partial x_1}{\partial r} & \dfrac{\partial x_1}{\partial \theta} \\ \dfrac{\partial x_2}{\partial r} & \dfrac{\partial x_2}{\partial \theta} \end{vmatrix} = \begin{vmatrix} \cos\theta & -r\sin\theta \\ \sin\theta & r\cos\theta \end{vmatrix} = r \tag{6.92}$$
得 r, θ 的联合概率密度函数
$$f(r, \theta) = \frac{r}{2\pi} \exp\left(-\frac{r^2}{2}\right) \tag{6.93}$$
显然,θ 是 $[0, 2\pi]$ 区间上的均匀分布随机变量,r 是瑞利分布的随机变量。

当给出两个 $[0,1]$ 区间上的均匀分布的随机抽样 μ_1 和 μ_2 时,根据直接抽样的基本原理,有抽样
$$\begin{cases} r_i = \sqrt{-2\ln\mu_{1i}} \\ \theta_i = 2\pi\mu_{2i} \end{cases} \tag{6.94}$$
最后得到正态分布随机变量的又一种随机抽样公式
$$\begin{cases} x_{1i} = \sqrt{-2\ln\mu_{1i}} \cos(2\pi\mu_{2i}) \\ x_{2i} = \sqrt{-2\ln\mu_{1i}} \sin(2\pi\mu_{2i}) \end{cases} \tag{6.95}$$

可以证明,式中 x_{1i} 和 x_{2i} 是两个相互独立的高斯随机变量,其均值为零,方差为1。如果想获得均值为 a,方差为 σ^2 的高斯分布的随机抽样,只要将该随机变量乘上 σ,再加上 a 值便可。尽管这种方法存在运算时间较长的缺点,但在系统仿真中得到了广泛的应用,其原因在于它有较高的精度,并且一次便可得到一对正交高斯随机变量的抽样,这对正交系统的仿真有非常重要的意义。具体应用时,到底选用哪种抽样方法,那就要看在满足精度要求的前提下,哪种抽样方法所用的计算机时间最少。当然,正态分布的随机抽样公式,除了给出的之外,还有其他形式,如果需要可参考有关资料。

另外,根据指数分布和瑞利分布的直接抽样公式及式(6.95),还可以写出两个高斯分布随机抽样的变态公式

$$\begin{cases} x_{1i} = r_i \cos\theta_i \\ x_{2i} = r_i \sin\theta_i \end{cases} \quad (6.96)$$

和

$$\begin{cases} x_{1i} = \sqrt{2x_i}\cos\theta_i \\ x_{2i} = \sqrt{2x_i}\sin\theta_i \end{cases} \quad (6.97)$$

式中　r_i ——瑞利分布随机抽样;

x_i ——指数分布随机抽样;

θ_i ——$[0,2\pi]$ 区间上的均匀分布随机抽样。

于是,就可以将其推广到一般情况,即不管存在着用什么方法产生的瑞利分布和指数分布随机抽样,均可以利用式(6.96)和式(6.97)产生高斯分布的随机抽样,这样就有可能节省计算时间。

这里需要说明,计算正、余弦函数仍是非常花计算机时间的,可以利用下面给出的正、余弦计算法得到一组新的抽样公式,即

$$\begin{cases} x_{1i} = V_1 \sqrt{\dfrac{-2\ln R}{R}} \\ x_{2i} = V_2 \sqrt{\dfrac{-2\ln R}{R}} \end{cases} \quad (6.98)$$

式中:$R = V_1^2 + V_2^2, R < 1$。如果 $R \geqslant 1$,舍掉此次结果,去重新计算一组 V_1 和 V_2,以便计算新的 R 值。其中

$$\begin{cases} V_1 = 2u_1 - 1 \\ V_2 = 2u_2 - 1 \end{cases} \quad (6.99)$$

式中:u_1 和 u_2 均为 $[0,1]$ 区间上的均匀分布随机序列。

6.1.4　查表法

在进行系统仿真时,所花费的仿真时间是个很重要的指标。它受计算机的

运算速度、系统的复杂程度、系统算法、仿真方法、随机变量的产生时间和软件质量等因素所支配。在计算机运算速度,系统的复杂程度、系统算法一定的情况下,产生随机变量所需的时间,特别是非均匀分布随机变量的产生时间,则成了影响仿真时间的主要因素。在某些情况下,宁愿采用某些近似方法牺牲一些精度,也要提高仿真速度。一种比较理想的方法,是利用离散分布函数去逼近连续的分布函数,事先将服从某分布的随机序列算好,按表格形式由小到大按一定规律将其存入计算机存储器,需要时,按一定的入口地址,由存储器中取出。因此,这种方法被称为查表法。又由于通常都是用逐段逼近已知分布函数的方法进行近似的,因此有时也称这种方法为逐段逼近法。十年前,这种方法还主要应用在精度要求不高的场合。当前,这种方法已经得到普遍应用,其原因一是目前计算机的存储容量提高了几个数量级,为使用这种方法提供了基础;二是可以不经任何运算或为了提高精度而又不增加存储容量只进行少量运算,就可使它的生成速度是任何其他产生随机变量的方法无法比拟的。它是在雷达仿真中经常采用的一种方法。应当指出,这种方法并不意味着简单地将所产生的所有非均匀分布随机数如百万随机数表一样存入内存,然后按顺序取出应用,而是在计算机存储器中通过近似关系得到非均匀分布随机数。下面说明查表法的基本原理。

假设,我们要获得概率密度函数为 $f(x)$ 的随机抽样。如果概率密度函数为 $f(x)$ 的随机变量 ξ 的定义域无界,我们只考虑区间 $[c,d]$ 上的分布。首先,将区间 $[c,d]$ 分成 n 个子区间,则随机变量 ξ 就可表示成以下两个量之和,即

$$\xi = a_k + \eta_k \tag{6.100}$$

式中:a_k 为第 k 个区间的左边界点;η_k 为 k 个随机变量,它可以在该区间随机取值。

显然,最简单的情况应当是 n 个子区间均具有相同的概率,并且等于 $\frac{1}{n}$。于是,便可依下式得到 a_k 值,即

$$\int_{a_k}^{a_{k+1}} f(x)\,\mathrm{d}x = \frac{1}{n} \tag{6.101}$$

在求得各个区间的 $a_k(k=1,2,\cdots,n)$ 值之后,按大小顺序由小到大排列成一个 a_k 表,存入计算机存储器中,并且也可以同时存入随机变量 η_k 的概率特征。

图 6.2 给出了计算 a_k 表的示意图。

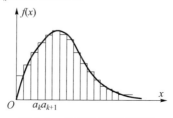

图 6.2 查表法原理示意图

由图 6.2 可以看出,对于这种最简单的情况,随机变量 η_k 在 $[a_k, a_{k+1}]$ 区间是均匀分布的。于是,便可得到变换后的随机数

$$x_i = a_k + (a_{k+1} - a_k) u_{i1} \tag{6.102}$$

式中:u_i 为 $[0,1]$ 区间上的均匀分布随机数。这样,便可由均匀分布随机总体中抽取一对随机数 u_{i1} 和 u_{i2},用 u_{i2} 的前 m 位作为地址在 a_k 表中读取 a_k 值和其他特征量。

这种方法十分简单,而且计算机运算量小,只有一次加法,两次乘法,因此运算速度快。这种方法在 n 值不大时是非常方便的,n 一般都选为 2 的整次幂,如 32、64、128 等,即使是小型机也完成这种计算。在 n 很大时,如 1024、2048 等,有时也采用这种方法,其原因就是在仿真时可以大大地节省计算机时间。从图 6.2 中也可以看出,当 n 很大时,我们完全有理由用 a_k 值作为 x_i 的近似值,因为在区间 $[a_k, a_{k+1}]$ 很小时,区间内的随机数的区别已经很小了,只要直接从 a_k 表中取出当前的 a_k 值就行了。

由图 6.2 曲线可见,当随机变量 ξ 的定义域无限时,最大误差将出现在最后一个增量间隔中,表现为由连续分布函数所得到的随机数往往超过表格中的最大值。减小这种截断误差的方法主要有:

(1) 增加 N 值。

(2) 工作中,所得到的表格入口或地址与最后一个间隔相对应时,仍然在这个间隔中采用直接抽样法。尽管在该间隔中增加了运算量,但它是以 $1/N$ 的概率出现的,只要 N 值不是很小,这一事件出现的概率也是很小的。

(3) 采用多级随机数表。当表格入口或地址与最后一个间隔相对应时,便产生一个新的入口,去查另一个随机数表,即二级随机数表,它是将第一个随机数表的最后一个间隔又等分成 N 个间隔,仍然按第一个表的方式产生的。于是便得到一个二级随机数表。当然,也可以将这种方法推广到三级、四级,但这种精度的提高是以过多的存储容量为代价的,故应用较少。

(4) 根据需要选择 N 值。如在雷达信号的二进制检测时,只要保证最后一个间隔的左边界点在门限电平以上,就会避免而不是减小这个粗大误差。

对于表格的入口,可按以下方法考虑:假定将随机变量 ξ 的定义域等分成 n 个间隔,并令 $n = 2^k$,k 即是数码 n 的二进制位数。如果随机数 u 有 m 位,则可通过计算 nu 的整数值来产生该表格的随机入口 K。可通过对随机数 u 的 k 位屏蔽的方法得到 K 值。这种方法速度快。例如,$n = 128$,$k = 7$,$m = 16$,假定随机数的二进制数码 u 为 0.110100011101100,则入口 $K = 1101000$,显然入口则为 128 个地址中的 104 号地址,它刚好等于 128 与 0.8125(0.1101000)之乘积。入口 K 的位数为 k。

6.1.5 选舍抽样

在系统仿真中,另一种经常用到的抽样方法,是选舍抽样。它是利用随机抽样是否满足一定的检验条件决定取舍的,故将这种方法称为选舍抽样。这种方法计算简单、灵活方便。下面给出几种常用的选舍抽样方法。

方法 1 假设随机变量 ξ 在有限区间 $[a,b]$ 上取值,且其概率密度函数 $f(x)$ 是有界的,即 $f(x) \leq L$ 取 $[0,1]$ 区间上的均匀分布随机数 u_1 和 u_2,并形成 $[0,1]$ 区间和 $[a,b]$ 区间的均匀分布随机数,如果不等式 $Lu_2 \leq f[a+(b-a)u_1]$ 成立,则随机变量 $\xi = a+(b-a)u_i$ 有概率密度函数 $f(x)$。于是有抽样方法如图 6.3 所示。

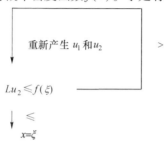

图 6.3 方法 1 中的抽样方法

这种方法的实质是向边长分别为 L 和 $(b-a)$ 的矩形内随机投点 p,如 p 点在 $f(x)$ 曲线之下,则以该点的横坐标作为随机变量 ξ 的一个抽样,否则则拒绝该点,重新产生一对 $[0,1]$ 区间上的均匀分布随机数 u_1 和 u_2,重新进行试验。所用选舍抽样方法的好坏通常是用抽样效率衡量的。随机点 p 位于曲线 $f(x)$ 之下的概率,以 E 表示为

$$E = p\{L\mu_2 \leq f[a+(b-a)\mu_1]\} = \frac{\int_a^b f(x)\,dx}{(b-a)L} = \frac{1}{(b-a)L} \quad (6.103)$$

称为选舍抽样方法 1 的抽样效率。其倒数为

$$\frac{1}{E} = (b-a)L \quad (6.104)$$

则表示获得一个随机变量 ξ 的抽样值所需进行的平均试验次数。

这种抽样方法的基本思想如图 6.4 所示,其中图 6.4(a) 为试验成功的情况,图 6.4(b) 为试验失败的情况。p 点在 $f(x)$ 曲线之下,$f(\xi)$ 便是一个抽样点,否则重新取一对 $[0,L]$ 区间和 $[a,b]$ 区间的随机数,重复以上试验。

例 6.10 设随机变量 ξ 有密度函数

$$f(x) = \frac{12}{(3+2\sqrt{3})\pi}\left(\frac{\pi}{4} + \frac{2\sqrt{3}}{3}\sqrt{1-x^2}\right), 0 \leq x \leq 1 \quad (6.105)$$

用选舍抽样方法 1,产生 ξ 的随机抽样。

根据式(6.105)知,函数 $f(x)$ 有上确界,即

$$L = \sup_{0 \leqslant x \leqslant 1} f(x) = \frac{12}{(3+2\sqrt{3})\pi}\left(\frac{\pi}{4} + \frac{2\sqrt{3}}{3}\right) \tag{6.106}$$

然后产生随机数 u_1 和 u_2,得 $u_2 L$ 和 $f(u_2)$。与上述方法的不同之处是,这里需对不等式进行整理,最后得 ξ 的随机抽样算法如图 6.5 所示。

其中的一些常数可预先计算好,然后再按此方法产生随机变量。抽样效率为

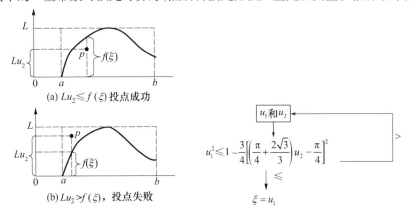

图 6.4 选舍抽样方法基本原理　　图 6.5 ξ 的抽样算法 1

$$E = \frac{1}{L} = 0.872 \tag{6.107}$$

方法 2　设随机变量 ξ 密度函数

$$f(x) = Lh(x)g(x) \tag{6.108}$$

其中,$L > 1, 0 \leqslant h(x) \leqslant 1, g(x)$ 是随机变量 η 的概率密度函数,则随机变量 ξ 的抽样算法如图 6.6 所示。

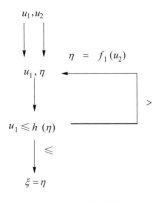

图 6.6　ξ 的抽样算法 2

抽样效率 $E=\dfrac{1}{L}$。其中 u_1 和 u_2 均为 $[0,1]$ 区间上的均匀分布随机数。

例 6.11 用选舍抽样方法 2，产生单边高斯分布随机变量 ξ 的抽样

假设，随机变量 ξ 服从单边高斯分布

$$f(x)=\begin{cases}\sqrt{\dfrac{2}{\pi}}\exp\{-x^2/2\}, & x\geqslant 0\\ 0, & x<0\end{cases} \quad (6.109)$$

其均值和方差分别为

$$E(x)=\sqrt{\dfrac{2}{\pi}}$$

$$D(x)=\dfrac{\pi-2}{\pi}$$

根据选舍抽样方法 2 的基本原理，将概率密度函数 $f(x)$ 分解为

$$\begin{aligned}f(x)&=\sqrt{\dfrac{2}{\pi}}\exp\left\{-\dfrac{(x-1)^2}{2}\right\}\cdot\exp\{-x\}\cdot e^{\frac{1}{2}}\\ &=\sqrt{\dfrac{2e}{\pi}}e^{-\frac{(x-1)^2}{2}}e^{-x}\end{aligned} \quad (6.110)$$

式中：$\sqrt{\dfrac{2e}{\pi}}=L$；$e^{-\frac{(x-1)^2}{2}}=h(x)$；$e^{-x}=g(x)$。显然，随机变量 η 抽样公式为

$$\eta=-\ln u \quad (6.111)$$

最后得到随机变量 ξ 的抽样算法如图 6.7 所示。

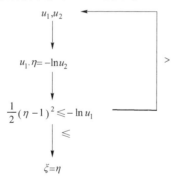

图 6.7 ξ 的抽样算法 3

抽样效率为

$$E=\sqrt{\dfrac{\pi}{2e}}=0.760 \quad (6.112)$$

这里顺便指出，由于单边高斯分布不能直接利用直接抽样方法获得单边高斯分布随机数，因此也考虑利用以下近似公式进行直接抽样，即

$$f(x) = \sqrt{\frac{\pi}{2}} \frac{4\exp(-ax)}{[1+\exp(-ax)]^2}$$

式中：a 为调节系数。

方法 3　前边通过变换抽样法获得了精确的正态分布随机抽样公式(6.95)，其中除开方和对数运算之外，还包含着正弦函数和余弦函数运算。众所周知，在计算机上实现 $\sin\theta$ 和 $\cos\theta$ 运算开销是很大的，这就要求应用快速算法以加快运算速度。这里介绍的选舍抽样方法 3 便可以在一定程度上解决这一问题。

设随机变量 ξ 有密度函数

$$f(x) = L\int_{-\infty}^{h(x)} g(x,y)\mathrm{d}y \tag{6.113}$$

式中　$g(x,y)$——随机向量 (x,y) 的联合概率密度函数；

　　　$h(x)$——在 y 的定义域内取值；

　　　L——常数。

随机变量 ξ 的抽样过程如图 6.8 所示。

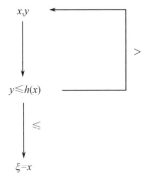

图 6.8　ξ 的抽样算法 4

抽样效率为

$$E = \frac{1}{L} = \int_{-\infty}^{\infty}\int_{-\infty}^{h(x)} g(x,y)\mathrm{d}x\mathrm{d}y \tag{6.114}$$

当随机变量 x,y 相互独立且分别有密度函数 $g_1(x),g_2(y)$ 时，有

$$f(x) = Lg_1(x)\int_{-\infty}^{h(x)} g_2(y)\mathrm{d}y \tag{6.115}$$

显然，选舍抽样方法 1 和方法 2 是方法 3 在 $g_1(x)$ 和 $g_2(x)$ 为均匀分布的特例。

例 6.12　在产生正态分布随机变量时，需要产生随机变量 $\eta = \cos 2\pi\mu$ 等，若直接进行计算，运算量大。若应用选舍抽样方法 3，可得到更快的计算速度。

根据变换抽样原理，η 有概率密度函数为

$$f(x) = \begin{cases} \dfrac{1}{\pi} \dfrac{1}{\sqrt{1-x^2}}, & |x| < 1 \\ 0, & 其他 \end{cases} \quad (6.116)$$

定义随机变量

$$\begin{cases} X = \dfrac{U^2 - V^2}{U^2 + V^2} \\ Y = \dfrac{2UV}{U^2 + V^2} \end{cases} \quad (6.117)$$

有联合概率密度函数

$$g(x,y) = \begin{cases} \dfrac{1}{4} \dfrac{1}{\sqrt{1-x^2}}, & |x| < 1, 0 < y < \dfrac{2}{1+|x|} \\ 0, & 其他 \end{cases} \quad (6.118)$$

于是

$$f(x) = \dfrac{4}{\pi} \int_{-\infty}^{1} g(x,y) \mathrm{d}y \quad (6.119)$$

最后得到 η 的随机抽样算法如图 6.9 所示。

抽样效率为

$$E = \dfrac{1}{L} = \dfrac{\pi}{4} = 0.7854 \quad (6.120)$$

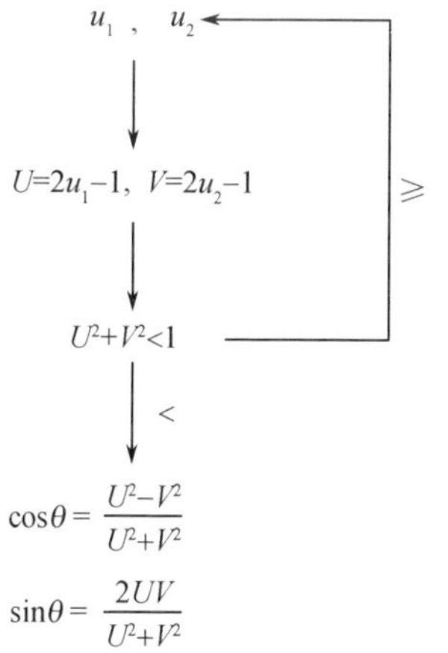

图 6.9 η 的随机抽样算法

6.1.6 噪声加恒值信号抽样的产生

在雷达信号仿真中,除了要产生各种噪声,如天线噪声、接收机噪声、天电噪声等,各种杂波如地物杂波、海洋杂波、气象杂波、仙波等之外,最有用的还是当

存在有用信号时,雷达接收机所输出的随机变量或机随向量。我们感兴趣的是:

(1) 广义瑞利分布或莱斯分布的随机变量或随机向量。
(2) 广义指数分布随机变量或随机向量。
(3) 对数 – 莱斯随机变量或随机向量。
(4) 韦布尔 – 莱斯随机变量或随机向量。
(5) 混合正态 – 莱斯随机变量或随机向量。

以及目标横截面积服从各种起伏分布时的各种随机变量,如前面已经给出的斯威林Ⅰ型~斯威林–Ⅳ型的随机变量等。

众所周知,当将雷达的发射信号表示为

$$t(t) = T(t)\sin(\omega_0 t + \varphi) \tag{6.121}$$

时,接收信号则可表示为

$$v(t) = V(t)\sin(\omega_0 t + \omega_d t + \varphi_1) \tag{6.122}$$

式中　$T(t)$——发射信号的包络;

　　　$V(t)$——接收信号的包络;

　　　ω_0——载波频率;

　　　ω_d——多普勒角频率;

　　　φ——发射信号相位;

　　　φ_1——接收信号相位。

由于可以将雷达接收机的高频和中频部分看作是线性的,因此线性检波以后的信号就是所接收信号的包络,而平方律检波器的输出则是所接收信号包络的平方。除多普勒频率之外,回波信号的大部分信息都包含在所接收信号的包络之中。下面主要讨论所接收回波信号的包络。

6.1.6.1　广义瑞利信号的产生

首先,让我们讨论广义瑞利信号的产生过程。它是将一个恒值信号叠加在两个相互独立的正交高斯随机变量之一上,并取其矢量和而构成的。广义瑞利信号也就是所谓的莱斯信号,它有概率密度函数,即

$$f(r) = \frac{r}{\sigma^2}\exp\left(-\frac{r^2+a^2}{2\sigma^2}\right)I_0\left(\frac{ar}{\sigma^2}\right)$$

其均值和均方值分别为

$$E(r) = \sqrt{\frac{\pi}{2}}\sigma e^{-\frac{a^2}{4\sigma^2}}\left[\left(1+\frac{a^2}{2\sigma^2}\right)I_0\left(\frac{a^2}{4\sigma^2}\right) + \frac{a^2}{2\sigma^2}I_1\left(\frac{a^2}{4\sigma^2}\right)\right]$$

$$E(r^2) = 2\sigma^2 + a^2$$

式中　$I_0(\cdot)$——第一类零阶修正的贝塞尔函数;

　　　$I_1(\cdot)$——第一类一阶修正的贝塞尔函数;

σ——随机变量 r 的分布参数;

a——常数,在雷达系统中,a 值表示接收机的中频信号幅度。

显然,$A = \dfrac{a}{\sigma}$ 是中频信噪比。于是便可用下述方法产生莱斯分布,即广义瑞利分布随机数。

首先,在方差为 1,均值分别为 a 和 0 的二个正态分布随机总体中分别抽取二个随机数 y_i 和 z_i。

然后,计算

$$r_i = \sqrt{y_i^2 + z_i^2} \tag{6.123}$$

r_i 即服从广义瑞利分布。但要注意,这两个正态随机数序列必须是独立的。当然,式(6.123)也可写成

$$r_i = \sqrt{(x_i + a)^2 + y_i^2} \tag{6.124}$$

此式可以看得更清楚,只要 $a = 0$,莱斯分布随机数序列 r_i 就变成了瑞利分布随机数序列。这与概念上是一致的。式(6.124)为统计试验提供了方便。仿真时,只要在正态分布随机总体中抽取两个相互独立的均值为零的正态分布随机数 x_i 和 y_i,再在其中的一个上加个常数 a,便可获得广义瑞利分布随机数,而这个常数本身,在 $\sigma = 1$ 时,就是信号噪声比。于是,在进行统计试验时,只要改变常数 a 数值,就达到了改变信号噪声比的目的。其基本原理如图 6.10 所示。矢量 r 可写成为

$$r^2 = a^2 + R^2 - 2aR\cos\theta \tag{6.125}$$

在变换抽样一节,我们将要证明,利用变换抽样法可获得复高斯随机变量的抽样,即

$$\begin{cases} x_{1i} = \sqrt{-2\ln u_{1i}}\cos(2\pi u_{2i}) \\ x_{2i} = \sqrt{-2\ln u_{1i}}\sin(2\pi u_{2i}) \end{cases} \tag{6.126}$$

式中:u_{1i} 和 u_{2i} 均为 $[0,1]$ 区间上的均匀分布随机数。经适当变换,也可由复高斯随机变量得到广义瑞利分布随机抽样表达式为

$$r_i = \sqrt{-2\ln u_{1i} + 2a\sqrt{-2\ln u_{1i}}\cos(2\pi u_{2i}) + a^2} \tag{6.127}$$

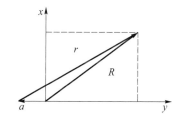

图 6.10 产生莱斯分布随机数示意图

此式表明,仿真时也可以直接由均匀分布随机数产生广义瑞利分布随机数,而不必先求出正态分布随机数。

实际上,对扫描雷达来说,不同探测周期的回波脉冲信号的幅度是不同的,它是按双向天线方向图加权的,如果用 $A^2 G^2(t)$ 表示双向天线方向图函数的话,则式(6.124)可写成

$$r_i = [(x_i + A^2 G^2(t))^2 + y_i^2]^{\frac{1}{2}} \quad (6.128)$$

式(6.128)除了在计算机上产生所需要的随机变量之外,也可构成莱斯信号硬件产生器,如图6.11所示。在对某些雷达终端设备进行仿真和统计研究时,该产生器完全可以作为信号源而取代非相干雷达接收机。

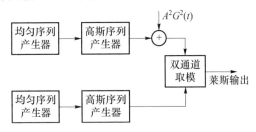

图 6.11　莱斯信号产生器框图

应当指出,A等于常数是最理想的情况,它适用于无起伏的目标。通常,A是目标截面积的函数,而目标截面积随目标的空间状态,观察角度等因素而变化。因此,仿真时就必须按目标的起伏特性,求出服从目标起伏规律的随机变量来取代 A 值。当然,这时接收机的输出也就偏离了广义瑞利特性。

在利用这种方法对广义瑞利信号进行仿真时,式(6.127)可能是更方便的方法,因为它不直接涉及高斯随机变量,这对产生一些有比较复杂统计特性的信号包络更有意义。

下面我们假定,已经产生了瑞利随机变量 r_1,然后将信号 r_1 作如下处理,即

$$\begin{cases} U = r_1 \sin\theta \\ V = r_1 \cos\theta \end{cases} \quad (6.129)$$

式中,θ 为 $[0, 2\pi]$ 区间上的均匀分布随机变量,则广义瑞利随机变量为

$$r = [(r_1 \cos\theta + A)^2 + r_1^2 \sin^2\theta]^{\frac{1}{2}} \quad (6.130)$$

将该式展开便会看到,它与进行矢量相加的表达式是一致的。由于这种方法是将瑞利信号 r_1 进行正交分解,即分别乘上 $\sin\theta$ 和 $\cos\theta$,然后再加入信号 A,取模后得到所需信号的,因此这种方法称为正交分解技术,用来产生各种杂波或噪声加信号的复合输出的基础。

6.1.6.2　产生广义指数分布随机数

在雷达系统中,在有信号加噪声存在时,平方律检波器的输出 x 可看作是具

有以下概率密度函数的随机变量,即

$$f(x) = \exp[-(x+s)]I_0(2\sqrt{xs}) \quad (6.131)$$

式中 s 为输入信噪比。此分布称之为广义指数分布。根据线性检波和平方律检波之间的关系,可直接写出具有式(6.131)概率密度函数的随机变量表达式,即

$$x = (y^2 + z^2)/2 \quad (6.132)$$

式中:y 是均值为零,方差为1的高斯分布随机变量;z 是均值为 $\sqrt{2s}$,方差为1的高斯分布随机变量,并且两者是相互独立的。两个复高斯随机变量可以满足这一条件,它们可写作

$$\begin{cases} T_i = \sqrt{-2\ln u_{1i}}\cos(2\pi u_{2i}) \\ y_i = \sqrt{-2\ln u_{1i}}\sin(2\pi u_{2i}) \end{cases} \quad (6.133)$$

令

$$z_i = T_i + \sqrt{2s} \quad (6.134)$$

将式(6.133)和式(6.134)代入式(6.132),展开并化简,最后得到广义指数分布的随机抽样表达式为

$$x_i = -\ln u_{1i} + 2\sqrt{-s\ln u_{1i}}\cos(2\pi u_{2i}) + s \quad (6.135)$$

由于 $s = \dfrac{a^2}{2}$,故式(6.127)和式(6.135)除了一个系数 $\dfrac{1}{2}$ 之外,只差开方运算。

6.1.6.3 对数-莱斯信号的产生

对数-莱斯信号是指在对数-正态杂波中加有恒值信号的情况。利用正交分解技术产生这种信号是十分方便的。如果分别以 u, x 和 y 表示均匀分布,正态分布,对数-正态分布随机数,则可按以下步骤产生对数-莱斯随机变量。

步骤1 对对数-正态随机变量进行正交分解,得

$$y_1 = y\cos\theta, \quad y_2 = y\sin\theta \quad (6.136)$$

式中:$\theta = 2\pi u$;$y = e^x$。

步骤2 在 y_1 上加入恒值信号 A,取模

$$r = \sqrt{(y\cos\theta + A)^2 + y^2\sin^2\theta} \quad (6.137)$$

步骤3 经整理,得最后结果为

$$r = \sqrt{y^2 + A^2 - 2Ay\cos\theta} \quad (6.138)$$

6.1.6.4 韦布尔-莱斯信号的产生

韦布尔-莱斯信号是指在韦布尔杂波中加有恒值信号的情况。用正交分解法得该变量如下

$$r = \sqrt{W^2 + A^2 - 2WA\cos\theta} \quad (6.139)$$

式中:W 为韦布尔随机变量,其他符号与以前相同。

6.1.6.5　混合正态-莱斯信号的产生

混合正态-莱斯分布信号是指在混合正态杂波中加入恒值信号的情况,其产生方法如下:

(1) 产生正态分布随机数 x_i。

(2) 产生混合正态分布随机数 $s(u_i)$。

$$s(u_i) = \begin{cases} k\sigma, & u_i \leq r \\ \sigma, & u_i > r \end{cases} \quad (6.140)$$

式中:r 为混合系数;k 为两个高斯密度标准差之比。

(3) 将混合正态信号进行正交分解,然后在其中之一上加恒值信号

$$X_i = x_i s(u_i) \cos(2\pi u_i) + A$$
$$Y_i = x_i s(u_i) \sin(2\pi u_i)$$

式中　x_i——正态分布随机数;

A——常数,表示恒值信号的幅度。

(4) 最后按下式产生混合正态-莱斯分布随机数

$$\xi_i = \sqrt{x_i^2 s^2(u_i) + A^2 - 2A\cos(2\pi u_i)s(u_i)} \quad (6.141)$$

以上各结果均是对线性检波而得到的,如果对平方律检波,只要将各随机变量平方就行了。按这种方法也可获得广义指数分布随机数。

如果所研究的杂波或噪声抽样是相关的,如对系统输出的功率谱或相关函数和幅度分布均有要求时,请见 6.2 节相关随机变量的产生。

6.1.7　某些随机变量的产生方法

本书所涉及的 40 多种随机变量的产生方法,其中一部分已经在前面的例子中介绍了,其余的将在下面予以介绍。

6.1.7.1　混合指数(Mixed-Exponential)分布

混合指数分布有概率密度函数

$$f_{ME}(x) = r\exp(-2r\lambda x) + (1-r)\exp[-2(1-r)\lambda x], 0 < r < \frac{1}{2} \quad (6.142)$$

式中　λ——指数分布参量;

r——混合系数。

当 $r = 1/2$ 时,混合指数分布就变成了指数分布。

混合指数分布随机变量的产生公式为

$$\xi_i = \begin{cases} -\dfrac{\lambda \ln u_i}{2r}, & u_i < r \\ -\dfrac{\lambda \ln u_i}{2(1-r)}, & u_i \geq r \end{cases} \quad (6.143)$$

式中 u_i——[0,1]区间均匀分布随机数。

6.1.7.2 混合-正态(Mixed-Normal)分布

混合正态分布有概率密度函数,即

$$f_{MN}(x) = \frac{1-r}{\sqrt{2\pi}\sigma}\exp\left(-\frac{x^2}{2\sigma^2}\right) + \frac{r}{\sqrt{2\pi}\sigma k}\exp\left(-\frac{x^2}{2\sigma^2 k^2}\right)$$

式中:r 为混合系数;k 为两个高斯密度标准差之比。

混合正态随机变量产生公式为

$$\begin{cases} x_i = \sqrt{-2\ln u_{1i}}\sin(2\pi u_{2i})s(u_{3i}) \\ y_i = \sqrt{-2\ln u_{1i}}\cos(2\pi u_{2i})s(u_{3i}) \end{cases} \quad (6.144)$$

其中

$$s(u_{3i}) = \begin{cases} k\sigma, & u_{3i} \leq r \\ \sigma, & u_{3i} > r \end{cases} \quad (6.145)$$

式中 u_{1i}、u_{2i} 和 u_{3i}——[0,1]区间的均匀分布随机数;

x_i、y_i——相互正交的混合-正态分布随机变量。

6.1.7.3 Γ(Gamma)分布

Γ分布有概率密度函数,即

$$f_\Gamma(x) = \frac{\alpha^k x^{k-1} e^{-\alpha x}}{(k-1)!}, \alpha > 0, k > 0, x \geq 0 \quad (6.146)$$

其期望值和方差分别为

$$E(x) = \frac{k}{\alpha}, D(x) = \frac{k}{\alpha^2} \quad (6.147)$$

如果 $k=1$,Γ分布便退化为指数分布。如果 k 是正整数,Γ分布与厄兰分布相同。当 k 增加时,Γ分布渐近高斯分布。

为了产生具有给定均值和方差的Γ分布,可以利用下面公式来确定分布参数,即

$$\alpha = \frac{E(x)}{D(x)}, k = \frac{E(x)^2}{D(x)} \quad (6.148)$$

由于Γ分布的积累分布函数没有显式解,因此必须考虑用其他的方法产生Γ分布随机变量。这个问题可以通过对 k 个具有期望值为 $1/\alpha$ 的指数分布随

变量取和的方法来实现。指数分布随机变量为

$$x_i = -\frac{1}{\alpha}\ln(1-u_i)$$

或

$$x_i = -\frac{1}{\alpha}\ln u_i$$

于是有

$$x = \sum_{i=1}^{k}x_i = -\frac{1}{\alpha}\sum_{i=1}^{k}\ln u_i$$

或者

$$x = -\frac{1}{\alpha}\left(\ln\prod_{i=1}^{k}u_i\right) \tag{6.149}$$

显然,这就是 k 为整数时的 Γ 分布随机变量。问题是 k 为非整数的情况,没有统计模型可用。我们知道,在参数 $\alpha = 1/2$ 时,χ^2 分布便是 Γ 分布。Γ 分布有均值 $E(x) = 2k$,方差 $D(x) = 4k$。如果 $E(x)$ 是偶数,则 k 是整数,可利用式(6.149)来产生 Γ 变量;如果 $E(x)$ 是奇数,则 $k = E(x)/2 - 1/2$,有产生 Γ 分布随机变量表达式为

$$x = -\frac{1}{\alpha}\ln\left(\prod_{i=1}^{k}u_i\right) + y^2 \tag{6.150}$$

式中:y^2 为均值为 0,方差为 1 的高斯随机变量的平方。

如果 x_i 是均值为 a_i、方差为 $\sigma_i^2(i=1,2,\cdots,n)$ 的独立高斯随机变量,则

$$\frac{1}{2}\chi^2 = \sum_{i=1}^{n}\frac{(x_i-a_i)^2}{2\sigma_i^2} \tag{6.151}$$

服从具有参数 $\alpha = \frac{n}{2}$ 的标准 Γ 分布,有概率密度函数为

$$f(y) = \frac{1}{\Gamma\left(\frac{n}{2}\right)}e^{-y}y^{\frac{n}{2}-1} \tag{6.152}$$

这里,$y = \chi^2/2$。

6.1.7.4 贝塔(Beta)分布

贝塔分布有概率密度函数,即

$$f_{\text{Be}}(x) = \frac{(1-x)^{\beta-1}x^{\alpha-1}}{B(a,b)} = \frac{\Gamma(\alpha+\beta)(1-x)^{\beta-1}x^{\alpha-1}}{\Gamma(\alpha)\Gamma(\beta)} \tag{6.153}$$

式中,$B(\alpha,\beta)$ 为 Beta 函数,即

$$B(\alpha,\beta) = \int_0^1 x^{\alpha-1}(1-x)^{\beta-1}\mathrm{d}x$$

贝塔分布的均值和方差分别为

$$\begin{cases} E(x) = \dfrac{\alpha}{\alpha+\beta} \\ D(x) = \dfrac{\beta E(x)}{(\alpha+\beta)(\alpha+\beta+1)} = \dfrac{\alpha\beta}{(\alpha+\beta)^2(\alpha+\beta+1)} \end{cases} \quad (6.154)$$

Beta 分布是两个 Γ 分布随机变量 x_1 和 $x_1 + x_2$ 的比值,x_1 和 x_2 是两个相互独立的 Γ 分布随机变量,即

$$x_1(1,a) = -\ln \prod_{i=1}^{a} u_i, \quad x_2(1,b) = -\ln \prod_{i=1}^{b} u_i \quad (6.155)$$

则有贝塔分布为

$$\mathrm{Beta}(a,b) = \dfrac{x_1(1,a)}{x_1(1,a)+x_2(1,b)}, \quad 0 < \mathrm{Beta}(a,b) < 1 \quad (6.156)$$

这里顺便指出,如果已知 Beta 分布随机变量 Beta(a,b),则有逆(Inverted) Beta 分布随机变量为

$$y = \dfrac{1 - \mathrm{Beta}(a,b)}{\mathrm{Bata}(a,b)} \quad (6.157)$$

6.1.7.5 柯西(Cauchy)分布

柯西分布有概率密度函数,即

$$f_{\mathrm{Cau}}(x) = \dfrac{1}{\pi(1+x^2)} \quad (6.158)$$

其均值 $E(x) = 0$,方差不存在。

随机数产生公式为

$$\xi_i = \tan\left[\pi\left(u_i - \dfrac{1}{2}\right)\right] \quad (6.159)$$

式中 u_i ——[0,1]区间均匀分布随机数。

定理:如果随机变量 x 和 y 均为均值为 0,方差为 1 的相互独立的高斯随机变量,则 $z = x/y$ 服从柯西分布,于是又得到另一柯西分布随机变量表达式

$$z = \dfrac{\sum\limits_{i=1}^{12} u_i - 6}{\sum\limits_{j=1}^{12} u_j - 6} \quad (6.160)$$

如果 b 和 a 分别为柯西分布的形状和位置参数,则有柯西分布随机变量

$$\xi_i = b\tan\left[\pi\left(u_i - \dfrac{1}{2}\right)\right] + a \quad (6.161)$$

它对应着概率密度函数为

$$f(x) = \frac{1}{\pi(b^2 + (x-a)^2)} \tag{6.162}$$

6.1.7.6 拉普拉斯(Laplacian)分布

拉普拉斯分布有概率密度函数,即

$$f_{\text{La}}(x) = \frac{a}{2}\exp(-a|x-m|) \tag{6.163}$$

式中 m——均值;
a——形状参数。

有分布函数,即

$$F(x) = \begin{cases} \frac{1}{2}\exp(-a|x-m|), & x \leq m \\ F(x) = 1 - \frac{1}{2}\exp(-a|x-m|), & x > m \end{cases}$$

且有

$$E(x) = m, \quad D(x) = \frac{2}{a^2} \tag{6.164}$$

参数 a 决定了分布曲线尾巴的长短,拉普拉斯分布随机变量常常用来描述冲激型噪声,它们往往出现在甚低频的通信系统中。这里,只考虑 $m=0, a=1$ 的情况,即

$$f(x) = \frac{1}{2}\exp(-|x|) \tag{6.165}$$

由式(6.165)可以看出,该分布为双指数分布。正指数分布的随机数表达式为 $-\ln u_1$,负指数分布的随机数表达式为 $\ln u_2$,因此有两个相同指数分布随机变量之差服从拉普拉斯分布的结论,最后有

$$\xi_i = \ln\left(\frac{u_{1i}}{u_{2i}}\right) \tag{6.166}$$

式中 u_{1i}、u_{2i}——$[0,1]$区间均匀分布随机数。也可以利用分布函数和直接抽样方法得到这一结果。

也可以将式(6.165)写成另外一种形式,即

$$f(x) = \frac{1}{\sigma_x\sqrt{2}}\exp\left(-\frac{\sqrt{2}|x|}{\sigma_x}\right) \tag{6.167}$$

该表达式为均值为0,方差为 σ_x^2 的拉普拉斯分布,在 $\sigma_x = \sqrt{2}/a$ 时,两个表达式是一致的。

下面给出另一种拉普拉斯随机变量的产生方法,即

$$\xi = \frac{\sigma_x}{2}(x_1 x_2 + x_3 x_4) \qquad (6.168)$$

式中:x_1, x_2, x_3, x_4为四个均值为0,且方差为1的相互独立的高斯随机变量。我们知道,如果x_1, x_2和x_3, x_4分别为两个高斯变量,平方相加的结果为单边的指数分布,而现在是两两为有正有负的高斯变量,相乘后再相加,形成双边指数变量便是合理的了。

6.1.7.7 学生 t (Student t) 分布

学生 t 分布简称 t 分布,有概率密度函数

$$f_t(x) = \frac{\Gamma\left(\frac{n+1}{2}\right)}{\Gamma\left(\frac{n}{2}\right)\left[n\pi\left(1+\frac{x^2}{n}\right)^{n+1}\right]^{\frac{1}{2}}} \qquad (6.169)$$

t 分布有均值和方差,即

$$E(x) = 0, \quad D(x) = \frac{n}{n-2} \qquad (6.170)$$

式中 n——自由度。

随机变量产生公式为

$$\xi_i = \frac{\zeta_{1i}}{\sqrt{\frac{\zeta_{2i}}{n}}} \qquad (6.171)$$

式中 ζ_{1i}——标准正态分布随机变量;
ζ_{2i}——chi 分布随机变量。

6.1.7.8 厄兰(Erlang)分布

厄兰分布概率密度函数为

$$f_{Er}(x) = \frac{1}{\Gamma(N)} M^{-N} x^{N-1} \exp\left(-\frac{x}{M}\right), \quad x > 0 \qquad (6.172)$$

式中 M——整数;
N——整数。

如果 $M > 0$,厄兰分布便成为 $\Gamma(N, M)$ 分布。如果随机变量 $\zeta_1, \zeta_2, \cdots, \zeta_N$ 服从指数分布,则有

$$\xi_i(N) = \sum_{j=1}^{N} \zeta_j \qquad (6.173)$$

服从厄兰分布。于是有随机变量产生公式,即

$$\xi_i = \sum_{j=1}^{N} \zeta_j = -\sum_{j=1}^{N} \frac{M}{N}\ln u_j \qquad (6.174)$$

式中 M/N 是独立指数分布随机变量的均值。

6.1.7.9 泊松(Poisson)分布

如果事件到达时间间隔服从指数分布 $\exp(-\lambda)$,则单位时间事件所发生的次数便服从泊松分布。

泊松分布概率密度函数为

$$f_{\text{Poi}}(k,\lambda) = \frac{\lambda^k}{k!}\exp(-\lambda) \qquad (6.175)$$

泊松分布的均值和方差分别为

$$E(x) = \lambda, D(x) = \lambda \qquad (6.176)$$

当 $k=0$ 时,$p(0,\lambda) = \exp(-\lambda)$,显然它是指数分布。

在数学上,泊松分布变量是由以下不等式定义的

$$\sum_{i=0}^{x} t_i \leqslant \lambda < \sum_{i=0}^{x+1} t_i, x = 0,1,2,\cdots \qquad (6.177)$$

式中:t_i 为指数变量

$$t_i = -\ln u_i$$

它是具有单位均值的指数随机变量。最后,得到产生服从泊松分布的随机变量表达式,即

$$\prod_{i=0}^{k} u_i \geqslant e^{-\lambda} > \prod_{i=0}^{k+1} u_i \qquad (6.178)$$

在给定 $[0,1]$ 区间均匀分布随机数 $\{u_i\}$ 后,便可得到满足不等式(6.178)的整数 $\{k\}$,则序列 $\{k\}$ 服从泊松分布。

6.1.7.10 几何(Geometric)分布

在事件 A 第一次出现之前,事件 $\bar{A}$ 发生的次数 N 是一个可能取值为 $0,1,2,\cdots$ 的离散型随机变量,取值为 n 的概率,即

$$f_{\text{Geo}}(x) = pq^x, x = 0,1,2,\cdots \qquad (6.179)$$

其积累分布函数为

$$F(x) = \sum_{i=0}^{x} pq^i$$

几何分布的均值和方差分别为

$$E(x) = \frac{q}{p}, D(x) = \frac{q}{p^2} \qquad (6.180)$$

利用直接抽样原理有

$$u = F(x) = 1 - q^{x+1} \tag{6.181}$$

因为 $1-u$ 与 u 有相同的分布,故有

$$\begin{cases} u = q^{x+1} \\ x+1 = \dfrac{\ln u}{\ln q} \end{cases} \tag{6.182}$$

最后有

$$x = \left[\dfrac{\ln u}{\ln q}\right] \tag{6.183}$$

式中:[·]为取小于括号内数值的下一个最小的整数。

6.1.7.11 负二项(Negative Binomial)分布

负二项分布概率密度函数为

$$f_{\text{NB}}(x) = \binom{k+x-1}{x} p^k q^x, \quad x = 0,1,2,\cdots \tag{6.184}$$

式中 k——成功次数;

x——k 次成功出现之前出现的失败次数。

负二项分布的均值和方差分别为

$$E(x) = \dfrac{kq}{p}, D(x) = \dfrac{kq}{p^2} \tag{6.185}$$

当给定均值和方差的时候,就可以得到 p 和 k 值,即

$$p = \dfrac{E(x)}{D(x)}, k = \dfrac{E(x)^2}{D(x) - E(x)}$$

当已知整数 k 时,则可通过对 k 个几何分布之和来得到负二项分布的随机变量为

$$\xi_i = \left[\dfrac{\sum_{j=1}^{k} \ln u_j}{\ln q}\right] \quad \text{或} \quad \xi_i = \left[\dfrac{\ln\left(\prod_{j=1}^{k} u_j\right)}{\ln q}\right] \tag{6.186}$$

6.1.7.12 二项(Binomial)分布

二项分布概率密度函数为

$$f_{\text{Bi}}(x) = \binom{n}{x} p^x q^{n-x}, x = 0,1,2,\cdots \tag{6.187}$$

式中 $\binom{n}{x} = C_n^x$。

该式表示,在 n 次独立的统计试验中有 x 次成功和 $n-x$ 次失败的概率。

二项分布的均值和方差分别为

$$E(x) = np, D(x) = npq \qquad (6.188)$$

当给定均值和方差的时候,就可以得到 p 和 n 值

$$p = \frac{E(x) - D(x)}{E(x)}, n = \frac{E(x)^2}{E(x) - D(x)}$$

产生二项式分布随机变量的方法很多,最简单的方法是利用贝努力试验的重复性和选舍抽样技术。在已知试验次数 n,成功概率为 p 的情况下,有

$$\xi_i = \begin{cases} \xi_{i-1} + 1, & u_i \leqslant p \\ \xi_{i-1}, & u_i > p \end{cases} \qquad (6.189)$$

设 $x_0 = 0$,则 n 次独立试验之后,ξ_n 便服从二项分布。式中,u_i 为 $[0,1]$ 区间均匀分布随机数

6.1.7.13 混合瑞利(Mixed-Rayleigh)分布

混合瑞利分布有概率密度函数

$$f_{MR}(x) = \frac{rx}{\sigma_1^2}\exp\left(-\frac{x^2}{2\sigma_1^2}\right) + \frac{(1-r)x}{\sigma_2^2}\exp\left(-\frac{x^2}{2\sigma_2^2}\right) \qquad (6.190)$$

式中:r 为常数,$r < 1$,它决定了功率分别为 σ_1^2 和 σ_2^2 的两种瑞利分布的比例。如果 $r = 1$,该式便成了标准瑞利分布。

混合瑞利分布随机数的产生方法为:

(1) 首先,产生 $[0,1]$ 区间上均匀分布随机数 u_i。
(2) 然后,产生 $\sigma = 1$ 的瑞利分布随机数 $z_i = \sqrt{-2\ln u_i}$。
(3) 给定 r 值,最后得到服从混合瑞利分布的随机数序列,即

$$\xi_i = \begin{cases} \sigma_1 z_i, & u_i > r \\ \sigma_2 z_i, & u_i \leqslant r \end{cases} \qquad (6.191)$$

显然,r 值决定了随机数序列中功率分别为 σ_1^2 和 σ_2^2 的两种瑞利分布随机数的比例。

6.1.7.14 皮尔逊(Pearson)分布

皮尔逊分布有概率密度函数,即

$$f_{Pea}(x) = k\lambda^k(\lambda + x)^{-(k+1)} \qquad (6.192)$$

其积累分布函数为

$$u = F(x) = 1 - \left(\frac{\lambda}{\lambda + x}\right)^k$$

式中 $k、\lambda$ ——皮尔逊分布参量,它与 Γ 分布的参量相同。

最后,得到服从皮尔逊分布的随机变量,即

$$\xi_i = \lambda\left[\left(\frac{1}{u_i}\right)^{\frac{1}{k}} - 1\right] \quad (6.193)$$

式中　u_i——$[0,1]$区间上的均匀分布随机数。

6.1.7.15　F 分布

F 分布有概率密度函数

$$f_{n,m}(x) = \frac{\Gamma\left(\frac{n+m}{2}\right)n^{\frac{n}{2}}m^{\frac{m}{2}}}{\Gamma\left(\frac{n}{2}\right)\Gamma\left(\frac{m}{2}\right)} \frac{x^{\frac{n}{2}-1}}{(m+nx)^{\frac{m+n}{2}}} = \frac{m^{\frac{m}{2}}n^{\frac{n}{2}}x^{\frac{n}{2}-1}}{(m+nx)^{\frac{n+m}{2}}B\left(\frac{n}{2},\frac{m}{2}\right)} \quad (6.194)$$

其均值和方差分别为

$$\begin{cases} E(x) = \dfrac{m}{m-2}, & 2 < n \\ D(x) = \dfrac{2m^2(m+n-2)}{n(m-2)^2(m-4)}, & 4 < n \end{cases} \quad (6.195)$$

根据定义，F 分布是两个高斯随机变量平方和之比的概率分布，或者说，是两个 χ^2 分布的随机变量之比的分布，它们分别有参数 m 和 n。于是有 F 分布的抽样公式，即

$$x = \frac{\chi_m^2/m}{\chi_n^2/n} \quad (6.196)$$

m 和 n 分别为两个 χ^2 变量的自由度。在利用该分布随机变量时要注意几点：

(1) 随着自由度 m 和 n 的增加，$f_{m,n}(x)$ 趋于高斯分布。

(2) $f_{n,m}(x) = \dfrac{1}{f_{m,n}(x)}$。

(3) 如果随机变量 y 是 $\text{Beta}(m,n)$ 分布，$x = \dfrac{ny}{m(1-m)}$ 服从 $F(2m,2n)$ 分布。

(4) 如果随机变量 y 是 $F(m,n)$ 分布，$x = \dfrac{1}{1+(m/n)y}$ 服从 $\text{Beta}\left(\dfrac{m}{2},\dfrac{n}{2}\right)$ 分布。

6.1.7.16　chi 分布

chi 分布有概率密度函数，即

$$f_{\text{chi}}(x) = \frac{2\left(\dfrac{n}{2}\right)^{\frac{n}{2}}x^{n-1}\exp\left(-\dfrac{n}{2\sigma^2}x^2\right)}{\Gamma\left(\dfrac{n}{2}\right)\sigma^n} \quad (6.197)$$

式中　n——自由度；

σ^2——高斯分布的方差。

chi 分布有均值和方差,即

$$\begin{cases} E(x) = \dfrac{\sqrt{2}\Gamma\left(\dfrac{n+1}{2}\right)}{\Gamma\left(\dfrac{n}{2}\right)} \\ D(x) = \sigma^2 \left\{ \dfrac{2\left[\Gamma\left(\dfrac{n}{2}\right)\Gamma\left(1+\dfrac{n}{2}\right) - \Gamma^2\left(\dfrac{n+1}{2}\right)\right]}{\Gamma^2\left(\dfrac{n}{2}\right)} \right\} \end{cases} \quad (6.198)$$

如果用 z 表示均值为 0,方差为 σ^2 的高斯变量,则有 χ^2 分布的随机变量,即

$$\chi^2(n,\sigma) = \begin{cases} -2\sigma^2\ln\left[\prod_{i=1}^{r} u_i\right], & r = \dfrac{n}{2}, n \text{ 为偶数} \\ -2\sigma^2\ln\left[\prod_{i=1}^{r} u_i\right] + z^2, & r = \dfrac{n-1}{2}, n \text{ 为奇数} \end{cases} \quad (6.199)$$

定理:如果随机变量 y 服从 χ^2 分布,用 $\chi^2(n,\sigma)$ 表示,则随机变量 $x = \sqrt{\dfrac{y}{n}}$ 服从具有参数 n,σ 的 chi 分布,如果用 $\mathrm{chi}(n,\sigma)$,则最后有

$$\mathrm{chi}(n,\sigma) = \sqrt{\dfrac{\chi^2(n,\sigma)}{n}} \quad (6.200)$$

该表达式说明,chi 分布随机变量是 n 个相互独立的均值为 0,方差为 σ^2 的高斯随机变量平方和的平均,最后再开方的结果。

当 $n=1$ 时,chi 分布变为单边高斯分布式(6.109);当 $n=2$ 时,变成 $\sigma=1$ 的瑞利分布式(6.18)。

6.1.7.17 Pareto 分布

Pareto 分布有概率密度函数,即

$$f_{\mathrm{Pa}}(x) = \dfrac{\alpha}{\beta}\left(\dfrac{\beta}{\alpha}\right)^{\alpha+1} = \dfrac{\alpha\beta^\alpha}{x^{\alpha+1}}, \beta \leq x \leq \infty \quad (6.201)$$

有分布函数,即

$$F_{\mathrm{Pa}}(x) = 1 - \left(\dfrac{\beta}{x}\right)^\alpha$$

均值和方差分别为

$$\begin{cases} E(x) = \dfrac{\alpha\beta}{\alpha-1}, & 1 < \alpha \\ D(x) = \dfrac{\alpha\beta}{(\alpha-1)^2(\alpha-2)}, & 2 < \alpha \end{cases} \quad (6.202)$$

有随机变量表达式,即

$$\mathrm{Pa}(\alpha,\beta) = \beta\left[\frac{1}{1-u}\right]^{\frac{1}{\alpha}} \tag{6.203}$$

式中 u——$[0,1]$区间均匀分布随机数。

如果令 $y = 1/x$,式(6.201)变成

$$f(y) = \alpha\beta^{\alpha}y^{\alpha-1} \tag{6.204}$$

该式便是所谓的 Power 分布,其均值、方差和分布函数分别为

$$\begin{cases} E(y) = \dfrac{\alpha}{\beta(\alpha+1)} \\ D(y) = \dfrac{\alpha}{\beta^2(\alpha+1)^2(\alpha+2)} \\ F(y) = (\beta y)^{\alpha} \end{cases} \tag{6.205}$$

由分布函数可直接得到随机变量抽样公式为

$$P_{\mathrm{ow}}(\alpha,\beta) = \frac{1}{\beta}\left[u(0,1)\right]^{\frac{1}{\alpha}} \tag{6.206}$$

6.1.7.18 Logistic 分布

Logistic 分布有概率密度函数,即

$$f_{\mathrm{Log}}(x) = \frac{\exp\left(-\dfrac{x-\alpha}{\beta}\right)}{\beta\left[1+\exp\left(-\dfrac{x-\alpha}{\beta}\right)\right]^2} \tag{6.207}$$

式中 α——位置参数;

β——形状参数。

其分布函数为

$$F_{\mathrm{Log}}(x) = \frac{1}{1+\mathrm{e}^{-(x-\alpha)/\beta}} \tag{6.208}$$

均值和方差分别为

$$E(x) = \alpha, D(x) = \frac{\pi^2\beta^2}{3} \approx 3.289868\beta^2 \tag{6.209}$$

Logistic 分布随机变量表达式可通过直接抽样法得到

$$\lg(\alpha,\beta) = \alpha + \beta\ln\left[\frac{u}{1-u}\right] \tag{6.210}$$

式中 u——$[0,1]$区间均匀分布随机数。

6.2 相关雷达杂波的仿真

前面所讨论的产生随机数的各种方法,是属于随机变量的仿真问题,它们都有一个共同的前提,即相继采样间是相互独立的。实际上,自然界中存在着大量的随机现象,它们的采样总体中的样点间常常是相关的,有的可能在时间上相关,有的可能在空间上相关,有的相关程度大,有的相关程度小。对这些随机现象的仿真实际上会涉及两个概念,这就是所谓的随机过程的仿真和随机矢量的仿真问题。但对雷达中所遇到的一些随机过程的仿真,只给出指定的谱密度是不够的,还应当给出概率分布。为了叙述方便起见,这里将随机过程的仿真问题看作是随机矢量的仿真问题,即如将随机矢量看成是一个时间序列,则它将被认为是一个随机过程。本章讨论的内容只限定具有指定谱密度和指定概率密度函数的随机矢量或随机序列的仿真。

实际雷达测量表明,许多雷达杂波都是相关的,因此在雷达杂波仿真中,不仅要考虑杂波的幅度特性,而且也要考虑其相关特性。从技术上讲,雷达杂波仿真的核心是产生满足一定条件的相关序列,具体地说,就是所产生的随机序列必须同时满足幅度分布和功率谱密度或相关函数的要求。通常,同时满足幅度分布和功率谱或相关函数的要求要比一般的随机过程的仿真更困难。

因此,本节从雷达仿真的角度重点介绍两个方面的内容:一是相关高斯杂波(瑞利型)的产生方法;二是相关非高斯杂波的产生方法,包括相关对数 – 正态杂波、相关韦布尔杂波、相关复合 k – 分布杂波和相关学生 t 分布杂波的产生方法。产生相关高斯杂波的问题,实际上是设计一个满足幅度分布和功率谱密度的高斯滤波器的问题。一个窄带滤波器对输入信号有双高斯化特性,即是说他的输出信号幅度和功率谱通常都是接近高斯分布的,在设计高斯滤波器的时候,只要适当地控制他们的参数,是能够使其满足给定要求的。

6.2.1 相关高斯杂波的仿真

设随机矢量为

$$\boldsymbol{\eta} = \begin{bmatrix} \eta_1 & \eta_2 & \cdots & \eta_n \end{bmatrix}^{\mathrm{T}} \quad (6.211)$$

它的联合概率密度函数可表示为

$$f = (x_1, x_2, \cdots, x_n) \quad (6.212)$$

如果随机矢量 $\boldsymbol{\eta}$ 的各个分量是相互独立的,则可用于前一节产生随机变量的方法获得独立采样 $\eta_1, \eta_2, \cdots, \eta_n$。这一节仅就雷达仿真中经常用到的高斯随机矢量,即相关高斯杂波来讨论它们的产生方法。

6.2.1.1 三角变换法

我们知道,一个 n 维的正态分布随机矢量的概率密度函数可表示为

$$f(x_1,x_2,\cdots,x_n) = \frac{1}{(2\pi)^{n/2}|M|^{\frac{1}{2}}}\exp\left[-\frac{X^T M^{-1} X}{2}\right] \tag{6.213}$$

式中:$|M|$ 为 M 的行列式,M 为随机矢量 η 的协方差矩阵,即

$$M = \begin{bmatrix} M_{11} & M_{12} & \cdots & M_{1n} \\ M_{21} & M_{22} & \cdots & M_{2n} \\ \vdots & \vdots & \ddots & \vdots \\ M_{n1} & M_{n2} & \cdots & M_{nn} \end{bmatrix} \tag{6.214}$$

相关系数为

$$\lambda_{ij} = \frac{E(x_i x_j) - E(x_i)E(x_j)}{\sigma_i \sigma_j} = \frac{M_{ij}}{\sigma_i \sigma_j} \tag{6.215}$$

式中

$$M_{ij} = E[(x_i - \bar{x}_i)(x_j - \bar{x}_j)] \tag{6.216}$$

式中 $\bar{x}_i, \bar{x}_j$——随机变量 x_i、x_j 的均值。

当 $\bar{x}_i = \bar{x}_j = E(x_i) = E(x_j) = 0$ 和 $\sigma_i = \sigma_j = \sigma = 1$ 时,有 $\lambda_{ij} = M_{ij}$。最后有

$$M = \begin{bmatrix} \lambda_{11} & \lambda_{12} & \cdots & \lambda_{1n} \\ \lambda_{21} & \lambda_{22} & \cdots & \lambda_{2n} \\ \vdots & \vdots & \ddots & \vdots \\ \lambda_{n1} & \lambda_{n2} & \cdots & \lambda_{nn} \end{bmatrix} \tag{6.217}$$

该式说明,均值为零,方差为 1 的正态随机矢量的协方差矩阵的元素为相关系数。在 M 为对称正定矩阵时,相关正态随机矢量 η 可由 n 个相互独立的 $N(0,1)$ 随机变量 u 作三角变换得到

$$\eta = Au \tag{6.218}$$

式中:A 为下三角阵

$$A = \begin{bmatrix} a_{11} & 0 & 0 & \cdots & 0 \\ a_{21} & a_{22} & 0 & \cdots & 0 \\ a_{31} & a_{32} & a_{33} & \cdots & 0 \\ \vdots & \vdots & \vdots & \ddots & \vdots \\ a_{n1} & a_{n2} & a_{n3} & \cdots & a_{nn} \end{bmatrix} \tag{6.219}$$

利用

$$E(u_i u_j) = \begin{cases} 1, & i = j \\ 0, & i \neq j \end{cases} \tag{6.220}$$

可推得

$$a_{ij} = \left(\lambda_{ij} - \sum_{k=1}^{j-1} a_{ik}a_{jk}\right) \bigg/ \sqrt{\lambda_{jj} - \sum_{k=1}^{j-1} a_{jk}^2} \qquad (6.221)$$

$$\sum_{k=1}^{0} a_{ik}a_{jk} = 0, \qquad 0 \leq j \leq i \leq n \qquad (6.222)$$

归纳以上结果,得出产生正态随机向量的具体步骤:

(1) 根据给定的相关系数 λ_{ij},按式(6.221)和式(6.222)计算下三角阵 $\boldsymbol{A}$ 中的元素 a_{ij}。

(2) 产生 n 个标准高斯 $N(0,1)$ 随机变量,构成一个随机矢量 $\boldsymbol{u}$。

(3) 按式(6.218),得随机矢量 $\boldsymbol{\eta}$。

如果 λ_{ij} 是由高斯谱或柯西谱所对应的相关函数的表达式求出的,则随机矢量 $\boldsymbol{\eta}$ 便是具有高斯谱或柯西谱的正态分布随机序列,也就是说,同时满足了功率谱和幅度分布的要求。

例 6.13 对数学期望为零,协方差矩阵为

$$\boldsymbol{M} = \begin{bmatrix} \lambda_{11} & \lambda_{12} & \lambda_{13} \\ \lambda_{21} & \lambda_{22} & \lambda_{23} \\ \lambda_{31} & \lambda_{32} & \lambda_{33} \end{bmatrix}$$

的三维正态随机矢量进行仿真。

首先按式(6.221)和式(6.222)计算 a_{ij},即

$$a_{11} = \sqrt{\lambda_{11}}$$

$$a_{21} = \frac{\lambda_{21}}{a_{11}} = \frac{\lambda_{21}}{\sqrt{\lambda_{11}}}$$

$$a_{22} = (\lambda_{22} - a_{21}^2)^{\frac{1}{2}} = \left(\lambda_{22} - \frac{\lambda_{21}^2}{\lambda_{11}}\right)^{\frac{1}{2}}$$

$$a_{31} = \frac{\lambda_{31}}{\sqrt{\lambda_{11}}}$$

$$a_{32} = (\lambda_{32} - a_{31}a_{21})/(\lambda_{22} - a_{21}^2)^{\frac{1}{2}} = \frac{(\lambda_{32}\lambda_{11} - \lambda_{31}\lambda_{21})}{(\lambda_{22}\lambda_{11}^2 - \lambda_{21}^2\lambda_{11})^{\frac{1}{2}}}$$

$$a_{33} = (\lambda_{33} - a_{31}^2 - a_{32}^2)^{\frac{1}{2}} = \sqrt{\lambda_{33} - \frac{\lambda_{31}^2}{\lambda_{11}} - \frac{(\lambda_{32}\lambda_{11} - \lambda_{31}\lambda_{21})^2}{\lambda_{22}\lambda_{11}^2 - \lambda_{21}^2\lambda_{11}}}$$

然后,产生三个均值为零,方差为 1 的高斯分布随机数 u_1、u_2 和 u_3。最后按式(6.218)得到

$$\eta_1 = a_{11}u_1 = \sqrt{\lambda_{11}}u_1$$

$$\eta_2 = a_{21}u_1 + a_{22}u_2 = \frac{\lambda_{21}}{\sqrt{\lambda_{11}}}u_1 + \left(\lambda_{22} - \frac{\lambda_{21}^2}{\lambda_{11}}\right)^{\frac{1}{2}}u_2$$

$$\eta_3 = a_{31}u_1 + a_{32}u_2 + a_{33}u_3 = \frac{\lambda_{31}}{\sqrt{\lambda_{11}}}u_1 + \frac{\lambda_{32}\lambda_{11} - \lambda_{31}\lambda_{21}}{(\lambda_{22}\lambda_{11}^2 - \lambda_{21}^2\lambda_{11})^{\frac{1}{2}}}u_2$$

$$+ \sqrt{\lambda_{33} - \frac{\lambda_{31}^2}{\lambda_{11}} - \frac{(\lambda_{32}\lambda_{11} - \lambda_{31}\lambda_{21})^2}{\lambda_{22}\lambda_{11}^2 - \lambda_{21}^2\lambda_{11}}}\,u_3$$

通过这个例子不难看出,这种方法的主要特点为:

(1) 比较直观,在维数较低时,适于计算机仿真计算。

(2) 维数较高时,表达式比较复杂,运算量大,所花计算机时间长,特别是它包含着矩阵运算。

(3) 系数易于退化,当 η 较大时,在 a_{nn} 附近的值可能很小,几乎趋于零了。

(4) 不利于硬件实现。

最后一点是雷达杂波研究者和雷达杂波仿真器设计者非常关心的问题。这就迫使人们去寻找一些更为简便的方法,以便用硬件来产生实验室所需要的雷达杂波仿真设备。

6.2.1.2 非递归滤波法

这种产生相关高斯杂波的思想是出于这样简单的想法:白噪声通过一个具有高斯响应的非递归滤波器,其输出谱必然是高斯的,并且输出信号具有高斯型概率密度函数。于是,在给定输入白噪声时,产生相关杂波问题便变成了一个综合或设计一个非递归高斯滤波器的问题。

1. 非递归滤波法 I

根据以上思想,会很自然地想到如图 6.12 所示的网络,该网络可由如下差分方程描述:

(1) 差分方程为

$$y_n = (x_n + x_{n-1})/2 \quad (6.223)$$

(2) 其传递函数为

$$H(Z) = (1 + z^{-1})/2 \quad (6.224)$$

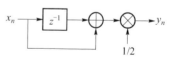

图 6.12 非递归网络 I

(3) 频率响应为

$$H(\mathrm{e}^{\mathrm{j}\omega T}) = (1 + \cos\omega T + \mathrm{j}\sin\omega T)/2 \quad (6.225)$$

(4) 幅频响应为

$$|H(\mathrm{e}^{\mathrm{j}\omega T})| = \cos\frac{\omega T}{2} \quad (6.226)$$

显然,如果有 N 个这样的网络串联,则它的频带宽度将随着 N 的增加而越来越窄。可以证明,当 $N\to\infty$ 时,经一定的变换之后,它收敛于高斯分布而不是 δ 函数。设 N 级网络串联之后的幅频响应为

$$|H_N(e^{j\omega T})| = \cos^N\frac{\omega T}{2} \tag{6.227}$$

令 $T = 2T_1/\sqrt{N}$,则

$$|H_N(e^{j\omega T_1})| = \cos^N\frac{\omega T_1}{\sqrt{N}} \tag{6.228}$$

将式(6.228)按下式

$$\cos x = \prod_{n=1}^{\infty}\left[1 - \frac{4x^2}{(2n-1)^2\pi^2}\right] \tag{6.229}$$

展成无穷级数为

$$|H_N(e^{j\omega T_1})| = \prod_{n=1}^{\infty}\left[1 + \frac{4\omega^2 T_1^2}{N(2n-1)^2\pi^2}\right]^N \tag{6.230}$$

取极限

$$H(f) = \lim_{N\to\infty}|H_N(e^{j\omega T_1})| = \lim_{N\to\infty}\prod_{n=1}^{\infty}\left[1 + \frac{4\omega^2 T_1^2}{N(2n-1)^2\pi^2}\right]^N \tag{6.231}$$

又由于 $\lim_{x\to 0}(1+kx)^{\frac{1}{x}} = e^k$,其中 $\frac{1}{x} = N$,则

$$H(f) = \lim_{x\to 0}\cos^{\frac{1}{x}}\frac{\omega T_1}{\sqrt{1/x}} = \lim_{x\to 0}\prod_{n=1}^{\infty}[1+kx]^{\frac{1}{x}} \tag{6.232}$$

式中: $k = -\frac{4\omega^2 T_1^2}{(2n-1)^2\pi^2}$,最后得到

$$H(f) = \prod_{n=1}^{\infty}\exp\left(-\frac{4\omega^2 T_1^2}{(2n-1)^2\pi^2}\right) = \exp\left(-\frac{4\omega^2 T_1^2}{\pi^2}\right)\left(1 + \frac{1}{3^2} + \frac{1}{5^2} + \cdots\right)$$

$$= \exp\left(-\frac{\omega^2 T_1^2}{2}\right) \tag{6.233}$$

这便是所希望的高斯型响应。如果再令

$$T_1^2 = \frac{T_2^2}{16\sigma_f^2\pi^2} \tag{6.234}$$

那么

$$H(f) = \exp\left(-\frac{f^2 T_2^2}{4\sigma_f^2}\right) \tag{6.235}$$

输出功率谱密度则可写成

$$S_0(f) = |H(f)|^2 S_i(f) = \exp\left(-\frac{f^2 T_2^2}{2\sigma_f^2}\right) \tag{6.236}$$

式中假定输入为白噪声,且有 $S_i(f)=1$。实际上,对输入噪声的谱来说,并不要求全白,只要在低频部分有均匀的,一定宽度的谱宽,便可以满足要求了。遗憾的是,对高斯型的响应,不能找到一个与它完全对应的滤波器,因此,这种方法是一种近似方法,它的主要特点为:

(1)直观、简单、运算速度快。
(2)如果要求精度较高,一般 $N=20$ 便可给出比较满意的结果。
(3)在一定范围内,可通过改变 N 值的大小来调整谱宽。
(4)与递归滤波器比,暂态过程短。
(5)便于硬件实现,如果对速度的要求不高,可复用。

2. 非递归滤波法 II

这种方法是通过将所希望的网络的频率特性展成傅里叶级数的方法求滤波器加权系数的,故称这种方法为傅里叶级数展开法。这种方法是作者于 1985 年提出的,并用于某雷达模拟器。

众所周知,非递归滤波器可由以下差分方程描述

$$y_n = \sum_{i=0}^{N} a_i x_{n-i},\, 0 \leq n \leq N \tag{6.237}$$

式中　x_{n-i}——滤波器的第 $n-i$ 个输入;
　　　y_n——滤波器的第 n 个输出;
　　　a_i——滤波器加权系数。

滤波器的传递函数可通过 Z 变换求出

$$H(z) = \sum_{i=0}^{N} a_i z^{-i} \tag{6.238}$$

频率响应为

$$H(e^{j\omega T}) = \sum_{i=0}^{N} a_i e^{-i2\pi fTj} \tag{6.239}$$

又已知,杂波归一化的高斯谱密度为

$$S(f) = \exp\left(-\frac{f^2}{2\sigma_f^2}\right) \tag{6.240}$$

希望在输入为白噪声时,有

$$S(f) = |H(f)|^2 \tag{6.241}$$

显然,所设计滤波器应有高斯响应,即

$$|H(f)| = \exp\left\{-\frac{f^2}{4\sigma_f^2}\right\} \tag{6.242}$$

将其展成傅里叶级数为

$$|H(f)| = \frac{C_0}{2} + \sum_{n=1}^{N} C_n \cos(2\pi f nT) \tag{6.243}$$

对式(6.239)取绝对值,根据谱的偶函数特性知,式(6.243)中的 C_n 便等于式(6.239)中的 a_i,即是说,非递归滤波器频率响应的傅里叶级数展开式的系数,就是该滤波器的加权系数。由于给定了频率响应,因此问题变得简单了。

为了求系数 C_n,改变变量,将 $H(f) \to H(t)$ 的傅里叶变换写为

$$F(f) = \int_{-\infty}^{\infty} H(t) e^{-j2\pi ft} dt \tag{6.244}$$

将式(6.242)代入式(6.244),得

$$F(f) = 2\sigma_f \sqrt{\pi} e^{-4\sigma_f^2 \pi^2 f^2} \tag{6.245}$$

当 n 有限时,傅里叶级数的系数为

$$C_n = T_0 F(nT_0) = 2\sigma_f T_0 \sqrt{\pi} e^{-4\sigma_f^2 \pi^2 n^2 T_0^2} \tag{6.246}$$

式中:T_0 为采样周期。这样,在高斯谱已知的情况下,非递归滤波器的加权系数 a_i 就由 C_n 完全确定了。

该种滤波器的主要特点为:

(1) 具备非递归滤波器的优点,结构简单,运算速度快。

(2) 便于硬件实现,特别适用于雷达模拟器。

(3) 要得到一个较好的响应,N 值应大于 8。

(4) 这种方法对于输出序列的长度没有限制,取决于输入序列的长度。这对雷达系统的性能测试有重要意义,例如对虚警率进行测试时,应给出足够长的序列,如虚警概率 $P_f = 10^{-6}$ 时,其长度应大于 10^8。

(5) 我们知道描述数字滤波器的差分方程是稳态情况下的差分方程,在输入序列小于它的阶数时,输出序列仍处于暂态期,它们不满足给定的统计特性。因此,在将其用于雷达模拟器时必须控制暂态输出。

例 6.14 已知杂波功率谱密度为高斯型的,且已知谱参数 $\sigma_f = 20\text{Hz}$ 及采样频率 $f_0 = 512\text{Hz}$,要求设计一个非递归高斯滤波器,并给出各个系数的数值。

首先,假定在付里叶级数展开式中 $N = 9$,则

$$|H(f)| = \frac{C_0}{2} + \sum_{n=1}^{9} C_n \cos(2\pi n f T_0)$$

经计算,系数 $C_0 \sim C_9$ 的数值给在表 6.1 中。实际上,在表中也给出了 $C_{10} \sim C_{13}$ 的数值,可以看出,$C_{10} \sim C_{13}$ 对频率响应的贡献已经是很小了。

表 6.1 用付氏级数展开法获得的非递滤波器加权系数

C_0	0.138473	C_7	0.007235
C_1	0.130377	C_8	0.002931
C_2	0.108822	C_9	0.001053
C_3	0.080521	C_{10}	0.00335
C_4	0.052818	C_{11}	0.000095
C_5	0.030713	C_{12}	0.000024
C_6	0.015832	C_{13}	0.000005
说明	① $\sigma_f = 20\mathrm{Hz}$;② 采样频率 $f_0 = 512\mathrm{Hz}$		

根据此式所计算的功率谱密度曲线与理论值的差异见图 6.13。从图 6.13 可以看出,当 N 取为 9 时,所得到的功率谱密度曲线 1 与理论高斯谱模型曲线 2 重合在一起了;当 N 取 3 时,功率谱密度曲线 3 要比理论高斯曲线 2 宽,并且在高端有小的起伏振荡。计算表明,对于 $N > 8$ 时,再增加谐波次数,效果并不明显,由表 6.1 看到,这是因为系数 $C_{10} \sim C_{13}$ 的贡献太小的原因。

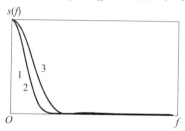

图 6.13 滤波器输出功率谱密度曲线

3. 非递归滤波法Ⅲ

这种方法通常称作时域褶积法,它是从给定杂波的功率谱密度着手,在时域产生相关序列的。

首先,由功率谱密度 $S(f)$ 求出它的采样值 $\hat{S}_n(f)$。可以证明,离散随机过程的频谱采样间是相互独立的,于是便可从线性滤波理论出发,将产生相关高斯随机序列看作一种离散滤波过程,得到滤波器的幅频响应的离散值为

$$\hat{H}_n(f) = \sqrt{\hat{S}_n(f)} \tag{6.247}$$

显然,它是一个实序列。如果以 $\hat{x}_n(f)$ 表示输入高斯白噪声的频谱采样值,则滤波器的输出谱可表示为

$$\hat{y}_n(f) = \hat{x}_n(f) \cdot \hat{H}_n(f) \tag{6.248}$$

这样,就可用离散褶积表示滤波器的输出,即

$$y_k = x_k * h_k \tag{6.249}$$

式中:x_k和h_k分别为$\hat{x}_n(f)$和$\hat{H}_n(f)$的傅里叶反变换。于是便可以得到产生高斯相关序列的步骤。

步骤1 对功率谱$S(f)$进行采样,得$\hat{S}_n(f)$。

步骤2 由$\hat{S}_n(f)$,产生滤波器的频率响应序列,即

$$\hat{H}_n(f) = \sqrt{\hat{S}_n(f)}, n = 0, 1, \cdots, N-1$$

步骤3 求傅里叶反变换,得滤波器的脉冲响应,即

$$h_k = \sum_{n=0}^{N-1} \hat{H}_n(f) e^{j2\pi kn/N}, n = 0, 1, \cdots, N-1$$

步骤4 在时域产生独立的高斯随机序列x_k。

步骤5 求离散褶积,得输出序列y_k。

这种方法由于没有规定具体的功率谱密度,因此,在一定程度上,它更有普遍性。然而,它既需要作傅里叶变换,又要进行离散褶积运算,运算时间比较长。另外,它一次只能产生N个采样,或者说N维随机矢量。对雷达信号处理情况,它仅适用于批处理的情况。但对高斯过程来说,不必先求$\hat{x}_n(f)$再求x_k,因为$\hat{x}_n(f)$是高斯的,x_k必然也是高斯型的,并且在时域是个独立的随机序列,故可直接在时域产生,而不必进行傅里叶反变换。

6.2.1.3 递归滤波法

尽管非递归滤波法与三角变换法相比有运算速度快的优点,但所需要的乘法次数仍然是很多的,它与滤波器的阶数成正比。递归滤波法则能将乘法次数降到最低限度,一般情况下,它的阶数不超过五阶。这样不仅可以加快运算速度,而且也减少了对随机变量的需要量,给硬件仿真带来了方便。

1. 离散线性系统输出功率

由信号谱分析原理知,离散随机信号的功率谱密度,是由该离散随机信号的自相关函数的双边Z变换定义的为

$$\Phi(z) = \sum_{n=-\infty}^{\infty} \varphi(n) z^{-n} \equiv z\{\varphi(n)\} \tag{6.250}$$

而离散随机信号自相关函数为

$$\varphi(n) = \lim_{N \to \infty} \frac{1}{2N+1} \sum_{k=-N}^{N} x(k) x(k-n) \tag{6.251}$$

另外,自相关函数$\varphi(n)$也可由信号的功率谱密度的反Z变换求出,即

$$\varphi(n) = z^{-1}\{\Phi(z)\} = \frac{1}{2\pi j} \int_{\Gamma} \Phi(z) z^{n-1} dz \tag{6.252}$$

这与连续随机信号相仿,其功率谱密度与自相关函数一起构成了一个双边 Z 变换对。当 $n=0$ 时

$$\varphi(0) = \lim_{N\to\infty} \frac{1}{2N+1} \sum_{k=-N}^{N} x^2(k) = \overline{x^2} \quad (6.253)$$

是信号的均方值,即信号功率。如果已知信号的功率谱密度,便可由式(6.252),令 $n=0$,将它求出,即

$$\varphi(0) = \overline{x^2} = \frac{1}{2\pi j} \int_\Gamma \Phi(z) z^{-1} dz = \frac{1}{2\pi j} \sum_\Gamma H(z) H(z^{-1}) z^{-1} dz \quad (6.254)$$

与此相似,如果把一具有功率谱密度 $\Phi_{in}(Z)$ 的平稳信号 $x(k)$ 加到一个线性系统的输入端,若系统的传递函数为 $H(Z)$,则输出信号的功率谱密度为

$$\Phi_0(z) = |H(z)|^2 \Phi_{in}(z) \quad (6.255)$$

系统的输出功率则为

$$\overline{y^2} = \frac{1}{2\pi j} \int_\Gamma \Phi_0(z) z^{-1} dz \quad (6.256)$$

值得注意的是,这里是直接对离散随机信号进行讨论的,故分别用 $\Phi(z)$ 和 $\varphi(n)$ 表示功率谱密度和自相关函数的,以示与连续情况的区别。

2. 递归滤波法 I

这里所要讨论的问题是用数学方法由独立的高斯随机变量产生具有指定相关函数或功率谱的平稳高斯过程的统计总体的有限抽样。这种方法的基本思想是通过计算能将白噪声变成具有指定相关函数 $\varphi(n)$ 的线性数字滤波器的传递函数 $H(z)$,然后利用被表示成递归关系的 $H(z)$,由独立的正态随机序列 u_n 和辅助序列 v_n 计算滤波器的输出序列 y_n,它便是所期望的具有指定相关函数的正态随机变量。

为了产生平稳的随机输出,滤波器必须工作在稳定状态,但滤波器的递归特性及其系统结构决定了它的暂态过程。因此,在利用递归滤波法产生相关高斯序列时,必须对滤波器进行初始化,即使滤波器在某一个初始条件下开始工作,该条件能使波滤器的暂态过程消失。这里是通过 k 个辅助随机变量代替 $n<0$ 的输入随机变量来实现的。这种方法的最大优点是简单,在实际问题中,k 值不超过 3。y_n 的其余值 $(n \geq k)$,可递归计算。

假定已知系统输出端功率谱密度或相关函数,具体步骤如下:

(1) 确定数字滤波器的传递函数 $H(z)$。如果给定滤波器输出端的功率谱,则可通过

$$\Phi(z) = H(z) H(z^{-1}) \quad (6.257)$$

求出 $H(z)$。当然,也可给定相关函数 $\varphi(n)$,但它必须存在 z 变换。由于 $H(z)$ 所描述的数字滤波器是稳定的,它的所有极点都在单位园内,而 $H(z^{-1})$ 的所有

极点都处于单位圆之外。因此可通过对 $\Phi(z)$ 进行因式分解并加入适当的极点和零点求出 $H(z)$。

(2) 确定脉冲响应 $h(n)$。由数字滤波理论知,脉冲响应 $h(n)$ 与传递函数 $H(z)$ 构成了一个 z 变换对。在已知 $H(z)$ 时,可通过逆 Z 变换求出 $h(n)$,即

$$h(n) = \frac{1}{2\pi j}\int_{\Gamma} H(z) z^{n-1} dz \tag{6.258}$$

当然,也可以用长除法或泰勒级数展开法求出 $h(n)$。实际上,只要求出 $k-1$ 个值就够用了,这里 k 是滤波器阶数。

(3) 确定输出序列 y_n。通常,数字滤波器的输出可表示成输入信号与脉冲响应的褶积,即

$$y_n = \sum_{m=0}^{\infty} h_m x_{n-m} \tag{6.259}$$

式中 x_{n-m} ——第 $n-m$ 时刻滤波器的输入信号;

h_m ——滤波器的脉冲响应。

由于递归滤波器的脉冲响应是无限的,没有初始化的滤波器存在较长的暂态过程。因此,在实际应用的过程中必须考虑初始化问题。

在 $n=0$ 时,式(6.259) 可写成

$$y_0 = \sum_{m=0}^{\infty} h_m x_{-m} = h_0 x_0 + \xi_0 \tag{6.260}$$

其中,ξ_0 表示时刻 0 及以前的所有输入与脉冲响应的褶积,即

$$\xi_0 = \sum_{m=1}^{\infty} h_m x_{-m} \tag{6.261}$$

在 $n \leq k-1$ 的情况下,通常取

$$y_n = \sum_{m=0}^{n} h_m x_{n-m} + \xi_n \tag{6.262}$$

式中

$$\xi_n = \sum_{m=n+1}^{\infty} h_m x_{n-m} \tag{6.263}$$

如果 x_n 的相关函数是已知的,则 ξ_n 的相关矩阵就确定了,利用该矩阵便可获得 ξ_n,并且它具有所希望的统计特性,可被用来确定滤波器的初始状态。

假定 x_n 是统计独立的,故协方差矩阵中的元素 λ_{00} 可表示成

$$\begin{aligned}\lambda_{00} &= \mathrm{Var}\xi_0 = E\left[\sum_{m=1}^{\infty} h_m x_{-m}\right]^2 \\ &= E\left[\sum_{m=0}^{\infty} h_m x_{-m} - h_0 x_0\right]^2 \\ &= \sum_{m=0}^{\infty} h_m^2 - h_0^2 = \varphi(0) - h_0^2 \end{aligned} \tag{6.264}$$

式中:$\varphi(0)$为在 $n=0$ 时滤波器输出的自相关函数,即输出均方值。h_0 为 $n=0$ 时刻滤波器的脉冲响应。当然,也可以从 ξ_n 求出相关函数的更一般的表达式,即

$$\lambda_{ij} = \mathrm{Cov}(\xi_i, \xi_j) = E\left[\sum_{m=1}^{\infty}\sum_{n=1}^{\infty} h_{m+i} h_{n+j} x_{-m} x_{-n}\right] = \sum_{m=1}^{\infty} h_{m+i} h_{m+j} \quad (6.265)$$

令 $m+i=k$,在 $m=1$ 时,$k=i+1$,则

$$\begin{aligned}\lambda_{ij} &= \sum_{k=i+1}^{\infty} h_k h_{k+j-i} = \sum_{k=1}^{\infty} h_k h_{k+j-i} + \sum_{k=0}^{i} h_k h_{k+j-i} - \sum_{k=0}^{i} h_k h_{k+j-i}\\ &= \sum_{k=0}^{\infty} h_k h_{k+j-i} - \sum_{k=0}^{i} h_k h_{k+j-i} = \varphi(j-i) - \sum_{m=0}^{i} h_m h_{m+j-i} \quad (6.266)\end{aligned}$$

于是,便确定了 ξ_n 的协方差矩阵。显然,式(6.266)中 $i=j=0$ 时,便可得到式(6.264)。

在协方差矩阵确定之后,ξ_n 的采样值便可通过 k 个辅助的独立高斯变量 v_i 作线性变换得到。为方便起见,这里以 i 代替 n,则

$$\xi_i = \sum_{j=0}^{i} a_{ij} v_j \quad (6.267)$$

只要将其展开,就会看到它与作三角变换是一致的,a_{ij} 便是三角矩阵中的元素。它可按式(6.221)得到

$$\begin{aligned}&a_{00} = \sqrt{\lambda_{00}}, \quad a_{11} = \sqrt{\lambda_{11} - a_{10}^2},\\ &a_{10} = \lambda_{10}/a_{00}, \quad a_{21} = (\lambda_{21} - a_{10} a_{20})/a_{11},\\ &a_{20} = \lambda_{20}/a_{00}, \quad a_{22} = \sqrt{\lambda_{22} - a_{20}^2 - a_{21}^2}\end{aligned} \quad (6.268)$$

这里只给出了 $k \leq 3$ 的 a_{ij} 值。值得注意的是这里三角阵 A 中的第一个元素下标是 00。

在具备以上条件之后,便可确定 $n \geq k$ 的情况下的输出序列 y_n。已知滤波器的传递函数可写作

$$H(z) = \frac{Y(z)}{U(z)} = \frac{a_0 + a_1 z^{-1} + \cdots + a_k z^{-k}}{1 + b_1 z^{-1} + \cdots + b_k z^{-k}} \quad (6.269)$$

其差分方程为

$$y_n = -b_1 y_{n-1} - \cdots - b_k y_{n-k} + a_0 u_n + \cdots + a_k u_{n-k} \quad (6.270)$$

这便是在初始条件确定之后的递推公式。

例 6.15 已知雷达杂波有以下相关特性:相关函数为 $\varphi(\tau) = \mathrm{e}^{-\alpha|\tau|}$,相应的采样函数为 $\varphi(n)$,求产生该杂波的递推表示式。

显然,该杂波是具有柯西谱的随机过程,它的谱密度可通过查表或分别通过对 $n \geq 0$ 和 $n < 0$ 的各部分的各自的 Z 变换之和来得到,令 $A = \mathrm{e}^{-\alpha T}$,则

$$\Phi(z) = \frac{1}{1-Az^{-1}} + \frac{1}{1-Az} - 1 = \frac{\sqrt{1-A^2}}{1-Az^{-1}} \frac{\sqrt{1-A^2}}{1-Az}$$

这可由 $\varphi(n)$ 的双边 Z 变换

$$\Phi(z) = \sum_{n=-\infty}^{0} \varphi(n)z^{-n} + \sum_{n=0}^{\infty} \varphi(n)z^{-n} - \varphi(0)$$

得到证明。故有

$$H(z) = \frac{\sqrt{1-A^2}}{1-Az^{-1}}$$

并且可以得到脉冲响应,即

$$h_n = \sqrt{1-A^2} A^n$$

及

$$h_0 = \sqrt{1-A^2}$$

由式(6.264)和式(6.268),得

$$a_{00} = \sqrt{\varphi(0) - h_0^2} = A$$

由式(6.267),得

$$\xi_0 = a_{00}v_0 = Av_0$$

由式(6.260),得

$$y_0 = h_0 x_0 + \xi_0 = \sqrt{1-A^2} u_0 + Av_0$$

式中 u_n——零均值,单位方差的独立高斯随机序列,$n \geqslant 0$;

v_n——零均值,单位方差的独立高斯随机变量的辅助抽样集合,$0 \leqslant n \leqslant k-1$。

最后便可得到输出序列的一般表达式,即

$$y_n = \sqrt{1-A^2} u_n + Ay_{n-1}$$

这样,在已知 y_0 的情况下,便可迭代运算了。由这个例子可以看到,对于一个一阶的系统,只需要一个初始值。下面看一个二阶系统。

例 6.16 已知

$$\Phi(z) = \frac{64z^2}{8z^4 + 54z^3 + 101z^2 + 54z + 8}$$

经分解,得传递函数

$$H(z) = \frac{1}{\left(z+\frac{1}{2}\right)\left(z+\frac{1}{4}\right)} = \frac{1}{1 + 0.75z^{-1} + 0.125z^{-2}}$$

用长除法,得

$$h_0 = 1, \ h_1 = -0.75$$

并求得

$$\varphi(0) = 64/35, \quad \varphi(1) = -128/105$$

于是,由式(6.265)和式(6.268)有

$$\lambda_{00} = 29/35, \quad \lambda_{10} = -197/420, \quad \lambda_{11} = 143/560,$$
$$a_{00} = 0.91, \quad a_{10} = -0.515, \quad a_{11} = 0.023$$

对一个二阶系统必须求出两个初始值 y_0 和 y_1,即

$$y_0 = u_0 + 0.91 v_0$$
$$y_1 = h_0 u_1 + h_1 u_0 + \xi_1$$
$$= u_1 - 0.75 u_0 - 0.515 v_0 + 0.023 v_1$$

最后得到通用差分方程,即

$$y_n = u_n - 0.75 y_{n-1} - 0.125 y_{n-2}$$

以此类推,对于 k 阶系统,需要 k 个初始值。

从以上两个例子可以看到这种方法的优点,但它也有局限性,就是相关函数无 Z 变换时,就不能应用此种方法。尽管如此,这种方法仍有可以借鉴的地方,如初始化问题,是很有实际意义的。对任何递归滤波器,都必须考虑这一问题。

3. 递归滤波法 II

下面讨论根据全极型谱产生相关正态杂波的方法,最终也可将其归结为设计一个线性滤波器的问题,只是它的频率响应与前者不同。

这种方法的出发点在于,首先找到一个能够满足全极型谱要求的模拟滤波器,然后利用某些方法将其变为相对应的数字滤波器。根据杂波谱特性知,按全极型谱设计数字滤波器时,必须满足

$$|H(j\omega_c)|^2 = |H(0)|^2 \tag{6.271}$$

即频率 $\omega = \omega_c$ 时,其响应下降 3dB。在模拟滤波器的设计中,传递函数通常可表示成

$$H(S) = \frac{Y(S)}{X(S)} \tag{6.272}$$

式中:$Y(S)$ 和 $X(S)$ 分别为系统输入信号和输出信号的拉普拉斯变换,它们均是具有实系数的复变量多项式。在输入白噪声的情况下,系统输出谱密度应当满足关系式

$$|H(j\omega)|^2 = \frac{1}{1 + \left(\dfrac{\omega}{\omega_c}\right)^n} \tag{6.273}$$

并且应使极点的数目大于零点的数目,以便使滤波器高频端的响应近似为零,但极点的数目也不要比零点的数目大的太多,否则将使滤波器的响应随着频率的增加下降的过快。一般情况下,不要使极点的数目比零点的数目多两个以上。尽管为了得到一个较好的脉冲响应对滤波器存在这些限制,但仍有许多种类型的滤波器可供选择,其中之一便是经常用到的二阶系统,它有传递函数为

$$H(S) = \frac{\omega_p}{(s - \omega_p e^{j\theta})(s - \omega_p e^{-j\theta})} \tag{6.274}$$

它的两个极点分别在 $S = \omega_p e^{\pm j\theta}$ 处。显然要使这个滤波器稳定,必须满足 $\omega_p > 0$,并且这两个极点必须在 S 平面的左半平面,即 $90° < \theta < 270°$。

根据式(6.273)和式(6.274),得到

$$\omega_c = \omega_p \sqrt{-\cos(2\theta) + \sqrt{1 + \cos^2(2\theta)}} \tag{6.275}$$

或

$$\omega_p = \omega_c \sqrt{\cos(2\theta) + \sqrt{1 + \cos^2(2\theta)}} \tag{6.276}$$

这样,便可根据脉冲响应不变法,直接得到该滤波器的数字等效网络的传递函数

$$H(z) = \frac{\beta z^{-1}}{1 - \alpha_1 z^{-1} + \alpha_2 z^{-2}} \tag{6.277}$$

式中 β——滤波器增益常数,通过它可调节滤波器输出信号的大小;

α_1 和 α_2——滤波器加权系数。

可以证明,加权系数 α_1 和 α_2 分别为

$$\alpha_1 = 2e^{\omega_p T\cos\theta}\cos(\omega_p T\sin\theta) \tag{6.278}$$

$$\alpha_2 = e^{2\omega_p T\cos\theta} \tag{6.279}$$

式中 T——采样周期。

该滤波器的直流增益和功率增益分别为

$$C = \frac{1}{1 - \alpha_1 + \alpha_2} \tag{6.280}$$

$$G^2 = \sum_{k=0}^{\infty} h_k^2 = \frac{1}{2\pi j}\int_\Gamma H(z)H(z^{-1})z^{-1}dz \tag{6.281}$$

于是,便可以写出描述该滤波器的差分方程,即

$$y_n = \beta\left(x_{n-1} - \frac{\alpha_1}{\beta}y_{n-1} + \frac{\alpha_2}{\beta}y_{n-2}\right) \tag{6.282}$$

滤波器结构示于图 6.14。于是,在给定输入信号时,就可在计算机上迭代运算了。当然,必须给定能使滤波器初始化的初始值。

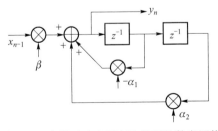

图 6.14 由脉冲响应不变法得到的数字网络

根据数字滤波原理,模拟滤波器所对应的数字网络并不是唯一的,除了脉冲响应不变法之外,还可以利用双线性变换来设计数字滤波器。为了与前边的脉冲响应不变法有所区别,这里将二阶网络的传递函数写成

$$H(S) = \frac{\omega_g^2}{(S - \omega_g e^{j\theta})(S - \omega_g e^{-j\theta})}$$

根据双线性变换原理,令

$$\omega_g = \frac{2}{T}\tan\left(\frac{\omega_p T}{2}\right)$$

则可得到数字滤波器的传递函数,即

$$H(z) = \frac{\beta(1 - 2z^{-1} + z^{-2})}{1 - \alpha_1' z^{-1} + \alpha_2' z^{-2}}$$

式中

$$\alpha_1' = \frac{8 - 2\omega_g^2 T^2}{4 - 4\omega_g T\cos\theta + \omega_g^2 T^2}$$

$$\alpha_2' = \frac{4 + 4\omega_g T\cos\theta + \omega_g^2 T^2}{4 - 4T\omega_g\cos\theta + \omega_g^2 T^2}$$

通常,选择 β,使 $H(1) = 1$。计算表明,在 $\theta = 152° \sim 160°$ 时,利用双线性变换法都能给出比较好的近似。其差分方程为

$$\begin{cases} y_n = \beta(\omega_n - 2\omega_{n-1} + \omega_{n-2}) \\ \omega_n = x_n - \alpha_1'\omega_{n-1} + \alpha_2'\omega_{n-2} \end{cases}$$

其结构如图 6.15 所示。

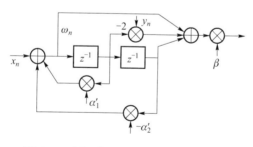

图 6.15 用双线性变换得到的数字网络

为方便起见,这里引入了中间变量 ω_n,当然也可以写成一个方程。如果将用两种方法所获得的线性滤波器的频率特性进行比较,就会发现两种方法都能给出较好的近似,但在高频端,与双线性变换法相比,用脉冲响应不变法所得到的响应与模型拟合的更好,这主要是由于双线性变换方法在变换过程中引入了零点的缘故。

另一种可供选择的滤波器为一阶网络,其传递函数可表示为

$$H(s) = \frac{\omega_p}{s + \omega_p} \tag{6.283}$$

它在 $s = -\omega_p$ 处有一个极点。根据全极型谱的特点,解得 $\omega_p = \omega_c$。仍然可以用脉冲响应不变法和双线性变换法得到其对应的数字网络的传递函数。

用脉冲响应不变法得到的传递函数为

$$H(z) = \frac{\beta}{1 - \alpha z^{-1}} \tag{6.284}$$

式中:$\alpha = e^{-\omega_p T}$;β 为增益常数。显然,它与例 6.15 有相同的结果。

用双线性变换法得到的传递函数为

$$H(z) = \frac{\beta(1 + z^{-1})}{1 - \alpha' z^{-1}} \tag{6.285}$$

式中

$$\alpha' = \frac{2 - \omega_g T}{2 + \omega_g T} \tag{6.286}$$

根据传递函数可以写出用于计算机仿真的差分方程。如果要求输出序列很长,对一阶系统,可用其输出的均值作为滤波器的初始条件进行迭代运算,因为对于一阶系统只要求一个初始值。

在利用式(6.273)设计线性滤波器时,可以直接利用巴特沃思滤波器,因为它是一个全极型滤波器。在式(6.273)中,如果 $n = 2, 4, \cdots$,即为偶数时,全极型谱模型与巴特沃思滤波器的原型完全一致,这样,便又增加了一种设计该种线性滤波器的方法。

众所周知,巴特沃思滤波器是由增益函数的平方描述的,即

$$|H(j\omega)|^2 = \frac{1}{1 + \left(\dfrac{\omega}{\omega_c}\right)^{2m}} \tag{6.287}$$

当 $m = 2$ 时,即是全极型谱 $n = 4$ 的情况;当 $m = 1$ 时,即是柯西谱的情况。

例 6.17 已知采样频率 $f_0 = \dfrac{1}{T} = 500\,\text{Hz}$,$\sigma_f = 20\,\text{Hz}$,试设计一个具有巴特沃思特性的数字滤波器。

经计算,巴特沃思滤波器有传递函数

$$H(z) = \frac{k}{z^2 - k_1 z + k_2}$$

式中　k——增益常数;

k_1 和 k_2——滤波器加权系数。

按已知条件求得 $k_1 = 1.527$,$k_2 = 0.6192$。该滤波器有差分方程为

$$y_n = x_n + k_1 y_{n-1} - k_2 y_{n-2}$$

由该滤波器计算出来的输出信号的功率谱数据与理论结果均示于表6.2,可见两者相当一致,如果用曲线表示,则难于看出它们的差别。

表6.2　全极型谱理论模型数据与设计数据的比较

f	全极型谱理论数据	滤波器输出功率谱数据
0	1.0	1.0
10	0.9510	0.9412
20	0.5000	0.5000
30	0.1645	0.1649
40	0.05987	0.05882
50	0.02650	0.02496

6.2.2　产生相关随机变量的一般方法

在雷达和其他电子信息系统仿真中所用到的相关随机序列既可以在时域产生,也可以在频域产生。在某些情况下,在频域产生可能更方便,因为它不受或很少受许多数学问题能否求解的限制。只要已知功率谱密度,便可以得到相关随机序列,这是因为在对相关过程的研究中,有时只对功率谱密度有要求,而不管它具体服从什么分布。实际上,如果把一个 N 维的随机矢量看成是一个随机时间序列的话,这便是最普通的根据给定功率谱进行随机过程的仿真问题。在某种意义上说,它更有一般性。众所周知,有限离散时间信号的功率谱密度和相关函数可由离散傅里叶变换定义,即

$$\hat{S}_n = \frac{1}{N}\sum_{m=0}^{N-1} R_m e^{-j2\pi mn/N}, m = 0, 1, \cdots, N-1 \quad (6.288)$$

$$R_m = \sum_{n=0}^{N-1} \hat{S}_n e^{j2\pi mn/N}, n = 0, 1, \cdots, N-1 \quad (6.289)$$

式中　$\hat{S}_n$——信号的功率谱密度;

R_m——信号的相关函数。

功率谱密度 $\hat{S}_n$ 也可用离散随机信号的频谱来表示

$$\hat{S}_n = \overline{|\hat{x}_n|^2} \quad (6.290)$$

式中　$\hat{x}_n$——离散随机信号的频谱。

如果以 x_k 表示离散随机信号,则两者也是由离散傅里叶变换联系起来的

$$\hat{x}_n = \frac{1}{N}\sum_{k=0}^{N-1} x_k e^{-j2\pi kn/N}, n = 0, 1, \cdots, N-1 \quad (6.291)$$

$$x_k = \sum_{n=0}^{N-1} \hat{x}_n e^{j2\pi kn/N}, k = 0, 1, \cdots, N-1 \quad (6.292)$$

前面已经指出,离散随机信号的频谱采样间是相互独立的,即

$$\overline{\hat{x}_m \hat{x}_n^*} = \begin{cases} \dfrac{1}{N} \sum_{n=0}^{N-1} R_n \mathrm{e}^{-\mathrm{j}2\pi mn/N}, & m = n \\ 0, & \text{其他} \end{cases} \qquad (6.293)$$

式中 R_n——离散随机过程的自相关函数;
　　　*——复共轭。

这一事实,则允许人们将 $\sqrt{\hat{S}_n}$ 加上一个 $[0,2\pi]$ 区间上均匀分布的随机相位因子,为产生相关随机序列提供了方便。因为在由信号的频谱求功率谱时,由于取模的原因,去掉了一个任意的相位因子,故在由功率谱恢复信号谱时,必须将其重新加上,这样才能反映实际情况。于是,便可由以上分析,产生相关随机序列。

(1) 对功率谱进行采样,得序列 $\{\hat{S}_n\}$。

(2) 产生独立的 $[0,2\pi]$ 区间均匀分布的随机相位矢量序列 $\{\xi_n\}$,其总体平均功率等于1,即 $\overline{|\xi_n|^2} = 1$。

(3) 然后,给每个随机相位矢量乘以比例系数,得

$$\hat{x}_n = \xi_n \sqrt{\hat{S}_n}$$

(4) 最后取离散傅里叶变换,得相关随机序列

$$x_k = \frac{1}{N} \sum_{n=0}^{N-1} \hat{x}_n \mathrm{e}^{\mathrm{j}2\pi kn/N}, k = 0, 1, \cdots, N-1$$

这种方法的一个很重要的特点,是不受信号幅度分布的限制,它每 N 次采样重复一次。由于是由傅里叶变换产生的,故有较高的旁瓣电平。

这里需要指出的是,分析中没有说明样点数 N 如何选择的问题。由于所考虑的是在时域和频域中都是周期性的重复过程,所以其自相关函数也必定是每隔 N 次采样重复一次。为了保证重复分量不产生混叠,必须满足 $N \geq 2N_c$,N_c 是相关时间 T_c 内的采样点数,同时要保证序列的最大长度 N_e 小于 N 与 N_c 之差,即,因此,N 的选择原则可写作 $N \geq 2\mathrm{Max}(N_c, N_e)$,在某些情况下,采用该式可能更方便。

6.2.3　非高斯相关杂波的仿真

前边介绍的都是产生相关高斯随机变量的方法,这主要是因为自然界中存在的大量现象都具有相关高斯特性。实际上,自然界中除了相关高斯变量之外,还存在着另一类相关随机变量,这里我们统称其为非高斯相关随机变量,如相关指数变量、相关瑞利变量、相关莱斯变量、相关对数-正态变量、相关韦布尔变量

和相关 k 变量等。多年来,在雷达、声纳等电磁环境的研究中,如扩展杂波模型,都是以相关高斯分布为基础的,然而随着雷达的距离和方位分辨率的提高,地面、海洋回波的大幅度的反射信号相对地增多了,以致使它们的分布规律呈大"尾巴"特性。根据测量结果,进行数据处理及曲线拟合表明,它们有着相关对数 – 正态分布、相关韦布尔分布和相关复合 k 分布特性。因此,对非高斯相关随机变量的研究,对雷达的研究和设计人员来说更具有吸引力,并且如韦布尔分布又是一个复盖很宽的分布族。它包括了瑞利分布和指数分布规律。

产生非高斯分布相关序列的基本要求是,所产生的非高斯随机序列必须同时满足幅度分布和相关特性的要求。当前,在众多的方法中最具代表性的方法有两种。

(1) 无记忆非线性变换法,简称 ZMNL 法。

(2) 球不变随机过程法,简称 SIRP 法,或称为球不变随机矢量法,简称 SIRV 法。

无记忆非线性变换法原理如图 6.16 所示。

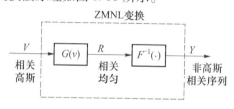

图 6.16 ZMNL 原理图

设随机序列 V 的概率密度函数和分布函数分别为 $g(v)$ 和 $G(v)$;随机序列 Y 的概率密度函数和分布函数分别为 $f(y)$ 和 $F(y)$。经 ZMNL 变换,得

$$F(y) = G(v) \tag{6.294}$$

这里 $G(v)$ 为高斯分布的分布函数,$F(y)$ 为所希望的非高斯分布的分布函数,于是有

$$y = F^{-1}[G(v)] \tag{6.295}$$

这便是 ZMNL 变换的基本思想。由于求高斯分布的分布函数时无显式解,故通常采用近似表达式。最后就可以构成一个完整的由白高斯序列产生所希望的非高斯相关序列的方法,如图 6.17 所示。

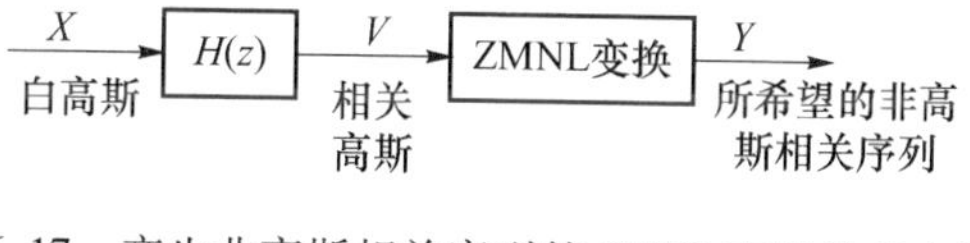

图 6.17 产生非高斯相关序列的 ZMNL 变换法基本原理

由 ZMNL 变换法产生非高斯相关随机序列的步骤如下:

步骤1 根据设计要求,给定系统输出端所希望的非高斯相关序列的分布参数和相关函数。

步骤2 用某种数学方法求出 ZMNL 变换输入端的相关函数。

步骤3 根据所求出的 ZMNL 变换输入端的相关函数,设计前级的线性滤波器 $H(z)$。

步骤4 产生一个归一化的高斯白噪声序列 X 作为输入,在线性滤波器的输出端得到一个相关高斯序列 V,最后在系统的输出端便会得到一个所希望的满足给定相关函数的所希望的非高斯相关序列。

这种方法的主要优缺点包括:该方法的概念清楚,但是在寻求 ZMNL 变换的输入序列与输出序列相关函数间非线性关系时比较复杂,并且只能采用近似的方法,然而在实际应用中如果事先脱机算出输入序列与输出序列相关函数的数值,制成表格用起来也是方便的。

利用球不变随机过程法产生非高斯相关序列的基本原理如图 6.18 所示。

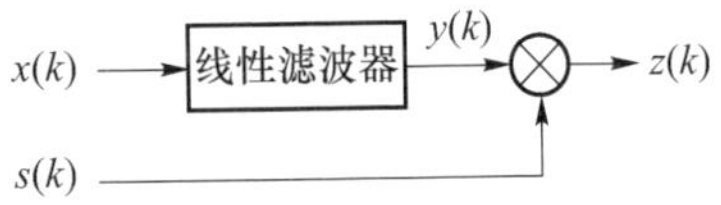

在这种模型中,将系统输出 $z(k)$ 看作是两个过程的乘积 $s(k)y(k)$,其中 $y(k)$ 是零均值的复高斯序列。$s(k)$ 是实的,非负的,平稳

图 6.18 外部(Exogenous)调制模型

序列,并且与 $y(k)$ 之间是相互独立的。可以说,输出序列 $z(k)$ 是通过序列 $s(k)$ 对复高斯序列调制实现的,因此称其为外部(Exogenous)调制模型。这种模型可以覆盖一类随机过程,SIRP 就是其中的特殊的一类。该类模型一个显著的特点就是能实现概率密度函数和相关函数的独立控制,这对很宽一类的杂波仿真是非常重要的,如图 6.18 所示。其输出为

$$z(k) = y(k)s(k) \tag{6.296}$$

该式意味着零均值的相关复高斯随机过程 $y(k)$ 被非负的平稳随机过程 $s(k)$ 调制。若 $y(k)$ 和 $s(k)$ 互相独立,则 $z(k)$ 的相关函数为

$$r_z(n,m) = r_s(m)r_y(n,m) \tag{6.297}$$

式中:$r_z(n,m)$,$r_y(n,m)$ 和 $r_s(m)$ 分别为 $z(k)$,$y(k)$ 和 $s(k)$ 的自相关函数。只要 $s(k)$ 的相关长度相对 $y(k)$ 足够长,就可认为 $r_s(m) \approx 1$。也就是说只要 $s(k)$ 的相关长度远远大于 $y(k)$ 的相关长度,外调制过程 $z(k)$ 的相关特性就取决于 $y(k)$ 的相关特性。

6.2.3.1 非相干相关韦布尔随机变量的仿真

近年来,对韦布尔分布的兴趣越来越大,其中一个很重要的原因是,它不仅可以描述海面杂波,对地杂波它也有着非常好的拟合度,特别是在小概率范围,拟合的更好。正是这些扩展杂波的相关反射,使以固定频率工作的雷达检测器

的虚警率大大增加了。所以人们希望能在计算机上产生相关杂波,以便对检测器,杂波对消器以及其他反杂波设备及雷达系统进行仿真研究。

对在计算机上产生非相干相关韦布尔随机变量,主要有两个要求:

(1) 具有所希望的相关矩阵或功率谱。

(2) 具有给定的分布参量。

下面主要介绍两种产生相关韦布尔随机变量的方法。

1. 非线性变换法 I

假设,有一组相关杂波采样 $z_i, i=1,2,\cdots,N$,将其作矢量处理,得

$$\mathbf{Z} = [z_1 \quad z_2 \quad \cdots \quad z_N]^T \tag{6.298}$$

式中 T——矢量转置。

这样,随机矢量 $\mathbf{Z}$ 就可以完全由它的多维密度函数来描述,实际上这个函数不是难以求出,就是相当复杂而不合实际应用。有时接受一个不太完善,但易于计算的描述更合适。这样,我们就把韦布尔矢量 $\mathbf{Z}$ 用一维概率密度函数 $p(z_i), i=1,2,\cdots,N$ 和相关矩阵 $\boldsymbol{\rho}$ 来表示,相关矩阵 $\boldsymbol{\rho}$ 包含了随机矢量 $\mathbf{Z}$ 之间的相关信息。

已知,韦布尔分布随机矢量 $\mathbf{Z}$ 的各个分量 z_i 有两个参量,其概率密度函数为

$$p(z_i) = \left(\frac{z_i}{q}\right)^{p-1} \left(\frac{p}{q}\right) \exp\left[-\left(\frac{z_i}{q}\right)^p\right], z_i > 0, p > 0, q > 0, i=1,2,\cdots,N \tag{6.299}$$

式中 q——标度参量;

p——形状参量,当 $p=1$ 和 $p=2$ 时,该函数分别变成指数分布和瑞利分布。

随机变量 z_i 的相关矩阵 $\boldsymbol{\rho}$ 的各元素 ρ_{ij} 定义为

$$\rho_{ij} = \frac{E(z_i, z_j) - E(z_i)E(z_j)}{\sqrt{D(z_i)D(z_j)}}, i,j=1,2,\cdots,N \tag{6.300}$$

式中:$E(\cdot)$ 和 $D(\cdot)$ 分别为 $\mathbf{Z}_i$ 的统计平均值和方差。

进一步假设韦布尔矢量的所有分量 z_i 都有相同的分布,且都有相同的参量 p 和 q。根据直接抽样定理,可以导出韦布尔分布随机矢量的每个分量 z_i 为

$$z_i = q(\sqrt{-\ln u_i})^{\frac{2}{p}}, i=1,2,\cdots,N \tag{6.301}$$

u_i 为 $[0,1]$ 区间上的相关均匀分布随机变量。可以证明,两个均值为零和方差为 σ^2 的高斯随机变量之和 $x_i^2 + y_i^2$ 也服从指数分布,于是有

$$z_i = q(x_i^2 + y_i^2)^{\frac{1}{p}}, i=1,2,\cdots,N \tag{6.302}$$

其均值和方差分别为

$$\begin{cases} E(z_i) = (2\sigma^2)^{\frac{1}{p}}\Gamma\left(1+\frac{1}{p}\right) \\ D(z_i) = (2\sigma^2)^{\frac{2}{p}}\left[\Gamma\left(1+\frac{2}{p}\right)-\Gamma^2\left(1+\frac{1}{p}\right)\right] \end{cases} \qquad (6.303)$$

式中 $\Gamma(\cdot)$——Γ 函数。

可以证明,韦布尔分布的标度参量 q 与高斯分布的方差 σ^2 有如下关系,即

$$q = (2\sigma^2)^{\frac{1}{p}} \quad \text{或} \quad \sigma = \sqrt{\frac{q^p}{2}} \qquad (6.304)$$

如令 $q=1$,仍不失一般性。现将式(6.302)写成

$$H_i = \sqrt{x_i^2 + y_i^2} \qquad (6.305)$$

$$z_i = H_i^{\frac{2}{p}} \qquad (6.306)$$

显然,H_i 为瑞利随机变量,而

$$E(z_i, z_j) = \int_0^\infty \int_0^\infty H_i^{\frac{2}{p}} H_j^{\frac{2}{p}} p(H_i, H_j)\,\mathrm{d}H_i \mathrm{d}H_j \qquad (6.307)$$

式中:$p(H_i,H_j)$ 为二维瑞利概率密度函数,即

$$f(H_i,H_j) = \frac{H_i H_j}{\sigma^4(1-\lambda_{ij})}\exp\left[-\frac{H_i^2+H_j^2}{2\sigma^2(1-\lambda_{ij}^2)}\right]I_0\left[\frac{\lambda_{ij}H_i H_j}{\sigma^2(1-\lambda_{ij})}\right] \qquad (6.308)$$

式中 $I_0(\cdot)$——第一类零阶修正的贝塞尔函数;

λ_{ij}——为正态随机矢量的相关系数。

通过把 $p(H_i,H_j)$ 展成正交 Laguerre 多项式,并对它进行积分,得

$$\begin{aligned} E(H_i,H_j) &= (2\sigma^2)^{\frac{2}{p}}\Gamma^2\left(1+\frac{1}{p}\right)\left\{1+\frac{\lambda_{ij}^2}{p^2}+\sum_{m=2}^{\infty}\left[\left((p-1)(2p-1)\right.\right.\right.\\ &\quad \left.\left.\left.\cdots\frac{(m-1)p-1}{m!p^m}\right)\lambda_{ij}^2\right]^2\right\} \\ &= (2\sigma^2)^{\frac{2}{p}}\Gamma^2\left(1+\frac{1}{p}\right){}_2F_1\left(-\frac{1}{p},-\frac{1}{p};1;\lambda_{ij}^2\right) \end{aligned} \qquad (6.309)$$

式中 ${}_2F_1(\cdot)$——高斯超越几何函数。

将 $E\{Z_i\}$,$D(Z_i)$ 和 $E(Z_i Z_j)$ 代入,得

$$\rho_{ij} = \left\{\Gamma^2\left(1+\frac{1}{p}\right)\Big/\left[\Gamma\left(1+\frac{2}{p}\right)-\Gamma^2\left(1+\frac{1}{p}\right)\right]\right\}\left[{}_2F_1\left(-\frac{1}{p};-\frac{1}{p};1;\lambda_{ij}^2\right)-1\right] \qquad (6.310)$$

当 $p=2$ 时,即瑞利分布的情况,有

$$\rho_{ij} = \frac{\pi}{4-\pi}\left[{}_2F_1\left(-\frac{1}{2};-\frac{1}{2};1;\lambda_{ij}^2\right)-1\right] \qquad (6.311)$$

与此相似,当 $p=1$ 时,即指数分布的情况,有

$$\rho_{ij} = \lambda_{ij}^2 \qquad (6.312)$$

归纳以上各步,产生具有相关矩阵 ρ 和规定参量 p,q 的非相干韦布尔随机矢量 Z 的步骤如下:

步骤1 给定韦布尔分布的相关系数 ρ_{ij} 和分布参量 p,q。

步骤2 利用式(6.311),计算所需要的相关正态随机序列 x_1 和 x_2 的相关矩阵 λ_{ij}。

步骤3 根据 p 和 q,利用式(6.304)计算所需要的正态随机序列 x_1 和 x_2 的方差 σ^2。

步骤4 根据所计算的 λ_{ij} 设计一对窄带线性滤波器。

步骤5 产生一对均值为零,方差为 1 的白高斯序列 x_{01} 和 x_{02} 作为一对归一线性滤波器的输入,在其输出端乘以 σ 之后,便会产生具有规定参量 σ^2 和 λ 的相关正态随机矢量 y_1 和 y_2。

步骤6 按照图6.18流程进行计算,在输出端便会得到一个具有规定参量 p,q 和 ρ 的随机矢量 Z,它即是具有给定参量的服从韦布尔分布的相关随机序列。

最后需要说明的是,尽管滤波器的输入为均值为零,方差为 1 的白高斯序列,这只能使滤波器的输出均值为零,方差还取决于滤波器的功率增益,因此这里引入了一个归一线性滤波器,即使其方差也为一。

产生非相干相关韦布尔分布序列的原理流程如图 6.19 所示。

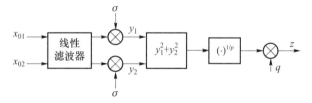

图 6.19 产生非相干相关韦布尔分布序列的原理图

由式(6.310)知,根据 ρ_{ij} 和 p,计算 λ_{ij} 的中心问题,即是按给定的精度,对 $_2F_1(\cdot)$ 求近似值的问题。由式(6.309)知

$$E(z_i,z_j) = (2\sigma^2)^{\frac{2}{p}} \Gamma^2\left(1 + \frac{1}{p}\right)\left[1 + \frac{\lambda_{ij}^2}{p^2} + \sum_{m=2}^{\infty} g_m^2 \lambda_{ij}^{2m}\right] \quad (6.313)$$

因此,计算 ρ 的各分量 ρ_{ij} 的中心问题,又是如何计算无穷级数 $\sum_{m=2}^{\infty} g_m^2 \lambda_{ij}^{2m}$ 的问题。

式(6.313)中 g_m 定义为

$$g_m \equiv \frac{1}{m!p^m}\prod_{l=1}^{m-1}(lp-1) \quad (6.314)$$

众所周知,计算无穷级数时,必须截尾,只要满足精度就可以了。假设

$$\sum_{m=2}^{\infty} g_m^2 \lambda_{ij}^{2m} = \sum_{m=2}^{M-1} g_m^2 \lambda_{ij}^{2m} + \sum_{m=M}^{\infty} g_m^2 \lambda_{ij}^{2m} \qquad (6.315)$$

即在 $m = M - 1$ 处截断,余项为

$$R_m = \sum_{m=M}^{\infty} g_m^2 \lambda_{ij}^{2m} \qquad (6.316)$$

显然,为了保证计算精度,必须使 R_m 充分小。如果能找到 R_m 的上确界 R_M,便可依此估计计算误差了,或者说,根据给定误差选择该级数的项数了。

令 $m = M + n$,将 R_m 写成

$$R_M = \sum_{m=M}^{\infty} g_m^2 \lambda_{ij}^{2m} = \sum_{n=0}^{\infty} g_{M+n}^2 \lambda_{ij}^{2(M+n)} \qquad (6.317)$$

对于所给定的 M 值,依式(6.314)有

$$g_{M+n} = \frac{1}{(M+n)!p^{M+n}} \prod_{l=1}^{M+n-1}(lp - 1) \qquad (6.318)$$

$$g_M = \frac{1}{M!p^M} \prod_{l=1}^{M-1}(lp - 1) \qquad (6.319)$$

经一级近似,有

$$\frac{g_{M+n}}{g_M} < \frac{M}{M+n} \qquad (6.320)$$

对于给定的 M 值,利用式(6.320)

$$R_m = \sum_{n=0}^{\infty} g_{M+n}^2 \lambda_{ij}^{2(M+n)}$$

$$R_m < \sum_{n=M}^{\infty} \left(\frac{M}{M+n}\right)^2 \lambda_{ij}^{2M} \lambda_{ij}^{2n} g = g_M^2 \lambda_{ij}^{2M} M^2 \sum_{n=0}^{\infty} \frac{\lambda_{ij}^{2n}}{(M+n)^2} \qquad (6.321)$$

因 $|\lambda_{ij}| \leq 1$,又经一次近似,有

$$R_m < g_M^2 \lambda_{ij}^{2M} M^2 \sum_{n=0}^{\infty} \frac{1}{(M+n)^2} = g_M^2 \lambda_{ij}^{2M} M^2 \sum_{n=M}^{\infty} \frac{1}{n^2} \qquad (6.322)$$

又由于 $\sum_{n=M}^{\infty} \frac{1}{n^2}$ 有上确界 $\frac{1}{M-1}$,故

$$R_m < \frac{g_M^2 \lambda_{ij}^{2M} M^2}{M - 1} \qquad (6.323)$$

值得注意的是,无穷和 $\sum_{n=M}^{\infty} \frac{1}{n^2}$ 可以写出精确表达式,这样计算结果更接近于实际值。因

$$1 + \frac{1}{2^2} + \frac{1}{3^2} + \cdots = \frac{\pi^2}{6}$$

故有
$$\sum_{n=M}^{\infty} \frac{1}{n^2} = \frac{\pi^2}{6} - \sum_{n=1}^{M-1} \frac{1}{n^2}$$

由于 M 值一般都很小,故式(6.323)又可写成

$$R_m = g_M^2 \lambda_{ij}^{2M} M^2 \left(\frac{\pi^2}{6} - \sum_{n=1}^{M-1} \frac{1}{n^2} \right) \qquad (6.324)$$

显然,M 越小,式(6.323)估计的误差越大,如 $M=2$,按式(6.323)计算 $\sum_{n=M}^{\infty} \frac{1}{n^2}$ 为 1,而按式(6.324)计算只为 0.645,这就有可能在给定误差的条件下,选择少的项数。于是,便可以根据给定的 M 值和 p 值求解 λ_{ij}。为了应用方便,下面给出一个计算例子。

例 6.18 已知 $M=3$,$p=2$,求 λ_{ij},且估计截尾误差。

依式(6.314),首先计算 g_3,有

$$g_3 = \frac{1}{3!p^3} \prod_{l=1}^{2} (lp - 1) = \frac{1}{16}$$

如果 M 值较大,则可用下面的递推公式计算。令

$$g_2 = \frac{p-1}{2p^2}$$

有

$$\frac{g_m}{g_{M-1}} = \frac{(m-1)p - 1}{mp}$$

于是按式(6.313),超越几何函数 $_2F_1(\cdot)$ 便可写成

$$_2F_1\left(-\frac{1}{2}, -\frac{1}{2}; 1; \lambda_{ij}^2 \right) \simeq 1 + \frac{\lambda_{ij}^2}{4} + \frac{\lambda_{ij}^4}{64}$$

如果令

$$A = \frac{\Gamma^2 \left(1 + \frac{1}{p}\right)}{\Gamma\left(1 + \frac{2}{p}\right) - \Gamma^2\left(1 + \frac{1}{p}\right)}$$

则有

$$\rho_{ij} = A \left(1 + \frac{\lambda_{ij}^2}{4} + \frac{\lambda_{ij}^4}{64} - 1 \right)$$

最后得到

$$\lambda_{ij}^4 + 16\lambda_{ij}^2 - \frac{64\rho_{ij}}{A} = 0$$

这在计算机上求解该方程是非常容易的,这里就不对其求解了。在上述条件下,有截尾误差

$$R_m = g_M^2 \lambda_{ij}^{2m} \cdot M^2 \left(\frac{\pi^2}{6} - \sum_{n=1}^{M-1} \frac{1}{n^2} \right) \approx 0.01$$

这对于各种信号的仿真就足够了。从这里也可以看到,λ_{ij} 越小,上述无穷级数收敛越快,这就意味着在给定截尾误差的情况下,可选择小的项数。

2. 非线性变换法 Ⅱ

这种方法也是人们经常采用的方法。利用这种方法产生相关韦布尔变量的原理如图6.20所示。

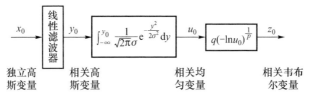

图6.20 产生相关韦布尔变量的原理

由图6.20可以看出,整个变换过程包括两类变换。由 x_0 到 y_0,属于线性变换;由 y_0 到 z_0,属于非线性变换。前者是通过把独立的高斯变量经过一个线性滤波器将其变换成相关高斯变量实现的。

前边已经指出,如果随机变量 ξ 有概率密度函数 $f(x)$,那么随机变量

$$\lambda = \int_{-\infty}^{\xi} f(x) \, dx \tag{6.325}$$

在[0,1]区间上服从均匀分布,显然对高斯分布来说

$$u_i = \int_{-\infty}^{y_i} \frac{1}{\sqrt{2\pi}\sigma} e^{-\frac{y^2}{2\sigma^2}} dy \tag{6.326}$$

也服从均匀分布。当然,要指出相关过程 u_i 是均匀的,也是容易的。因为

$$\frac{1}{\sqrt{2\pi}\sigma} = \frac{e^{-\frac{y_i^2}{2\sigma^2}}}{\sqrt{2\pi}\sigma} \tag{6.327}$$

且 $f(u)du = f(y)dy$,u_i 和 y_i 的变换是单值的,故 u_i 的概率密度函数必然为

$$f(u) = \begin{cases} 1, & 0 \leq u \leq 1 \\ 0, & 其他 \end{cases} \tag{6.328}$$

于是,相关高斯变量便被变成了相关均匀变量。

最后,通过非线性变换

$$z_i = q[-\ln u_i]^{\frac{1}{p}} \tag{6.329}$$

把相关均匀变量变成相关韦布尔变量。为了说明过程 Z_i 是韦布尔的,首先将上式反演,得到

$$u_i = e^{-\left(\frac{z_i}{q}\right)^p} \tag{6.330}$$

由此,人们得到雅可比行列式

$$\left|\frac{du_i}{dz_i}\right| = \left(\frac{p}{q}\right)\left(\frac{z_i}{q}\right)^{p-1} e^{-\left(\frac{z_i}{q}\right)^p} \tag{6.331}$$

因 $f(Z)dZ = f(u)du$,故 Z_i 有概率密度函数,即

$$f(Z) = \begin{cases} \left(\frac{p}{q}\right)\left(\frac{z}{q}\right)^{p-1} e^{-(Z/q)^p}, & Z \geq 0 \\ 0, & 其他 \end{cases} \tag{6.332}$$

对其积分,得积累分布函数为

$$F(z) = \begin{cases} 1 - e^{-(z/q)^p}, & Z \geq 0 \\ 0, & 其他 \end{cases} \tag{6.333}$$

由概率密度函数,可求出韦布尔随机变量的均值和均方值,分别为

$$\begin{cases} E(Z) = \overline{Z} = \frac{q}{p}\Gamma\left(\frac{1}{p}\right) \\ E(Z^2) = \overline{Z^2} = \frac{2q^2}{p}\Gamma\left(\frac{2}{p}\right) \end{cases} \tag{6.334}$$

式中:$\Gamma(\cdot)$ 为 Γ 函数。应当指出的是,上述过程实际上就是直接抽样的逆过程。有的公式对后面的讨论将是有用的,故这里写出了它的证明过程。

为了完善韦布尔过程的描述,考虑它的自相关函数。定义

$$E\{Z_t Z_{t+\tau}\} = E\{Z_i Z_j\} \tag{6.335}$$

为随机变量 Z 的自相关函数为

$$E\{Z_i Z_j\} = [Z_i f(Z_i)][Z_j f(Z_j)] \cdot \frac{\exp\left[\frac{\rho^2(y_i^2 + y_j^2) - 2\lambda y_i y_j}{2\sigma^2(1-\lambda^2)}\right]}{\sqrt{1-\lambda^2}} dz_i dz_j \tag{6.336}$$

式中:λ 为高斯变量 y_i 和 y_j 之间的相关系数;$f(\cdot)$ 由式(6.332)给出。根据式(6.329)和式(6.330),可以看出,式(6.336)中的 y_i 和 Z_j 是由中间变量 u_i 联系起来的,它们之间有如下关系,即

$$u_i = e^{-\left(\frac{z_i}{q}\right)^p} = \int_{-\infty}^{y_i} \frac{1}{\sqrt{2\pi}\sigma} e^{-\frac{y^2}{2\sigma^2}} dy \tag{6.337}$$

依式(6.336),可计算得到韦布尔过程的自相关函数,如图 6.21 所示。图中 $\overline{Z}^2$ 和 $\overline{Z^2}$ 由式(6.334)给出。它们取决于韦布尔分布参量 p 和 q 的数值。

于是不难得出韦布尔过程的归一化相关系数

$$\rho(\tau) = \frac{E\{z_t z_{t+\tau}\} - E\{z_t\}^2}{E\{z_t^2\} - E\{z_t\}^2} \tag{6.338}$$

将其绘于图 6.22。

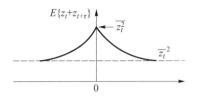
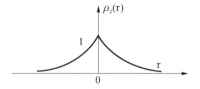

图 6.21　典型的韦布尔自相关函数　　　图 6.22　归一化的韦布尔变量自相关函数

只要将式(6.336)和式(6.334)代入式(6.338),将会发现高斯变量 y_i 和 y_j 之间的相关系数 λ 与韦布尔变量 z_i 和 z_j 之间的相关系数 ρ 之间的关系,只取决于参量 $C = \dfrac{1}{p}$,这里 $q = 1$。计算结果示于表 6.3。计算中取参量 $C = 1$ 和 $C = 2$ 两个值。

表 6.3　高斯相关系数 λ 与韦布尔相关 ρ 关系表

λ 值	ρ 值($C=1$)	ρ 值($C=2$)
0.0	0.0	0.0
0.1	0.0834	0.0489
0.2	0.1703	0.1063
0.3	0.2609	0.1732
0.4	0.3552	0.2506
0.5	0.4532	0.3397
0.6	0.5549	0.4414
0.7	0.6605	0.5571
0.8	0.7699	0.6880
0.9	0.8831	0.8355
0.95	0.9413	0.9158
0.99	0.9885	0.9835
1.0	1.0	1.0

由表 6.3 的数据,得到 λ 与 ρ 之间的函数关系曲线,如图 6.23 所示。

由图 6.23 可以看出,若已知一具有指定相关系数的高斯过程,人们就可以很容易地由图 6.23 曲线查出具有参数 $C=1$ 或 $C=2$ 的相关韦布尔过程的输出相关系数。在实际仿真过程中,通常都是给定韦布尔过程的相关系数,人们同样可以由图 6.23 曲线找出所希望的相应于高斯过程的相关系数。于是相关韦布尔过程仿真问题,变成了在图 6.23 所示变换基础上,设计一个线性滤波器的问题,该滤波器不仅能给出所希望的高斯过程,同时也能给出该过程的所希望的相关系数。

在计算式(6.338)时,如果使 $q=1,2,\cdots,N$,那么便会得到一组曲线,使用起来也是非常方便的。

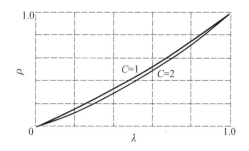

图 6.23　λ 与 ρ 函数关系曲线

例 6.19　根据相关函数法,模拟相关斯威林－Ⅰ型过程。

已知,斯威林－Ⅰ型起伏目标模型有概率密度函数为

$$f(x) = \frac{1}{\bar{x}} e^{-x/\bar{x}}, \quad x \geqslant 0 \tag{6.339}$$

式中:随机变量 x 为输入信噪比;$\bar{x}$ 为整个目标起伏范围内的平均信噪比。根据直接抽样法,有随机变量 x 的表达式为

$$x = -\bar{x}\ln u \tag{6.340}$$

式中　u——[0,1]区间的均匀分布随机变量。

由式(6.329)知式(6.340),实际上就是式(6.329)在 $p=1, q=\bar{x}$ 时的特殊情况,这就是说随机变量 x 也是一个韦布尔变量。这样,只要按上述方法,计算出 $p=1, q=\bar{x}$ 的相关函数曲线,便可以把问题归结于设计一个线性滤波器问题。

例 6.20　仍然根据相关函数法,模拟相关斯威林－Ⅲ型过程。

已知斯威林－Ⅲ型起伏目标模型有概率密度函数为

$$f(x) = \begin{cases} \dfrac{4x}{\bar{x}^2} e^{-2x/\bar{x}}, & x \geqslant 0 \\ 0, & x < 0 \end{cases} \tag{6.341}$$

式中:x 与 $\bar{x}$ 的意义同斯威林－Ⅰ型。由第 4 章可知,随机变量 x 有抽样表达式,即

$$x = -\frac{\bar{x}}{2}\ln u - \frac{\bar{x}}{2}\ln v \tag{6.342}$$

式中　u、v——相互独立的均匀变量。

由该式可以看出,若要获得相关的斯威林－Ⅲ型变量,只要产生两个 $p=1$,$q=\dfrac{\bar{x}}{2}$ 的相关韦布尔变量即可。

6.2.3.2　非相干相关对数－正态随机变量的仿真

前边已经指出,过去一直是以瑞利分布描述海杂波的,对地染波也是如此。

但随着雷达分辨率的提高,瑞利模型已经不能满足实际需要。对高分辨率雷达测量数据的研究表明,它的"尾巴"更大,甚至超过韦布尔分布。曲线拟合结果证明,用对数-正态概率密度函数对地杂波进行描述更合适。下面介绍一种对相关对数-正态杂波进行仿真的方法。

在实际问题中,要给出随机矢量的 N 维概率密度函数是比较困难的,但其分量的密度函数和多分量之间的相关系数往往是已知的,或能方便地测出。如果是正态矢量,众所周知,它的 N 维概率密度函数是唯一确定的,对某些分布尽管没有这种严格的对应关系,但它可以从不同的联合密度中抽取随机矢量,使其具有给定的密度函数 $f(z_i)$ 和协方差 ρ_{ij}。

已知,对数-正态随机矢量 $\mathbf{Z}$ 的分量 z_i 的概率密度函数为

$$f(z_i) = \frac{1}{\sqrt{2\pi}\sigma_i z_i} e^{-\frac{\ln z_i^2}{2\sigma_i^2}} \tag{6.343}$$

可以将 z_i 表示成

$$z_i = e^{\sigma_i y_i} \tag{6.344}$$

式中　y_i——正态分布随机变量;

　　　σ_i^2——是给定的方差。

z_i 的均值和方差分别为

$$\begin{cases} E(z_i) = \exp\left(\frac{\sigma_i^2}{2}\right) \\ D(z_i) = \exp(\sigma_i^2)[\exp(\sigma_i^2) - 1] \end{cases} \tag{6.345}$$

二阶矩阵为

$$E(z_i\ z_j) = \exp\left(\frac{\sigma_i^2 + \sigma_j^2}{2} - \lambda_{ij}\right) \tag{6.346}$$

式中　λ_{ij}——相关高斯变量的相关系数。

相关对数-正态变量的相关系数为

$$\rho(z_i z_j) = \mathrm{Cov}(z_i z_j)/\sigma_{z_i}\sigma_{z_j} = \frac{\{E(z_i z_j) - E(z_i)E(z_j)\}}{\sqrt{D(z_i)D(z_j)}} \tag{6.347}$$

将 $E(z_i), D(z_i)$ 及 $E(z_i z_j)$ 代入式(6.347),有

$$\rho_{ij} = \frac{e^{\frac{\sigma_i^2+\sigma_j^2}{2}+\lambda_{ij}} - e^{\frac{\sigma_i^2}{2}}e^{\frac{\sigma_j^2}{2}}}{e^{\sigma_i^2+\sigma_j^2}(e^{\sigma_i^2}-1)(e^{\sigma_j^2}-1)}$$

经化简

$$\rho_{ij} = \frac{e^{\lambda_{ij}} - 1}{\sqrt{(e^{\sigma_i^2}-1)(e^{\sigma_j^2}-1)}} \tag{6.348}$$

于是有

$$\lambda_{ij} = \ln[\sqrt{(e^{\sigma_i^2}-1)(e^{\sigma_j^2}-1)}\rho_{ij}+1] \qquad (6.349)$$

即是正态随机矢量 Y 的协方式差矩阵 M 的元素。这样，即可根据以上分析，综合出相关对数-正态随机变量的仿真步骤。

步骤 1　根据给定的对数-正态分布的随机序列的相关系数 ρ_{ij} 和 σ_i，由式 (6.349) 计算相关正态随机序列的相关系数 λ_{ij}。

步骤 2　根据 λ_{ij} 设计一个线性滤波器。

步骤 3　产生一个均值为零、方差为 1 的白高斯序列作为滤波器的输入，在其输出端产生一个均值为零的，满足 λ_{ij} 的相关正态随机序列。

步骤 4　由于线性滤波器输出信号 x 方差不为 1，故需要对 x 进行归一处理，然后使其满足给定的均值 $\bar{x}$ 和方差 σ_{in}。

步骤 5　最后完成非线性变换，得到具有给定参量的非相干相关对数-正态随机序列。

产生非相干相关对数-正态分布随机序列的流程图如图 6.24 所示。

图 6.24　产生非相干相关对数-正态序列的流程图

对数-正态杂波仿真波形、所估计的概率密度函数和功率谱密度结果如图 6.25 所示。

6.2.3.3　相干相关韦布尔杂波的仿真

相干相关韦布尔随机变量可以由相干相关高斯随机变量通过非线性变换得到，如图 6.26 所示。

假设相干相关韦布尔随机变量和相干相关高斯随机变量分别表示为 $w = u+jv$ 和 $g = x+jy$，相干相关韦布尔随机变量的生成模型如图 6.27 所示。其输出可表示为

$$\begin{cases} u = x(x^2+y^2)^{\frac{1}{a}-\frac{1}{2}} \\ v = y(x^2+y^2)^{\frac{1}{a}-\frac{1}{2}} \end{cases} \qquad (6.350)$$

显然，该式的输入输出呈无记忆非线性关系。式中相干相关高斯随机变量 x 和 y 的均值为零，方差为 σ^2。u 和 v 有联合概率密度函数为

$$p(u,v) = \frac{1}{2}\frac{a}{2\pi\sigma^2}(u^2+v^2)^{\frac{a}{2}-1}\exp\left[-\frac{1}{2\sigma^2}(u^2+v^2)^{\frac{a}{2}}\right] \qquad (6.351)$$

式中　a——韦布尔随机变量的形状参数。

相干韦布尔随机变量的包络 $|w|$ 服从韦布尔分布，即

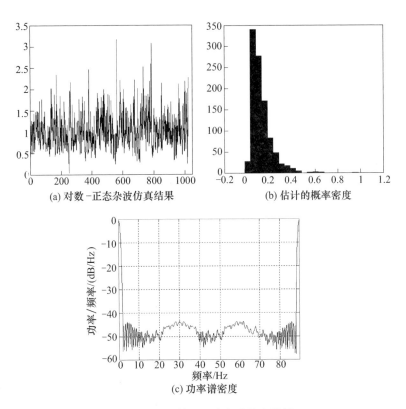

图 6.25 对数 - 正态杂波仿真结果

图 6.26 相干相关韦布尔随机变量和高斯随机变量的关系

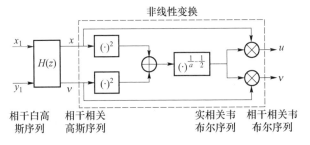

图 6.27 相干相关韦布尔随机变量生成模型

$$p(|w|) = \frac{a}{2\sigma^2} |w|^{a-1} \exp\left[-\frac{|w|^2}{2\sigma^2}\right] \quad (6.352)$$

现在的问题是,图 6.27 变换仅仅满足了幅度分布的要求,而如何满足相关函数的要求,则是我们必须解决的问题,也就是必须找出无记忆非线性变换的输入端和输出端的相关函数的映射关系,这样才能在给定输出端的相关函数的情况下,根据输入端的相关函数设计前端的窄带线性滤波器,使无记忆非线性变换的输出信号同时满足幅度分布和相关函数的要求。

首先,我们将序列$\{|w|\}$的自相关函数ACF_w表示成用实部和虚部表示的复数形式,即

$$R_w(k) = E\{[u(m)+\mathrm{j}v(m)][u(m+k)-\mathrm{j}v(m+k)]\}$$
$$= R_{uu}(k) + R_{vv}(k) + \mathrm{j}[R_{vu}(k) - R_{uv}(k)] \qquad (6.353)$$

式中:$R_{uu}(k), R_{vv}(k), R_{uv}(k)$和$R_{vu}(k)$是实序列,分别为

$$R_{uu}(k) = E[u(m)u(m+k)]$$
$$R_{vv}(k) = E[v(m)v(m+k)]$$
$$R_{uv}(k) = E[u(m)v(m+k)]$$
$$R_{vu}(k) = E[v(m)u(m+k)]$$

如果w是广义平稳窄带过程,得到

$$\begin{cases} R_{uu}(k) = R_{vv}(k) \\ R_{uv}(k) = -R_{vu}(k) \end{cases} \qquad (6.354)$$

于是有

$$R_w(k) = 2[R_{uu}(k) - jR_{uv}(k)] \qquad (6.355)$$

归一化的ACF定义为

$$r_w(k) = \frac{R_w(k)}{R_w(0)} = \frac{R_{uu}(k)}{\frac{1}{2}R_w(0)} - \mathrm{j}\frac{R_{uv}(k)}{\frac{1}{2}R_w(0)} = r_{uu}(k) - \mathrm{j}r_{uv}(k) \qquad (6.356)$$

式中

$$r_{uu}(k) = \frac{R_{uu}(k)}{\frac{1}{2}R_w(0)}$$

$$r_{uv}(k) = \frac{R_{uv}(k)}{\frac{1}{2}R_w(0)}$$

与此相似,ZMNL输入端的相关高斯过程也可表示成复数形式,即

$$g = x + \mathrm{j}y \qquad (6.357)$$

其归一化的自相关函数为

$$r_g(k) = r_{xx}(k) - jr_{xy}(k) \tag{6.358}$$

式中:$r_{xx}(k)$和$r_{xy}(k)$分别为自相关函数$r_g(k)$的实部和虚部。

可以证明,$R_{uu}(k)$,$R_{uv}(k)$与$r_{xx}(k)$,$r_{xy}(k)$的关系为

$$R_{uu}(k) = 2^{\frac{2}{a}-1}\sigma^{\frac{4}{a}}r_{xx}(k)\left[1 - r_{xx}^2(k) - r_{xy}^2(k)\right]^{\frac{2}{a}+1}\Gamma^2\left(\frac{1}{a}+\frac{3}{2}\right)$$
$$\times {}_2F_1\left[\frac{1}{a}+\frac{3}{2},\frac{1}{a}+\frac{3}{2};2;r_{xx}^2(k)+r_{xy}^2(k)\right] \tag{6.359}$$

$$R_{uv}(k) = 2^{\frac{2}{a}-1}\sigma^{\frac{4}{a}}r_{xy}(k)\left[1 - r_{xx}^2(k) - r_{xy}^2(k)\right]^{\frac{2}{a}+1}\Gamma^2\left(\frac{1}{a}+\frac{3}{2}\right)$$
$$\times {}_2F_1\left[\frac{1}{a}+\frac{3}{2},\frac{1}{a}+\frac{3}{2};2;r_{xx}^2(k)+r_{xy}^2(k)\right] \tag{6.360}$$

$r_{uu}(k)$,$r_{uv}(k)$与$r_{xx}(k)$,$r_{xy}(k)$的关系为

$$r_{uu}(k) = \frac{ar_{xx}(k)}{2\Gamma\left(\frac{2}{a}\right)}\left[1 - r_{xx}^2(k) - r_{xy}^2(k)\right]^{\frac{2}{a}+1}\Gamma^2\left(\frac{1}{a}+\frac{3}{2}\right)$$
$$\times {}_2F_1\left[\frac{1}{a}+\frac{3}{2},\frac{1}{a}+\frac{3}{2};2;r_{xx}^2(k)+r_{xy}^2(k)\right] \tag{6.361}$$

$$r_{uv}(k) = \frac{ar_{xy}(k)}{2\Gamma\left(\frac{2}{a}\right)}\left[1 - r_{xx}^2(k) - r_{xy}^2(k)\right]^{\frac{2}{a}+1}\Gamma^2\left(\frac{1}{a}+\frac{3}{2}\right)$$
$$\times {}_2F_1\left[\frac{1}{a}+\frac{3}{2},\frac{1}{a}+\frac{3}{2};2;r_{xx}^2(k)+r_{xy}^2(k)\right] \tag{6.362}$$

上述一组方程只有满足以下条件才是正确的,即

$$r_{xx}^2(k) + r_{xy}^2(k) \leq 1 \tag{6.363}$$

当$a=2$时,韦布尔过程就变成了高斯过程,其包络服从瑞利分布,这时有

$$r_{uu}(k) = r_{xx}(k)$$
$$r_{uv}(k) = r_{xy}(k)$$

需要指出的是,在已知$R_{uu}(k)$,$R_{uv}(k)$求解$r_{xx}(k)$,$r_{xy}(k)$时,必须解一个二维方程。我们注意到,ZMNL系统在对输入端的相关高斯过程进行变换的过程中,尽管改变了相关函数,但对输入端的相关函数的虚部和实部比却没有改变,即

$$u(k) = \frac{R_{uv}(k)}{R_{uu}(k)} = \frac{r_{uv}(k)}{r_{uu}(k)} = \frac{r_{xy}(k)}{r_{xx}(k)} \tag{6.364}$$

于是有

$$r_{xy}(k) = u(k)r_{xx}(k) \tag{6.365}$$

利用这一关系,就可将解两个非线性方程变成解一个非线性方程,即

$$r_{uu}(k) = \frac{ar_{xx}(k)}{2\Gamma\left(\frac{2}{a}\right)}\left[1 - (1+u^2(k))r_{xx}^2(k)\right]^{\frac{2}{a}+1}\Gamma^2\left(\frac{1}{a}+\frac{3}{2}\right)$$

$$\times {}_2F_1\left[\frac{1}{a}+\frac{3}{2},\frac{1}{a}+\frac{3}{2};2;(1+u^2(k))r_{xx}^2(k)\right] \quad (6.366)$$

在解出 $r_{xx}(k)$ 之后,再根据式(6.365)解出 $r_{xy}(k)$。需要指出,在解 $r_{xx}(k)$ 时可以借鉴本节中产生非相干韦布尔过程时解该类非线性方程的方法,最后使问题得到了简化。

这样,就可以给出对相干相关韦布尔过程进行仿真的步骤:

步骤1 给出需要进行仿真的韦布尔过程的分布参量 a 和相关函数的实部和虚部即 $R_{uu}(k)$ 和 $R_{uv}(k)$。

步骤2 利用式(6.364),计算出相关函数的虚部和实部比 $u(k)$。

步骤3 根据式(6.366),利用本章中产生非相干韦布尔过程时解该类非线性方程的方法,解出 $r_{xx}(k)$。

步骤4 再根据式(6.365),解得 $r_{xy}(k)$。

步骤5 最后根据 $r_{xx}(k)$ 和 $r_{xy}(k)$,设计一对高斯滤波器。

一种可采用的设计窄带线性滤波器 $H(z)$ 的方法如下:

设窄带线性滤波器输出序列的功率谱为 $G(k),k=0,1,\cdots N-1$,则相对应的相关函数为

$$\rho(n)=\frac{1}{N}\sum_k\sqrt{G(k)}\mathrm{e}^{\mathrm{j}2\pi nk},\quad n=0,1,\cdots,N-1 \quad (6.367)$$

则 $\rho(n)$ 就构成了 $H(z)$ 的 FIR 滤波器的加权系数,$\{\rho(n),n=1,2,\cdots,N-1\}$。由于滤波器的频率响应可表示为

$$|H(f)|=\left|\sum_m\rho(m)\mathrm{e}^{-\mathrm{j}2\pi fm}\right|=\sqrt{G(f)} \quad (6.368)$$

并且,由于线性变换不改变随机序列的分布特性,故图 6.21 中的序列 $\{x\},\{y\}$ 为具有给定相关函数和服从高斯分布的相关随机序列。

最后在窄带高斯滤波器的输入端输入高斯白噪声的时候,在系统的输出端就会得到满足韦布尔分布和给定相关函数的相干相关韦布尔随机过程。

这里需要指出,F. Scannapieco 在他的论文中以数字的形式给出了部分相干相关韦布尔分布的相关系数 ρ 和非线性变换前的相干相关高斯分布的相关系数 λ 之间的关系

$$\rho=k_a\lambda+(1-k_a) \quad (6.369)$$

式中:k_a 为由韦布尔分布的形状参数 a 决定的常数,见表6.4。

表6.4 韦布尔分布参数 a 与 k_a 的关系

a	k_a
0.6	1.758
0.8	1.406
1.2	1.112

在仿真时,只要所给定的韦布尔分布的形状参数 a 与此值接近,利用表 6.4 的关系会给仿真带来很多方便,并且可以提高工作效率。

图 6.28 给出了一组韦布尔分布杂波的仿真结果。

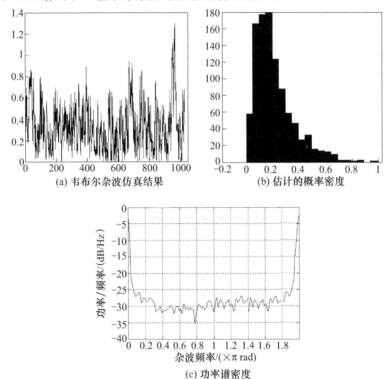

图 6.28 韦布尔杂波仿真结果

6.2.4 球不变杂波的仿真

能够用球不变过程描述的杂波,我们称之为球不变杂波。前面已经指出,一个 SIRP 可完全由特征概率密度函数 $f_S(s)$、均值和相关函数来描述。因此,我们要产生的随机序列必需满足任意给定的 $f_S(s)$、均值和相关函数,这样所得到的序列便是所要求的 SIRP。

6.2.4.1 产生 SIRP 的方法

通常,产生 SIRV 有两种方法。

第一种方法是在特征概率密度函数 $f_S(s)$ 已知的情况下,对 SIRV 进行仿真。仿真步骤如下:

步骤 1 产生一个具有零均值、单位协方差矩阵的白高斯随机矢量 **Z**。

步骤 2 产生随机变量 V,其概率密度函数为 $f_V(v)$,V 的均方值为 a^2。

步骤 3 利用 a 对随机变量 V 进行归一化,得到随机变量 $S = V/a$。

步骤 4 计算乘积 $X = ZS$,得到一个被调制的,具有零均值和单位协方差矩阵的白高斯 SIRV。

步骤 5 最后,完成线性变换 $Y = AX + b$,得到一个具有所希望均值矢量和协方差矩阵的 SIRV Y。

在特征概率密度函数 $f_S(s)$ 已知的情况下,具体仿真方案如图 6.29 所示。

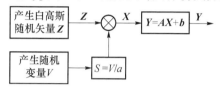

图 6.29 产生具有已知特征 PDF 的 SIRV 的方案

表 6.5 ~ 表 6.8 给出作为 SIRV 的拉普拉斯分布、柯西分布、k – 分布和学生 t 分布的边缘概率密度函数、特征概率密度函数和 $h_{2N}(p)$ 有关表达式,供仿真时参考。

表 6.5 拉普拉斯分布有关表达式

边缘 PDF	$\dfrac{b}{2}\exp(b\lvert x_k \rvert)$	
$f_V(v)$	$b^2 v \exp\left(-\dfrac{b^2 v^2}{2}\right)$	$a^2 = E(V^2) = \dfrac{2}{b^2}$
$f_S(s)$	$ab^2 s \exp\left(-\dfrac{a^2 b^2 s^2}{2}\right)$	$as = v$ $E(s^2) = 1$
$h_{2N}(p)$	$b^{2N}(b\sqrt{p})^{1-N} K_{N-1}(b\sqrt{p})$	

表 6.6 柯西分布有关表达式

边缘 PDF	$\dfrac{b}{\pi(b^2 + x_k^2)}$	
$f_V(v)$	$b^2 v^{-3} \exp\left(-\dfrac{b^2}{2v^2}\right)$	$a^2 = E(V^2) = \infty$
$f_S(s)$	$a^{-2} b^2 s^{-3} \exp\left(-\dfrac{b^2}{2a^2 s^2}\right)$	$as = v$ $E(s^2) = 1$
$h_{2N}(p)$	$\dfrac{2^N b \Gamma\left(\dfrac{1}{2} + N\right)}{\sqrt{\pi}(b^2 + p)^{N + \frac{1}{2}}}$	

表6.7 k-分布有关表达式

边缘PDF	$\dfrac{2b}{\Gamma(\alpha)}\left(\dfrac{bx}{2}\right)^{\alpha}K_{\alpha-1}(bx)$	
$f_V(v)$	$\dfrac{2b}{\Gamma(\alpha)2^{\alpha}}(bv)^{2\alpha-1}\exp\left(-\dfrac{b^2v^2}{2}\right)$	$a^2=E(V^2)=\dfrac{2\alpha}{b^2}$
$f_S(s)$	$\dfrac{2ab}{\Gamma(\alpha)2^{\alpha}}(bas)^{2\alpha-1}\exp\left(-\dfrac{b^2a^2s^2}{2}\right)$	$as=v$ $E(s^2)=1$
$h_{2N}(p)$	$\dfrac{b^{2N}}{\Gamma(\alpha)}\left(\dfrac{b\sqrt{p}}{2^{\alpha-1}}\right)^{\alpha-N}K_{N-\alpha}(b\sqrt{p})$	

表6.8 学生 t 分布有关表达式

边缘PDF	$\dfrac{\Gamma\left(v+\dfrac{1}{2}\right)}{b\sqrt{\pi}\Gamma(v)}\left(1+\dfrac{x_k^2}{b^2}\right)^{-v-\frac{1}{2}}$	
$f_V(v)$	$\dfrac{2b}{\Gamma(v)2^v}b^{2v-1}v^{-(2v+1)}\exp\left(-\dfrac{b^2}{2v^2}\right)$	$a^2=E(V^2)=\dfrac{b^2}{2(v-1)}$
$f_S(s)$	$\dfrac{2ab}{\Gamma(v)2^v}b^{2v-1}(as)^{-(2v+1)}\exp\left(-\dfrac{b^2}{2a^2s^2}\right)$	$as=v$ $E(s^2)=1$
$h_{2N}(p)$	$\dfrac{b^{2N}}{\Gamma(\alpha)}\left(\dfrac{b\sqrt{p}}{2^{\alpha-1}}\right)^{\alpha-N}K_{N-\alpha}(b\sqrt{p})$	

第二种方法是在特征概率密度函数 $f_S(s)$ 未知的情况下，对 SIRV 进行仿真。表6.9列出了符合这种情况的边缘 PDF 类型及其对应的 $h_{2N}(p)$。

表6.9 有关分布的 $h_{2N}(p)$

边缘PDF	$h_{2N}(p)$
chi 分布	$(-2)^{N-1}A\sum\limits_{k=1}^{N}G_k p^{v-k}\exp(-Bp)$ $G_k=\binom{N-1}{k-1}(-1)^{k-1}B^{k-1}\dfrac{\Gamma(v)}{\Gamma(v-k+1)}$ $A=\dfrac{2}{\Gamma(v)}(b\sigma)^{2v}$ $B=b^2\sigma^2$ $v\leqslant 1$

（续）

边缘 PDF	$h_{2N}(p)$
韦布尔分布	$\sum_{k=1}^{N} C_k p^{\frac{kb}{2}-N} \exp(-Ap^{\frac{b}{2}})$ $A = a\sigma^b$ $C_k = \sum_{m=1}^{k}(-1)^{m+N} 2^N \frac{A^k}{k!}\binom{k}{m}\frac{\Gamma(1+\frac{mb}{2})}{\Gamma(1+\frac{mb}{2}-N)}$ $b \leqslant 2$
广义瑞利分布	$\sum_{k=1}^{N-1} D_k p^{\frac{k\alpha}{2}-N+1} \exp(-Bp^{\frac{\alpha}{2}})$ $A = \frac{\sigma^2 \alpha}{\beta^2 \Gamma(\frac{2}{\alpha})}$ $B = \beta^{-\alpha} \sigma^{\alpha}$ $D_k = \sum_{m=1}^{k}(-1)^{m+N-1} 2^{N-1}\frac{B^k}{k!}\binom{k}{m}\frac{\Gamma(1+\frac{m\alpha}{2})}{\Gamma(2+\frac{m\alpha}{2}-N)}$ $\alpha \leqslant 2$
广义Γ分布	$\sum_{k=0}^{N-1} F_k p^{\frac{c\alpha}{2}-N} \exp(-Bp^{\frac{\alpha}{2}})$ $F_k = (-2)^{N-1} A \binom{N-1}{k}\frac{\Gamma(\frac{c\alpha}{2})}{\Gamma(\frac{c\alpha}{2}-N+k+1)}\sum_{m=1}^{k}\sum_{l=1}^{m}(-1)^{m+l-1}$ $\cdot \frac{B^m}{m!}\frac{\Gamma(1+\frac{lc}{2})}{\Gamma(\frac{lc}{2}-k+1)} p^{\frac{mc}{2}}$ $c\alpha \leqslant 2$
莱斯分布	$\frac{\sigma^{2N}}{(1-\rho^2)^{N-\frac{1}{2}}}\sum_{k=0}^{N-1}\binom{N-1}{k}(-1)^k\left(\frac{\rho}{2}\right)^k \xi_k \exp(-A)$ $\xi_k = \sum_{m=0}^{k}\binom{k}{m} I_{k-2m}(\rho A)$ $A = \frac{p\sigma^2}{2(1-\rho^2)}$

在特征概率密度函数 $f_S(s)$ 未知的情况下,根据坐标变换定理,有表 6.9 中所列举的各种 SIRV 的仿真步骤:

步骤 1　产生一个具有零均值、单位协方差矩阵的白高斯矢量 $\mathbf{Z}$。

步骤 2　计算矢量 $\mathbf{Z}$ 的模或矢径 $R_G = \|\mathbf{Z}\| = \sqrt{\mathbf{Z}^T \mathbf{Z}}$。

步骤 3　产生白 SIRV 的模或矢径 $R = \|\mathbf{X}\| = \sqrt{\mathbf{X}^T \mathbf{X}}$。

步骤 4　计算白 SIRV X，$X = \dfrac{Z}{R_G} R$。

步骤 5　最后，完成线性变换 $Y = AX + b$，得到一个具有所希望均值和协方差矩阵的 SIRV Y。其中，A 为由所希望的相关特性决定的，b 为其均值矢量。它们分别为

$$A = ED^{\frac{1}{2}}$$
$$b = u_y$$

式中　E——协方差矩阵的归一化本征矢量矩阵；

　　　D——协方差矩阵的本征值对角线矩阵；

　　　u_y——所希望的非零均值矢量。

具体仿真方案如图 6.30 所示。该方案适用于 chi 分布、韦布尔分布、广义瑞利分布、莱斯分布和广义 Γ 分布。

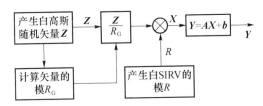

图 6.30　产生具有未知特征 PDF 的 SIRV 的方案

6.2.4.2　几个球不变雷达杂波的仿真举例

下面根据 SIRV 产生原理，较详细地讨论几个典型例子。

1. 复合 k - 分布雷达杂波的仿真

前边已经指出，产生相关非高斯杂波的方法主要有两种，即对相关高斯序列进行无记忆非线性变换方法和利用球不变随机过程方法。

在实际应用中，无记忆非线性变换方法有时并不总是有效的，其原因是：

（1）在无记忆非线性变换的输出端给定一个非高斯序列的协方差矩阵的时候，利用无记忆非线性变换方法在其输入端并不总能够确定一个与其相对应的高斯序列的非负定的协方差矩阵。

（2）当且仅当非线性变换特性是多项式形式的时候，如果在非线性变换的输入端的高斯序列是带限的，那么在其输出端的序列也是带限的，此外对任何高斯过程，无记忆非线性变换都会使输入信号的频谱展宽。

（3）无记忆非线性变换不能独立地控制边缘概率密度函数和相关函数。

根据第 5 章可以知道，复合 k - 分布的包络 $a(t)$ 可以看作是两个随机变量之积，即

$$a(t) = y \cdot r(t) = y|v(t)| \tag{6.370}$$

式中 $r(t)$ 服从瑞利分布,是两个高斯分量的模 $|v(t)|$。$r(t)$ 是一个快变分量,被一个慢变分量 y 调制。y 服从 chi 分布,它是一个相关性较强的慢变分量,因此是一个窄带信号。

包络 $a(k)$ 有边缘概率密度函数为

$$f_A(a,k) = \int_0^\infty \frac{a}{y^2\sigma^2(k)} \exp\left[-\frac{a^2}{2y^2\sigma^2(k)}\right] f(y) \mathrm{d}y \tag{6.371}$$

式中 $\sigma^2(k)$——杂波正交分量的方差。

假设其方差为单位方差,仍不失一般性。这样,幅度分布由调制过程 $y(k)$ 的边缘概率密度函数 $f(y)$ 唯一地确定。因为 $y(k)$ 和 $v(k)$ 是相互独立的,系统输出 $z(k)$ 的复自相关函数为

$$\mathrm{ACF}_z(n,m) = \mathrm{ACF}_y(m) \mathrm{ACF}_v(n,m) \tag{6.372}$$

式中 $\mathrm{ACF}_y(m)$——序列 $y(k)$ 的自相关函数;
$\mathrm{ACF}_v(n,m)$——序列 $v(k)$ 的复自相关函数。
因为对任何的 m,$\mathrm{ACF}_y(m) \approx 1$,因此输出 $z(k)$ 的相关特性与高斯序列接近。

输出 Z 有协方差矩阵 M 为

$$M = \begin{bmatrix} M_{cc} & M_{cs} \\ M_{sc} & M_{ss} \end{bmatrix} \tag{6.373}$$

式中 M_{cc}、M_{ss}——同相和正交分量的协方差矩阵;
M_{cs}、M_{sc}——同相和正交分量的互协方差矩阵。

当 $z(k)$ 是广义平稳的 SIRP 时,需要满足以下条件:

(1) 正交分量的均值必须为零。

(2) 一对正交分量包络间必须相互独立,相位在 $[0, 2\pi]$ 区间均匀分布,这就使一对正交分量同分布,其联合概率密度函数是园对称的,保证了在每个采样瞬间一对正交分量间的正交性。

(3) 复过程 $z(t) = z_c(t) + jz_s(t)$ 的正交分量的自相关函数和互相关函数必须满足以下条件

$$\begin{cases} \mathrm{ACF}_{cc}(\tau) = \mathrm{ACF}_{ss}(\tau) \\ \mathrm{ACF}_{cs}(\tau) = -\mathrm{ACF}_{sc}(\tau) \end{cases} \tag{6.374}$$

式中,$\mathrm{ACF}_{aa}(\tau) = E[x_a(t)x_a(t-\tau)]$,$\mathrm{ACF}_{ab}(\tau) = E[x_a(y)x_b(t-\tau)]$($a/b = c/s$),同时 Z 的相关矩阵的非负定的特性也必须被满足。这样,复合 k-分布海杂波就可被看作是一个合理的球不变随机过程。

于是有产生复合 k-分布雷达海杂波的方案,如图 6.31 所示。

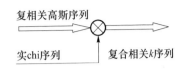

图 6.31 复合 k - 分布序列的产生原理

于是,可用以下仿真步骤:

步骤 1 产生一个 $2N$ 维零均值白高斯随机矢量 $\boldsymbol{W}$,$2N$ 为同相和正交分量同步采样之和。

步骤 2 进行线性变换,得到 $2N$ 维 SIRV $\boldsymbol{V}$,它具有所希望的协方差矩阵 $\boldsymbol{M}$,$\boldsymbol{V}$ 即是满足给定协方差矩阵 $\boldsymbol{M}$ 的 $2N$ 维相关高斯矢量

$$\boldsymbol{V} = \boldsymbol{GW}$$

式中

$$\boldsymbol{G} = \boldsymbol{E}\boldsymbol{D}^{\frac{1}{2}} \tag{6.375}$$

式中　$\boldsymbol{E}$——协方差矩阵 $\boldsymbol{M}$ 的归一化本征矢量矩阵;

　　　$\boldsymbol{D}$——协方差矩阵 $\boldsymbol{M}$ 的本征值的对角线矩阵。

步骤 3 产生 N 维瑞利分布包络矢量 $\boldsymbol{U}$ 和矢量 $\boldsymbol{V} = [\boldsymbol{V}_c \ \boldsymbol{V}_s]^T$ 的正交分量的均匀分布相位 $\boldsymbol{F}$,即

$$\boldsymbol{U} = \sqrt{V_c^2 + V_s^2}$$

$$\boldsymbol{F} = \tan^{-1}\left(\frac{V_s}{V_c}\right) \tag{6.376}$$

步骤 4 产生广义 chi 分布随机变量 y。

首先产生 χ^2 分布随机变量,即

$$\chi^2(n,\sigma) = \begin{cases} -2\sigma^2 \ln\left[\prod_{i=1}^{r} u_i(0,1)\right], & r = \frac{n}{2}(n \text{ 为偶数}) \\ -2\sigma^2 \ln\left[\prod_{i=1}^{r} u_i(0,1)\right] + [N(0,\sigma^2)]^2, & r = \frac{n-1}{2}(n \text{ 为奇数}) \end{cases}$$

式中　$N(0,\sigma^2)$——均值为 0,方差为 σ^2 的高斯分布随机变量;

　　　$u(0,1)$——$[0,1]$ 区间的均匀分布随机变量。

然后得到 chi 分布随机变量,即

$$y = \text{chi}(n,\sigma) = \sqrt{\frac{\chi^2(n,\sigma)}{n}} \tag{6.377}$$

步骤 5 产生由 $y\boldsymbol{U}$ 给出的乘积 $\boldsymbol{A}$,得到具有所希望相关特性的复合 k - 分布海杂波幅度分布的 N 维矢量。

N 维复矢量 $\mathbf{Z}$ 由下式和它的正交分量确定,即

$$\begin{cases} \mathbf{Z} = A\exp(\mathrm{j}F) \\ Z_c = \mathrm{Re}\{\mathbf{Z}\}, \quad Z_s = \mathrm{Im}\{\mathbf{Z}\} \end{cases} \tag{6.378}$$

式中:Z_c 和 Z_s 为一对正交分量,它们均服从广义拉普拉斯分布。

根据仿真过程知,如果正交分量的平均功率 σ^2 等于 1,为了得到具有平均功率 $\sigma^2 > 1$ 的正交分量,需要进行变换,即

$$Z_\sigma = \sqrt{\frac{v}{2c^2}} Z$$

式中　v——复合 k - 分布的形状参量;

　　　c——复合 k - 分布的标度参量。

仿真流程图如图 6.32 所示。

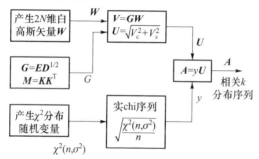

图 6.32　产生相关复合 k - 分布随机序列流程图

用 SIRP 方法对复合 k - 分布杂波进行了仿真,仿真结果如图 6.33 所示。

2. 相关多变量 k - 分布随机矢量的仿真

本节直接从多变量的角度来介绍多维 k - 分布随机矢量的仿真方法。这种方法也是以球不变过程为基础的。

假设,随机矢量 $\mathbf{X}$ 服从均值为零、协方差矩阵为 $\mathbf{M}$ 的多变量高斯分布,其联合概率密度函数为

$$f_X(x) = \frac{1}{(2\pi)^N |\mathbf{M}|^{\frac{1}{2}}} \exp(-\mathbf{X}^\mathrm{T} \mathbf{M}^{-1} \mathbf{X}) \tag{6.379}$$

式中:矢量 $\mathbf{X}$ 有 $2N$ 个采样,其中有 N 个同向采样和 N 个正交采样。考虑矢量 $\mathbf{W} = v\mathbf{X}$,这里 v 是一个非负的、与 $\mathbf{X}$ 相互独立的随机变量。令 $p = \mathbf{W}^\mathrm{T} \mathbf{M}^{-1} \mathbf{W}$,在已知 v 的情况下,有 $\mathbf{W}$ 的条件概率密度函数为

$$f_W(\mathbf{W}/v) = \frac{1}{(2\pi)^N |\mathbf{M}|^{\frac{1}{2}}} v^{2N} \exp\left(-\frac{p}{2v^2}\right) \tag{6.380}$$

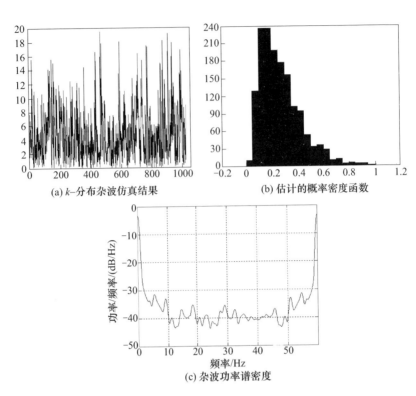

图 6.33 复合 k 分布随机序列的仿真结果

W 的无条件概率密度函数为

$$f_W(\boldsymbol{W}) = \int_0^\infty f_W(\boldsymbol{W}/v) f_v(v) \,\mathrm{d}v \qquad (6.381)$$

式中:$f_v(v)$ 为随机变量 v 的概率密度函数。

由于 $\boldsymbol{X}$ 和 v 是统计独立的,于是有

$$E(\boldsymbol{W}) = E(v\boldsymbol{X}) = E(\boldsymbol{X})E(v) = 0 \qquad (6.382)$$

$$E(\boldsymbol{W}\boldsymbol{W}^{\mathrm{T}}) = E(\boldsymbol{X}\boldsymbol{X}^{\mathrm{T}})E(v^2) = E(v^2)\boldsymbol{M} \qquad (6.383)$$

显然,矢量 $\boldsymbol{W}$ 的协方差矩阵可以通过 $E(v^2)$ 来调节。

现在,令 $f_v(v)$ 服从广义 chi 分布

$$f_v(v) = \frac{2v^{2\beta-1}\alpha^\beta}{\Gamma(\beta)}\mathrm{e}^{-\alpha v^2}, \quad v \geqslant 0 \qquad (6.384)$$

于是有

$$E(v^2) = \int_0^\infty 2v^2 \frac{v^{2\beta-1}\alpha^\beta}{\Gamma(\beta)}\mathrm{e}^{-\alpha v^2}\mathrm{d}v = \int_0^\infty 2\frac{v^{2\beta+1}\alpha^\beta}{\Gamma(\beta)}\mathrm{e}^{-\alpha v^2}\mathrm{d}v$$

再令 $\alpha v^2 = x$,得到

$$E(v^2) = \int_0^\infty \frac{x^\beta e^{-x}}{\alpha \Gamma(\beta)} dx = \frac{\Gamma(\beta+1)}{\alpha \Gamma(\beta)} = \frac{\beta}{\alpha} \qquad (6.385)$$

如果,选择 $\alpha = \beta$,则广义 chi 分布变成

$$f_v(v) = \frac{2v^{2\beta-1} \beta^\beta}{\Gamma(\beta)} e^{-\beta v^2}, \quad \beta > 1 \qquad (6.386)$$

又得到

$$f_W(\boldsymbol{W}) = \int_0^\infty \frac{1}{(2\pi)^N |\boldsymbol{M}|^{\frac{1}{2}}} v^{-2N} e^{-\frac{p}{2v^2}} \frac{2v^{2\beta-1} \beta^\beta}{\Gamma(\beta)} e^{-\beta v^2} dv$$

$$= \frac{\beta^N}{(2\pi)^N |\boldsymbol{M}|^{\frac{1}{2}} \Gamma(\beta)} \int_0^\infty 2v^{-2N+2\beta-1} e^{-\beta v^2 - \frac{p}{2v^2}} dv \qquad (6.387)$$

再令 $\beta v^2 = y$,经化简,有

$$f_W(\boldsymbol{W}) = \frac{\beta^N}{(2\pi)^N |\boldsymbol{M}|^{\frac{1}{2}} \Gamma(\beta)} \int_0^\infty y^{-N+\beta-1} e^{-\left(y + \frac{\beta p}{2y}\right)} dy \qquad (6.388)$$

根据贝塞尔函数公式,有

$$\boldsymbol{K}_\beta(z) = \frac{1}{2} \left(\frac{z}{2}\right)^\beta \int_0^\infty y^{-\beta-1} e^{-\left(y + \frac{z^2}{4y}\right)} dy \qquad (6.389)$$

$K_\beta(z)$ 为 β 阶第二类修正的贝塞尔函数。最后得到具有参数 N 和 β 的多维 k 分布表达式

$$f_W(\boldsymbol{W}) = \frac{2\beta^N}{(2\pi)^N |\boldsymbol{M}|^{\frac{1}{2}} \Gamma(\beta)} \left[\frac{2}{(2\beta p)^{1/2}}\right]^{N-\beta} \boldsymbol{K}_{N-\beta}\left[(2\beta p)^{1/2}\right]$$

$$= \frac{2^{-\frac{N+\beta}{2}+1} \beta^{\frac{N+\beta}{2}}}{\pi^N |\boldsymbol{M}|^{\frac{1}{2}} \Gamma(\beta) p^{\frac{N-\beta}{2}}} \boldsymbol{K}_{N-\beta}\left[(2\beta p)^{1/2}\right] \qquad (6.390)$$

式中:N 为复采样数;β 为形状参数,它决定了多维概率密度函数的"尾巴"特性。

于是,得到多变量 k - 分布随机矢量的仿真步骤:

步骤 1 产生一个具有协方差矩阵 $\boldsymbol{M}$ 的 $2N$ 维的白高斯随机矢量 $\boldsymbol{X}'$。

步骤 2 对协方差矩阵 $\boldsymbol{M}$ 进行 Cholesky 分解,得到 $\boldsymbol{M} = \boldsymbol{K}\boldsymbol{K}^T$,这里 $\boldsymbol{K}$ 是下三角矩阵。

步骤 3 计算相关高斯多维随机矢量 $\boldsymbol{X} = \boldsymbol{K}\boldsymbol{X}'$。

步骤 4 产生标准 Γ 变量 y。

步骤 5 计算广义 chi 分布随机变量 $v = \left(\frac{y}{\beta}\right)^{\frac{1}{2}}$。

步骤 6　得到具有所希望相关特性的多维 k – 分布的随机矢量 $D = vX$。产生多维 k – 分布随机矢量的原理图如图 6.34 所示。

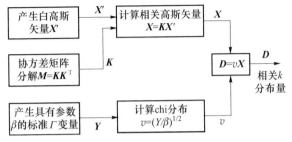

图 6.34　产生多维相关 k – 分布随机矢量原理图

3. 相关多变量学生 t 分布随机矢量的产生

这里将要介绍的产生相关多变量学生 t 分布随机矢量的方法，与前面产生相关多变量 k – 分布随机矢量方法的思路是相同的，也是从多变量高斯分布入手的。

假设，随机矢量 X 服从均值为零、协方差矩阵为 M 的多变量高斯分布，其联合概率密度函数如所示，式中，矢量 X 有 $2N$ 个采样，其中有 N 个同向采样和 N 个正交采样。

假定，矢量 $W = \dfrac{X}{v}$，这里 v 是一个非负的、与 X 相互独立的随机变量。仍然令 $p = W^T M^{-1} W$，在已知 v 的情况下，有 W 的条件概率密度函数为

$$f_W(W/v) = \frac{1}{(2\pi)^N |M|^{\frac{1}{2}}} v^{2N} \exp\left(-\frac{v^2 p}{2}\right) \quad (6.391)$$

W 的无条件概率密度函数为

$$f_W(W) = \int_0^\infty f_W(W/v) f_v(v) \mathrm{d}v \quad (6.392)$$

式中　$f_v(v)$——随机变量 v 的概率密度函数。

由于 X 和 v 是统计独立的，由于有

$$E(W) = E\left(\frac{X}{v}\right) = E(X) E(v^{-1}) = 0 \quad (6.393)$$

$$E(WW^T) = E(XX^T) E(v^{-2}) = E(v^{-2}) M \quad (6.394)$$

由可以看出，矢量 W 的协方差矩阵可以通过 $E(v^{-2})$ 来调节。

现在，令 $f_v(v)$ 服从 chi 分布，即

$$f_v(v) = \frac{2 v^{2\beta-1} \alpha^\beta}{\Gamma(\beta)} \mathrm{e}^{-\alpha v^2}, \quad v \geqslant 0 \quad (6.395)$$

根据式(6.395)，可以求出

$$E(v^{-2}) = \int_0^\infty 2v^{-2} \frac{v^{2\beta-1}\alpha^\beta}{\Gamma(\beta)} e^{-\alpha v^2} dv = \int_0^\infty 2 \frac{v^{2\beta-3}\alpha^\beta}{\Gamma(\beta)} e^{-\alpha v^2} dv$$

再令 $\alpha v^2 = x$,得到

$$E(v^{-2}) = \alpha \int_0^\infty v^{-2} \frac{x^{\beta-2} e^{-x}}{\Gamma(\beta)} dx = \alpha \frac{\Gamma(\beta-1)}{\Gamma(\beta)} = \frac{\alpha}{\beta-1} \quad (6.396)$$

如果,选择 $\alpha = \beta - 1$,广义 chi 分布变成

$$f_v(v) = \frac{2v^{2\beta-1}(\beta-1)^\beta}{\Gamma(\beta)} e^{-(\beta-1)v^2}, \quad \beta > 1 \quad (6.397)$$

又得到

$$f_W(w) = \int_0^\infty \frac{1}{(2\pi)^N |M|^{\frac{1}{2}}} v^{2n} e^{-v^2 p/2} \frac{2v^{2\beta-1}(\beta-1)^\beta}{\Gamma(\beta)} e^{-(\beta-1)v^2}$$

$$= \frac{(\beta-1)^\beta}{(2\pi)^N |M|^{\frac{1}{2}} \Gamma(\beta)} \int_0^\infty 2 v^{2N+2\beta-1} e^{-v^2(\beta-1+p/2)} dv \quad (6.398)$$

再令 $\left(\beta - 1 + \dfrac{p}{2}\right) v^2 = y$,最后得具有参数 N 和 β 的 $2N$ 维多变量学生 t 分布表达式为

$$f_W(w) = \frac{(\beta-1)^\beta}{(2\pi)^N |M|^{\frac{1}{2}} \Gamma(\beta)} \int_0^\infty \frac{y^{N+\beta-1}}{\left(\beta - 1 + \dfrac{p}{2}\right)^{N+\beta}} e^{-y} dv$$

$$= \frac{(\beta-1)^\beta \Gamma(N+\beta)}{(2\pi)^N |M|^{\frac{1}{2}} \Gamma(\beta) \left(\beta - 1 + \dfrac{p}{2}\right)^{N+\beta}} \quad (6.399)$$

式中 N——复采样数;

β——分布参数。

β 决定了该密度函数的"尾巴"特性,β 值越小,该分布的"尾巴"越大。

于是,得到该随机矢量的仿真步骤:

步骤 1 产生一个具有协方差矩阵 M 的 $2N$ 维的白高斯随机矢量 X'。

步骤 2 对协方差矩阵 M 进行 Cholesky 分解,得到 $M = KK^T$,这里 K 是下三角矩阵。

步骤 3 得到多维相关随机矢量 $X = KX'$。

步骤 4 产生标准 Γ 变量 y。

步骤 5 计算广义 chi 分布随机变量 $v = \left(\dfrac{y}{\beta-1}\right)^{\frac{1}{2}}$。

步骤 6 得到具有所希望相关特性的多维学生 t 分布的随机矢量 $D = X/v$。

产生多变量学生 t 分布随机矢量的原理图如图 6.35 所示。

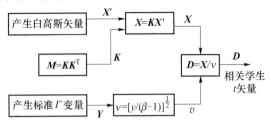

图 6.35 产生多维相关学生 t - 分布矢量原理图

第7章 雷达系统模型

建立雷达系统模型是雷达仿真工作中的一个非常重要的环节,不管是系统验证还是系统设计,都必须给出一个完整的雷达系统模型,包括天线、发射机、接收机、信号处理机、检测器、CFAR 处理器和数据处理器等,并且能用数学表达式进行描述,然后将其变成一个"软雷达"。当然,最好是能利用某种平台,事先建立各个单元的仿真模块,构建一个雷达模块库,仿真时按照系统结构将它们从模块库调出来,用线连接起来,便构成一个所需要的"软雷达"。

图 7.1 是一个典型的搜索雷达原理方框图。

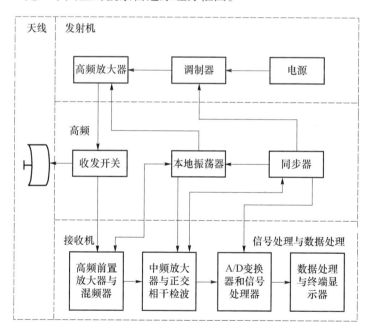

图 7.1　典型现代雷达系统方框图

图 7.2 是根据图 7.1 构建的搜索雷达简化的仿真功能模型图。其中省略了数据处理部分和某些线性处理部分。

· 215 ·

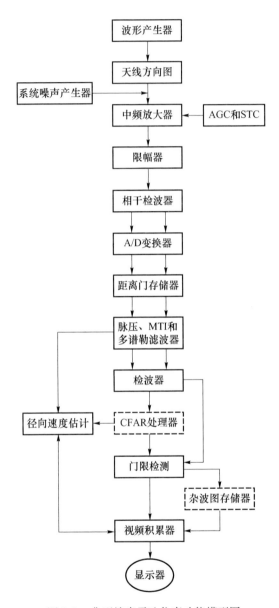

图 7.2 典型搜索雷达仿真功能模型图

7.1 雷达发射分系统仿真模型

7.1.1 雷达发射波形

7.1.1.1 相参脉冲串波形

相参脉冲串可表示为

$$s(t) = Au(t)\cos\omega_0 t \tag{7.1}$$

式中 ω_0——载波角频率；
$u(t)$——调制函数；
A——信号幅度。

调制函数为矩形脉冲串，即

$$\begin{cases} u(t) = \text{rect}\left(\dfrac{t}{\tau}\right) + \text{rect}\left(\dfrac{t-T_r}{\tau}\right) + ,\cdots, + \text{rect}\left(\dfrac{t-(N-1)T_r}{\tau}\right) \\ \text{rect}\left(\dfrac{t}{\tau}\right) = \begin{cases} 1, & |t| \leq \dfrac{\tau}{2} \\ 0, & |t| > \dfrac{\tau}{2} \end{cases} \end{cases} \tag{7.2}$$

式中 T_r——脉冲重复周期；
τ——脉冲宽度；
N——脉冲串中的脉冲个数。

实际上式(7.1)便是普通脉冲雷达发射的信号，它是用相参矩形脉冲串调制载波信号得到的。

7.1.1.2 线性调频波形

线性调频信号也称"Chirp"信号，它是脉冲压缩雷达经常采用的信号之一，它可表示为

$$s(t) = Au(t)\sin\left[2\pi\left(f_0 t + \dfrac{1}{2}kt^2\right)\right], \quad |t| \leq \dfrac{T}{2} \tag{7.3}$$

式中 k——调制斜率，或频率变化率，$k = \dfrac{B}{T}$；
B——信号带宽，或称扫频宽度；
f_0——初始相位对应的初始频率；
T——脉冲宽度。

调制函数为

$$u(t) = \text{rect}\left(\frac{t}{T}\right) + \text{rect}\left(\frac{t-T_r}{T}\right) + \cdots + \text{rect}\left(\frac{t-(N-1)T_r}{T}\right)$$

$$\text{rect}\left(\frac{t}{T}\right) = \begin{cases} 1, & |t| \leq \frac{T}{2} \\ 0, & |t| > \frac{T}{2} \end{cases}$$

这里脉冲宽度用 T 表示,一般它是一个宽脉冲。

当然,脉冲压缩波形也可以用复数形式表示为

$$s(t) = A\text{rect}\left(\frac{t}{T}\right) e^{j2\pi\left(f_0 t + \frac{kt^2}{2}\right)} \tag{7.4}$$

脉冲压缩波形的复包络为

$$\tilde{P}(t) = \exp\left(-j\frac{1}{2}ut^2\right), |t| \leq \frac{T}{2} \tag{7.5}$$

式中,$u = 2\pi\dfrac{B}{T}$ 是以 rad/s^2 表示的扫频宽度。

由于信号的瞬时频率 $f(t) = f_0 + kt$,故称作线性调频信号。

7.1.1.3 步进频率波形

步进频率波形是步进频率雷达所采用的波形,可表示为

$$s_1(t) = A_1\cos[2\pi(f_0 + n\Delta f)t], n = 0, 1, \cdots, N-1 \tag{7.6}$$

式中 A_1——信号幅度;

f_0——载波频率;

N——雷达发射的脉冲个数。

如果 $s_1(t)$ 表示雷达发射信号,则迟延 $2R/c$ 时间之后的目标回波信号就可表示为

$$s_2(t) = A_2\cos\left[2\pi(f_0 + n\Delta f)\left(t - \frac{2R}{c}\right)\right], n = 0, 1, \cdots, N-1 \tag{7.7}$$

式中 A_2——回波信号幅度;

R——目标距离;

c——光速,$c = 3 \times 10^8 \text{m/s}$。

如果将其与相干信号相乘,则有

$$s_1(t)s_2(t) = A_1 A_2 \text{con}[2\pi(f_0 + n\Delta f)t]\cos\left[2\pi(f_0 + n\Delta f)\left(t - \frac{2R}{c}\right)\right]$$

$$= \frac{A_1 A_2}{2}\left\{\cos\left[2\pi(f_0+n\Delta f)t - 2\pi(f_0+n\Delta f)\left(t-\frac{2R}{c}\right)\right]\right.$$

$$\left. + \cos\left[2\pi(f_0+n\Delta f)\frac{2R}{c}\right]\right\} \tag{7.8}$$

式中,第一项为高频项,经低通滤波器可将其滤掉。相干检波器的输出则可表示为

$$s(t) = \frac{A_1 A_2}{2}\cos\left[2\pi(f_0+n\Delta f)\frac{2R}{c}\right]$$

$$\equiv A\cos\left[2\pi(f_0+n\Delta f)\frac{2R}{c}\right], n=0,1,\cdots,N-1 \tag{7.9}$$

表示成复数形式为

$$s(t) = A\mathrm{e}^{\mathrm{j}\varphi_n} \tag{7.10}$$

式中:$\varphi_n = 2\pi(f_0+n\Delta f)\frac{2R}{c}$;$A = \frac{A_1 A_2}{2}$。

7.1.1.4 相位编码波形

相位编码波形包括二相码、四相码等,当前应用最多的相位编码波形是二相编码波形,简称二相码波形,表达式为

$$s(t) = \begin{cases} \frac{A}{\sqrt{P}}\sum_{k=0}^{P-1}a_k v(t-kT)\mathrm{e}^{\mathrm{j}2\pi f_0}, & 0 < T < PT \\ 0, & 其他 \end{cases} \tag{7.11}$$

式中 P——码长;

T——子脉冲宽度;

A——信号幅度;

f_0——载波频率;

a_k——二进编码序列的第 k 个子码的取值,其值为 1 或 -1,有时也将其取为 0 或 1。

信号的复包络函数为

$$u(t) = v(t) \cdot \frac{A}{\sqrt{P}}\sum_{k=0}^{P-1}a_k \delta(t-kT) = u_1(t) \cdot u_2(t) \tag{7.12}$$

式中

$$u_1(t) = v(t) = \begin{cases} \frac{1}{\sqrt{T}}, & 0 < t < T \\ 0, & 其他 \end{cases}$$

$$u_2(t) = \frac{A}{\sqrt{P}} \sum_{k=0}^{P-1} a_k \delta(t - kT)$$

对于多相码,下面给出四种序列长度为 N 的波形表达式。

(1) Frank 序列

$$f(km + n + 1) = e^{j2\pi k(n/m)}, 0 \leq j, n < m, N = m^2 \qquad (7.13)$$

(2) chu 序列

$$c(k+1) = \begin{cases} \alpha^{k^2/2} + qk, & N \text{ 为偶数} \\ \alpha^{k(k+1)/2} + qk, & N \text{ 为奇数} \end{cases}, q \in \text{整数} \qquad (7.14)$$

(3) P3 和 P4 码

$$P_3(k+1) = \alpha^{k^2/2}, 0 \leq k \leq N \qquad (7.15)$$

$$P_4(k+1) = \alpha^{(k^2 - kN)/2}, 0 \leq k \leq N \qquad (7.16)$$

(4) Golumb 序列

$$g(k+1) = \alpha^{k(k+1)/2}, 0 \leq k \leq N \qquad (7.17)$$

以上各式中,码元 $\alpha = e^{j2\pi/N}$。

7.1.1.5 m 序列码波形

m 序列码是由线性反馈移位寄存器产生的一种周期最长的二相码,在雷达、通信、信息对抗等系统中均有广泛的应用。m 序列码可表示为

$$b_k = \sum_{i=1}^{N} c_i b_{k-1}, (\text{模 2 加}) \qquad (7.18)$$

式中 b_k——移位寄存器状态;

c_i——权值,取值为 1 或 0,取值为 1 表示该级有反馈,取值为 0 表示该级无反馈;

N——移位寄存器位数。

如果需要 1, -1 的 m 序列码,取变换

$$a_k = 2b_k - 1$$

m 序列码的最大码长为

$$P = 2^N - 1$$

众所周知,m 序列也称最大长度序列(MLS),它是由线性移位寄存器产生的,其原理图见图 7.3。其中,L 为移位寄存器的长度。不同的反馈位置和数量将产生不同的序列。移位寄存器的级数 L、序列长度 N、最大长度序列的数目和反馈级数位置列于表 7.1。

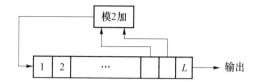

图 7.3　由线性移位寄存器产生 m 序列的原理图

表 7.1　移位寄存器的级数 L、序列长度 N、
最大长度序列的数目和反馈级数位置关系

移位寄存器的级数 L	序列长度 N	最大长度序列的数目	反馈级数位置
2	3	1	[1,2]
3	7	2	[2,3]
4	15	2	[3,4]
5	31	6	[3,5],[2,3,4,5],[1,3,4,5]
6	63	6	[5,6],[1,4,5,6],[2,3,5,6]
7	127	18	[6,7],[4,7],[4,5,6,7] [2,5,6,7],[2,4,6,7],[1,4,6,7] [3,4,5,7],[2,3,4,5,6,7] [1,2,4,5,6,7]
8	255	16	[1,6,7,8],[3,5,7,8],[2,3,7,8] [4,5,6,8],[3,5,6,8],[2,5,6,8] [2,4,5,6,7,8],[1,2,5,6,7,8]
9	511	48	[5,9],[2,7,8,9],[5,6,8,9] [4,5,8,9],[1,5,8,9],[2,4,8,9] [4,6,7,9],[2,5,7,9],[3,5,7,9] [3,5,6,7,8,9],[1,5,6,7,8,9] [3,4,6,7,8,9],[2,4,6,7,8,9] [2,3,6,7,8,9],[1,3,6,7,8,9] [1,2,6,7,8,9],[3,4,6,7,8,9] [2,4,5,7,8,9],[1,4,5,6,8,9] [2,3,5,6,8,9],[1,3,5,6,8,9] [3,4,5,6,7,9],[2,4,5,6,7,9] [1,3,4,5,6,7,8,9]

m 序列码的主要优点是它的自相关特性好,这里给出了一个 31 位码的自相关曲线,如图 7.4 所示。

在雷达中应用时,不管哪种波形,都希望它有较低的旁瓣电平。表 7.2 给出了部分序列的峰值旁瓣电平(PSL)、峰值互相关电平(PCCL)和积累旁瓣电平的

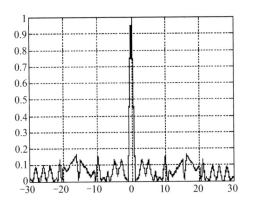

图 7.4　31 位 m 序列码自相关特性

数据,可供系统仿真时选码时参考。

表 7.2　m 序列码及其性能

码长	码的数量	PSL/dB	ISL/dB	PCCL/dB
31	2	−17.8	−6.1	−10.7
31	3	−15.8	−9.8	−4.3
63	2	−16.9	−3.5	−10.0
63	3	−16.9	−4.5	−10.0
63	4	−16.9	−4.5	−10.0
127	2	−22.1	−5.0	−14.8
127	3	−21.2	−4.1	−14.8
127	4	−21.2	−5.6	−9.2
127	5	−21.2	−4.7	−6.2
255	2	−23.0	−4.5	−16.8
255	3	−23.0	−4.8	−14.9
255	4	−23.0	−4.7	−13.3
255	5	−23.0	−4.5	−8.5

表 7.2 中,峰值旁瓣电平等于最大旁瓣功率和峰值响应平方的比值,峰值互相关电平等于最大互相关功率与峰值响应平方的比值,积累旁瓣电平等于旁瓣总功率与峰值响应平方的比值。

这里需要指出的是,m 序列码与 M 序列码是不同的,M 序列码是由非线性移位寄存器产生的最长序列码。如果需要可参考有关资料。

7.1.1.6　巴克(Barker)码

巴克码是一种典型的二相码,由于它的特殊性这里单独列了一小节。巴克码有较好的性能,在脉冲压缩雷达系统中有较多的应用,缺点是它对多普勒频率比较敏感,并且种类较少。现在已知的全部巴克码列于表 7.3 中。

表 7.3 已知全部巴克码表

码长	码元
1	[1]
2	[1,1],[1,−1],[−1,1],[−1,−1]
3	[1,1,−1],[1,−1,−1],[−1,1,1],[−1,−1,1]
4	[1,1,1,−1],[1,1,−1,1],[1,−1,1,1],[1,−1,−1,−1], [−1,1,−1,−1],[−1,−1,1,−1],[−1,−1,−1,1]
5	[1,1,1,−1,1],[1,−1,1,1,1],[−1,1,−1,−1,−1], [−1,−1,−1,1,−1]
7	[1,1,1,−1,−1,1,−1],[1,−1,1,1,−1,−1,−1] [−1,−1,−1,1,1,−1,1],[−1,1,−1,−1,1,1,1]
11	[1,1,1,−1,−1,−1,1,−1,−1,1,−1] [1,−1,1,1,−1,1,1,1,−1,−1,−1] [−1,1,1,−1,1,1,1,−1,−1,−1,1,1,1] [−1,−1,−1,1,1,1,−1,1,1,−1,1]
13	[−1,−1,−1,−1,−1,1,1,−1,−1,1,−1,1,−1] [1,1,1,1,1,−1,−1,1,1,−1,1,−1,1]

部分巴克码的性能列于表 7.4。其中,PSL 和 ISL 的定义与 m 序列码时相同。

表 7.4 巴克码及其主要性能

码长	码元	PSL/dB	ISL/dB
1	[1]		
2	[1,−1],[1,1]	−6.0	−3.0
3	[1,1,−1]	−9.5	−6.5
4	[1,1,−1,1],[1,1,1,−1]	−12.0	−6.0
5	[1,1,1,−1,1]	−14.0	−8.0
7	[1,1,1,−1,−1,1,−1]	−16.9	−9.1
11	[1,1,1,−1,−1,−1,1,−1,−1,1,−1]	−20.8	−10.8
13	[1,1,1,1,1,−1,−1,1,1,−1,1,−1,1]	−22.3	−11.5

7.1.1.7 线性 FMCW 波形

众所周知,连续波(CW)雷达只能测速,而线性调频连续波(LFMCW)雷达则克服了连续波雷达的局限性。LFMCW 的发射波形在扫频段可表示为

$$s(t) = A\cos[2\pi(f_0 t + ut^2/2) + \varphi_0] \tag{7.19}$$

式中 A——发射信号的幅度;
f_0——发射信号的初始频率;
u——扫频斜率,$u = B/T$;
T——发射信号的有效时宽;
B——发射信号的有效带宽;
φ_0——随机初始相位。

需要注意的是,目标的最大迟延时间要小于 T,否则将出现距离模糊,当然也有办法对其解模糊。

7.1.2 雷达天线方向图函数

7.1.2.1 高斯方向图函数

天线方向图函数为

$$F(\theta,\phi) = \exp\left\{-\left[\left(\frac{\theta-\theta_0}{\theta_{3dB}}\right)^2 + \left(\frac{\phi-\phi_0}{\phi_{3dB}}\right)^2\right]\right\} + F_s \tag{7.20}$$

式中 θ_0——天线主波束指向的方位角;
ϕ_0——天线主波束指向的俯仰角;
θ_{3dB}——天线主波束水平方向的 3dB 波束宽度;
ϕ_{3dB}——天线主波束垂直方向的 3dB 波束宽度;
F_s——天线平均旁瓣电平。

7.1.2.2 单向余弦方向图函数

单向余弦方向图函数为

$$F(\theta,\phi) = \cos\left[\frac{\pi(\theta-\theta_0)}{2\theta_{3dB}}\right]\cos\left[\frac{\pi(\phi-\phi_0)}{2\phi_{3dB}}\right] \tag{7.21}$$

参数定义同高斯方向图函数。

7.1.2.3 双向余弦方向图函数

双向余弦方向图函数为

$$F(\theta,\phi) = \cos\left[\frac{2\pi(\theta-\theta_0)}{3\theta_{3dB}}\right]\cos\left[\frac{2\pi(\phi-\phi_0)}{3\phi_{3dB}}\right] \tag{7.22}$$

参数定义同高斯方向图函数。

7.1.2.4 单向辛克形方向图函数

单向辛克形方向图函数为

$$F(\theta,\phi) = \frac{\sin\left(2\pi\dfrac{\theta-\theta_0}{\theta_{3dB}}\right)\sin\left(2\pi\dfrac{\phi-\phi_0}{\phi_{3dB}}\right)}{\left(2\pi\dfrac{\theta-\theta_0}{\theta_{3dB}}\right)\left(2\pi\dfrac{\phi-\phi_0}{\phi_{3dB}}\right)} \tag{7.23}$$

参数定义同高斯方向图函数。

7.1.2.5 双向辛克形方向图函数

双向辛克形方向图函数为

$$F(\theta,\phi) = \frac{\sin^2\left(2\pi\dfrac{\theta-\theta_0}{\theta_{3dB}}\right)\sin^2\left(2\pi\dfrac{\phi-\phi_0}{\phi_{3dB}}\right)}{\left(2\pi\dfrac{\theta-\theta_0}{\theta_{3dB}}\right)^2\left(2\pi\dfrac{\phi-\phi_0}{\phi_{3dB}}\right)^2} \tag{7.24}$$

参数定义同高斯方向图函数。按照式(7.23)和式(7.24)计算有多个主瓣和旁瓣,仿真时如果需要加入第一旁瓣,可按相同的方式加入,只要给定幅度、宽度即可。需注意的是它在主瓣两侧均存在旁瓣。

7.1.2.6 相控阵天线方向图

相控阵天线方向图函数为

$$\begin{aligned}F(\theta,\phi) = \sum_{m=0}^{M-1}\sum_{n=0}^{N-1} I_{mn}\{&\exp[jkmd_y(\sin\theta\cos\phi - \sin\theta_0\cos\phi_0)]\\&\exp[jknd_x(\sin\theta\sin\phi - \sin\theta_0\sin\phi_0)]\}\end{aligned} \tag{7.25}$$

式中 M——天线行阵元数;

N——天线列阵元数;

I_{mn}——第(m,n)阵元的激励;

θ_0——天线主波束指向的方位角;

ϕ_0——天线主波束指向的俯仰角;

d_x——天线列阵元之间的距离;

d_y——天线行阵元之间的距离;

λ——波长；

k——波数，$k = 2\pi/\lambda$。

7.1.3 幅度调制器

幅度调制器能对输入的正/余弦信号进行幅度调制。其原理和算法介绍如下。

窄带信号可以表示为

$$v(t) = x(t)\cos\omega_c t - y(t)\sin\omega_c t \tag{7.26}$$

写成极坐标的形式

$$v(t) = r(t)\cos[\omega_c t + \theta(t)]$$

$$r(t) = [x^2(t) + y^2(t)]^{\frac{1}{2}}$$

$$\theta(t) = \cot\left[\frac{y(t)}{x(t)}\right]$$

式中 $r(t)$——时变调制函数；

$\theta(t)$——任意的固定相位。

如果令 $y(t) = 0$，则 $r(t) = x(t)$，幅度调制信号可表示为

$$v_0(t) = x(t)\cos\omega_c t \tag{7.27}$$

式中 ω_c——载波信号频率。

7.1.4 相位调制器

相位调制器能对输入载波信号产生一个相移。其原理和算法介绍如下。

已知输入窄带信号为

$$\begin{cases} v_i(t) = r(t)\cos[\omega_c t + \theta_0(t)] = x(t)\cos\omega_c t - y(t)\sin\omega_c t \\ x(t) = r(t)\cos\theta_0(t) \\ y(t) = r(r)\sin\theta_0(t) \end{cases} \tag{7.28}$$

式中 $r(t)$——载波信号包络；

$\theta_0(t)$——载波信号的初始相位。

输出信号为

$$\begin{cases} v_0(t) = r(t)\cos[\omega_c t + \theta_0(t) + \phi(t)] = x_1(t)\cos\omega_c t - y_1(t)\sin\omega_c t \\ x_1(t) = x(t)\cos\phi(t) - y(t)\sin\phi(t) \\ y_1(t) = -x(t)\sin\phi(t) + y(t)\cos\phi(t) \end{cases} \tag{7.29}$$

式中 $\phi(t)$——所移的相位。

将算法表示成流程图的形式,如图 7.5 所示。

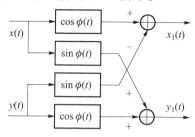

图 7.5 载波的相移方法

7.1.5 频率调制器

频率调制器能将载波频率从 ω_c 变到 ω_0。其原理和算法介绍如下。

输入信号为

$$v_{\text{in}}(t) = x(t)\cos\omega_c t - y(t)\sin\omega_c t \qquad (7.30)$$

输出信号为

$$v_{\text{out}}(t) = x_1(t)\cos\omega_0 t - y_1(t)\sin\omega_0 t \qquad (7.31)$$

式中

$$x_1(t) = x(t)\cos(\omega_0 t - \omega_c t) + y(t)\sin(\omega_0 t - \omega_c t)$$

$$y_1(t) = -x(t)\sin(\omega_0 t - \omega_c t) + y(t)\cos(\omega_0 t - \omega_c t)$$

将算法表示成流程图的形式,如图 7.6 所示。

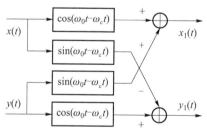

图 7.6 变载频的方法

7.2 雷达接收分系统仿真模型

7.2.1 限幅器模型

我们知道,在很多体制的雷达接收机中都会用到限幅器,它是一个非线性电路。限幅器的数学表示意味着对输入信号进行加权,其权可表示为 cot,见图 7.7。

图中 V_in 为限幅器的输入信号; V_out 为限幅器的输出信号。
显然,输出信号可写成

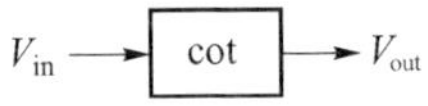

$$V_\text{out} = \cot V_\text{in} \tag{7.32}$$

图 7.7 限幅器模型

为了能任意地调整限幅电平,通常引入一个电平调整系数 C,这样,式(7.32)便可改写成如下形式

$$V_\text{out} = \frac{\cot(CV_\text{in})}{C} \tag{7.33}$$

从式(7.32)和式(7.33)可以看出,在这里实际上就是根据限幅器特性引入的一个非线性变换,但对于小信号来说它又近似线性变换,对大信号,不管输入信号有多大,在不考虑限幅电平调整系数 C 的情况下,输出均不会超过 90,这样就达到了对输入信号限幅的目的。在实际工作中,如果对输出电平有具体要求,则可通过选择常数 C 来调节限幅电平。下面给出该模型没考虑常数 C 情况下的具体计算数据,如表 7.5 所列。

表 7.5 限幅器模型的输入和输出关系

V_in	V_out	V_in	V_out	V_in	V_out
0.01	0.573	0.09	5.143	0.80	38.66
0.02	1.146	0.10	5.711	0.90	41.987
0.03	1.718	0.20	11.310	1.00	45.000
0.04	2.290	0.30	16.700	10.00	84.289
0.05	2.862	0.40	21.801	100.00	89.427
0.06	3.434	0.50	26.565	1000.00	89.942
0.07	4.004	0.60	30.963	10000.00	89.994
0.08	4.574	0.70	34.992	100000.00	89.999

7.2.1.1 硬限幅模型

硬限幅模型能对输入信号进行硬限幅。其算法介绍如下。
对双向限幅器可表示为

$$y(t) = \begin{cases} V_0, & x(t) \geqslant V_0 \\ x(t), & -V_0 < x(t) < V_0 \\ -V_0, & x(t) \leqslant -V_0 \end{cases} \tag{7.34}$$

式中 V_0——限幅电平;

$x(t)$——输入信号;

$y(t)$——输出信号。

双向限幅器特性如图 7.8 所示。

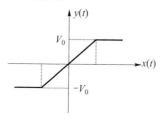

图 7.8 硬限幅器特性

当限幅系数为无穷大时,便为极限限幅,有表达式

$$y = \begin{cases} \dfrac{1}{2k}, & x > 0 \\ -\dfrac{1}{2k}, & x < 0 \end{cases} \quad (7.35)$$

式中 k——调节限幅电平的常数

实际上该式是双向限幅器的特例,其限幅特性如图 7.9 所示。输入信号为高斯分布时,输出信号如图 7.9 所示。如果输入信号是正态噪声,其相关系数为 R_1,则限幅器输出端的自相关函数为

$$R_2 = \frac{2}{\pi} \arcsin R_1 \quad (7.36)$$

其特性如图 7.11 所示。

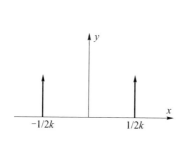

图 7.9 限幅器高斯信号输出

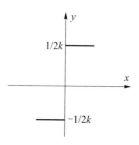

图 7.10 硬限幅器特性

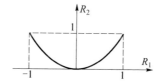

图 7.11 高斯输入时硬限幅器输出相关函数

7.2.2 根据脉冲响应对中频放大器进行仿真

匹配滤波器的近似脉冲响应可表示为

$$h(t) = G\exp(-\alpha_1 t)(1 + \alpha_2 t + \alpha_3 t^2 + \alpha_4 t^3) \qquad (7.37)$$

它是对单个矩形脉冲匹配的,其效率为 0.93,对理想匹配滤波器的损失为 0.3dB。式中

$$\alpha_1 = \frac{6.18}{\tau}, \alpha_2 = \frac{13.8}{\tau}, \alpha_3 = \frac{-73.9}{\tau^2}, \alpha_4 = \frac{283.8}{\tau^3}$$

式中 τ——脉冲宽度;

G——接收机增益。

其效率以 ρ_f 表示,定义为非匹配滤波器的峰值信噪比除以匹配滤波器的峰值信噪比,即

$$\rho_f = \frac{|S_0(t)|^2_{\max}/N_{\text{out}}}{2E/N_0} \qquad (7.38)$$

式中 $S_0(t)$——非匹配滤波器的输出信号电压;

N_{out}——非匹配滤波器的平均噪声功率;

E——输入信号能量;

N_0——匹配滤波器输入端带内噪声功率。

显然,在雷达仿真中完全有理由用式(7.37)来描述雷达接收机的中频放大器。仿真中有两种方法进行仿真运算:

(1) 将输入信号与 $h(t)$ 进行卷积运算,输出信号可表示为

$$y(t) = \int_{-\infty}^{\infty} x(t)h(t-\tau)\mathrm{d}t = \int_{-\infty}^{\infty} x(t-\tau)h(t)\mathrm{d}t$$

(2) 通过对 $h(t)$ 求 Z 变换,求出该滤波器的传递函数,然后求出描述该滤波器的差分方程,于是便可通过递推运算实现对输入信号的放大。

7.2.3 混频器

混频器是将雷达接收信号与本地振荡信号进行下变频,产生雷达中频信号。仿真方法采用 7.1.5 节的频率调制器所采用的变频法,只不过一个是调制,一个是解调。发射机采用的是上变频(从中频 ω_c 变换到高频 ω_0),接收机采用的是下变频(从高频 ω_0 变换到中频 ω_c)。

7.2.4 包络检波器

7.2.4.1 正交双通道线性检波器

正交双通道线性检波器能提取正交双通道中频信号的包络。其结构图如图

7.12 所示。

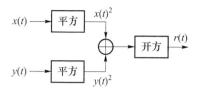

图 7.12　线性检波器模型

正交双通道线性检波器的算法为

$$r(t) = \sqrt{x(t)^2 + y(t)^2} \tag{7.39}$$

如果输入的两个正交分量服从高斯分布,输出 $r(t)$ 则服从瑞利分布。

7.2.4.2　正交双通道平方律检波器

正交双通道平方律检波器能提取正交双通道中频信号的包络。其结构图如图 7.13 所示。

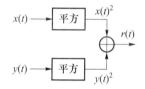

图 7.13　平方律检波器模型

正交双通道平方律检波器算法为

$$r(t) = x(t)^2 + y(t)^2 \tag{7.40}$$

如果输入的两个正交分量服从高斯分布,输出 $r(t)$ 则服从指数分布。

7.2.4.3　取模模型算法

取模模型算法是对正交支路的两个输出信号取模,具体算法介绍如下。
精确的理论算法为

$$R = \sqrt{x_i^2 + x_q^2} \tag{7.41}$$

几种近似取模算法及其精度为

$$\begin{cases} R = a_1 x + b_1 y \\ x = \max[\,|x_i|, |x_q|\,] \\ y = \min[\,|x_i|, |x_q|\,] \end{cases} \tag{7.42}$$

式中:a_1 和 b_1 为系数,具体值如表 7.6 所列。

表7.6 取模近似算法系数 a_1 和 b_1 的数值

编号	a_1	b_1	SNR 损失/dB
1	1	1/2	0.0939
2	1	3/8	0.07
3	1	1/4	0.197
4	1	0	0.966
5	1	1	0.966
6	31/32	3/8	0.0662
7	0.948	0.393	0.0029
8	0.96043	0.39782	0.0029

表中的第一种方法便是过去许多 MTI 系统中经常采用的方法[30]，即

$$R = \max(|x_i|, |x_q|) + \frac{1}{2}\min(|x_i|, |x_q|) \tag{7.43}$$

这里需要说明的是，在当前器件速度较高的情况下，也不妨采用较复杂的算法以减小信噪比损失。

7.2.5 相位检波器

7.2.5.1 单通道输出的相干检波器模型

单通道输出的相干检波器模型能从中频放大器的输出信号中提取出回波信号与基准信号之间的相位差。其原理和算法如下。

假设，中频输入信号为

$$V_1(t) = r_1(t)\cos[\omega_0 t + \theta_d(t)] = x_1(t)\cos(\omega_0 t) - y_1(t)\sin(\omega_0 t) \tag{7.44}$$

式中

$$x_1(t) = r_1(t)\cos[\theta_d(t)]$$
$$y_1(t) = r_1(t)\sin[\theta_d(t)]$$

式中　$\theta_d(t)$——只与多普勒频率有关的相位；

$r_1(t)$——中频信号的幅度，是时间的函数；

f_0——中频频率，$\omega_0 = 2\pi f_0$。

参考信号为

$$V_2(t) = r_2(t)\cos[\omega_0 t + \theta_2(t)] = x_2(t)\cos(\omega_0 t) - y_2(t)\sin(\omega_0 t) \tag{7.45}$$

式中

$$x_2(t) = r_2(t)\cos[\theta_2(t)]$$
$$y_2(t) = r_2(t)\sin[\theta_2(t)]$$

式中 $\theta_2(t)$——参考信号的初始相位,也可以令它为零;

　　　$r_2(t)$——参考信号的幅度,是时间的函数。

输出信号为

$$\begin{aligned}V_0(t) &= 2kr_1(t)\sin[\theta_2(t) - \theta_d(t)] \\ &= 2kr_1(t)[\sin\theta_2(t)\cos\theta_d(t) - \cos\theta_2(t)\sin\theta_d(t)] \\ &= \frac{y_2(t)x_1(t) - x_2(t)y_1(t)}{r_1(t)r_2(t)}\end{aligned} \qquad (7.46)$$

式中 k——增益系数。

结构图如图 7.14 所示。

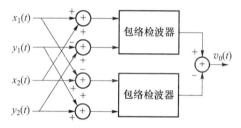

图 7.14　单通道输出的相干检波器模型

其中,包络检波器与图 7.6 所示检波器相同。

7.2.5.2　双通道输出的相干检波器模型

双通道输出的相干检波器模型能提取同相分量和正交分量与参考信号的相位差,其结构图如图 7.15 所示。

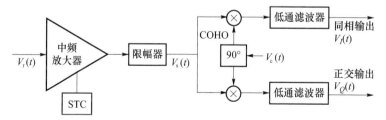

图 7.15　双通道输出的相干检波器模型

双通道输出的相干检波器模型的原理和算法如下。

中频放大器输出的回波信号经限幅器以后,可表示为

$$V_s(t) = r_1(t)\cos[\omega_0 t + \theta(t)] \tag{7.47}$$

式中：$\omega_0 = 2\pi f_0$，f_0 为中频频率；$\theta = 2\pi f_d$，f_d 为由运动目标径向速度产生的多普勒频率。

相干本振信号为 $V_c(t) = r_2(t)\cos(\omega_0 t)$。

相干检波器输出的同相和正交分量分别为

$$V_I(t) = V_s\cos[\theta(t)]$$

$$V_Q(t) = V_s\sin[\theta(t)]$$

从该式可以看出，相干检波器的输出只与由多普勒频率产生的相位 $\theta(t)$ 有关。

将输出信号表示为复信号形式，有

$$V_0 = V_I(t) + jV_Q(t) \tag{7.48}$$

其幅度为

$$V_s = \sqrt{V_I^2 + V_Q^2}$$

其相位为

$$\theta = 2\pi f_d = \cot\left(\frac{V_Q}{V_I}\right)$$

7.2.6 线性相位 FIR 滤波器

7.2.6.1 理想滤波器

1) 低通滤波器

理想低通滤波器的频率响应为

$$H_{ld}(e^{j\omega}) = \begin{cases} e^{-j\omega\alpha}, & |\omega| \leqslant \omega_c \\ 0, & \omega_c < \omega \leqslant \pi, -\pi \leqslant \omega < -\omega_c \end{cases} \tag{7.49}$$

其脉冲相应为

$$h_{ld}(n) = \frac{\sin[\omega_c(n-\alpha)]}{\pi(n-\alpha)} \tag{7.50}$$

式中　ω_c——通带截止频率；

α——滤波器的群时延，如图 7.16 所示。

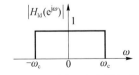

图 7.16　理想低通滤波器幅度响应

2) 带通滤波器

理想带通滤波器的频率响应为

$$H_{bd}(e^{j\omega}) = \begin{cases} e^{-j\omega\alpha}, & |\omega - \omega_0| \leq \omega_c \\ 0, & -\pi \leq \omega < -\omega_0 - \omega_c, -\omega_0 + \omega_c < \omega < \omega_0 - \omega_c, \omega_0 + \omega_c < \omega \leq \pi \end{cases}$$
(7.51)

式中 α——滤波器的群时延；

ω_0——滤波器的中心频率。

滤波器的带宽为 $2\omega_c$，上截止频率为 $\omega_0 + \omega_c$，下截止频率为 $\omega_0 - \omega_c$，如图 7.17 所示。其脉冲相应为

$$h_{bd}(n) = \frac{\sin[(n-\alpha)(\omega_0 + \omega_c)]}{\pi(n-\alpha)} - \frac{\sin[(n-\alpha)(\omega_0 - \omega_c)]}{\pi(n-\alpha)} \quad (7.52)$$

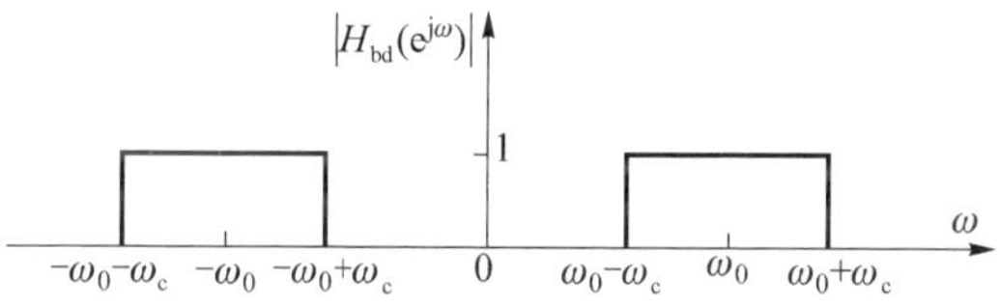

图 7.17 理想带通滤波器幅度响应

7.2.6.2 窗函数

窗函数中的参数定义如下：

a_1——最高的旁瓣峰值，单位为分贝(dB)；

a_2——频率 $f=64\text{Hz}$ 时的旁瓣电平，单位为分贝(dB)；

b——主瓣降到第一旁瓣的频率，b 值越小，主瓣越窄；

d——旁瓣包络的渐近下降斜率谱峰渐进衰减速度，单位为分贝/倍频程 (dB/oct)。

窗函数主要用于对数据进行加权，以减小旁瓣电平。需要注意的是，伴随着旁瓣的减小，主瓣有所展宽。

下面对每个窗函数均给出了时域和频域表达式及其参数的数值。

1) 矩形(Box - Car)窗

$$\begin{cases} w(t) = \begin{cases} 1, & |t| \leq \dfrac{1}{2} \\ 0, & \text{其他} \end{cases} \\ w(f) = \dfrac{\sin(\pi f)}{\pi f} \end{cases} \quad (7.53)$$

式中：$b=0.81$；$a_1=-13\mathrm{dB}$；$a_2=-46\mathrm{dB}$；$d=6\mathrm{dB/oct}$。

2）Parzen-2 窗

$$\begin{cases} w(t) = \begin{cases} 1-4t^2, & |t| \leq \dfrac{1}{2} \\ 0, & 其他 \end{cases} \\ w(f) = \dfrac{2}{(\pi f)^2}\left[\dfrac{\sin(\pi f)}{\pi f} - \cos(\pi f)\right] \end{cases} \quad (7.54)$$

式中：$b=1.28$；$a_1=-21\mathrm{dB}$；$a_2=-83\mathrm{dB}$；$d=12\mathrm{dB/oct}$。

3）Cosine-lip 窗

$$\begin{cases} w(t) = \begin{cases} \cos(\pi t), & |t| \leq \dfrac{1}{2} \\ 0, & 其他 \end{cases} \\ w(f) = \dfrac{2\cos(\pi f)}{\pi(1-4f^2)} \end{cases} \quad (7.55)$$

式中：$b=1.35$；$a_1=-23\mathrm{dB}$；$a_2=-84\mathrm{dB}$；$d=12\mathrm{dB/oct}$。

4）$\mathrm{Sin}x/x$ 窗

$$\begin{cases} w(t) = \begin{cases} \dfrac{\sin(2\pi t)}{2\pi t}, & |t| \leq \dfrac{1}{2} \\ 0, & 其他 \end{cases} \\ w(f) = \dfrac{\mathrm{Si}(f+\pi) - \mathrm{Si}(f-\pi)}{2\pi} \end{cases} \quad (7.56)$$

式中：$b=1.50$；$a_1=-26\mathrm{dB}$；$a_2=-88\mathrm{dB}$；$d=12\mathrm{dB/oct}$。

5）三角形（Bartlett(+)）窗

$$\begin{cases} w(t) = \begin{cases} 1-2|t|, & |t| \leq \dfrac{1}{2} \\ 0, & 其他 \end{cases} \\ w(f) = \dfrac{1}{2}\left[\dfrac{\sin(\pi f/2)}{\pi f/2}\right]^2 \end{cases} \quad (7.57)$$

式中：$b=1.63$；$a_1=-26\mathrm{dB}$；$a_2=-80\mathrm{dB}$；$d=12\mathrm{dB/oct}$。

6）Hann（Raised-Cosine）窗

$$\begin{cases} w(t) = \begin{cases} \dfrac{1}{2} + \dfrac{1}{2}\cos(2\pi t), & |t| \leq \dfrac{1}{2} \\ 0, & 其他 \end{cases} \\ w(f) = \dfrac{\sin(\pi f)}{2\pi f(1-f^2)} \end{cases} \quad (7.58)$$

式中:$b=1.87$;$a_1=-32\mathrm{dB}$;$a_2=-118\mathrm{dB}$;$d=18\mathrm{dB/oct}$。

7) Hamming 窗

$$\begin{cases} w(t) = \begin{cases} 0.54 + 0.46\cos(2\pi t), & |t| \leq \dfrac{1}{2} \\ 0, & \text{其他} \end{cases} \\ w(f) = \dfrac{(1.08 - 0.16f^2)\sin(\pi f)}{2\pi f(1-f^2)} \end{cases} \quad (7.59)$$

式中:$b=1.91$;$a_1=-43\mathrm{dB}$;$a_2=-63\mathrm{dB}$,$d=6\mathrm{dB/oct}$。

8) Papoulis(+)窗

$$\begin{cases} w(t) = \begin{cases} \dfrac{1}{\pi}|\sin(2\pi t)| + (1-2|t|)\cos(2\pi t), & |t| \leq \dfrac{1}{2} \\ 0, & \text{其他} \end{cases} \\ w(f) = \dfrac{2 + 2\cos(\pi f)}{\pi^2(1-f^2)^2} \end{cases} \quad (7.60)$$

式中:$b=2.70$;$a_1=-46\mathrm{dB}$;$a_2=-145\mathrm{dB}$;$d=24\mathrm{dB/oct}$。

9) Blackman 窗

$$\begin{cases} w(t) = \begin{cases} 0.42 + 0.50\cos(2\pi t) + 0.08\cos(4\pi t), & |t| \leq \dfrac{1}{2} \\ 0, & \text{其他} \end{cases} \\ w(f) = \dfrac{(0.18f^2 - 1.68)\sin(\pi f)}{\pi f(1-f^2)(f^2-4)} \end{cases} \quad (7.61)$$

式中:$b=2.82$;$a_1=-58\mathrm{dB}$;$a_2=-126\mathrm{dB}$;$d=18\mathrm{dB/oct}$。

10) Parzen-1(+)窗

$$\begin{cases} w(t) = \begin{cases} 1-24|t|^2(1-2|t|), & |t| < \dfrac{1}{4} \\ 2(1-2|t|)^3, & \dfrac{1}{4} \leq |t| \leq \dfrac{1}{2} \\ 0, & \text{其他} \end{cases} \\ w(f) = \dfrac{3}{8}\left[\dfrac{\sin(\pi f/4)}{\pi f/4}\right]^4 \end{cases} \quad (7.62)$$

式中:$b=3.25$;$a_1=-53\mathrm{dB}$;$a_2=-136\mathrm{dB}$;$d=24\mathrm{dB/oct}$。

11) Tukey 窗

$$\begin{cases} w(t) = \begin{cases} 1, & |t| < \beta \\ \dfrac{1}{2} + \dfrac{1}{2}\cos\left[\dfrac{2\pi(|t|-\beta)}{1-2\beta}\right], & \beta \leqslant |t| \leqslant \dfrac{1}{2} \\ 0, & \text{其他} \end{cases} \\ w(f) = \dfrac{\sin\left[\dfrac{\pi f(1+2\beta)}{2}\right]\cos\left[\dfrac{\pi f(1-2\beta)}{2}\right]}{\pi f[1-(1-2\beta)^2 f^2]}, \quad 0 \leqslant \beta \leqslant \dfrac{1}{2} \end{cases} \quad (7.63)$$

式中:b,a_1 和 a_2 是 β 的函数;$d = 18\text{dB/oct}$。

12) Kaiser 窗

$$\begin{cases} w(t) = \begin{cases} \dfrac{I_0(\beta\sqrt{1-(2t)^2})}{I_0(\beta)}, & |t| \leqslant \dfrac{1}{2} \\ 0, & \text{其他} \end{cases} \\ w(f) = \dfrac{\sin(\sqrt{\pi^2 f^2 - \beta^2})}{I_0(\beta)\sqrt{\pi^2 f^2 - \beta^2}}, \quad 0 \leqslant \beta \leqslant 10 \end{cases} \quad (7.64)$$

式中:b,a_1 和 a_2 是 β 的函数;$d = 6\text{dB/oct}$。

$$b = \frac{1}{\pi}\sqrt{6.5207+\beta^2}, \quad a_1 = 20\lg_{10}\frac{0.217234\beta}{\sinh(\beta)}(\text{dB})$$

13) 修正的 Kaiser 窗

$$\begin{cases} w(t) = \begin{cases} \dfrac{I_0(\beta\sqrt{1-(2t)^2})-1}{I_0(\beta)-1}, & |t| \leqslant \dfrac{1}{2} \\ 0, & \text{其他} \end{cases} \\ w(f) = \dfrac{\dfrac{\sin(\sqrt{\pi^2 f^2 - \beta^2})}{\sqrt{\pi^2 f^2 - \beta^2}} - \dfrac{\sin(\pi f)}{\pi f}}{I_0(\beta)-1}, 0 \leqslant \beta \leqslant 10 \end{cases} \quad (7.65)$$

式中:b,a_1 和 a_2 是 β 的函数;$d = 12\text{dB/oct}$。

14) 3 - Coef 窗

$$\begin{cases} w(t) = \begin{cases} \dfrac{1-4\beta}{2} + \dfrac{1}{2}\cos(2\pi t) + 2\beta\cos(4\pi t), & |t| \leqslant \dfrac{1}{2} \\ 0, & \text{其他} \end{cases} \\ w(f) = \dfrac{[(1-16\beta)f^2 - (4-16\beta)]\sin(\pi f)}{2\pi f(1-f^2)(f^2-4)}, \quad 0 \leqslant \beta \leqslant 0.045 \end{cases} \quad (7.66)$$

式中:b,a_1 和 a_2 是 β 的函数;$d = 18\text{dB/oct}$。

15) 道尔夫 – 切比雪夫(Dolph – Chebyshev)窗

N 阶道尔夫 – 切比雪夫多项式

$$T_N(x) = \begin{cases} (-1)^N \cosh[N\mathrm{arccosh}(-x)], & x \leq -1 \\ \cos[N\mathrm{arccos}(x)], & |x| \leq 1 \\ \cosh[N\mathrm{arccosh}(x)], & x \geq 1 \end{cases} \quad (7.67)$$

$$D(f) = \varepsilon T_N[A\cos(\pi f/N)] \quad (7.68)$$

式中

$$\varepsilon = 10^{a_1/20}, \text{或} 20\lg\varepsilon = a_1$$

$$A = \cosh\left[\frac{1}{N}\mathrm{arccosh}\left(\frac{1}{\varepsilon}\right)\right]$$

$$b = \frac{N}{\pi}\mathrm{arccos}\left(\frac{1}{A}\right)$$

$$d = 0$$

切比雪夫窗的主要特点包括:参数 b 小,这就意味着主瓣窄,分辨率高;参数 $d = 0$,意味着所有的副瓣均相等,其值为 a_1。由于切比雪夫窗具备以上特点,所以在许多领域都得到了广泛应用。

图 7.18 给出了根据部分窗函数计算的曲线。

7.2.7 I 和 Q 通道幅相不一致对改善因子 I_{dB} 的限制

我们知道,在理想的情况下,相干接收机中的 I 和 Q 两路相干检波器在相位上严格地相差 90°,即正交,在幅度上是相等的,但在实际的接收机中,由于各种原因是难于达到的,因此在幅度和相位上都会存在误差,我们分别以 ΔA 和 $\Delta \theta$ 表示。于是,我们便可将两路正交输出信号表示成

$$\begin{cases} x_I(t) = E_I + A(1 + \Delta A)\cos(2\pi f_d + \theta) \\ x_Q(t) = E_Q + A\sin(2\pi f_d + \theta + \Delta\theta) \end{cases} \quad (7.69)$$

式中　E_I, E_Q ——两路正交输出的直流分量;

　　　A ——理想情况下的信号幅度;

　　　θ ——信号的初始相位;

　　　f_d ——多普勒频率;

　　　ΔA —— I 和 Q 幅度不一致的百分比;

　　　$\Delta \theta$ ——相位不一致因子。

经理论分析,得到了 I 通道和 Q 通道幅相不一致对改善因子 I_{dB} 的限制,如表 7.7 所列。这样,在系统设计时,就可以根据对改善因子的要求,提出对相干检波器的设计要求了。

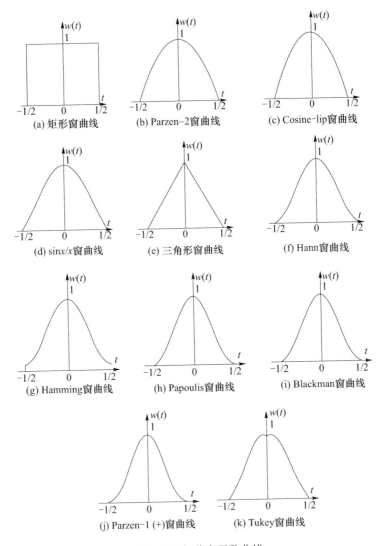

图 7.18　部分窗函数曲线

由表 7.7 可以看出，要想使 I 通道和 Q 通道不正交对改善因子的限制保持在 $-30\mathrm{dB}$，$\Delta\theta$ 和 ΔA 有以下三种组合：$\Delta\theta=3\%$，$\Delta A\leqslant 3\%$；$\Delta\theta=2\%$，$\Delta A\leqslant 5\%$；$\Delta\theta=1\%$，$\Delta A\leqslant 6\%$。

众所周知，由于在技术上控制相干检波器的相位误差比控制其幅度误差更困难，因此选择第一种组合可能更为合理。

最后需要指出的是，如果要求 $I_{\mathrm{dB}}>40\mathrm{dB}$，表中的 $\Delta\theta$、ΔA 均要小于 1%，尽管相干检波器达不到要求，但只要进行适当的补偿还是可能满足要求的。

表7.7 I 通道和 Q 通道幅相不一致对改善因子 I_{dB} 的限制(dB)

$\Delta\theta$ \ ΔA	1%	2%	3%	4%	5%	6%	7%	8%	9%	10%
1%	-39.993	-37.584	-35.255	-33.266	-31.585	-30.148	-38.900	-27.800	-26.818	-25.933
2%	-34.863	-33.973	-32.803	-31.563	-30.360	-29.235	-28.197	-27.245	-26.370	25.564
3%	-31.528	-31.092	-30.451	-29.687	-28.869	-28.042	-27.232	-26.453	-25.713	-25.011
4%	-29.093	-28.842	-28.449	-27.952	-27.387	-26.783	-26.163	-25.543	-24.933	-24.399
5%	-27.190	-27.024	-26.762	-26.418	-26.014	-25.565	-25.089	-24.598	-24.100	-23.605
6%	-25.624	-25.507	-25.320	-25.072	-24.771	-24.430	-24.059	-23.667	-23.261	-22.848
7%	-24.295	-24.209	-24.070	-23.882	-23.652	-23.386	-23.091	-22.774	-22.441	-22.097
8%	-23.142	-23.076	-22.968	-22.822	-22.640	-22.428	-22.191	-21.931	-21.655	-21.366
9%	-22.124	-22.071	-21.986	-21.868	-21.722	-21.550	-21.354	-21.140	-20.908	-20.664
10%	-21.212	-21.169	-21.100	-21.004	-20.883	-20.741	-20.578	-20.398	-20.202	-19.993

7.3 雷达信号处理分系统仿真模型

7.3.1 A/D变换器模型

A/D变换器的功能是将来自相干检波器的模拟输入信号变成数字信号以供给数字信号处理机进行信号处理，其模型介绍如下。

A/D变换器输出的数字信号为

$$\begin{cases} y_I(t) = \dfrac{(V_I(t) - V_{\min})(2^N - 1)}{V_{\max} - V_{\min}} \\ y_Q(t) = \dfrac{(V_Q(t) - V_{\min})(2^N - 1)}{V_{\max} - V_{\min}} \end{cases} \tag{7.70}$$

式中 $V_{\max}$——A/D变换器输入信号的最大值；

$V_{\min}$——A/D变换器输入信号的最小值；

N——A/D变换器的位数，也被称为精度；

$V_I(t),V_Q(t)$——分别为 A/D 变换器 I 和 Q 两个通道的输入信号。

A/D变换的另一个模型与上述模型在表达式上有些区别，现给出如下

$$\begin{cases} y_I(t) = \dfrac{V_{\max}}{2^N} \text{Int}\left[\dfrac{V_I(t) 2^N}{V_{\max}}\right] \\ y_Q(t) = \dfrac{V_{\max}}{2^N} \text{Int}\left[\dfrac{V_Q(t) 2^N}{V_{\max}}\right] \end{cases} \tag{7.71}$$

式中:Int[·]为取整,其他参数与前一种方法相同。需要注意的是,前一种方法的输出给出的是用十进制表示的二进制数,而后一种方法的输出表示的是量化以后的十进制信号的幅度。

7.3.2 缓存器

缓存器是将雷达回波信号按照探测周期和距离单元排列成一个二维矩阵,不同探测周期、相同距离单元的回波信号按行排列,即行对应不同的探测周期,列对应不同的距离单元。在排列前我们要将每一距离单元的回波信号抽样成一个点。设缓存器排列的二维矩阵为

$$S = \begin{bmatrix} s_{11} & s_{12} & \cdots & s_{1M_r} \\ s_{21} & s_{22} & \cdots & s_{2M_r} \\ \vdots & \vdots & \ddots & \vdots \\ s_{N_p1} & s_{N_p2} & \cdots & s_{N_pM_r} \end{bmatrix} \quad (7.72)$$

式中 $s_{N_iM_j}$ ——第 N_i 个探测周期的第 M_j 个距离单元的回波信号;

N_p ——雷达的帧脉冲数;

M_r ——雷达距离门个数。在缓存器之后雷达系统将按等距离单元对回波信号进行处理。

通常 N_p 由一个雷达相干处理周期 T_p 决定

$$N_p = \text{Int}\{T_p/T_r\} \quad (7.73)$$

式中 T_r ——雷达脉冲重复周期。

对于高重复频率和中重复频率雷达有

$$M_r = \text{Int}\{T_r/\tau_c\} \quad (7.74)$$

式中 τ_c ——脉冲压缩后的脉冲宽度,对于低重复频率雷达有

$$M_r = \text{Int}\{T_{max}/\tau_c\} \quad (7.75)$$

$$T_{max} = 2R_{max}/C \quad (7.76)$$

式中 R_{max} ——雷达最大作用距离。低重复频率雷达满足

$$T_r > T_{max} \quad (7.77)$$

7.3.3 线性调频脉冲压缩

线性调频脉冲压缩能对接收的线性调频信号进行匹配滤波,其原理与算法介绍如下。

脉冲压缩波形的复包络可由下式表示

$$\widetilde{P}(t) = \exp\left[-\mathrm{j}\pi\left(\frac{W}{T}\right)t^2\right], |t| \leqslant \frac{T}{2} \tag{7.78}$$

式中　W——信号的扫频宽度；

T——信号的持续时间。

为了分析和使用方便将其写成如下形式

$$\widetilde{P}(t) = \exp\left(-\mathrm{j}\frac{1}{2}ut^2\right), |t| \leqslant \frac{T}{2} \tag{7.79}$$

式中：$u = 2\pi\dfrac{W}{T}$。

我们假设压缩比为 32∶1。脉冲压缩滤波器的幅度谱近似矩形，可表示为

$$\widetilde{H}(f) = \exp\left(\mathrm{j}\frac{\omega^2}{2u}\right) \tag{7.80}$$

如果将其表示成同相和正交分量，则有

$$\widetilde{H}(f) = H_\mathrm{d}(\omega) + \mathrm{j}H_\mathrm{q}(\omega)$$

式中

$$H_\mathrm{d}(\omega) = \cos\frac{\omega^2}{2u}$$

$$H_\mathrm{q}(\omega) = -\sin\frac{\omega^2}{2u}$$

于是，我们得到实现脉冲压缩的步骤如下：

步骤 1　通过快速傅里叶变换，将来自 MTI 的信号变到频域，即

$$[r_\mathrm{id}(t), r_\mathrm{iq}(t)] \to \mathrm{FFT} \to [R_\mathrm{id}(\omega), R_\mathrm{iq}(\omega)]$$

步骤 2　按下式求出压缩脉冲的谱

$$Y_\mathrm{id}(\omega) = R_\mathrm{id}(\omega)H_\mathrm{d}(\omega) - R_\mathrm{iq}(\omega)H_\mathrm{q}(\omega)$$

$$Y_\mathrm{iq}(\omega) = R_\mathrm{iq}(\omega)H_\mathrm{d}(\omega) + R_\mathrm{id}(\omega)H_\mathrm{q}(\omega)$$

步骤 3　通过快速傅里叶反变换，求出 I 通道和 Q 通道的输出压缩脉冲信号

$$[Y_\mathrm{id}(\omega), Y_\mathrm{iq}(\omega)] \to \mathrm{IFFT} \to [y_\mathrm{id}(t), y_\mathrm{iq}(t)]$$

式中　$[r_\mathrm{id}(t), r_\mathrm{iq}(t)]$——输入信号的同相和正交分量；

$[y_\mathrm{id}(t), y_\mathrm{iq}(t)]$——输出信号的同相和正交分量；

$[H_\mathrm{d}(\omega), H_\mathrm{q}(\omega)]$——压缩滤波器幅度谱的同向和正交分量。

压缩滤波器时域处理结构如图 7.19 所示。

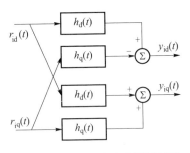

图 7.19　脉冲压缩滤波器原理图

7.3.4　固定杂波对消器(MTI)

用于抑制固定地物杂波的滤波器称为固定对消器,它利用固定地物的多普勒频率为零的特点,采用跨周期相消方式抑制掉回波中的固定地物杂波。常用的有一次对消器和二次对消器。

7.3.4.1　非递归型一次对消器

非递归型一次对消器简称一次对消器,也称两脉冲对消器,其具有消除或减小雷达相干检波器输出信号中杂波的功能,结构图如图 7.20 所示。

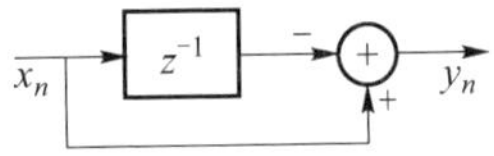

图 7.20　非递归型一次对消器

差分方程为

$$y_n = x_n - x_{n-1} \tag{7.81}$$

幅频响应为

$$|F(e^{j\omega T})| = 2\left|\sin\left(\frac{\omega T}{2}\right)\right|$$

改善因子是衡量系统功率信杂比改善程度的指标,定义为系统输出端信号杂波功率比与输入端信号杂波功率比的比值,一般用 I 表示。对一次对消器有

$$I_1 = 2\left(\frac{f_r}{2\pi\sigma_c}\right)^2 \tag{7.82}$$

式中　f_r——雷达脉冲重复频率;

　　　T——采样脉冲周期;

　　　σ_c——杂波功率谱的标准差,$\sigma_c = \dfrac{2\sigma_v}{\lambda}$;

　　　λ——雷达工作波长;

σ_v——反射体速度分布的均方根值。

一次固定对消器的幅频特性是半余弦状,不是理想的矩形,又由于杂波内部相对运动,天线扫描,A/D 变换器位数等因素的影响,固定一次对消器的改善因子不可能很高,在对付强地物杂波时,常采用两个一次对消器级联的办法提高对消器的改善因子。

7.3.4.2 非递归型二次对消器

非递归型二次对消器简称二次对消器,也称三脉冲对消器,其具有减小或消除雷达相干检波器输出信号中杂波的功能,结构图如图 7.21 所示。

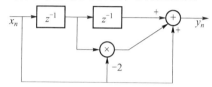

图 7.21 非递归型二次对消器

差分方程为

$$y_n = x_n - 2x_{n-1} + x_{n-2} \tag{7.83}$$

幅频响应为

$$|F(e^{j\omega T})| = 2\left|4\sin^2\left(\frac{\omega T}{2}\right)\right|$$

改善因子为

$$I_2 = 2\left(\frac{f_r}{2\pi\sigma_c}\right)^4 \tag{7.84}$$

式中参数与一次对消器相同。

7.3.4.3 非递归型三次对消器

非递归型三次对消器简称三次对消器,也称四脉冲对消器,其具有消除或减小雷达相干检波器输出信号中杂波的功能,结构图如图 7.22 所示。

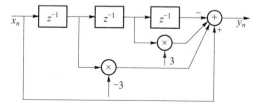

图 7.22 非递归型三次对消器

差分方程为
$$y_n = x_n - 3x_{n-1} + 3x_{n-2} - x_{n-3} \quad (7.85)$$

幅频响应为
$$|F(e^{j\omega T})| = \frac{4}{3}\sin^4\left(\frac{\omega T}{2}\right)$$

改善因子为
$$I_3 = 2\left(\frac{f_r}{2\pi\sigma_c}\right)^6 \quad (7.86)$$

7.3.4.4 非递归型 N 次对消器

从以上三种对消器的加权系数我们可以看出，它们实际上是一种类型的对消器，即二项式系数加权对消器，加权系数为 $(a-b)^N$ 展开式的系数如表 7.8 所列。

表 7.8 二项式系数

N	$(a-b)^N$	展开式系数
1	$a-b$	1, 1
2	$a^2 - 2ab + b^2$	1, -2, 1
3	$a^3 - 3ab + 3ab - b^3$	1, -3, 3, 1

这里只给出了最大 N 值为 3 的情况，但有了规律就不难找出不同 N 值时的加权系数了。由此，我们得到差分方程的一般表示式

$$\begin{cases} y_n = \sum_{i=0}^{N} c_i x_{n-i} \\ c_i = (-1)^i C_N^i \end{cases} \quad (7.87)$$

实际上，对不同 N 值时的改善因子也是有规律可循的。根据二项式的规律，我们也不难找出不同 N 值时的传递函数的表达式。

一次对消器，其传递函数为
$$F(z) = \frac{z-1}{z}$$

二次对消器，其传递函数为
$$F(z) = \frac{(z-1)^2}{z^2}$$

以此类推，N 次对消器，其传递函数为
$$F(z) = \frac{(z-1)^N}{z^N}$$

以二项式系数为加权系数的一类对消器,它们都能不同程度地消除或减小雷达相干检波器输出信号中的杂波,只是幅度的大小和所涉及的频率范围有所不同而已。

7.3.4.5 递归型一次对消器

有限冲击响应滤波器 FIR 的一次固定对消器的优点是简单易于实现,但它的改善因子不够高,幅频响应不平坦,半功率以下部分约占 50%。如果只从改善因子考虑,可以考虑采用 IIR 递归对消器。

递归型一次对消器又称递归型或反馈型二脉冲对消器,其具有消除或减小雷达相干检波器输出中杂波的功能,结构图如图 7.23 所示。

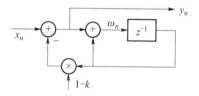

图 7.23 递归型一次对消器

差分方程为

$$\begin{cases} y_n = x_n - (1-k)\omega_{n-1} \\ \omega_n = y_n + \omega_{n-1} \end{cases} \tag{7.88}$$

或

$$y_n = x_n - x_{n-1} + ky_{n-1}$$

从差分方程可以看出,当 $k=0$ 时,即是无反馈一次对消器的情况,只要适当选择 k 值,就会得到优于无反馈一次、二次对消器的性能。

幅频响应为

$$|F(e^{j\omega T})| = \frac{2\left|\sin\left(\dfrac{\omega T}{2}\right)\right|}{(1+k^2-2k\cos\omega T)^{\frac{1}{2}}}$$

7.3.4.6 递归型二次对消器

递归型二次对消器又称递归型或反馈型三脉冲对消器,其具有消除或减小雷达相干检波器输出中杂波的功能,结构图如图 7.24 所示。

差分方程为

$$z_n = x_n + k_2 \omega_{n-1}$$

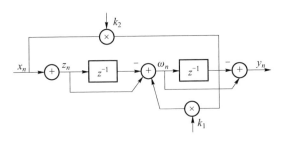

图 7.24 递归型二次对消器

$$\omega_n = z_n - z_{n-1} + k_1 \omega_{n-1}$$
$$y_n = \omega_n - \omega_{n-1}$$

或

$$y_n = x_n - 2x_{n-1} + x_{n-2} + (k_1 + k_2)y_{n-1} - k_2 y_{n-2} \tag{7.89}$$

其传递函数为

$$F(z) = \frac{(1 - z^{-1})^2}{1 - (k_1 + k_2)z^{-1} + k_2 z^{-2}}$$

令传递函数表达式中的 $z = e^{j\omega T}$，不难得到其频率响应的表达式。值得注意的问题是，对具有反馈支路的对消器，在选择加权系数时，必须考虑它的暂态过程。

7.3.4.7 递归型三次对消器

递归型三次对消器又称递归型电脉冲对消器其能对宽谱地杂波进行杂波相消，主要用于搜索雷达，结构图如图 7.25 所示。

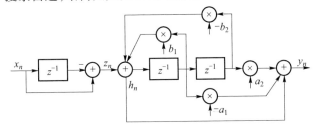

图 7.25 递归型三次对消器

差分方程为

$$\begin{cases} z_n = x_n - x_{n-1} \\ h_n = z_n + b_1 h_{n-1} - b_2 h_{n-2} \\ y_n = h_n - a_1 h_{n-1} + a_2 h_{n-2} \end{cases} \tag{7.90}$$

传递函数为

$$F(z) = \frac{(z-1)(z^2 - a_1 z + a_2)}{z(z^2 - b_1 z + b_2)}$$

该对消器共有三个零点,除了一个在单位圆的零点外,在单位圆上还有一对共轭零点,如图 7.26 所示。

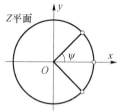

图 7.26　Z 平面单位圆

如果令 $b_1 = b_2 = 0.5, a_1 = 2\alpha, a_2 = 1, \alpha = \cos\phi$,有幅频响应,即

$$|F(e^{j\omega T})| = \frac{4\sin(\cos\omega T - \alpha)}{\sqrt{2\cos^2\omega T - \frac{2}{3}\cos\omega T + 0.5}} \tag{7.91}$$

幅频响应曲线如图 7.27 所示。

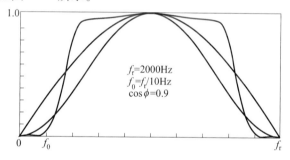

图 7.27　递归型三次对消器幅频响应曲线

图中共有三条曲线,从顶部看,最里面的是普通二次对消器的幅频响应曲线,中间的是一次对消器的幅频响应曲线,顶部平坦的是这里给出的三次对消器幅频响应曲线。图中给出的参数是: $f_r = 2000\text{Hz}, f_0 = f_r/10\text{Hz}, \alpha = \cos\phi = 0.9$。显然,在地杂波谱较宽的情况下,对 f_0 以下的频率范围,所给出的三次对消器的性能要明显好于一、二次对消器,其原因在 $\alpha = 0.9$ 处有一个零点。该对消器在很宽的频率范围内有近于不变的增益,在该频率范围内所给出的信号噪声比与最佳频率 $f_r/2$ 处的信号噪声比接近。在实际应用中,可通过改变 α 控制凹口的宽度,图中的 $\phi \approx 25°$。

7.3.5　自适应动目标显示(AMTI)

采用自适应动目标显示(AMTI)技术的目的是为了抑制海浪、云、雨等运动杂波,其实现方法是将对消器的幅频特性曲线的阻带对准杂波平均多普勒频率中心。

7.3.5.1 自适应一次对消器

自适应一次对消器能对雷达中的运动杂波进行自适应对消,其结构图如图 7.28 所示。

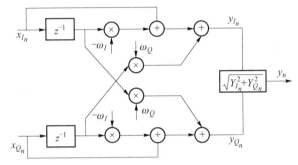

图 7.28 自适应一次对消器原理图

差分方程为

$$y_n = x_n - x_{n-1}e^{j\theta} \tag{7.92}$$

传递函数为

$$H(z) = 1 - z^{-1}e^{j\theta}$$

幅频响应为

$$|H(e^{j\omega T})| = \sqrt{2 - 2k_1\cos\omega T + 2k_2\sin\omega T}$$

用正交支路差分方程表示为

$$\begin{cases} y_{I_n} = x_{I_n} - W_I x_{I_{n-1}} + W_Q x_{Q_{n-1}} \\ y_{Q_n} = x_{Q_n} - W_I x_{Q_{n-1}} + W_Q x_{I_{n-1}} \end{cases} \tag{7.93}$$

其中,权系数

$$W_I = \cos\theta$$
$$W_Q = \sin\theta$$

式中 $\theta = 2\pi \dfrac{f_d}{f_r}$

式中 f_d——雷达杂波谱中心的多普勒频率;
f_r——雷达脉冲重复频率。

用复数形式表示为

$$y_n = y_{I_n} + jy_{Q_n}$$

取模输出为

$$y_n = \sqrt{y_{I_n}^2 + y_{Q_n}^2} \tag{7.94}$$

7.3.5.2 自适应二次对消器

为了提高改善因子或对消不同频率的运动杂波可以采用自适应对消器级联方式。

自适应二次对消器能对雷达运动杂波进行自适应对消,其结构图如图7.29所示。

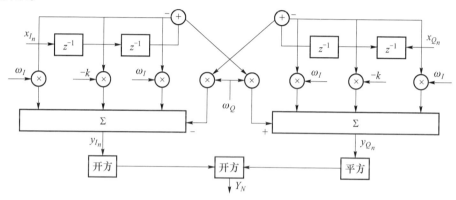

图7.29 自适应二次对消器原理图

I通道和Q通道的输出分别为

$$\begin{cases} y_{I_n} = w_I x_{I_{n-2}} - k x_{I_{n-1}} + w_I x_{I_n} - w_Q [x_{Q_{n-2}} - x_{Q_n}] \\ y_{Q_n} = w_I x_{Q_{n-2}} - k x_{Q_{n-1}} + w_I x_{Q_n} + w_Q [x_{I_{n-2}} - x_{I_n}] \end{cases} \tag{7.95}$$

式中 x_{I_n}——I通道的输入信号;

x_{Q_n}——Q通道的输入信号;

w_I——I通道的权值;

w_Q——Q通道的权值;

k——滤波器的加权系数。

自适应对消器的最后输出为

$$y_n = \sqrt{y_{I_n}^2 + y_{Q_n}^2} \tag{7.96}$$

自适应二次对消器为在单位圆上有两个零点的非递归复滤波器。假定两个零点到实轴的夹角分别为θ_1和θ_2,并令

$$\begin{cases} \theta = \dfrac{\theta_1 + \theta_2}{2} \\ \phi = \dfrac{\theta_1 - \theta_2}{2} \end{cases} \tag{7.97}$$

则有滤波器权值

$$\begin{cases} w_I = \cos\theta \\ w_Q = \sin\theta \\ k = 2\cos\phi \end{cases} \quad (7.98)$$

当自适应对消器的权值 w_I, w_Q 和 ϕ 值同时改变时,可同时控制自适应对消器的凹口位置和凹口宽度。

当自适应对消器在单位圆上的两个零点不是重零点,即 $\theta_1 \neq \theta_2$,并且 ϕ 不变时,改变权值 w_I 和 w_Q,将改变凹口的位置,凹口中心位于 $\dfrac{\theta_1 + \theta_2}{2T}$,这时凹口宽度不变,凹口宽度是由 ϕ 值决定的;当给定 θ_1 和 θ_2,且 $\theta_1 \neq \theta_2$ 时,改变 ϕ 值的大小,便可改变凹口的宽度,但凹口的位置保持不变,凹口宽度为 $\dfrac{\theta_2 - \theta_1}{2T}$;当 $\theta_1 = \theta_2$ 时,也就是自适应二次对消器的两个零点是二重零点时,这时权值 $k = 2$,自适应对消器将有一个固定的凹口位置,在该位置的幅频响应底部宽度为零。

7.3.6 离散傅里叶变换对

离散傅里叶变换能将时域信号变换到频域,或将频域信号变换到时域。

$$\begin{cases} X_k = \sum_{n=0}^{N-1} X_n \exp(-j2\pi nk/N), k = 0, 1, \cdots, N-1 \\ X_n = \dfrac{1}{N} \sum_{k=0}^{N-1} X_k \exp(j2\pi nk/N), n = 0, 1, \cdots, N-1 \end{cases} \quad (7.99)$$

令

$$W = \exp(-j2\pi/N)$$

则有

$$\begin{cases} X_k = \sum_{n=0}^{N-1} X_n W^{nk}, k = 0, 1, \cdots, N-1 \\ X_n = \dfrac{1}{N} \sum_{k=0}^{N-1} X_k W^{-nk}, n = 0, 1, \cdots, N-1 \end{cases} \quad (7.100)$$

式中 $\{X_n\}$ ——输入时间序列;

$\{X_k\}$ ——输出时间序列;

N ——输入、输出时间序列长度。

1) FFT 频率响应

(1) FFT 的幅频响应为

$$|H(\omega)| = \left| \frac{1}{N} \frac{\sin\left[\pi\left(N\frac{f}{f_r} - k\right)\right]}{\sin\left[\frac{\pi}{N}\left(N\frac{f}{f_r} - k\right)\right]} \right| \quad (7.101)$$

式中　N——FFT 点数；

　　　k——滤波器号数，$k = 0, 1, \cdots, N-1$；

　　　f_r——雷达脉冲重复频率。

（2）MTI 对消器与 FFT 滤波器级联时的幅频响应为

$$|H(\omega)| = \left| \sin^m\left(\frac{\pi f_d}{f_r}\right) \frac{\sin\left[\pi\left(N\frac{f}{f_r} - k\right)\right]}{\sin\left[\frac{\pi}{N}\left(N\frac{f}{f_r} - k\right)\right]} \right| \quad (7.102)$$

式中　N——FFT 的点数；

　　　k——滤波器号数，$k = 0, 1, \cdots, N-1$；

　　　f_r——雷达脉冲重复频率；

　　　m——对消器级数。

2）FFT 滤波器权函数

通常采用对滤波器进行加权的方法以减小输出信号的旁瓣电平，所带来的影响是使主瓣宽度展宽了。第 k 个加权以后的滤波器输出为

$$W_k = x_k + \alpha(x_{k+1} + x_{k-1}) \quad (7.103)$$

式中　α——权函数，如 Hamming 权、Hann 权等。

3）FFT 改善因子

（1）不加权时的改善因子为

$$I = \frac{N^2}{N + \sum_{i=0}^{N-1}(N-i)\cos 2\pi i \frac{k}{N}\exp(-i^2 4\pi^2 \sigma_f^2 T^2)} \quad (7.104)$$

式中　T——雷达脉冲重复周期；

　　　N——FFT 的点数；

　　　σ_f——杂波功率谱标准差。

（2）加权后的改善因子为

$$I = \frac{\left(\sum_{i=0}^{N-1} a_i\right)^2}{\sum_{i=0}^{N-1}\sum_{j=0}^{N-1} a_i a_j \cos\left[2\pi(i-j)\frac{k}{N}\right]\rho_c[(i-j)T]} \quad (7.105)$$

式中　$a_{i,j}$——考虑窗函数后的复权；

k——滤波器号数,$k=0,1,\cdots,N-1$；

$\rho_c(\cdot)$——杂波协方差矩阵中的元素。

而T和N的涵义与式(7.104)相同。

由于级联以后的改善因子表达式比较复杂,这里没有给出来。在系统性能评估时,可将对消器和 FFT 滤波器分开考虑。

7.3.7 多普勒滤波器组(FFT)

动目标检测 MTD 采用最简单的 FFT 在频域实现滤波器组,具体算法是对同距离单元的数据进行相参积累,即 FFT 运算。设第 i 个探测周期第 j 个距离单元的雷达回波数据为 s_{ij},则 N_{FFT} 点 FFT 的输出为

$$S_{FFT}(k,j) = FFT\{s_{ij}\}, k=0,1,\cdots,(N_{FFT}-1), j=1,2,\cdots,M_r \quad (7.106)$$

式中:N_{FFT} 为 FFT 的长度；M_r 雷达的距离单元数；j 对应距离单元；k 对应多普勒单元或速度单元,k 的范围为 $0 \sim N_{FFT}-1$,MTD 可测量的无模糊多普勒频率的范围为 $-f_r/2 \sim f_r/2$,第个多普勒单元对应的多普勒频率为

$$f_{dk} = \begin{cases} \dfrac{k \cdot f_r}{N_{FFT}}, & k \leqslant \dfrac{N_{FFT}}{2} \\ \dfrac{(k-N_{FFT})f_r}{N_{FFT}}, & k > \dfrac{N_{FFT}}{2} \end{cases} \quad (7.107)$$

N_{FFT} 应大于雷达的帧脉冲数 N_p,由于二次主瓣杂波滤波器需要两个脉冲,所以 N_{FFT} 应满足下列条件

$$N_{FFT} \geqslant N_p - 4 \quad (7.108)$$

雷达信号处理中,发射的脉冲数越多,也就是 FFT 运算的点数 N_{FFT} 越多,探测目标的速度信息也就越精确,但是受到雷达导引头天线波束宽度的限制,发射的脉冲数不可以随意的增加。

一般 FFT 都有比较高的旁瓣,为了降低旁瓣,模型中采用加权 FFT,即对回波数据进行加窗运算,窗函数可根据旁瓣要求选择,算法原理如图 7.30 所示。

图 7.30 加窗 FFT 原理算法框图

7.3.8 恒虚警率(CFAR)处理器模型

对雷达信号的检测通常都是在干扰背景下进行的,这些干扰包括接收机内部的热噪声以及地物、云雨、海浪等杂波,有时还有敌人施放的有源和无源干扰。

由于这些干扰通常比雷达内部的噪声电平高得多,所以它们将大量的增加虚警,从而使雷达处理过载,即使是输入信号有足够的信噪比,也不可能作出正确的判断。因此,在加强干扰中提取信号时不仅要求输入信号有一定的信噪比,而且要求输入必须有恒虚警设备,这样才能使处理机不致使虚警太多而过载。

7.3.8.1 对数雷达接收机输出特性

对数雷达接收机对输入信号进行对数压缩使接收机输出具备恒虚警率特性。假定窄带对数雷达接收机有理想的输入输出关系为

$$z = A\ln(Bx) \tag{7.109}$$

式中:A 和 B 为接收机常数。输出信号服从以下分布

$$p(z) = \frac{e^{2\frac{z}{A}}}{AB^2\sigma^2}\exp\left(-\frac{e^{2\frac{z}{A}}}{2B^2\sigma^2}\right) \tag{7.110}$$

可以证明,随机变量 z 的方差为

$$D(z) = \frac{A^2}{4}\left(C^2 + \frac{\pi^2}{6}\right) - \frac{A^2 C^2}{4} = \frac{A^2 \pi}{24} \tag{7.111}$$

式中 C——欧拉常数。

显然,对数接收机的输出信号与输入信号强度 σ^2 无关,即它是一个常数,只要从它的输出中减去直流分量,给定一个门限电平 T,便可得到恒定的虚警率。

结构图如图 7.31 所示。

图 7.31 雷达对数 CFAR 接收机

实际上,实际的对数接收机特性与理想情况还是有区别的。实际对数接收机特性为

$$z = A\ln(1 + Bx) \tag{7.112}$$

其输出方差为

$$D(z) = \frac{A^2}{4}\left\{\frac{\pi^2}{6} - \frac{1}{B^2\sigma^2}\left[1 + \ln(2B^2\sigma^2) - C + \frac{1}{4B^2\sigma^2}\right]\right\} \tag{7.113}$$

这一结果表明,实际对数接收机输出的方差并不为常数。计算表明,如果在设计对数接收机时,使噪声的均方根值在对数曲线的 20dB 点上,基本上能够保证系统的恒虚警性能,这可通过调整接收机增益 B 来达到。

7.3.8.2 杂波图恒虚警率(CFAR)处理器

杂波图恒虚警率处理器通过对雷达杂波跨周期减平均值的方法,达到 CFAR 的目的。其结构图如图 7.32 所示。

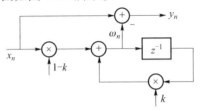

图 7.32　杂波图存储 CFAR 处理器

杂波图存储 CFAR 处理器实际上是由两部分组成的,它们是积分器和减法器。

积分器差分方程为

$$\omega_n = (1-k)x_n + k\omega_{n-1} \qquad (7.114)$$

其中常数 $k<1$,否则该电路就不稳定了。从差分方程我们看出,杂波图存储器中的积分器,对输入杂波起平滑作用,即取出输入信号的直流分量。

减法器差分方程为

$$y_n = x_n - \omega_n \qquad (7.115)$$

于是我们又看出,从输入信号中减去直流分量,实际上构成了一个数字微分器,简而言之,如果输入杂波是一个大幅度的宽方波,无疑两者相减的结果必然是只保留了上升沿和下降沿,而将中间部分全部消掉,故才起到了恒虚警的作用,如图 7.33 所示。这就是说,利用杂波图存储的方法抑制杂波,在杂波的边缘附近效果是不好的。

图 7.33　数字微分器

传递函数为

$$F(z) = \frac{k(1-z^{-1})}{1-kz^{-1}} \qquad (7.116)$$

从传递函数表达式我们看到了它的高通特性。

7.3.8.3 普通单元平均 CFAR 处理器

普通单元平均 CFAR 处理器能对雷达信号进行 CFAR 处理,其结构图如图

7.34 所示。

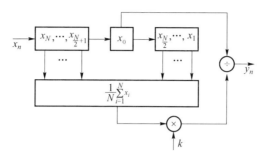

图 7.34 普通单元平均 CFAR 处理器

图中 k 为加权系数；N 为参考单元数；x_n 为线性接收机输出信号；y_n 为 CFAR 输出；x_0 为处理单元。

CFAR 输出为

$$y_n = \frac{x_0}{\frac{1}{N}\sum_{i=1}^{N} x_i} \qquad (7.117)$$

N 一般取 $4,8,16,32$。

普通单元平均 CFAR 处理器主要有两个缺点，一个是边缘效应比较严重。边缘效应区域分虚警增加区和虚警减小区。虚警减小区域意味着该区域的信噪比损失大；另一个是最后的除法运算计算机开销较大。

这里需要指出的是，普通单元平均 CFAR 处理器对瑞利分布信号是恒虚警的，是因为瑞利分布信号的均值是与其分布参数 σ 成正比的，对韦布尔分布和对数－正态分布的信号，则必须估计其二阶矩阵，然后对信号进行归一处理，才能得到 CFAR 性能。

7.3.8.4 普通对数单元平均 CFAR 处理器

普通对数单元平均 CFAR 处理器能对雷达信号进行 CFAR 处理，提高运算速度，其结构图如图 7.35 所示。与普通单元平均 CFAR 处理器的主要区别有三点：一是其输入信号为对数接收机的输出信号或者是线性接收机的输出信号取了数字对数，以适应 CFAR 处理的需要；二是由于对数输入，普通单元平均 CFAR 处理器中的除法运算简化为减法运算；三是去显示器的信号要取反对数以恢复其线性对比度特性。

CFAR 输出为

$$y_n = x_0 - k\frac{1}{N}\sum_{i=1}^{N} x_i \qquad (7.118)$$

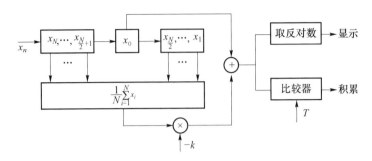

图 7.35 普通对数单元平均 CFAR 处理器

在对数单元平均 CFAR 处理器与普通单元平均 CFAR 处理器其他条件相同的情况下,对数单元平均 CFAR 处理器的信噪比损失要大一些,故要使两者有相同的性能,必须适当增加参考单元的数量。已经证明,两者有如下关系

$$N_{\text{LOG}} = 1.65 N_{\text{LIN}} - 0.65 \tag{7.119}$$

即对数单元平均 CFAR 处理器的参考单元数 N_{LOG} 必须比普通单元平均 CFAR 处理器增加 65%,才能保证两者有相同的性能。

7.3.8.5 选大输出普通单元平均 CFAR 处理器

选大输出普通单元平均 CFAR 处理器能对雷达信号进行 CFAR 处理,减小边缘效应的影响,其结构图如图 7.36 所示。其与普通单元平均 CFAR 处理器的主要区别是将处理单元两侧的信息分别求和,然后选其大者作为输出去进行处理。

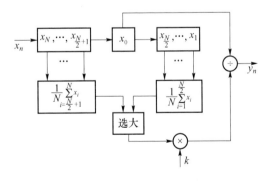

图 7.36 选大输出普通单元平均 CFAR 处理器

CFAR 输出为

$$y_n = \frac{x_0}{k \max(x_1, x_2)} \tag{7.120}$$

$$x_1 = \frac{1}{N}\sum_{i=1}^{\frac{N}{2}} x_i$$

$$x_2 = \frac{1}{N}\sum_{i=\frac{N}{2}+1}^{N} x_i$$

式中 $\max(x_1, x_2)$ ——选大输出。

采用选大输出普通单元平均 CFAR 处理器时,必须明确,选大输出只能消除 CFAR 电路输出边缘效应中虚警增加区域的虚警。

7.3.8.6 选大输出对数单元平均 CFAR 处理器

选大输出对数单元平均 CFAR 处理器能对雷达信号进行 CFAR 处理,减小边缘效应的影响,其结构图如图 7.37 所示。其与普通单元平均 CFAR 处理器的主要区别是将处理单元两侧的信息分别求和,然后选其大者作为输出去进行处理。

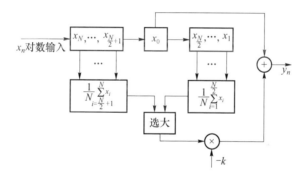

图 7.37 选大输出对数单元平均 CFAR 处理器

$$y_n = x_0 - k\max(x_1, x_2) \tag{7.121}$$

$$x_1 = \frac{1}{N}\sum_{i=1}^{\frac{N}{2}} x_i$$

$$x_2 = \frac{1}{N}\sum_{i=\frac{N}{2}+1}^{N} x_i$$

该电路与选大输出普通单元平均 CFAR 处理器的区别主要有两点,一是除法运算变成减法运算;二是对数输入。由于也采用了选大输出,因此边缘效应也有所改善。

最后需要说明的是,不管是普通单元平均 CFAR 处理器还是对数单元平均 CFAR 处理器,在实际使用时一般在检测单元两侧会分别空出 1~2 个单元不用,这是为了避免检测单元宽回波采样对两侧平均杂波采样结果的影响,即使是标准的点目标回波,由于匹配滤波器对输入信号的展宽作用,也会对检测单元两侧单元杂波信号有所影响。

7.3.8.7 对数-正态/韦布尔分布 CFAR 处理器

对数-正态/韦布尔分布 CFAR 处理器能对输入的韦布尔或对数-正态杂波进行 CFAR 处理。

CFAR 处理的根本概念是对输入信号进行归一处理,使输出信号与输入杂波的强度无关。假定输入信号为线性检波器输出的对数-正态杂波信号,有概率密度函数为

$$p(y) = \frac{1}{\sqrt{2\pi}\sigma_c y}\exp\left\{-\frac{1}{2\sigma_c^2}\left[\ln\left(\frac{y}{u_c}\right)^2\right]\right\} \qquad (7.122)$$

取对数之后变成正态分布,有概率密度函数为

$$p(x) = \frac{1}{\sqrt{2\pi}\sigma_c}\exp\left\{-\frac{[x-\ln u_c]^2}{2\sigma_c^2}\right\} \qquad (7.123)$$

对 x 进行归一化处理,即

$$z = \frac{x - \ln u_c}{\sigma_c} \qquad (7.124)$$

最后有变量 z 的概率密度函数为

$$p(z) = \frac{1}{\sqrt{2\pi}}\exp\left(-\frac{z^2}{2}\right)$$

变量 z 与 u_c 和 σ_c 均无关,得到了 CFAR 输出。这样,必须估计输入信号的一阶和二阶矩阵,才能实现归一化。

对数-正态杂波 CFAR 处理器的结构图如图 7.38 所示。

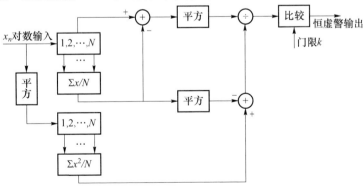

图 7.38 对数-正态杂波 CFAR 处理器

韦布尔分布杂波 CFAR 处理器与此相似,不再赘述。

7.3.8.8 慢门限 CFAR 处理器

慢门限 CFAR 处理器能对热噪声电平的缓慢变化进行 CFAR 处理,其结构图如图 7.39 所示。图中 $V(t)$ 为输入信号;p_f 为超过第一门限的虚警概率。

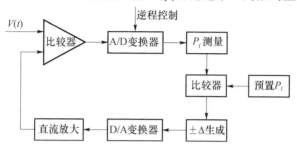

图 7.39 慢门限 CFAR 处理器

基于热噪声的短期平稳和各态历经特性,在每个探测周期的逆程取一部分噪声样本,实现对虚警概率的估计,并将其与所期望的虚警概率相比较,根据比较结果生成正、负增量,将 D/A 变换器输入端寄存器中的数据加、减一定的增量,以改变比较器的门限电平,达到控制虚警率的目的。

关键参数的选择:

(1) 样本数 N,有

$$N \geqslant \frac{p_f(1-p_f)}{\varepsilon^2 p_1} \tag{7.125}$$

该式的含义是在第一门限的虚警率 $p_f = 10^{-2}$ 的情况下,使估计的 $\hat{p}_f = \frac{m}{N}$ 与所期望的 p_f 的差值小于某个正数 ε 的概率 p_1 大于 90% 所需要的样本数。如果 $\varepsilon = 0.005$,则所需样本数 $N \approx 4000$ 个。

(2) 例如每个逆程取样本 $n = 20$ 个,则要 200 个探测周期对门限电平调整一次。这时一般要求 n 值小于逆程的距离单元数。

7.3.9 检测器模型

7.3.9.1 单极点非相干积累器

单极点非相干积累器能对雷达视频信号进行非相干积累,以提高信号噪声比,并且可抑制随机脉冲干扰,其结构图如图 7.40 所示。

差分方程为

$$y_n = (1-k)x_n + ky_{n-1} \tag{7.126}$$

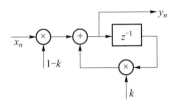

图 7.40 单极点非相干视频积累器

式中 x_n——n 时刻积累器的输入信号;
y_n——n 时刻积累器的输出信号;
k——加权系数,$k<1$。

传递函数为

$$F(z) = \frac{z}{z-k}$$

输出直流增益为

$$F(1) = F(\mathrm{e}^{\mathrm{j}\varpi T}) \mid \varpi = \frac{1}{1-k}$$

系统输出的直流电平为输入直流电平与系统直流增益之积。在对该积累器进行仿真或在实际工作中,其直流输出值可作为系统工作的初始值,以减小反馈系统暂态过程对系统性能的影响,这一工作通常称作对系统的初始化。

输出信噪比为

$$\mathrm{SNR} \approx \frac{1+k}{1-k}$$

最佳加权系数为

$$k_{\mathrm{opt}} = 1 - \frac{1.56}{m} \tag{7.127}$$

式中 m——三分贝波束宽度内的目标回波数,或称积累脉冲数。

7.3.9.2 双极点非相干积累器

双极点非相干积累器能对雷达视频信号进行非相干积累,以提高信号噪声比,并且可抑制随机脉冲干扰,其结构图如图 7.41 所示。其性能优于单极点视频积累器。

差分方程为

$$y_n = x_{n-1} + k_1 y_{n-1} - k_2 y_{n-2} \tag{7.128}$$

式中 x_n——n 时刻积累器的输入信号;
y_n——n 时刻积累器的输出信号;

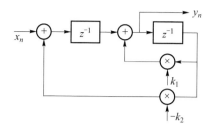

图 7.41 双极点非相干视频积累器

k_1、k_2——积累器两个环路的加权系数。

系统传递函数为

$$F(z) = \frac{z^{-1}}{1 - k_1 z^{-1} + k_2 z^{-2}}$$

直流增益为

$$F(1) = \frac{1}{1 - k_1 + k_2}$$

系统输出的直流电平为输入直流电平与系统直流增益之积。在对该积累器进行仿真或在实际工作中,其直流输出值可作为系统工作的一个初始值,另一个初始值应将第一个加法器的输出作为系统的输出,求以该点为输出时的传递函数,令 $\omega = 0$,求出该点的直流增益与直流分量,作为第二个环路的初始值,完成系统的初始化。

在积累器输入为瑞利噪声的情况下,输出噪声方差为

$$D(y) = \frac{\left(2 - \frac{\pi}{2}\right)\sigma^2}{1 - k_1^2 - k_2^2 + \frac{2k_2 k_1^2}{1 + k_2}} \quad (7.129)$$

其中,分子为输入瑞利噪声方差,显然分子为 1 时,分母便是系统的功率增益。

系统的最佳加权系数为

$$\begin{cases} k_{1\text{opt}} = 2\exp\left(-\frac{1.78}{m}\right)\cos\left(\frac{2.2}{m}\right) \\ k_{2\text{opt}} = \exp\left(-\frac{3.75}{m}\right) \end{cases} \quad (7.130)$$

式中 m——脉冲积累数。

公式中 $\frac{2.2}{m}$ 的单位为弧度。表 7.9 给出了最佳加权系数和积累脉冲数 m 之间关系。

表7.9 最佳加权系数和脉冲积累数 m 之间关系。

N	k_{1opt}	k_{2opt}
5	1.263821	0.490718
10	1.629371	0.697855
15	1.753619	0.786028
20	1.815702	0.834514
25	1.853001	0.865273
30	1.877655	0.886277
35	1.895277	0.910669
40	1.908494	0.913418
45	1.918714	0.922626
50	1.926595	0.929781

单极点积累器和双极点积累器属于多分层积累器,在信号检测时,分层的多少,检测器的性能是不同的,表7.10给出了分层电平数和信噪比损失关系。由表7.10可以看出,二分层的信号噪声比损失较大,8分层时信号噪声比损失已经很小了,如果取16分层,信噪比损失就可忽略不计了,也就是说,数据寄存器有4位就行了。

表7.10 分层电平数和信噪比损失关系

分层数	信噪比损失/dB
2	1.90
4	0.50
8	0.06

7.3.9.3 大滑窗检测器

大滑窗检测器主要用于搜索雷达,能对雷达信号进行二进制非相干积累,其结构图如图7.42所示。图中 M 为三分贝波束宽度内回波脉冲数;T 为第一门限,它决定超过第一门限的虚警概率 p_f;k 为第二门限,它决定超过第二门限的虚警概率 P_F。

如果 $y = \sum_{i=1}^{M} x_i \geq k$,即宣告目标开始,亦即满足了目标起始准则,去方位传感器取目标的起始方位 θ_1,同时去距离传感器取目标的当前距离 R;在目标起始的条件下,如果 $y = \sum_{i=1}^{M} x_i < k$,则宣告目标终了,去方位传感器取目标的终了方位 θ_2;计算目标方位中心为

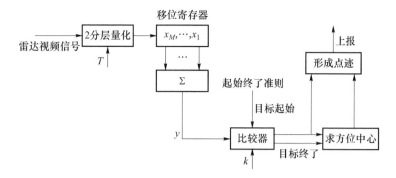

图 7.42 大滑窗检测器

$$\theta = \frac{\theta_1 + \theta_2}{2} \tag{7.131}$$

1）设计参数

（1）滑窗宽度 $l = M$，即大滑窗检测器的滑窗宽度等于回波串长度。

（2）第一门限 $T = f(p_f)$。

（3）第二门限 k 的最佳值 $k_{opt} \simeq 1.5\sqrt{M}$。

需要强调的是，各种检测器的输入信号均是同一扫描周期相邻探测脉冲的同一距离单元的回波串。

2）检测性能

发现概率为

$$P_D = \sum_{i=k}^{M} C_M^i p_d^i q_d^{M-i} \tag{7.132}$$

虚警概率为

$$P_F = C_{M-1}^{k-1} p_f^k q_f^{M-k+1} \tag{7.133}$$

式中　M——3dB 波束宽度内脉冲数；

p_d——超过第一门限的发现概率；

p_f——超过第一门限的虚警概率；

k——第二门限，$k = k_{opt}$。

在检测器设计时需要注意两点，一是应先给定系统的虚警率，然后反推出第一门限的虚警率，最后得到第一门限 T。这样，在给定一个信噪比时，就会得到满足一定虚警率的条件下的发现概率。二是虚警概率的计算公式与指向型检测器的不同，这是滑窗检测器的信息是滑动进入检测器的缘故。

7.3.9.4 小滑窗检测器

小滑窗检测器主要用于搜索雷达，能对雷达信号进行二进制非相干积累，其结构基本与大滑窗检测器相同,唯一的区别在于小滑窗检测器的滑窗宽度 $l<M$。

发现概率为

$$P_D = \sum_{i=k}^{M} P_{Di}^{[1]} \tag{7.134}$$

式中:$P_{Di}^{[1]}$ 为首次发现概率。

虚警概率

$$P_F = C_{M-1}^{k-1} p_f^k q_f^{M-k+1} \tag{7.135}$$

其他参数与大滑窗检测器相同。显然,小滑窗检测器在性能上不如大滑窗检测器,因为给出的信息没有完全被利用,这是时代的一种选择。20世纪70年代前后的器件速度、容量均有限,采用小滑窗检测器主要是为了节省设备。

以下介绍在实际应用中如何确定参数 k 的最优值:

$$k_{opt} = 1.5\sqrt{l} \tag{7.136}$$

无论是大滑窗还是小滑窗检测器的最佳第二门限的近似表达式的信号噪声比损失均为 0.2dB 左右,其适用范围为

$$P_D = 50\% \sim 90\%$$

$$P_F = 10^{-5} \sim 10^{-10}$$

在考虑目标起伏时的最佳第二门限,当为慢起伏时

$$k_{opt} = \begin{cases} 0.44M, & \text{大滑窗} \\ 0.44l, & \text{小滑窗} \end{cases}$$

当为快起伏时

$$k_{opt} = \begin{cases} 0.34M, & \text{大滑窗} \\ 0.34l, & \text{小滑窗} \end{cases}$$

式中:M 和 l 分别为大滑窗和小滑窗检测器的滑窗宽度。

这里顺便提一下,20世纪70年代还有一种检测器,称重合法检测器,实际上它是滑窗检测器的一种特例,其检测准则通常将连续 i 个 1 作为目标起始。优点是简单,但其检测性能较差,只有在信噪比很大时才有利用价值。

7.3.9.5 指向型非相干积累器

指向型非相干积累器主要用于相控阵雷达,其能对经过去杂波处理之后的雷达视频信号进行非相干积累。结构图如图7.43所示。

在图7.43中,积累器可以是移位寄存器加加法器,但最简单的是计数器,因

图 7.43 指向型非相干积累器

为相控阵雷达的每个指向有几个回波直接计数就行了。

$$y = \sum_{i=1}^{M} x_i \qquad (7.137)$$

当 $y \geq k$ 时,判为有目标;当 $y < k$ 时,判为无目标。

式中　M——相控阵雷达每个指向的目标回波数;

　　　k——第二门限。

发现概率为

$$P_D = \sum_{i=k}^{M} C_M^i p_d^i q_d^{M-i} \qquad (7.138)$$

虚警概率为

$$P_F = \sum_{i=k}^{M} C_M^i p_f^i q_f^{M-i} \qquad (7.139)$$

式中　p_d——超过第一门限的发现概率,$q_d = 1 - p_d$;

　　　p_f——超过第一门限的虚警概率,$q_f = 1 - p_f$。

最佳第二门限与大滑窗检测器相同。

7.3.9.6　非参量秩和检测器

秩和检测器属于非参量检测器,并且能提供 CFAR 输出,其结构图如图 7.44 所示。图中 C 为比较器,输出为二进制 0 或 1;N 为参考单元数;x_0 为检测单元;T 为门限。

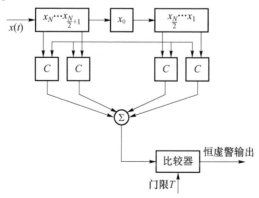

图 7.44　秩和检测器

1) 检测准则

(1) 随着输入信号 $x(t)$ 不断地移入寄存器,检测单元 x_0 的输出不断地与 N 个参考单元的输出信号进行比较,若 x_0 的输出大于其它样点的输出,则相应的比较器 c 的输出为 1,否则为 0。

(2) 对 N 个比较器的输出求和,得 $R_j, j = 1, 2, \cdots, N$。

(3) 若和 R_j 大于门限 T,则比较器输出为 1,否则为 0,后面便可跟一个二进制视频积累器,如滑窗积累器,对其进行积累,或者直接将 R_j 送给单极点或双极点积累器进行视频积累。

2) 恒虚警性能

$$p_f = p(R_j = r) = \frac{1}{N+1} \tag{7.140}$$

式中:$M = N + 1, N$ 为参考单元数。该式说明,系统输出的虚警概率 p_f 与输入信号的概率密度函数无关,即 p_f 只与 N 有关,R_j 服从均匀分布。该检测器不仅是非参量的,而且是恒虚警的。

这里需要说明的是,以上结果是在各个信号采样之间满足相互独立,且具有相同分布的情况下得到的,即满足 IID 条件。另外,非参量检测器的性能一般不如参量检测器,因为已知的一些信息没有被利用,但参量检测器一旦偏离给定的条件,其性能可能还不如非参量检测器。

7.3.9.7 低速目标检测器

低速目标检测器能利用卡尔曼滤波器和动态杂波图检测低速运动的目标。低速目标检测器的系统模型如图 7.45 所示。

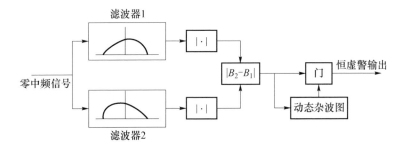

图 7.45 卡尔曼滤波器结构

图 7.45 中的滤波器 1 和滤波器 2 是一对窄带复共轭滤波器,$|\cdot|$ 表示取模,输出信号为两路取模以后的信号相减以后的再取模信号。显然,检波以后的直流分量在相减以后被消掉了。对卡尔曼滤波器这里采用了具有 -50dB 旁瓣电平的道尔夫-切比雪夫权函数。我们所用的是权函数的频域表达式,所以必

须在给定条件之后,根据频域表达式利用离散傅里叶变换 DFT 计算时域权系数。其频域表达式为

$$w(k) = \left| \frac{\cos\left\{N\sec\left[z_0\cos\left(\pi\frac{k}{N}\right)\right]\right\}}{\cosh(N\sec(z_0))} \right|, \quad \left|z_0\cos\left(\pi\frac{k}{N}\right)\right| < 1 \quad (7.141)$$

$$w(k) = \left| \frac{\cosh\left\{N\operatorname{sech}\left[z_0\cos\left(\pi\frac{k}{N}\right)\right]\right\}}{\cosh(N\sec(z_0))} \right|, \quad \left|z_0\cos\left(\pi\frac{k}{N}\right)\right| \geq 1 \quad (7.142)$$

式中

$$z_0 = \cosh\left[\frac{1}{N}\operatorname{sech}(10^\alpha)\right] = \cosh\left[\frac{1}{N}\ln(10^\alpha + \sqrt{10^{2\alpha}-1})\right] \quad (7.143)$$

以上两式分母实际上只是为了归一运算而引入的,其值便是 -50dB 所对应的数值 316.227766,即 10^α。显然,$\alpha = 2.5, N = 9$。计算中所采用的几个公式为

$$\sec(x) = \frac{\pi}{2} - \cot\left(\frac{x}{\sqrt{1-x^2}}\right), \quad \left|z_0\cos\left(\pi\frac{k}{N}\right)\right| < 1 \quad (7.144)$$

$$\cosh(x) = \frac{e^x + e^{-x}}{2} \quad (7.145)$$

$$\operatorname{sech}(x) = \ln(x + \sqrt{x^2 - 1}) \quad (7.146)$$

最后得到加权系数 $P(1), P(2), P(3), P(4), P(5)$。如果将其分别乘以 $\cos\theta$ 和 $\sin\theta$,便可得到滤波器的加权系数的虚部和实部。如果以 $H(m)$ 和 $G(m)$ 分别表示其实部和虚部的话,便可与信号的实部 $C(m)$ 和虚部 $D(m)$ 进行褶积运算了。系统中的其他运算比较简单,这里就不介绍了。

7.4 数据处理模型

现代雷达系统一般都包含雷达信号处理器和雷达数据处器这两大重要组成部分,信号处理器检测到目标后,把目标信号输送到数据录取器,以便测量目标的距离、角度、速度等目标特性。数据录取器输出就是目标观测值的估计,称为点迹。这些点迹(量测数据)又作为数据处理器的输入,进行相关的数据处理。数据处理是对雷达测量数据(目标位置、距离、速度、角度等运动参数数据)进行关联、跟踪、滤波、平滑、预测等处理,有效的抑制测量过程中引入的随机误差,精确估计目标位置和有关的运动参数,预测下一时刻的位置,并形成稳定的目标航迹。其目的就是最大可能的实现对目标运动轨迹的估计,预测下一时刻目标的位置,实现对目标的高精度的实时跟踪。数据处理模型[19]如图 7.46 所示。

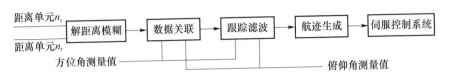

图 7.46　数据处理仿真模型

雷达导引头数据处理完成的基本功能包括:建立目标航迹,并进行航迹管理;检测点迹与航迹的配对,也就是航迹关联;目标的跟踪滤波及预测。

信号处理测量出了目标的距离、速度、方位角和俯仰角,如果距离、速度测量值有模糊则需解模糊。跟踪雷达还将这些测量数据做跟踪滤波等数据处理,生成目标的航迹,并进行航迹管理等处理。将角误差数据输入伺服控制系统控制天线的扫描。

7.4.1　距离速度解模糊

7.4.1.1　解距离模糊

我们以三重测距解模糊为例说明解模糊的方法,大于三重频的解模糊方法可以此方法类推。

设三重脉冲重复频率分别为 f_{r1},f_{r2} 和 f_{r3},所对应的脉冲重复周期分别为 T_{r1},T_{r2} 和 T_{r3}。在脉冲重复周期 T_{r1},T_{r2} 和 T_{r3} 中分别排满 m_{r1},m_{r2} 和 m_{r3} 个波门(距离单元),且它们的波门宽度均为 τ(对于脉冲压缩雷达这里的 τ 应是脉冲压缩后的主瓣脉冲宽度,线性调频信号取 $\tau = 1/B$,相位编码信号取 τ 为子脉冲宽度),不失一般性,假设 $m_{r1} > m_{r2} > m_{r3}$。如果分别用 f_{r1},f_{r2} 和 f_{r3} 测量到的模糊距离单元数为 g_{r1},g_{r2} 和 g_{r3},则真实的距离单元数满足同余关系,即

$$\begin{aligned} x_r &\equiv g_{r1} \pmod{m_{r1}} \\ x_r &\equiv g_{r2} \pmod{m_{r2}} \\ x_r &\equiv g_{r3} \pmod{m_{r3}} \end{aligned} \qquad (7.147)$$

如果 m_{r1}、m_{r2}、m_{r3} 是两两互素的,令

$$M_r = m_{r1} m_{r2} m_{r3} = M_{r1} m_{r1} = M_{r2} m_{r2} = M_{r3} m_{r3} \qquad (7.148)$$

式中

$$\begin{aligned} M_{r1} &= m_{r2} m_{r3} \\ M_{r2} &= m_{r1} m_{r3} \\ M_{r3} &= m_{r1} m_{r2} \end{aligned} \qquad (7.149)$$

则式式(7.147)的正整数解为

$$x_r = g_{r1}N_{r1}M_{r1} + g_{r2}N_{r2}M_{r2} + g_{r3}N_{r3}M_{r3} \quad (\mathrm{mod} \quad M_r) \quad (7.150)$$

其中 N_{r1}, N_{r2} 和 N_{r3} 是同余式,即

$$N_{r1}M_{r1} \equiv 1 \quad (\mathrm{mod} \quad m_{r1})$$
$$N_{r2}M_{r2} \equiv 1 \quad (\mathrm{mod} \quad m_{r2}) \quad (7.151)$$
$$N_{r3}M_{r3} \equiv 1 \quad (\mathrm{mod} \quad m_{r3})$$

的最小正整数解。目标的真实距离为

$$R_t = \frac{c\tau}{2}x_r \quad (7.152)$$

式中:$c = 3 \times 10^8 \mathrm{m/s}$ 为电磁波在自由空间中的传播速度。系统的最大无模糊距离为

$$R_{max} = \frac{c\tau}{2}m_{r1}m_{r2}m_{r3} \quad (7.153)$$

为了增大无模糊测距范围,通常总是选择 m_{r1}, m_{r2} 和 m_{r3} 为最相近的一些互素的数值。脉冲重复频率的选择应使其最大公约频率对应所需要的最大无模糊距离,而脉冲宽度的选择应满足以下条件:在一个无模糊周期内,相邻两个脉冲重复频率的脉冲除一个外,前后脉冲均不会出现虚假重合。如果发射脉冲的重合频率为 f_r,则可按下式选择脉冲重复频率,即

$$f_r = \frac{f_{r1}}{M_{r1}} = \frac{f_{r2}}{M_{r2}} = \frac{f_{r3}}{M_{r3}} \quad (7.154)$$

脉冲宽度应满足

$$\tau \leqslant \frac{1}{m_{r1}m_{r2}m_{r3}f_r} \quad (7.155)$$

解距离模糊输出的结果往往在一些距离单元上出现虚假的目标,称为"鬼影"或"幻影",需用二次检测技术消除这些假目标,常用的方法有 m/n 准则,即通过 n 次雷达测量,若有 m 次解距离模糊的结果是在同一距离单元中,则认为该距离单元上有目标,并且输出该距离单元,否则认为是假目标,不输出。雷达系统中常用的 m/n 准则有 2/3 准则、3/5 准则和 5/8 准则。

7.4.1.2 解速度模糊

由目标的多普勒单元数 g_d,根据下式计算目标的多普勒频率,即

$$f_d = \frac{f_r}{N_{FFT}}g_d \quad (7.156)$$

我们采用利用距离跟踪的粗略微分数据消除测速模糊的方法。设模糊多普

勒频率为 f_{da}，目标真实多普勒频率为 f_{dt}，f_{da} 与 f_{dt} 相差 N_{da} 倍，则有

$$f_{dt} = N_{da}f_r + f_{da} \tag{7.157}$$

式中，N_{da} 可由距离微分对应的多普勒频率 f_{dR} 算出，或更准确地应由跟踪滤波中目标径向速度估计值计算。

$$N_{da} = \text{Int}\left[\frac{f_{dR} - f_{da}}{f_r}\right] \tag{7.158}$$

式中

$$f_{dR} = \frac{2R'(t)}{\lambda} \tag{7.159}$$

设在 t_1，t_2 和 t_3 时刻对应距离的测量值为 R_1，R_2 和 R_3，根据三点插值微分公式可估计距离在 t_3 点的一阶导数为

$$R'(t_3) = \frac{1}{2h_t}(R_1 - 4R_2 + 3R_3) \tag{7.160}$$

式中：h_t 为距离采样时间间隔，即

$$h_t = t_2 - t_1 = t_3 - t_2 \tag{7.161}$$

通常由距离数据得到的 f_{dR} 的误差较大，但只要 f_{dR} 与 f_{dt} 的误差小于 $f_r/2$，就可以得到正确的结果。

设数据处理中由跟踪滤波估计出的目标径向速度为 $\dot{R}$，则多普勒频率 f_{dR} 的估计值为

$$f_{dR} = \frac{2\dot{R}}{\lambda} \tag{7.162}$$

由 f_{dt} 可以得到目标的无模糊相对速度为

$$v_{dt} = \frac{\lambda f_{dt}}{2} \tag{7.163}$$

建议采用式(7.162)估计多普勒频率 f_{dR}，用式(7.157)和式(7.158)解速度模糊。

7.4.2 点迹过滤器

在雷达点迹被送往数据处理器之前，对点迹进行过滤，去掉一些杂波剩余，以防止计算机过载，并能改善数据融合系统的状态估计精度，提高跟踪性能。

尽管是现代雷达系统，其输出除了有用的目标回波之外，还包含有大量的固定目标回波和慢速目标回波，即使采用高性能的数字动目标显示系统，也会由于天线扫描调制、视频量化误差及系统不稳等因素的存在，使其输出存在大量的杂波剩余。这就使检测系统所给出的点迹中，不仅包含运动目标点迹，而且包含大

量的固定目标点迹和假目标点迹,后者我们称为孤立点迹。在进行二次处理之前,必须进行再加工或过滤,争取将这些非目标点迹减至最少,这就是所谓的"点迹过滤"。

点迹过滤的基本依据是运动目标和固定目标跨周期的相关特性不同,利用一定的判定准则判定点迹的跨周期特性,就可区别运动目标和固定目标。特别需要强调的是,这里所说的跨周期是指扫描到扫描的周期,而不是脉冲到脉冲的周期。

点迹过滤的基本原理如下:

通过一个大容量的存储器,保留雷达天线扫描 5 圈的信息。当新的一圈数据到来时,每个点迹都跟存储器中的前五圈的各个点迹按由老到新的次序进行逐个比较。这里根据目标运动速度等因素设置了两个窗口,一个大窗口和一个小窗口。并设置了 6 个标志位 $p_5 \sim p_1$ 及 GF。新来的点迹首先跟第一圈的各个点迹进行比较,比较结果如果第一圈的点迹中至少有一个点迹与新点迹之差在小窗口内,那么相应的标志位置成 1,否则为 0;然后新点迹再跟第 2 圈的各个点迹进行比较,同样只要第 2 圈的各个点迹至少有一个点迹与新点迹之差在小窗口内,再把相应的标志位置成 1,否则置成 0。依此类推,一直到第 5 圈比完为止。最后再一次把新点迹与第 5 圈的各个点迹进行比较,比较结果如至少有一个两者之差在大窗口内,就将相应的标志位 GF 置成 1,否则为 0。标志位 $p_5 \sim p_1$ 及 GF 则根据以上原则产生了一组标志。根据这组标志,就可以按着一定的准则统计地判定新点迹是属于运动目标、固定目标还是孤立点迹或可疑点迹,并在它的坐标数据中加上相应的标志。

(1) 运动点迹为

$$\overline{(p_1+p_2)}\text{GF} = \overline{p_1 p_2}\text{GF} = 1 \tag{7.164}$$

该式表明,第 1 圈和第 2 圈小窗口没有符合,但在第 5 圈时,在大窗口中有符合,新点迹就判定成运动点迹。

(2) 固定点迹为

$$(p_1+p_2)(p_3 p_4 + p_3 p_5 + p_4 p_5) = 1 \tag{7.165}$$

该式表明,如果在第 1 圈和第 2 圈小窗口至少有一次符合,而第 3 圈~第 5 圈小窗口中同时至少有两次符合,则新点迹就判定为固定点迹。

(3) 孤立点迹为

$$\overline{(p_1+p_2)}\,\overline{\text{GF}} = \overline{p_1 p_2}\,\overline{\text{GF}} = 1 \tag{7.166}$$

该式表明,如果第 1 圈和第 2 圈小窗口没有符合,第 5 圈时大窗口也没有符合,说明它是孤立点迹。

(4) 可疑点迹为

凡是不满足上述准则的点迹,统统被认为是可疑点迹,可以将其输出,在数据处理时进一步判断。

7.4.3 跟踪滤波

跟踪是指对来自目标的测量值进行处理,实现对目标现时状态的估计。而状态估计又是指对目标过去的运动状态进行平滑,对目标现在的运动状态进行滤波以及对目标未来的运动状态进行预测。雷达系统中跟踪滤波的算法很多,但主要分为包括卡尔曼滤波方法、$\alpha-\beta$ 滤波和 $\alpha-\beta-\gamma$ 滤波等方法的线性滤波方法以及以推广卡尔曼滤波方法为代表的非线性滤波方法。需要注意的是:卡尔曼滤波算法,是在笛卡儿坐标系(参照坐标系)中建立目标的运动模型,在极坐标系中建立观测模型,滤波精度高,但计算量很大,当目标运动模型与实际不一致时容易发散(滤波发散是指滤波器实际的均方误差比估计值大很多,而且其差值随着时间的增加而增长)。$\alpha-\beta$ 滤波的目标的运动模型和观测模型都在是建立在极坐标系(弹载坐标系)中,采用简化模型可使滤波、预测、数据关联在距离、方位、俯仰坐标解耦计算,计算量大大降低,是雷达系统中普遍采用的算法,但滤波精度稍低。

7.4.3.1 向量卡尔曼滤波器

1. 卡尔曼滤波器模型

状态变量法是描述动态系统的一种有价值的方法,该方法中,系统的输入输出关系通过用状态转移模型和输出观测模型在时域中加以描述。输入由确定的时间函数和代表不可预测的变量或噪声的随机过程组成的动态模型加以描述,输出是状态的函数,通常受到随机观测误差的扰动,由观测方程描述。

卡尔曼滤波模型中就是用状态变量法来描述动态系统的,下面给出输入输出方程:

状态方程为

$$\begin{cases} \boldsymbol{X}(t+T) = \boldsymbol{\Phi}(t)\boldsymbol{X}(t) + \boldsymbol{W}(t) \\ \boldsymbol{Q}(t) = E[\boldsymbol{W}(t)\boldsymbol{W}(t)^{\mathrm{T}}] \end{cases} \quad (7.167)$$

观测方程为

$$\begin{cases} \boldsymbol{Z}(t) = \boldsymbol{H}(t)\boldsymbol{X}(t) + \boldsymbol{V}(t) \\ \boldsymbol{R}(t) = E[\boldsymbol{V}(t)\boldsymbol{V}(t)^{\mathrm{T}}] \end{cases} \quad (7.168)$$

式中 $\boldsymbol{\Phi}(k)$ ——状态转移矩阵;

$\boldsymbol{H}(k+1)$ ——观测矩阵;

$\boldsymbol{W}(t)$ ——系统噪声,均值为零、方差为 σ^2 的高斯白噪声;

$\boldsymbol{V}(t)$ ——观测噪声,均值为零、方差为 σ^2 的高斯白噪声。

上述离散系统可以用图 7.47 所示的框图来表示,该系统包含如下先验知识:

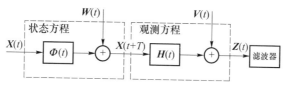

图 7.47　离散时间线性系统

(1) 初始状态是 $X(0)$ 高斯的,具有均值 $\tilde{X}(0|0)$ 和协方差 $P(0|0)$。
(2) 过程噪声和观测噪声与初始状态无关。
(3) 过程噪声和观测噪声序列互不相关。

2. 卡尔曼滤波器方程

残差为

$$E(k) = Z(k) - H(k)\tilde{X}(k) \tag{7.169}$$

预测方程为

$$\hat{X}(k+1) = \Phi(k)\tilde{X}(k) \tag{7.170}$$

状态估计为

$$\begin{aligned}\hat{X}(k) &= \tilde{X}(k) + K(k)E(k) \\ &= \Phi(k)\hat{X}(k-1) + K(k)[Z(k) - H(k)\Phi(k)\hat{X}(k-1)]\end{aligned} \tag{7.171}$$

滤波器增益为

$$K(k) = \tilde{P}(k)H^{\mathrm{T}}(k)[H(k)\tilde{P}(k)H^{\mathrm{T}}(k) + R(k)]^{-1} \tag{7.172}$$

式中　$\tilde{P}(k)$——预测协方差。

$$\tilde{P}(k+1) = \Phi(k)\tilde{P}(k)\Phi^{\mathrm{T}}(k) + Q(k) \tag{7.173}$$

误差协方差矩阵为

$$\hat{P}(k) = [I - K(k)H(k)]\tilde{P}(k) \tag{7.174}$$

向量卡尔曼滤波器结构如图 7.48 所示。

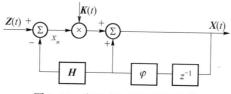

图 7.48　向量卡尔曼滤波器结构

7.4.3.2 向量卡尔曼预测器

预测方程为

$$\hat{X}(k+1\mid k) = \Phi(k)\hat{X}(k\mid k-1) + G(k)[Z(k) - H(k)\hat{X}(k\mid k-1)] \tag{7.175}$$

预测增益为

$$G(k) = \Phi(k)P(k\mid k-1)H^{\mathrm{T}}(K)[H(k)P(k\mid k-1)H^{\mathrm{T}}(k) + R(k)]^{-1} \tag{7.176}$$

$$G(k) = AK(k)$$

预测均方误差为

$$P(k+1\mid k) = [\Phi(k) - G(k)H(k)]P(k\mid k-1)\Phi^{\mathrm{T}}(k) + Q(k) \tag{7.177}$$

7.4.3.3 扩展卡尔曼滤波器

1. 系统的状态方程和测量方程

状态方程为

$$\left.\begin{array}{l} X(k+1) = \Phi(k)X(k) + G(k)w(k) \\ \Phi(k+1\mid k) = \mathrm{diag}(\Phi_x, \Phi_y, \Phi_z) \\ G(k) = \mathrm{diag}(G_x, G_y, G_z) \end{array}\right\} \tag{7.178}$$

式中:$w(k)$为系统扰动噪声,设其为白噪声序列,协方差矩阵为

$$Q(k) = E[W(k)W^{\mathrm{T}}(k)] = \mathrm{diag}(Q_x, Q_y, Q_z) \tag{7.179}$$

对于匀速直线运动模型,状态矢量为

$$X(k) = \begin{bmatrix} x & \dot{x} & y & \dot{y} & z & \dot{z} \end{bmatrix}^{\mathrm{T}} \tag{7.180}$$

状态转移矩阵 Φ 和输入矩阵 G 分别为

$$\Phi_x = \Phi_y = \Phi_z = \begin{bmatrix} 1 & T \\ 0 & 1 \end{bmatrix} \tag{7.181}$$

$$G_x = G_y = G_z = \begin{bmatrix} \dfrac{T^2}{2} & T \end{bmatrix}^{\mathrm{T}} \tag{7.182}$$

$$Q_i = \begin{bmatrix} T^4/4 & T^3/2 \\ T^3/2 & T^2 \end{bmatrix} \sigma_{vi}^2, \quad i = x, y, z \tag{7.183}$$

式中:σ_{vx}^2,σ_{vy}^2 和 σ_{vz}^2 分别为 x 轴,y 轴和 z 轴方向的速度扰动方差;T 为数据采样间隔,搜索状态下 T 是雷达天线扫描指定空域所需的时间,跟踪状态下 T 是雷达相干处理时间。

对于匀加速直线运动模型,状态矢量为

$$X(k) = \begin{bmatrix} x & \dot{x} & \ddot{x} & y & \dot{y} & \ddot{y} & z & \dot{z} & \ddot{z} \end{bmatrix}^T \tag{7.184}$$

状态转移矩阵 $\boldsymbol{\Phi}$ 和输入矩阵 $\boldsymbol{G}$ 分别为

$$\boldsymbol{\Phi} = \begin{bmatrix} 1 & T & \dfrac{T^2}{2} \\ 0 & 1 & T \\ 0 & 0 & 1 \end{bmatrix} \tag{7.185}$$

$$\boldsymbol{G}_x = \boldsymbol{G}_y = \boldsymbol{G}_z = \begin{bmatrix} \dfrac{T^2}{2} & T & 1 \end{bmatrix}^T \tag{7.186}$$

$$\boldsymbol{Q}_i = \begin{bmatrix} \dfrac{T^4}{4} & \dfrac{T^3}{2} & \dfrac{T^2}{2} \\ \dfrac{T^3}{2} & T^2 & T \\ \dfrac{T^2}{2} & T & 1 \end{bmatrix} \cdot \sigma_{ai}^2, i = x, y, z \tag{7.187}$$

测量方程为

$$\begin{cases} \boldsymbol{Z}(k+1) = \boldsymbol{H}(k+1)\boldsymbol{X}(k+1) + \boldsymbol{v}(k+1) \\ E[\boldsymbol{v}(k)] = 0 \\ E[\boldsymbol{v}(k)\boldsymbol{v}^T(j)] = \boldsymbol{R}(k)\delta_{kj} \end{cases} \tag{7.188}$$

2. 观测方程的线性化

雷达测量是在球坐标系中进行的,目标的状态方程是在笛卡儿坐标系中建立的,在球坐标系中用 r、θ 和 ϕ 分别表示距离、方位角和俯仰角,球坐标系和直角坐标系之间的变换关系为

$$\begin{aligned} r &= \sqrt{x^2 + y^2 + z^2} \\ \theta &= \arctan\left(\dfrac{y}{x}\right) \\ \phi &= \arctan\left(\dfrac{z}{\sqrt{x^2 + y^2}}\right) \end{aligned} \tag{7.189}$$

雷达的观测矢量为

$$\boldsymbol{Z}(k) = \begin{bmatrix} r(k) & \theta(k) & \phi(k) \end{bmatrix}^T$$

则线性化后的观测方程为

$$\boldsymbol{Z}(k) = F[\boldsymbol{X}(k)] + \boldsymbol{v}(k) \tag{7.190}$$

式中:$\boldsymbol{v}(k)$ 为观测噪声,其协方差矩阵为 $\boldsymbol{R} = E[\boldsymbol{v}(k)\boldsymbol{v}^T(k)] = \mathrm{diag}(\sigma_r^2, \sigma_\theta^2, \sigma_\phi^2)$,$\sigma_r^2, \sigma_\theta^2$ 和 σ_ϕ^2 分别是雷达距离、方位角和俯仰角的测量误差方差。

为了使用卡尔曼滤波器在极坐标系中解算残差,需要将笛卡儿坐标系中的

预测值近似线性地变换到极坐标系。$k+1$ 时刻的预测误差为

$$\tilde{X}(k+1\mid k) = X(k+1) - \hat{X}(k+1\mid k) \qquad (7.191)$$

球面坐标系中的预测值为

$$\hat{Z}(k+1\mid k) = F[\hat{X}(k+1\mid k)] = F[X(k+1) - \hat{X}(k+1\mid k)] \qquad (7.192)$$

将其以 $\hat{X}(k+1/k)$ 为中心用泰勒级数展开,并略去二次以上的高阶分量,可得

$$\begin{aligned} Z(k+1) &= F[X(k+1)] \\ &= F[\hat{X}(k+1\mid k)] + \frac{\partial F}{\partial X}\Big|_{X=\hat{X}(k+1/k)}[X(k+1) - \hat{X}(k+1\mid k)] \end{aligned}$$

$$(7.193)$$

于是有极坐标系中的目标测量值与预测值之差为

$$\begin{aligned} \hat{Z}(k+1) &= Z(k+1) - \hat{Z}(k+1\mid k) \\ &= \frac{\partial F}{\partial X}\Big|_{X=\hat{X}(k+1/k)} \tilde{X}(k+1\mid k) + v(k+1) \end{aligned} \qquad (7.194)$$

若令 $H(k+1) = \frac{\partial F}{\partial X}\Big|_{\hat{X}(k+1/k)}$,则可得到

$$\hat{Z}(k+1) = H(k+1)\tilde{X}(k+1\mid k) + v(k+1) \qquad (7.195)$$

并且有

$$F = \begin{bmatrix} f_1 & f_2 & f_3 \end{bmatrix}^{\mathrm{T}}$$

对前面的雷达方程,有

$$H(k+1) = \begin{bmatrix} \frac{\partial f_1}{\partial x} & \frac{\partial f_1}{\partial \dot{x}} & \frac{\partial f_1}{\partial \ddot{x}} & \frac{\partial f_1}{\partial y} & \frac{\partial f_1}{\partial \dot{y}} & \frac{\partial f_1}{\partial \ddot{y}} & \frac{\partial f_1}{\partial z} & \frac{\partial f_1}{\partial \dot{z}} & \frac{\partial f_1}{\partial \ddot{z}} \\ \frac{\partial f_2}{\partial x} & \frac{\partial f_2}{\partial \dot{x}} & \frac{\partial f_2}{\partial \ddot{x}} & \frac{\partial f_2}{\partial y} & \frac{\partial f_2}{\partial \dot{y}} & \frac{\partial f_2}{\partial \ddot{y}} & \frac{\partial f_2}{\partial z} & \frac{\partial f_2}{\partial \dot{z}} & \frac{\partial f_2}{\partial \ddot{z}} \\ \frac{\partial f_3}{\partial x} & \frac{\partial f_3}{\partial \dot{x}} & \frac{\partial f_3}{\partial \ddot{x}} & \frac{\partial f_3}{\partial y} & \frac{\partial f_3}{\partial \dot{y}} & \frac{\partial f_3}{\partial \ddot{y}} & \frac{\partial f_3}{\partial z} & \frac{\partial f_3}{\partial \dot{z}} & \frac{\partial f_3}{\partial \ddot{z}} \end{bmatrix}_{\hat{X}(k+1\mid k)}$$

$$= \begin{bmatrix} \frac{x}{r} & 0 & 0 & \frac{y}{r} & 0 & 0 & \frac{z}{r} & 0 & 0 \\ \frac{-y}{x^2+y^2} & 0 & 0 & \frac{x}{x^2+y^2} & 0 & 0 & 0 & 0 & 0 \\ \frac{-xz}{r^2\sqrt{x^2+y^2}} & 0 & 0 & \frac{-yz}{r^2\sqrt{x^2+y^2}} & 0 & 0 & \frac{\sqrt{x^2+y^2}}{r^2} & 0 & 0 \end{bmatrix}$$

$$(7.196)$$

3. 扩展卡尔曼滤波方程

预测方程为

$$\hat{X}(k+1|k) = \Phi(k)\hat{X}(k) \tag{7.197}$$

观测方程线性化－观测矩阵为

$$H(k+1) = \frac{\partial F}{\partial X}\Big|_{\hat{X}(k+1/k)} \tag{7.198}$$

预测协方差阵为

$$P(k+1|k) = \Phi(k)P(k)\Phi^{T}(k) + Q(k) \tag{7.199}$$

残差协方差阵为

$$S(k+1) = H(k+1)P(k+1|k)H^{T}(k+1) + R(k+1) \tag{7.200}$$

滤波增益矩阵为

$$K(k+1) = P(k+1|k)H^{T}(k+1)S^{-1}(k+1) \tag{7.201}$$

滤波输出为

$$\hat{X}(k+1) = \hat{X}(k+1|k) + K(k+1)\hat{Z}(k+1) \tag{7.202}$$

$$= \hat{X}(k+1|k) + K(k+1)[Z(k+1) - \hat{Z}(k+1|k)] \tag{7.203}$$

$$\hat{Z}(k+1|k) = F[\hat{X}(k+1|k)] \tag{7.204}$$

滤波误差协方差阵为

$$P(k+1) = [I - K(k+1)H(k+1)]P(k+1|k) \tag{7.205}$$

或

$$P(k+1) = P(k+1|k) - K(k+1)S(k+1)K^{T}(k+1)$$

7.4.3.4 滤波器的初始化

状态估计的初始化问题是运用卡尔曼滤波的一个重要前提条件，只有进行了初始化，才能利用卡尔曼滤波对目标进行跟踪。这就是滤波器的初始化或者说滤波器的启动。

1. 二维状态向量估计的初始化

系统的状态方程和观测方程见式(7.167)和式(7.168)，此时的状态向量表示为 $X = [x \quad \dot{x}]^T$，观测噪声 $V(t)$ 服从 $N(0,r)$，且与系统噪声相互独立。这种情况下的状态估计初始化可采用两点差分法，该方法只利用第一和第二时刻的两个观测值 $z(1)$ 和 $z(2)$ 进行初始化，即初始状态为

$$\hat{X}(2) = [\hat{X}(2) \quad \hat{\dot{X}}(2)]^T = \left[x_2 \quad \frac{x_2 - x_1}{T}\right]^T \tag{7.206}$$

式中　T——采样间隔时间。

初始化方差为：

$$P(2) = \begin{bmatrix} r & r/T \\ r/T & 2r/T^2 \end{bmatrix} \tag{7.207}$$

2. 四维状态向量估计的初始化

这种情况描述的是两坐标雷达的数据处理问题，此时系统的状态向量表示为 $X(k) = \begin{bmatrix} x & \dot{x} & y & \dot{y} \end{bmatrix}^T$，而直角坐标系下的观测值 $z(k)$ 为

$$z(k) = \begin{bmatrix} x(k) \\ y(k) \end{bmatrix} = \begin{bmatrix} \rho\cos\theta \\ \rho\sin\theta \end{bmatrix} \tag{7.208}$$

式中：ρ 和 θ 分别是极坐标系下雷达的目标径向距离和方位角测量数据。则系统的初始状态可利用前两个时刻的测量值 $z(1)$ 和 $z(2)$ 来确定，即

$$\hat{X}(2) = \begin{bmatrix} x_2 & \dfrac{x_2 - x_1}{T} & y_2 & \dfrac{y_2 - y_1}{T} \end{bmatrix}^T \tag{7.209}$$

k 时刻观测噪声在笛卡儿坐标系下的协方差为

$$R(k) = \begin{bmatrix} r11 & r12 \\ r12 & r22 \end{bmatrix} = A \begin{bmatrix} \sigma_\rho^2 & 0 \\ 0 & \sigma_\theta^2 \end{bmatrix} A^T \tag{7.210}$$

式中：σ_ρ^2 和 σ_θ^2 分别为径向距离和方位角测量误差的协方差，而

$$A = \begin{bmatrix} \cos\theta & -\rho\sin\theta \\ \sin\theta & \rho\cos\theta \end{bmatrix} \tag{7.211}$$

可得初始协方差矩阵为

$$P(2) = \begin{bmatrix} r_{11} & \dfrac{r_{11}}{T} & r_{12} & \dfrac{r_{12}}{T} \\ \dfrac{r_{11}}{T} & \dfrac{2r_{11}}{T^2} & \dfrac{r_{12}}{T} & \dfrac{2r_{12}}{T^2} \\ r_{12} & \dfrac{r_{12}}{T} & r_{22} & \dfrac{r_{22}}{T} \\ \dfrac{r_{12}}{T} & \dfrac{2r_{12}}{T^2} & \dfrac{r_{22}}{T} & \dfrac{2r_{22}}{T^2} \end{bmatrix} \tag{7.212}$$

3. 六维状态向量估计的初始化（两点启动）

这种情况描述的是三坐标雷达的数据处理问题，此时系统的状态向量表示为 $X(k) = \begin{bmatrix} x & \dot{x} & y & \dot{y} & z & \dot{z} \end{bmatrix}^T$，在笛卡儿坐标系下的观测值 $z(k)$ 为

$$z(k) = \begin{bmatrix} x(k) \\ y(k) \\ z(k) \end{bmatrix} = \begin{bmatrix} \rho\cos\theta\cos\phi \\ \rho\sin\theta\cos\phi \\ \rho\sin\phi \end{bmatrix} \tag{7.213}$$

式中：ρ, θ 和 ϕ 分别是极坐标系下雷达的目标径向距离、方位角和俯仰角测量数据。此时系统的初始状态仍只需利用前两个时刻的测量值 $z(1)$ 和 $z(2)$ 来确定，即

$$\hat{X}(2) = \begin{bmatrix} x_2 & \dfrac{x_2 - x_1}{T} & y_2 & \dfrac{y_2 - y_1}{T} & z_2 & \dfrac{z_2 - z_1}{T} \end{bmatrix}^{\mathrm{T}} \quad (7.214)$$

初始化协方差为

$$P(2) = BR'B^{\mathrm{T}} \quad (7.215)$$

$$B = \dfrac{\partial \hat{X}(2)}{\partial [\rho_1 \quad \theta_1 \quad \phi_1 \quad \rho_2 \quad \theta_2 \quad \phi_2]^{\mathrm{T}}} \quad (7.216)$$

$$R' = \operatorname{diag}(\sigma_\rho^2, \sigma_\theta^2, \sigma_\phi^2, \sigma_\rho^2, \sigma_\theta^2, \sigma_\phi^2) \quad (7.217)$$

因为常见的雷达都是三坐标雷达,所以这种状态向量的初始化是常用的,一般用于对于常见的匀速直线运动模型的航迹启动,又因为只需要两个时刻的坐标点就能完成初始化,也被称为航迹的两点启动。

4. 六维状态向量估计的初始化(三点启动)

这种情况下系统的状态向量可以表示为 $X(k) = [x \ \dot{x} \ \ddot{x} \ y \ \dot{y} \ \ddot{y} \ z \ \dot{z} \ \ddot{z}]^{\mathrm{T}}$,它与六维情况相比只是多了加速度项,其他观测值和六维情况类似。

由于此时含加速度项,所以系统的初始状态需利用前三个时刻的测量值 $Z(1) = [\rho_1 \ \theta_1 \ \phi_1]$、$Z(2) = [\phi_2 \ \theta_2 \ \phi_2]$ 和 $Z(3) = [\phi_3 \ \theta_3 \ \phi_3]$ 确定。需要估计 $\hat{X}(3)$ 和 $P(3)$ 时,令

$$\begin{aligned} x_k &= r_k \cos\theta_k \cos\phi_k, & k = 1,2,3 \\ y_k &= r_k \sin\theta_k \cos\phi_k, & k = 1,2,3 \\ z_k &= r_k \sin\phi_k, & k = 1,2,3 \end{aligned} \quad (7.218)$$

则初始状态估计值为

$$\hat{X}(3) = \begin{bmatrix} x_3 \\ \dfrac{3(x_3 - x_2) - (x_2 - x_1)}{T} \\ \dfrac{x_3 - 2x_2 + x_1}{T^2} \\ y_3 \\ \dfrac{3(y_3 - y_2) - (y_2 - y_1)}{T} \\ \dfrac{y_3 - 2y_2 + y_1}{T^2} \\ z_3 \\ \dfrac{3(z_3 - z_2) - (z_2 - z_1)}{T} \\ \dfrac{z_3 - 2z_2 + z_1}{T^2} \end{bmatrix} \quad (7.219)$$

式中：T 为扫描周期，初始状态协方差矩阵为

$$P(3) = BR'B^T \tag{7.220}$$

式中：B 矩阵为 $\hat{X}(3)$ 相对于 3 个初始观测数据的各个元素的 Jacobian 矩阵，即

$$B = \frac{\partial \hat{X}(3)}{\partial [\rho_1, \theta_1, \phi_1, r_2, \theta_2, \phi_2, \rho_3, \theta_3, \phi_3]} \tag{7.221}$$

R' 为扩展的观测噪声协方差矩阵，即

$$R' = \text{diag}[\sigma_r^2, \sigma_\theta^2, \sigma_\phi^2, \sigma_r^2, \sigma_\theta^2, \sigma_\phi^2, \sigma_r^2, \sigma_\theta^2, \sigma_\phi^2] \tag{7.222}$$

$\sigma_r^2, \sigma_\theta^2$ 和 σ_ϕ^2 分别是距离、方位角和高低角方向的噪声方差。

这种模型一般用于对于常见的匀加速直线运动模型的航迹启动，又因为需要三个时刻的坐标点就能完成初始化，也被称为航迹的三点启动。

7.4.3.5 自适应卡尔曼滤波器

自适应卡尔曼滤波器能对非平稳环境中的观测数据进行自适应滤波。

1. 非零均值相关加速度正态截断模型

假设目标加速度的均值不是一个平稳的随机过程，用非零均值相关模型来描述目标的机动，即

$$\begin{cases} \ddot{x}(t) = \bar{a} + a(t) \\ \dot{a}(t) = -\alpha a(t) + w(t) \end{cases} \tag{7.223}$$

式中　$\ddot{x}(t)$——非零均值的相关随机加速度；

$\bar{a}$——机动加速度的均值；

$a(t)$——零均值有色加速度噪声；

α——机动加速度时间常数的倒数，转弯机动时，$\alpha = 1/60$，逃避机动时 $\alpha = 1/20$，大气扰动时，$\alpha = 1$；

$w(t)$——是均值为零，方差为 $\sigma_w^2 = 2\alpha\sigma_a^2$ 的白噪声；

σ_a^2——为目标加速度方差。

状态方程为

$$X(k+1) = \Phi(k)X(k) + U(k)\bar{a} + W(k) \tag{7.224}$$

式中

$$X(k) = [x(k) \quad \dot{x}(k) \quad \ddot{x}(k)]^T$$

$$\Phi(k) = \begin{bmatrix} 1 & T & \frac{1}{\alpha^2}(-1 + \alpha T + e^{-\alpha T}) \\ 0 & 1 & \frac{1}{\alpha}(1 - e^{-\alpha T}) \\ 0 & 0 & e^{-\alpha T} \end{bmatrix}$$

$$\boldsymbol{U}(k) = \begin{bmatrix} \dfrac{1}{\alpha}\left(-T + \dfrac{\alpha T^2}{2} + \dfrac{1-e^{-\alpha T}}{\alpha}\right) \\ T - \dfrac{1-e^{-\alpha T}}{\alpha} \\ 1 - e^{-\alpha T} \end{bmatrix}$$

$\boldsymbol{W}(k)$ 为离散时间的噪声序列,方差为

$$\boldsymbol{Q}(k) = E[\boldsymbol{W}(k)\boldsymbol{W}^{\mathrm{T}}(j)] = 2\alpha\sigma_a^2\boldsymbol{Q}_m = 2\alpha\sigma_a^2\begin{bmatrix} q_{11} & q_{12} & q_{13} \\ q_{21} & q_{22} & q_{23} \\ q_{31} & q_{32} & q_{33} \end{bmatrix} \quad (7.225)$$

式中 $\boldsymbol{Q}_m$——与 a 和周期 T 有关 y 常数矩阵。

$$\begin{cases} q_{11} = \dfrac{1}{2\alpha^5}[1 - e^{-2\alpha T} + 2\alpha T + \dfrac{2\alpha^3 T^3}{3} - 2\alpha^2 T^2 - 4\alpha T e^{-\alpha T}] \\ q_{12} = q_{21} = \dfrac{1}{2\alpha^4}[e^{-2\alpha T} + 1 - 2e^{-\alpha T} + 2\alpha T e^{-\alpha T} - 2\alpha T + \alpha^2 T^2] \\ q_{13} = q_{31} = \dfrac{1}{2\alpha^3}[1 - e^{-2\alpha T} + 2\alpha T e^{-\alpha T}] \\ q_{22} = \dfrac{1}{2\alpha^3}[4e^{-\alpha T} - 3 - e^{-2\alpha T} + 2\alpha T] \\ q_{23} = q_{32} = \dfrac{1}{2\alpha^2}[e^{-2\alpha T} + 1 - 2e^{-\alpha T}] \\ q_{33} = \dfrac{1}{2\alpha}[1 - e^{-2\alpha T}] \end{cases} \quad (7.226)$$

假设:① 目标最大加速度是有界的,目标最大加速度 $a_{\max} \leqslant 8g$;② 如果 a 很大,则下一时刻目标 a 的变化范围就很小,反之亦然;③ 目标加速度服从正态分布,且有 $|a_{\max} - |\bar{a}|| \leqslant 3\sigma_a$。
则方差与均值之间有如下关系,即

$$\sigma_a^2 = \dfrac{(a_{\max} - |\bar{a}|)^2}{9} \quad (7.227)$$

如果用 $\hat{\ddot{x}}(k|k)$ 代替 $\bar{a}$,则有

$$\sigma_a^2 = \dfrac{(a_{\max} - |\hat{\ddot{x}}(k|k)|)^2}{9} \quad (7.228)$$

$$\hat{\ddot{x}}(k|k) = E[\ddot{x}(k)|Z_k] \quad (7.229)$$

式中:$Z_k = \{Z(1), Z(2), Z(3), \cdots, Z(k)\}$。

预测方程为

$$\hat{X}(k+1\mid k) = \boldsymbol{\Phi}_1(k)\hat{X}(k\mid k)$$

$$\boldsymbol{\Phi}_1(k) = \begin{bmatrix} 1 & T & \dfrac{T^2}{2} \\ 0 & 1 & T \\ 0 & 0 & 1 \end{bmatrix} \tag{7.230}$$

2. 滤波算法

状态预测方程为

$$\hat{X}(k+1\mid k) = \boldsymbol{\Phi}_1(k)\hat{X}(k\mid k) \tag{7.231}$$

预测协方差矩阵为

$$P(k+1\mid k) = \boldsymbol{\Phi}(k)P(k\mid k)\boldsymbol{\Phi}^{\mathrm{T}}(k) + Q(k) \tag{7.232}$$

测量预测值为

$$\hat{Z}(k+1\mid k) = F[\hat{X}(k+1\mid k)] \tag{7.233}$$

新息为

$$\tilde{Z}(k+1) = Z(k+1) - \hat{Z}(k+1\mid k) \tag{7.234}$$

新息协方差矩阵为

$$S(k+1) = H(k+1)P(k+1\mid k)H^{\mathrm{T}}(k+1) + R(k+1) \tag{7.235}$$

式中：$H(k+1) = \dfrac{\partial F}{\partial X}\bigg|_{\hat{X}(k+1\mid k)}$。

增益矩阵为

$$K(k+1) = P(k+1\mid k)H^{\mathrm{T}}(k+1)S^{-1}(k+1) \tag{7.236}$$

状态滤波估值为

$$\hat{X}(k+1\mid k+1) = \hat{X}(k+1\mid k) + K(k+1)[Z(k+1) - \hat{Z}(k+1\mid k)] \tag{7.237}$$

估值误差协方差矩阵为

$$\begin{aligned} P(k+1\mid k+1) &= P(k+1\mid k) - K(k+1)S(k+1)K^{\mathrm{T}}(k+1) \\ &= P(k+1\mid k) - K(k+1)H(k+1)P(k+1\mid k) \end{aligned} \tag{7.238}$$

7.4.3.6 $\alpha-\beta$ 滤波器和 $\alpha-\beta-\gamma$ 滤波器

滤波的目的之一就是估计不同时刻的目标位置，而从式(7.171)可以看出，某个时刻的目标位置更新值等于该时刻的预测值再加上一个与增益有关的修正项,而要计算增益,就必须计算协方差的一步预测、新息协方差和更新协方差,因而在卡尔曼滤波中增益的计算占了大部分的工作量,为了减少计算量,就必须改变增益矩阵的计算方法,为此提出了常增益滤波器,此时增益不再与协方差有关,因而在滤波过程中可以离线计算,这样就大幅减少了计算量,易于工程实现。$\alpha-\beta$ 滤波器是针对匀速运动目标模型的一种常增益滤波器。$\alpha-\beta-\gamma$ 滤波器是针对匀加速运动目标模型的一种常增益滤波器。这两种滤波器都能对匀速和匀加速运动目标,进行跟踪滤波。

1. 目标运动模型

$$X(k+1) = X(k) + T\dot{X}(k) + w(k) \tag{7.239}$$

$$X(k+1) = X(k) + T\dot{X}(k) + \frac{T^2}{2}\ddot{X}(k) + w(k) \tag{7.240}$$

式中　$w(k)$——均值为零、方差为 σ^2 的高斯白噪声;

　　　T——采样周期。

2. 常系数 $\alpha-\beta$ 滤波器和 $\alpha-\beta-\gamma$ 滤波器

(1)常系数 $\alpha-\beta$ 滤波器。

滤波方程为

$$\begin{cases} \hat{X}(k) = \hat{X}(k|k-1) + \alpha[Z(k) - \hat{X}(k|k-1)] \\ \hat{V}(k) = \hat{V}(k|k-1) + \frac{\beta}{T}[Z(k) - \hat{X}(k|k-1)] \end{cases} \tag{7.241}$$

预测方程为

$$\begin{cases} \hat{X}(k|k-1) = \hat{X}(k-1) + T\hat{V}(k-1) \\ \hat{V}(k|k-1) = \hat{V}(k-1) \end{cases} \tag{7.242}$$

(2)常系数 $\alpha-\beta-\gamma$ 滤波器。

滤波方程为

$$\hat{X}(k) = \hat{X}(k|k-1) + \alpha[z(k) - \hat{X}(k|k-1)]$$
$$\hat{V}(k) = \hat{V}(k|k-1) + \frac{\beta}{T}[z(k) - \hat{X}(k|k-1)] \tag{7.243}$$
$$\hat{A}(k) = \hat{A}(k|k-1) + \frac{2\gamma}{T^2}[z(k) - \hat{X}(k|k-1)]$$

预测方程为

$$\hat{X}(k \mid k-1) = \hat{X}(k-1) + T\hat{V}(k-1) + \frac{T^2}{2}\hat{A}(k-1)$$

$$\hat{V}(k \mid k-1) = \hat{V}(k-1) + T\hat{A}(k-1) \qquad (7.244)$$

$$\hat{A}(k \mid k-1) = \hat{A}(k-1)$$

常系数 α-β 滤波器和 α-β-γ 滤波器方程中的参数为:$\hat{X}(k)$ 为 k 时刻的位置估值;$\hat{V}(k)$ 为 k 时刻的速度估值;$\hat{A}(k)$ 为 k 时刻加速度估值;$\hat{X}(k \mid k-1)$ 为 k 时刻预测位置;$\hat{V}(k \mid k-1)$ 为 k 时刻预测速度;$\hat{A}(k \mid k-1)$ 为 k 时刻预测加速度;$Z(k)$ 为 k 时刻测量位置;T 为采样周期;α,β 和 γ 为系统增益,或分别称为位置增益、速度增益和加速度增益。

3. 常系数 α-β 滤波器和 α-β-γ 滤波器系数

α-β 滤波器的关键是系数 α 和 β 的确定问题。当目标机动加速度方差和观测噪声方差均为已知时,α 和 β 为常值,确定方法如下:

(1) α-β 滤波器。

通常在给定 α 值的情况下,计算 β 值有两种取值方法,即

$$\begin{cases} \beta = 2 - \alpha - 2\sqrt{1-\alpha} \\ \beta = \dfrac{\alpha^2}{1-\alpha} \end{cases} \qquad (7.245)$$

一般取 $\alpha = 0.3 \sim 0.5$。

(2) α-β-γ 滤波器。

通常在给定 α 的情况下,计算 β 和 γ 也有两种取值方法,即

$$\begin{cases} \alpha = 1 - R^3 \\ \beta = 1.5(1-R^2)(1-R) \\ \gamma = 0.5(1-R)^3 \end{cases} \qquad (7.246)$$

$$\begin{cases} \beta = \dfrac{(2\alpha^3 - 4\alpha^2) + \sqrt{4\alpha^6 - 64\alpha^5 + 64\alpha^4}}{8(1-\alpha)} \\ \gamma = \dfrac{\beta(2-\alpha) - \alpha^2}{\alpha} \end{cases} \qquad (7.247)$$

式中:R 为系统特征方程三重正实根。

4. 变系数 α-β 和滤波器系数

在一般情况下,观测噪声方差可以确定,而目标机动加速度方差较难获得,此时,增益 α 和 β 两个参数也就无法确定,此时工程上常采用如下的与采样时刻 k 有关的 α 和 β 确定方法:

(1) $\alpha-\beta$ 滤波器。

假定滤波器采用两点启动,即
$$\hat{X}(k) = Z(k), k = 1, 2$$

$$\hat{V}(2) = \frac{z(2) - z(1)}{2}$$

在启动后的 N 步中,时刻 k 的滤波器参数为

$$\begin{cases} \alpha(k) = \dfrac{2(2k-1)}{k(k+1)} \\ \beta(k) = \dfrac{6}{k(k+1)} \end{cases} \tag{7.248}$$

启动 $N+3$ 步后,α 保持不变,β 和 α 的关系为

$$\beta = \frac{\alpha}{2-\alpha}$$

(2) $\alpha-\beta-\gamma$ 滤波器。

采用三点启动,启动时 $\alpha = 1$

$$\hat{X}(k) = Z(k), k = 1, 2, 3$$

$$\hat{V}(3) = \frac{Z(3) - Z(2)}{T}$$

$$\hat{V}(2) = \frac{Z(2) - Z(1)}{T}$$

$$\hat{A}(3) = \frac{\hat{V}(3) - \hat{V}(2)}{T}$$

启动后的 N 步中,时刻 k 的参数为

$$\begin{cases} \alpha(k) = \dfrac{3[3(k-2)^2 - 3(k-2) + 2]}{k(k-1)(k-2)} \\ \beta(k) = \dfrac{18[2(k-2) - 1]}{k(k-1)(k-2)} \\ \gamma(k) = \dfrac{60}{k(k-1)(k-2)} \end{cases} \tag{7.249}$$

$N+3$ 步后,α 保持不变,β、γ 与 α 的关系为

$$\begin{cases} \beta = 2(2-\alpha) - 4\sqrt{1-\alpha} \\ \gamma = \dfrac{\beta^2}{\alpha} \end{cases} \tag{7.250}$$

7.4.3.7 自适应 α-β 滤波器

自适应 α-β 滤波器能对雷达数据进行自适应滤波。
目标运动方程为

$$X(k+1) = \boldsymbol{\Phi}(k)X(k) + W(k) \tag{7.251}$$

式中 $E[W(k)] = 0; E[W(k)W^T(j)] = Q(k)\delta_{kj}$
观测方程为

$$Z(k+1) = F[X(k+1)] + N(k+1) \tag{7.252}$$

式中 $E[N(k)] = 0; E[N(k)N^T(j)] = R(k)\delta_{kj}$
自适应系数为

$$\alpha(k) = [(r+4\sqrt{r})/2]\sqrt{1 + \frac{4}{r+4\sqrt{r}-1}} \tag{7.253}$$

$$\beta(k) = 2(2-\alpha(k)) - 4\sqrt{1-\alpha(k)} \tag{7.254}$$

式中 r——目标机动指数或称作信号噪声比。

$$r = \left(\frac{\sigma_W T^2}{2\sigma_n}\right)^2 \tag{7.255}$$

式中 σ_W^2——机动加速度方差；
σ_n^2——观测误差方差；
T——雷达天线扫描周期。
目标机动加速度方差可表示为

$$\sigma_v^2(k) = \frac{1}{N}\sum_{i=1}^{N} V^2(i) \tag{7.256}$$

式中

$$V(k) = Z(k) - \hat{Z}(k+1|k) \tag{7.257}$$

将 σ_v^2 作为 σ_W^2 的近似值代入 r 的表达式，就提供了自适应获取滤波增益 $\alpha(k)$ 和 $\beta(k)$ 的方法。式中的 N 值为残差的采样点数或雷达天线扫描周期的滑窗宽度，一般选 3~5。

滤波器的滤波算法如下：
状态预测方程为

$$\hat{X}(k+1|k) = \boldsymbol{\Phi}(k)\hat{X}(k|k) \tag{7.258}$$

预测协方差矩阵为

$$P(k+1|k) = \boldsymbol{\Phi}(k)P(k|k)\boldsymbol{\Phi}^T(k) + Q(k) \tag{7.259}$$

测量预测值为

$$\hat{Z}(k+1 \mid k) = F[\hat{X}(k+1 \mid k)] \quad (7.260)$$

增益矩阵为

$$K(k+1) = \begin{bmatrix} \alpha_R & 0 \\ \beta_R & 0 \\ 0 & \alpha_A \\ 0 & \beta_A \end{bmatrix} \quad (7.261)$$

状态滤波估值为

$$\hat{X}(k+1 \mid k+1) = \hat{X}(k+1 \mid k) + K(k+1)H^{-1}(k+1)[Z'(k+1) - \hat{Z}(k+1 \mid k)] \quad (7.262)$$

式中 $H^{-1}(k+1) = \dfrac{\partial F^{-1}}{\partial X}\bigg|_{\hat{Z}(k+1 \mid k)}$

估值误差协方差矩阵为

$$P(k+1 \mid k+1) = A(k+1)P(k+1 \mid k)A^T(k+1) + K(k+1)R(k+1)K^T(k+1) \quad (7.263)$$

式中 $A(k+1) = I - K(k+1)H(k+1)$

获取 $\alpha(k)$ 和 $\beta(k)$ 的另一种方法为

$$\begin{cases} \alpha(k) = 1 - \dfrac{1}{1 + \left| \dfrac{\sigma_W^2(k)}{\sigma_n^2(k)} - 1 \right|} \\ \beta(k) = \dfrac{\alpha^2(k)}{2 - \alpha(k)} \end{cases} \quad (7.264)$$

式中

$$\sigma_W^2(k) = [\hat{V}(k)]^2$$

$$\hat{V}(k) = \left[\sum_{i=1}^{N-1} |V(k-i)| \right] N$$

残差为

$$V(k) = Z(k) - \hat{Z}(k+1 \mid k) \quad (7.265)$$

一般 N 值取 5~8。

7.4.4 数据关联

数据关联主要是解决多目标跟踪中雷达测量数据(点迹)与目标(航迹)的配对问题。就多目标跟踪的基本方法而言,概况来讲可以分为极大似然累滤波算法和贝叶斯类滤波算法。其中极大似然类滤波算法是以观测序列的似然比为基础的,主要包括人工标图法、航迹分叉法、联合似然算法、0~1整数规划法、广义相关法等;贝叶斯类滤波算法是以贝叶斯准则为基础的,主要包括最近邻域法、概率数据互联算法、联合概率数据互联算法、最优贝叶斯算法、多假设方法等。其中常用的方法是最近邻域关联算法,我们以此为例讨论自适应卡尔曼滤波器输出后数据的关联方法。

该方法通过比较波门内各个回波的新息,使范数达到最小者被看作是真实目标的回波。即:按照式(7.234)和式(7.235)分别计算新息 $\tilde{Z}(k)$ 和信息协方差矩阵 $S(k)$,则可得到新息的范数为

$$g(k) = \tilde{Z}^{\mathrm{T}}(k) S^{-1}(k) \tilde{Z}(k) g(k) = \tilde{Z}^{\mathrm{T}}(k) S^{-1}(k) \tilde{Z}(k) \quad (7.266)$$

以航迹 i 的预测值 $\hat{Z}(k \mid k-1)$ 为中心,以 $K_G \tilde{U}$ 为波门,寻找波门内的所有点迹集合 $A(k)$,即

$$A(k) = \{Z(k), |\tilde{Z}(k) - Z(k)| \leq K_G \tilde{U}\} \quad (7.267)$$

式中: $\tilde{U}$ 为由测量均方差组成的向量,即

$$\tilde{U} = [\sigma_\rho \quad \sigma_\theta \quad \sigma_\phi]^{\mathrm{T}} \quad (7.268)$$

计算集合 $A(k)$ 中所有点迹新息的范数,选择范数最小者的点迹为航迹 i 的点迹,用该点迹的观测数据进行航迹 i 的卡尔曼滤波。

通常波门参数的取值为 $K_G = 1.5 \sim 3.5$。

最近邻域相关法按以下四条判别准则进行关联:

(1) 若某个航迹门内只有一个观测量,则该航迹与此观测量相关,而不考虑其他。

(2) 若某个观测量已落入一个航迹门内,则该观测量与此航迹相关,而不考虑其他。

(3) 当某航迹门内含有多个测量时,该航迹与最近的观测量相关。

(4) 当某观测量落入多个航迹的门内时,该观测量与最近的航迹相关。

7.4.5 航迹管理

点迹滤波启动后连续的多个点迹就会形成一条航迹,给这个航迹进行编号,就是航迹管理里面的航迹号管理部分的功能。建立航迹号后,该航迹相联系的所有参数都以其航迹号作标志。为了便于航迹号的申请、撤销、保持及对航迹的运算与操作,一般都需要建立航迹号数组和赋值航迹号链表。

航迹起始方法:对于每一帧中,没有与任何航迹相关的点迹,均起始一条暂

时航迹,其航迹质量为1(航迹质量共有0,1,2,3四个等级,质量为0时航迹终止)。①以暂时航迹的第一点为中心 p_1 ,如果下一个扫描周期雷达在波门内观测到新的点迹 p_2 ,则形成暂时航迹的第二点,航迹质量升为2,否则,航迹质量变为0,删除该暂时航迹,新得到的点迹重新注册一条暂时航迹。②在获得 p_1,p_2 两点后,利用两点的数据,形成暂时航迹的状态估计,并对第三点进行预测,以预测点 p_3 为中心。如果有新的点迹落入波门,航迹质量升为3,该暂时航迹得到确认,转化为可靠航迹。③如果没有点迹落入,则外推一个点再做预测,关联逻辑同上,若有观测值满足要求,则该航迹得到确认,转化为可靠航迹,否则删除该航迹。

而航迹管理的另一个主要内容就是航迹的质量管理,通过航迹的质量管理,可以及时、准确地起始航迹以建立新目标档案,也可以及时、准确地撤消航迹以消涂多余目标档案。其中的主要功能就涉及到航迹的生成和航迹的撤销,其简单的实现方法如下:航迹质量共有0,1,2,3四个等级,当有观测值关联时,若航迹质量为3,则不变;当没有观测值关联起,则航迹质量减1,当质量降为0即删除该航迹。

一般可采用下面的方法进行航迹的确认和删除:

在卡尔曼滤波前首先用 $K_G=1.5\sim2$ (称为小波门)的波门参数对 k 时刻的点迹观测值与每条航迹进行数据关联,如果有满足关联条件的点迹存在,则进行后续的 k 时刻卡尔曼滤波处理,否则将波门参数增大,取 $K_G=3.5$ (称为大波门),重新进行数据关联。如果采用大波门后仍然没有满足关联条件的点迹存在,则用外推预测值 $\hat{X}(k|k-1)$ 替代 k 时刻的估计值 $\hat{X}(k)$,并对 $k+1$ 时刻的点迹观测值进行与 k 时刻类似的关联和滤波处理,如果在连续外推5点后仍然没有满足关联条件的点迹存在则认为该条航迹消失。

要注意的是不满足数据关联条件的点迹不能丢弃,应作为新航迹的起始,用3个或2个点迹的观测值启动卡尔曼滤波,形成新的航迹。

7.4.6 伺服控制

伺服系统是雷达的一个重要的子系统,它接收跟踪误差电压作为输入量,并完成把天线波束向使天线轴对目标的瞄准误差减少到零的一个方向移动的任务。一般伺服系统由放大器、滤波器和电动机组成,并用电动机转动天线以保持天线轴指向目标。

伺服跟踪控制模型如图7.49所示,其中设计参数如下:

跟踪座运动参数:

运动范围: 方位为±50°, 俯仰为-5°~85°;

运动最大速度: 方位为85°/s, 俯仰为40°/s;

运动最大加速度： 方位为$160°/s^2$， 俯仰为$110°/s^2$；
运动最小速度： 方位为$0.024°/s$， 俯仰为$0.024°/s$。
跟踪座转动惯量：
方位:32Kgm^2；
俯仰:12Kgm^2；
定位精度:$\leq 0.1°$。

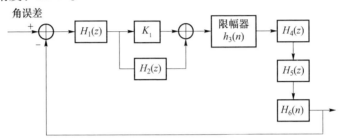

图 7.49 伺服跟踪控制模型

$$H_1(z) = 4.356 \frac{1 + 2z^{-1} + z^{-2}}{5.25 - 1.48z^{-1} + z^{-2}} \quad (7.269)$$

$$K_1 = 0.37 \quad (7.270)$$

速度环矫正网络为

$$H_2 = 0.0125 \frac{1 + z^{-1}}{1 - z^{-1}} \quad (7.271)$$

速率陀螺为

$$H_4(z) = H_4(s) \Big|_{s = \frac{2}{T} \frac{1-z^{-1}}{1+z^{-1}}} = \frac{8.2}{0.00011s^2 + 0.009s + 1} \Big|_{s = \frac{2}{T} \frac{1-z^{-1}}{1+z^{-1}}} \quad (7.272)$$

式中，$T = 0.0125\text{s}$。

$$H_5(z) = H_5(s) \Big|_{s = \frac{2}{T} \frac{1-z^{-1}}{1+z^{-1}}} \quad (7.273)$$

伺服跟踪环的幅频特性见图 7.50 和图 7.51 所示。

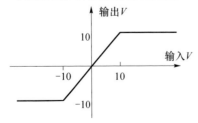

图 7.50 限幅器 $H_3(n)$ 特性

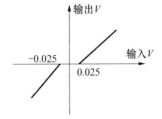

图 7.51 零区函数 $H_6(n)$ 特性

第 8 章
雷达系统仿真

对于雷达而言,目前主要有两种数字仿真方法:一种是功能级仿真;另一种是信号级仿真(也称相干视频信号仿真)。功能级仿真只模拟信号的功率信息,不模拟相位信息。目前雷达仿真绝大部分都是功能级的,实现比较简单。信号级仿真不仅包括信号的幅度信息,还包括相位信息。信号级仿真模拟雷达系统的逼真程度高、可信性强、功能完善,但同时也使得系统模型复杂,环节众多。信号级仿真由于复现了雷达信号传播和处理的全过程而比功能级仿真的粒度更细,模型更加逼真,精度更高,但同时仿真运行所需的时间也更长。

(1) 雷达系统的功能级仿真。功能级仿真的基本思路是从信号功率的角度,运用雷达方程、干扰方程、干扰/抗干扰原理、运动学方程以及统计模型等建立仿真,计算总和输出(检测)信噪比模型,进而确定雷达检测时的发现概率与虚警概率,并在此基础上进行干扰/抗干扰性能评估和电子战条件下雷达检测过程的功能仿真试验。

在进行雷达对抗试验中,雷达面临的目标和环境是比较复杂的。能否检测到目标回波,主要取决于检测时的信噪比。由雷达检测曲线可知,只要知道信噪比,就可以大概确定虚警概率和检测概率,再对雷达的检测过程进行功能仿真试验。雷达检测信噪比是由多方面因素综合决定的,其中包括目标回波功率、干扰信号功率、杂波以及噪声功率等。因此,雷达功能仿真系统的数学模型主要包括:雷达接收机噪声仿真数学模型;回波信号功率、干扰功率、杂波功率、目标RCS仿真数学模型;综合信干比模型。

(2) 雷达系统的相干视频仿真(信号级仿真)。信号级仿真的基本定义,就是要逼真地复现既包含振幅又包含相干视频信号,复现这种信号的发射、在空间传播、经散射体、杂波与干扰信叠加以及在接收机内进行处理的全过程。尽管我们无论何时都可以利用线性叠加的方法,对各个单元进行组合或重新排列,从而省掉某些计算,但我们还是可以直接对雷达系统中实际信号的流通情况进行仿真。只要所提供的基本的目标模型和环境模型足够好,就可以使相干视频信号仿真的精度很高。换句话说,相干视频信号的逼真度,主要是受目标模型和雷达环境模型的限制。

8.1 雷达系统信号级仿真

信号级仿真就是产生雷达系统及其各个模块的输入信号,按照模块的模型计算其输出响应,最后得到雷达系统的输出结果。这种仿真方法适应于雷达系统设计、研究及参数设计等,但由于数据量大,计算量也大,仿真很费时间,计算一个结果往往需较长的时间。

实际中,根据仿真的目的,不一定要进行雷达整个系统的仿真,可对某个关键模块或分系统等进行仿真,这种仿真可以是静态的,也可以是动态的。例如,信号处理分机是雷达系统的核心,多数仿真只需在雷达信号处理分机输入端加入仿真信号,在雷达视频或中频进行仿真,这样可以大大节约仿真的计算时间。

前面章节中已给出了许多模块模型、雷达回波模型,给出的许多仿真结果也是采用这种方法得到的,所以这里就不再介绍了,下面以脉冲多普勒雷达为例,给出一些仿真的例子。

8.1.1 雷达电磁环境建模

脉冲多普勒雷达电磁环境模块主要包括发射信号模型、天线方向图、雷达目标起伏模型和回波信号模型等。因为回波信号模型在模拟仿真中的重要性,将在8.1.2节单独介绍。

1. 发射信号模型

雷达信号发生的简化框图如图8.1所示,它由射频振荡器、脉冲形成器及调制放大器三大部分组成。射频振荡器以连续波的形式激励功率放大器。调制放大器由于受到脉冲形成器产生的脉冲控制,因而输出一串射频脉冲。其中每个射频脉冲都具有良好的相参性。射频脉冲串的频谱与单色信号(即连续波振荡信号)的频谱不同,不是单根谱线,而是由一族离散谱线。以下分别叙述脉冲列以不同方式截取高稳定连续射频信号时的频谱。

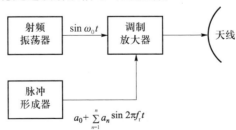

图8.1 雷达信号发生的简化框图

截取方式如图 8.2 和图 8.3 所示，从频率为 f_0 的稳定正弦信号中每隔时间 Ts 截取持续时间为 τ 的射频脉冲形成发射信号。截取的射频脉冲列的频谱示于图 8.4。从图中可以看到最大幅度谱线均位于射频频率 f_0。两者的区别在于图 8.2 的最大谱线位置 f_0 是谱线间隔的整数倍。这种截取方式截取到的射频脉冲是现代雷达系统常用的调制方式，它所产生的全相参脉冲列具有极高的速度分辨率。本章研究的雷达仿真系统就是采用该方式来模拟 PD 雷达导引头的发射脉冲。

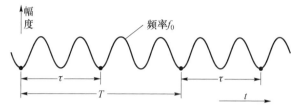

图 8.2　脉冲列截取连续波射频信号方式 1

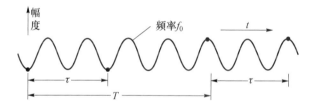

图 8.3　脉冲列截取连续波射频信号方式 2

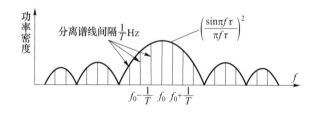

图 8.4　图 8.2 和图 8.3 截取方式的射频脉冲列所对应的频谱

也可以采用图 8.5 所示的截取方式，每隔时间 T 秒发射一段持续时间为 τ，频率为 f_0 的正弦信号。每一个射频脉冲的起始相位仍然相同，但是脉冲重复周期 T 不是射频正弦震荡的整数倍。这种时间波形所对应的频谱如图 8.6 所示，其包络形状仍为 $\left(\dfrac{\sin\pi f\tau}{\pi f\tau}\right)^2$，但是最大振幅谱线位于最接近 f_0 的 $\dfrac{1}{T}$ 整数倍处。这种方式称为接收相参方式，因为它获得的相参度不高，只适用于低脉冲重复频率的雷达使用。

在一般磁控管发射机中，每个射频脉冲的起始相位是随机的，其相位对应的

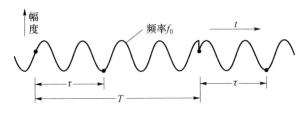

图 8.5 脉冲列截取连续波射频信号方式 3

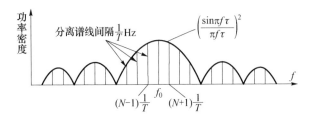

图 8.6 用图 8.5 截取方式的射频脉冲列的频谱

频谱如图 8.7 频谱的包络依然为 $\left(\dfrac{\sin\pi f\tau}{\pi f\tau}\right)^2$ 形式,但是频谱已有一根根分离谱线变成为连续频谱。所以它已经不是相参波形了,速度分辨力极低,基本上已经完全不能适用于脉冲多普勒雷达系统。

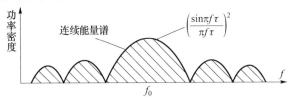

图 8.7 一般磁控管的射频脉冲列所对应的频谱

PD 雷达对信号的基本要求是:信号具有很大的时宽带宽积。相参脉冲串信号、线性调频信号、巴克码信号三类信号满足 PD 雷达对信号的基本要求,特别是等间隔相参脉冲串信号,是 PD 雷达的基本信号。本文研究的 PD 雷达导引头发射的是相参脉冲串信号。

相参脉冲串信号是在不减小信号带宽的前提下加大了信号的有效持续期。这种信号即保留了脉冲信号高距离分辨力的特点,又具有连续波雷达的速度分辨性能。

均匀相参脉冲串信号是相参脉冲串中最简单,也是最常用、最重要的波形。它有相等的子脉冲宽度、相等的脉冲重复周期和有同样的截频。如图 8.8 所示均匀相参脉冲串信号的波形图。

相参脉冲串信号表达式为

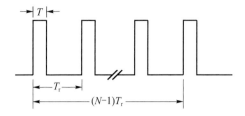

图8.8 均匀相参脉冲串信号的波形图

$$s(t) = \left\{\text{rep}_T\left[\text{rect}\left(\frac{t}{\tau}\right)\right]\right\}\cos 2\pi f_0 t \tag{8.1}$$

容易求得相参脉冲串信号的频谱,$s(t)$的频谱为

$$S(f) = \frac{\tau}{2}\left\{\text{sinc}[(f-f_0)\tau]\frac{\sin\pi N(f-f_0)T_r}{\sin\pi(f-f_0)T_r}e^{-j\pi(N-1)(f-f_0)T_r}\right\}$$

$$+ \frac{\tau}{2}\left\{\text{sinc}[(f+f_0)\tau]\frac{\sin\pi N(f+f_0)T_r}{\sin\pi(f+f_0)T_r}e^{-j\pi(N-1)(f+f_0)T_r}\right\} \tag{8.2}$$

本文在以后所说的相参脉冲信号,就是指这种均匀的相位相参脉冲串信号。

2. 天线方向图

天线方向图的数学模型在雷达系统的建模和仿真中具有重要地位。天线的辐射波束是能量分布在给定方向上的单位立体角的功率或单位面积的功率的能量。发射或接收天线上的主瓣宽度能使其对照射得有限角位置具有敏感性,敏感的程度可以使用天线波束宽度来表示。波束宽度通常为半功率点之间的宽度,在波束宽度内的波瓣为主瓣,波束宽度之外的称为旁瓣。

天线的方向图表示天线辐射的功率与由天线中心轴算起的角度之间的关系,常用的天线方向图模型函数有余弦函数型、高斯函数型、幸克函数型和指数函数型等。本文中采用高斯函数型的振幅方向图进行仿真。

振幅方向图采用高斯函数逼近,即

$$F(\theta,\varphi) = \exp\left\{-1.4\left[\left(\frac{\theta-\theta_0}{\theta_{3\text{dB}}}\right)^2 + \left(\frac{\phi-\phi_0}{\phi_{3\text{dB}}}\right)^2\right]\right\} \tag{8.3}$$

式中 $\theta_{3\text{dB}}$——天线主瓣的水平半功率波束宽度;

$\phi_{3\text{dB}}$——垂直半功率波束宽度;

θ_0——天线主波束指向的方位角;

ϕ_0——天线主波束指向的俯仰角。

雷达天线单程功率增益 $G(\theta,\phi)$ 与天线方向图函数 $F(\theta,\phi)$ 的关系为

$$G(\theta,\phi) = G_0[F(\theta,\phi)]^2 \tag{8.4}$$

式中:G_0 为天线的增益。

脉冲多普勒雷达导引头跟踪过程中,雷达导引头天线波束必须连续的跟踪目标,当目标偏离雷达导引头波束轴线时,天线能够给出信号的偏轴大小和方向,从而可以使雷达伺服系统驱动雷达导引头天线来减小误差,实现对目标的连续跟踪。

为了形成目标的角误差信号,可以将波束进行开关转化或者进行圆锥扫描,在脉冲多普勒雷达中常使用单脉冲平面阵列天线,也就是在平板表面上切割的许多辐射缝隙,这样可以同时形成多个照射波束。然后比较这几个天线波束的回波信号获得精确的目标角位置信息。单脉冲系统由比幅单脉冲和比相单脉冲两大类组成,本书中主要使用的是比幅单脉冲和差波束。

和差比较器是单脉冲雷达测角的重要部件,由它完成和、差处理,形成和差波束,和差比较器示意图如图 8.9 所示,它的 1 端口和 2 端口与两个馈源相连接。发射时,从发射机来的信号加到和差比较器的 Σ 端,1 端口和 2 端口将输出等副同相信号,分别经过馈源天线调制后发射出去;接收的时候,回波脉冲同时被两个馈源接收,被方向图调制后信号为 S_1 和 S_2,送到和差比较器的 1 端口和 2 端口,这个时候在 Σ(和)端,完成两信号的相加,输出和信号 S_Σ,在 Δ(差)端,两信号反向相加,输出差信号 S_Δ。

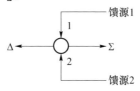

图 8.9 和差比较器

为了对空中目标进行角度跟踪和探测,必须在方位和俯仰两个角度上进行跟踪,因而必须获得方位角和俯仰角的角误差信号,因此接收机中有三个和差比较器和三路接收机(和支路、方位角差支路、俯仰角差支路),图 8.10 是单脉冲雷达导引头和差波束原理图。

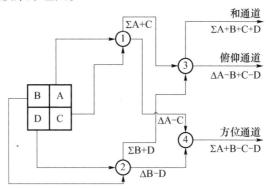

图 8.10 单脉冲雷达引导头和差波束原理图

雷达导引头的天线由 A、B、C 和 D 共 4 个单元天线组成,如图 8.10 所示。A、B、C 和 D 单元天线分别对应四个馈源,可以形成 4 个部分重叠的子波束,发射时,4 个馈源被同时激励,并且辐射相同的功率。因此 4 个波束在空间各点产生的强度同相相加,从而形成发射和波束。接收的时候,回波脉冲同时被 4 个波束的馈源所接收,4 个馈源接收到的回波信号的振幅有差异,但相位相同(这里忽略了 4 个馈源接收到的回波的波程差)。将这 4 个信号叠加到和差比较器的和端,输出和信号;输入到差比较器后,形成方位角差信号和俯仰角差信号。对这三路信号的处理则可以实现对目标探测和跟踪。图 8.11 为雷达导引头发射天线波束方向图。θ_{sub} 为水平方向两个子波束的夹角,ϕ_{sub} 为水平垂直方向两个子波束的夹角。

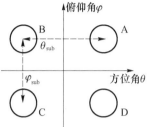

图 8.11 雷达引导头发射天线波束方向图

4 个子波束方向图分别为

$$F_{\text{A}}(\theta,\phi) = F\left(\theta - \frac{\theta_{\text{sub}}}{2}, \phi - \frac{\phi_{\text{sub}}}{2}\right) \quad (8.5)$$

$$F_{\text{B}}(\theta,\phi) = F\left(\theta + \frac{\theta_{\text{sub}}}{2}, \phi - \frac{\phi_{\text{sub}}}{2}\right) \quad (8.6)$$

$$F_{\text{C}}(\theta,\phi) = F\left(\theta + \frac{\theta_{\text{sub}}}{2}, \phi + \frac{\phi_{\text{sub}}}{2}\right) \quad (8.7)$$

$$F_{\text{D}}(\theta,\phi) = F\left(\theta - \frac{\theta_{\text{sub}}}{2}, \phi + \frac{\phi_{\text{sub}}}{2}\right) \quad (8.8)$$

4 个天线 A、B、C 和 D 通过和差比较器形成的和通道增益等效方向图为

$$F_{\Sigma}(\theta,\phi) = F_{\text{A}}(\theta,\phi) + F_{\text{B}}(\theta,\phi) + F_{\text{C}}(\theta,\phi) + F_{\text{D}}(\theta,\phi) \quad (8.9)$$

水平方位差通道增益等效方向图为

$$F_{\theta}(\theta,\phi) = F_{\text{A}}(\theta,\phi) - F_{\text{B}}(\theta,\phi) + F_{\text{D}}(\theta,\phi) - F_{\text{C}}(\theta,\phi) \quad (8.10)$$

垂直俯仰差通道增益等效方向图为

$$F_{\phi}(\theta,\phi) = F_{\text{A}}(\theta,\phi) + F_{\text{B}}(\theta,\phi) - F_{\text{C}}(\theta,\phi) - F_{\text{D}}(\theta,\phi) \quad (8.11)$$

图 8.12~图 8.14 为使用 Matlab 仿真给出了和通道、方位角差通道、俯仰角差通道的天线方向图。

3. 雷达目标起伏模型

雷达的基本功能是在有干扰信号影响的情况下,从回波信号中检测到感兴趣的目标信号,并且对检测到的目标进行识别和跟踪。目标的雷达散射截面积(RCS)是回波描述中的一个重要方面,目标的散射截面积的大小直接影响到雷

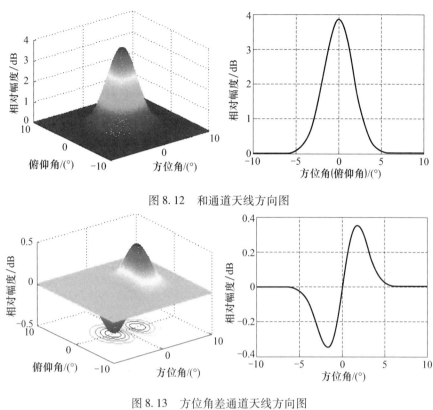

图 8.12 和通道天线方向图

图 8.13 方位角差通道天线方向图

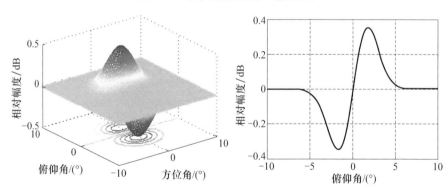

图 8.14 俯仰差通道天线方向图

达对目标的检测性能。工程上我们常认为 RCS 为常量,在实际中由于目标是处于运动状态的,所以它可能引起雷达截面积的剧烈起伏。

仿真中我们通常使用目标的概率密度函数(与目标的典型航路和类型有关)和相关函数来描述雷达截面积起伏。常用的雷达散射截面起伏的模型主要是斯威林(Swerling)模型和对数正态分布模型等。这里我们主要介绍斯威林起伏模型。

斯威林起伏模型广泛的适用于目标雷达散射截面积起伏的幅度变化,常用的斯威林起伏模型和斯威林Ⅰ型~斯威林Ⅳ标准模型。

斯威林Ⅰ模型为慢起伏模型,符合瑞利分布,该起伏是扫描到扫描的起伏模型,在一次天线扫描期内具有恒定的幅度,但是从一次扫描到下一次扫描期间是独立的,完全不相关的。如果不考虑天线波束对回波幅度的影响,截面积 σ 的概率密度函数服从下列分布,即

$$\rho(\sigma) = \frac{1}{\bar{\sigma}}\exp\left(-\frac{\sigma}{\bar{\sigma}}\right), \sigma \geq 0 \tag{8.12}$$

式中 $\bar{\sigma}$ ——目标起伏全过程的平均值。

斯威林Ⅱ模型为快起伏模型,符合瑞利分布,该起伏是脉冲到脉冲的起伏,但是脉冲与脉冲之间是完全独立的,不相关的。截面积 σ 的概率密度函数分布同式(8.12)。

斯威林Ⅲ模型为慢起伏模型,截面积 σ 的概率密度函数分布服从于

$$\rho(\sigma) = \frac{4\sigma}{\bar{\sigma}^2}\exp\left(-\frac{2\sigma}{\bar{\sigma}}\right), \sigma \geq 0 \tag{8.13}$$

式中 $\bar{\sigma}$ ——截面积起伏的平均值。

斯威林Ⅳ模型为快起伏模型,截面积 σ 的概率密度函数分布同式(8.12),如图8.15所示。

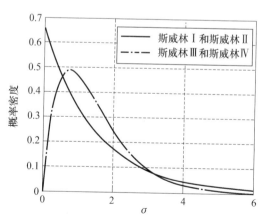

图8.15 斯威林概率密度

斯威林Ⅰ型和斯威林Ⅱ型截面积的概率分布,适用于那些由大量近似相等的、独立随即起伏的散射体组成的复杂目标,通常这些独立散射体需要4、5个即

可。像飞机这一类型的复杂目标的截面积就属于这种情况。

斯威林Ⅲ型和斯威林Ⅳ型截面积的概率分布,适用于那些由许多小的独立的散射体和一个起决定作用的无起伏散射体组成的目标,或者由一个大散射体组成且方向基本不变的场合。

通过分析目标的起伏模型,可知飞机类的RCS概率密度函数服从指数分布。下面列出了在仿真过程中产生满足指数分布的随机数序列的方法。参数为λ的指数分布的概率密度函数为

$$p(x) = \lambda e^{-\lambda x} \tag{8.14}$$

根据(0,1)均匀分布的概率密度函数和指数分布的概率密度函数可以推导出两者之间的关系为

$$\xi_i = -\frac{1}{\lambda}\ln(1 - u_i) \tag{8.15}$$

由于u_i服从(0,1)均匀分布,所以$(1-u_i)$也服从(0,1)均匀分布,式(8.15)简化为

$$\xi_i = -\frac{1}{\lambda}\ln(u_i) \tag{8.16}$$

式中:u_i服从(0,1)均匀分布;ξ_i服从参数为λ的指数分布。

通过上述的产生方法,首先产生(0,1)区间均匀分布的随机系列,然后将生成的随机序列进行变换产生服从指数分布的随机序列。

8.1.2 雷达回波信号模型

雷达接收到的回波信号模型主要包括目标飞机回波信号模型、箔条回波信号模型、系统噪声信号模型等。雷达导引头回波信号模型如图8.16所示。

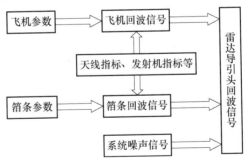

图8.16 雷达导引头回波信号模型

下面分别给出相应的回波信号模型:

1. 雷达目标回波信号模型

脉冲多普勒雷达导引头发射的视频信号是相参脉冲串。一个匀速运动点目

标,对雷达第 n 个发射脉冲的反射回波信号可表示为

$$s_T(t,n) = \text{Re}[\tilde{s}_T(t-t_T,n)e^{j2\pi f_c(t-t_T)}], \quad |t-t_T| \leq \tau/2, \quad n=0,1,\cdots,N-1$$

(8.17)

式中: $\tilde{s}_T(t,n) = \tilde{K}_T(n)\tilde{u}(t-t_1)e^{j2\pi f_{Td}(t-t_T)}$,其中 f_{Td} 为目标的多普勒频率,N 为脉冲回波数, $\tilde{K}_T(n) = \sqrt{\dfrac{P_t L_s G_t(\theta,\varphi) G_r(\theta,\varphi)}{(4\pi)^3} \dfrac{\lambda \tilde{b}_T(n)}{R_T^2}}$,$\tilde{b}_T(n) = \sigma_T(n)e^{j\beta_T(n)}$ 为目标的散射参量,$\sigma_T(n)$ 为目标的 RCS,其概率密度函数一般选用斯威林Ⅱ模型,是散射相位,在 $[0,2\pi]$ 区间均匀分布,L_s 为雷达系统的损耗因子,$0<L_s<1$,$G(\theta,\varphi) = G_0 F^2(\theta,\varphi)$,$G_0$ 为天线的增益,$F(\theta,\varphi)$ 为天线的方向图函数,在前面的天线方向图中我们已经介绍过它的模型,θ,φ 分别是弹载坐标系中目标的方位和俯仰角,下标 s 和 t 分别为发射和接收天线,$t_T = 2R_T/C - nT_r$,为飞机目标距离雷达导引头的双程时延,$C = 3 \times 10^8 \text{m/s}$ 是电磁波在空间的传播速度,R_T 为目标的距离。

按照式(8.17)产生的目标回波是复数,其实部是雷达导引头 I 支路的回波,虚部是 Q 支路的回波。和通道、方位差通道、俯仰差通道的回波分别采用和波束、方位差波束、俯仰差波束天线方向图函数产生,模型如天线方向图模型所示。

2. 雷达杂波回波信号模型

一个杂波对雷达第个发射脉冲的反射回波信号为

$$s_C(t,n) = \text{Re}[\tilde{s}_C(t-t_C,n)e^{j2\pi f_c(t-t_C)}], \quad |t-t_C| \leq \tau/2, \quad n=0,1,\cdots,N-1$$

(8.18)

式中: $\tilde{s}_C(t,n) = \tilde{K}_C(n)\tilde{u}(t-t_C)e^{j2\pi f_{Cd}(t-t_C)}$,$\tilde{K}_C(n) = \sqrt{\dfrac{P_t L_s G_t(\theta,\varphi) G_r(\theta,\varphi)}{(4\pi)^3}}$ $\dfrac{\lambda \tilde{b}_C(n)}{R_C^2}$,$R_C$ 为杂波单元的距离,$\tilde{b}_C(n) = \sigma_C(n)e^{j\beta_C(n)}$,$\sigma_C(n)$ 为杂波单元的 RCS,$\beta_C(n)$ 是散射相位,在 $[0,2\pi]$ 均匀分布,f_{Cd} 为杂波的多普勒频率;$t_C = 2R_C/C - nT_r$。

地物杂波、海杂波、气象杂波、箔条杂波一个杂波单元的回波都可按照这个模型仿真,只是它们各自的散射参量、多普勒频率不同。

当雷达波束照射面积大于杂波面积时,杂波单元的面积可取雷达波束在杂波上的投影面积;否则,取杂波的面积。但有时对于形状比较复杂的波体,需按杂波的散射特性选取杂波单元,这时杂波单元的面积可小于雷达波束的投影面积,并需将多个杂波单元的回波按照时序关系叠加。

当目标与雷达之间存在箔条云遮挡时,在目标回波模型中需考虑箔条云对雷达电磁波功率的两次衰减。

3. 雷达系统噪声信号模型

在雷达接收机中,由于内部噪声和外部噪声源的热效应产生噪声,通常用雷达天线端的噪声温度或噪声系数来表示各种噪声源的合成效应。噪声功率可表示为

$$\sigma_n = k_n T_0 F_s B_n \tag{8.19}$$

式中 k_n——波耳兹曼常数 $k_n = 1.38 \times 10^{-23}$ J/°K;

T_0——噪声绝对温度 $T_0 = 290$°K;

F_s——雷达接收机噪声系数;

B_n——接收机带宽。

对于脉冲多普勒雷达导引头来说,雷达系统内存在外部噪声和接收机噪声等多种噪声源,通常,这些和噪声形成了回波中总的噪声,在实际的应用中,可以将这些噪声看成高斯白噪声,也就是说所有情况下的噪声都是在接收的回波信号上加上高斯白噪声。

雷达接收机系统噪声是零均值、方差为 σ_n^2 独立的高斯随机过程。根据独立随机数序列的产生方法,仿真产生噪声信号。产生方法为

$$\begin{cases} \text{Gasuu\_}I(i) = \sqrt{-2\ln[\mu_1(i)]}\cos[2\pi\mu_2(i)] \\ \text{Gasuu\_}Q(i) = \sqrt{-2\ln[\mu_1(i)]}\sin[2\pi\mu_2(i)] \end{cases} \tag{8.20}$$

式中:$\mu_1(i)$ 和 $\mu_2(i)$ 为相互独立的 $(0,1)$ 区间上均匀分布随机序列。

式(8.20)是产生零均值、方差为 1 的独立高斯分布 $N(0,1)$ 随机序列,需通过下列变换产生出所需的服从 $N(0,\sigma_n^2/2)$ 分布的 I 路信号和 Q 路信号

$$\begin{cases} S_N\_I(i) = \dfrac{\sigma_n}{\sqrt{2}} \cdot \text{Gasuu\_}I(i) \\ S_N\_Q(i) = \dfrac{\sigma_n}{\sqrt{2}} \cdot \text{Gasuu\_}Q(i) \end{cases} \tag{8.21}$$

式中:σ_n 由式(8.19)计算。

4. 有源电子干扰雷达回波信号模型

第 m 个有源电子干扰脉冲对应于第 n 个雷达发射脉冲的雷达回波为

$$s_J(t,m) = \text{Re}[\tilde{s}_J(t-t_J,m)e^{j2\pi f_c(t-t_J)}], \quad |t-t_J| \leq \tau_J/2, m = 0,1,\cdots,M-1 \tag{8.22}$$

式中:M 为干扰脉冲数;$t_J = 2R_J/C - nT_r$,R_J 为干扰机的距离;$\tilde{s}_J(t,m) = \tilde{K}_J(m)$

$\tilde{u}_J(t-t_J)\mathrm{e}^{\mathrm{j}2\pi f_{Jd}(t-t_J)}$,其中 $\tilde{u}_J(t)$ 为干扰机的发射信号复包络,f_{Jd} 为干扰机的多普勒频率,$\tilde{K}_J(m) = \sqrt{\dfrac{P_J L_s G_J(\theta,\varphi) G_r(\theta,\varphi)}{(4\pi)^3}\dfrac{\lambda \tilde{b}_J(m)}{R_J^2}}$,其中 G_J 为干扰机发射天线的功率方向图,$\tilde{b}_J(m)$ 为干扰机发射脉冲的起伏,P_J 为干扰机的发射峰值功率。

5. 箔条诱饵雷达回波信号模型

箔条在空中投放后,受到风速、气流、大气密度等诸多因素的影响。因此严格的讲,箔条干扰的统计特性具有非平稳性,如果考虑到下列条件:

(1) 箔条的空中充分散开且处于缓慢下降过程,进入雷达导引头天线波束的箔条数目和离开天线波束的箔条数目近似相等。

(2) 认为箔条偶极子之间的间隔至少在两个波长以上。

(3) 散射信号的振幅和相位互相独立不相关,并且偶极子的方向是随机的。

那么就可以将箔条散射信号近似的看成平稳信号,并且可以认为回波信号是所有偶极子回波的矢量和。回波信号可以表示为

$$S_{\text{Chaff}} = U\mathrm{e}^{\mathrm{j}\theta} = \sum_{k=1}^{N} A_k \mathrm{e}^{\mathrm{j}\varphi_k} \qquad (8.23)$$

式中 U——合成干扰信号幅度;

θ——合成干扰信号相位;

A_k——第 k 个箔条回波信号幅度;

φ_k——第 k 个箔条回波信号相位;

N——箔条数量。

当 N 的取值很大时,可推导出箔条回波信号的幅度 U 服从瑞利分布,相位 θ 服从均匀分布。

6. 雷达回波模型

雷达接收到的回波信号模型主要包括飞机目标回波信号模型、雷达系统噪声信号模型和箔条目标信号模型等,在仿真中,将这三种模型产生的信号按照时序关系相互叠加,就得到了雷达导引头目标回波信号。

第 n 个雷达发射脉冲的雷达回波信号为

$$s(t,n) = s_T(t,n) + s_C(t,n) + s_{\text{Chaff}}(t,n) + s_N(t,n) + s_J(t,m) \qquad (8.24)$$

式中:$s_T(t,n)$,$s_C(t,n)$ 和 $s_{\text{Chaff}}(t,n)$ 与雷达时序同步,$s_N(t,n)$ 始终都有,$s_J(t,m)$ 与雷达异步,通常可按照绝对时间关系叠加。

8.1.3　雷达系统模型

脉冲多普勒雷达的系统模块主要包括 A/D 转换、主瓣杂波滤波、多普勒滤波器组、取模和选大、恒虚警率处理、α-β 滤波和数据处理。

1. A/D 转换

数字信号处理技术的发展为处理雷达信号提供了新的方法,同时也提高了雷达信号处理机的综合性能。但由于输入的信号通常都是模拟信号,这就需要对输入信号进行数模转换,产生使用要求的量化数字信号。

设 A/D 转换器的输入信号为 $x(t)$,输出信号为 $x(n)$。A/D 转换器首先以采样频率 f_s 对输入信号 $x(t)$ 在时间上进行采样,得到采样信号 $\hat{x}(t)$,然后在幅度上对采样信号 $\hat{x}(t)$ 再进行量化,量化模型为

$$x(n) = \frac{V_{\text{admax}}}{2^N} \text{Int}\left[\frac{\hat{x}(t)2^N}{V_{\text{admax}}}\right] \tag{8.25}$$

式中　V_{admax}——A/D 转换器的信号幅度范围;

N_{ad}——A/D 转换器的字长;

Int[·]——取整。

A/D 转换器的参数及参考取值为:

(1) 采样频率 f_{ad},即 A/D 转换器的采样频率,单位为 MHz(兆赫兹),参考取值 $f_{\text{ad}} = 2B$,B 是雷达发射信号带宽。

(2) 精度 N_{ad},即 A/D 转换器的字长,单位为 bit(位),参考取值 $N_{\text{ad}} = 10 \sim 14 \text{bit}$。

(3) 幅度范围 V_{admax},即 A/D 转换器的信号幅度范围,单位为 V(伏特),参考取值 $V_{\text{admax}} = \pm 1\text{V}, 2\text{V}$。

2. 主瓣杂波滤波

主瓣杂波谱中心随雷达波束扫描、导弹速度变化,所以滤波器的凹口应实时对准主瓣杂波谱中心。

设雷达主瓣波束指向的方位角为 θ_0、俯仰角为 φ_0,导弹的运动速度为 v_r,则雷达导引头主瓣杂波谱中心为

$$f_{\text{dmain}} = \frac{2v_r}{\lambda}\cos\theta_0\cos\varphi_0 \tag{8.26}$$

它所对应的数字频率为

$$\omega_{\text{dmain}} = \frac{2\pi f_{\text{dmain}}}{f_r} \tag{8.27}$$

则凹口对准 ω_{dmain} 的二次数字对消器差分方程为

$$y(n) = x(n) - 2e^{jw_{\text{dmain}}}x(n-1) + e^{j2\omega_{\text{dmain}}}x(n-2) \tag{8.28}$$

注意,式(8.28)的滤波运算是复数运算,应将雷达导引头回波的 I 支路和 Q 支路合成为复信号进行滤波处理,滤波后应将数据的实部和虚部分别合并作为 I 支路和 Q 支路的信号输出。另外,主瓣杂波滤波器是对同距离单元的回波进

行滤波,主要是滤除掉主瓣杂波和高度线杂波,采用二次数字对消器进行杂波对消,二次数字对消器又分为非递归式和递归式结构,在本次仿真中我们主要使用的是非递归式的二次数字对消器进行杂波抑制。

二次数字对消器的原理是用下个脉冲的回波减去现在接收的脉冲回波,则固定的杂波回波将会对消,而变化的目标回波不会发生对消。一次数字对消器和二次数字对消器示意图如图 8.17 所示。

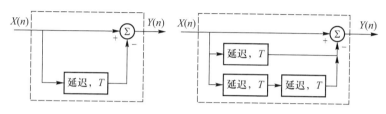

图 8.17　一次、二次数字对消器示意图

一次数字对消器的差分方程为

$$y(n) = x(n) - x(n-1) \tag{8.29}$$

一次数字对消器的幅频响应为

$$H_1(f) = |\sin(\pi f/f_r)| \tag{8.30}$$

二次数字对消器的差分方程为

$$\begin{aligned} y(n) &= [x(n) - x(n-1)] - [x(n-1) - x(n-2)] \\ &= x(n) - 2x(n-1) + x(n-2) \end{aligned} \tag{8.31}$$

二次数字对消器的幅频响应为

$$H_2(f) = H_1^2(f) = |\sin^2(\pi f/f_r)| \tag{8.32}$$

从图 8.18 中可知,一次数字对消器的结构简单,暂态过程相对比较短,从其幅频特性可以看出,抑制缺口相对比较窄。而二次数字对消器抑制缺口相对比较宽,也相对比较复杂一些。从而在高度线杂波和主瓣杂波的抑制有较大的优势。原则上可以使用更多的脉冲对消器来得到所需要的滤波特性,即用 n 根延迟线一次处理 $n+1$ 个脉冲。在非递归滤波器中要得到较好的频率响应就需要足够多的延迟线和相对应的处理脉冲,但同时也带了滤波器比较复杂的缺点,而且从目标杂波返回的脉冲数是受到雷达其他参数(如天线扫描速度、波束宽度等)限制的,所以在实际应用中使用多个延迟线不太可能。

3. 多普勒滤波器组

随着现代数字信号处理技术的发展,采用快速傅里叶变换的算法来实现雷达信号处理机中的多普勒滤波器组已越来越普遍,这种算法可靠性和稳定性都比较高,并且易于实现。

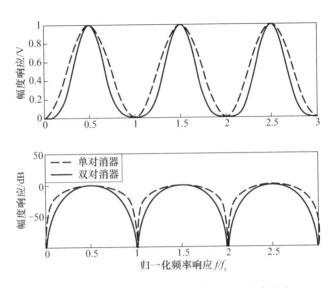

图 8.18 单对消器与双对消器的归一化频率响应

FFT 是对每个脉冲同一距离单元的回波数据进行相参积累,设第 i 探测周期第 j 个距离单元的雷达回波数据为 s_{ij},则 N_{FFT} 点 FFT 的输出为

$$S_{\text{FFT}}(k,j) = \text{FFT}\{S_{ij}\}, k=0,1,\cdots(N_{\text{FFT}}-1), j=1,2,\cdots,M_r \quad (8.33)$$

式中:N_{FFT} 为 FFT 的长度;M_r 为雷达的距离单元个数,j 对应距离单元,k 对应多普勒单元或速度单元,第 k 个多普勒单元对应的多普勒频率为

$$f_{dk} = kf_r/N_{\text{FFT}} \quad (8.34)$$

N_{FFT} 应大于雷达的帧脉冲数 N_p,由于二次主瓣杂波滤波器需要两个脉冲,所以 N_{FFT} 应满足下列条件

$$N_{\text{FFT}} \geqslant N_p - 4 \quad (8.35)$$

雷达信号处理中,发射的脉冲数越多,也就是 FFT 运算的点数 N_{FFT} 越多,探测目标的速度信息也就越精确,但是受到雷达导引头天线波束宽度的限制,发射的脉冲数不可以随意的增加。

普通 FFT 有比较高的旁瓣,为了获得较低的旁瓣,通常对接收信号进行加窗处理。常用的窗函数包括:矩形窗、三角形窗、汉宁窗、布莱克曼窗、海明窗、凯泽窗、切比雪夫窗等函数。

矩形窗函数为

$$w(n) = 1 \quad (0 \leqslant n \leqslant N_{\text{FFT}} - 1) \quad (8.36)$$

三角形窗函数为

$$w(n) = \begin{cases} \dfrac{2n}{N_{FFT}-1}, & 0 \leqslant n \leqslant \dfrac{N_{FFT}-1}{2} \\ 2 - \dfrac{2n}{N_{FFT}-1}, & \dfrac{N_{FFT}-1}{2} \leqslant n \leqslant N_{FFT}-1 \end{cases} \quad (8.37)$$

汉宁窗函数为

$$w(n) = \dfrac{1}{2}\left[1 - \cos\left(\dfrac{2n\pi}{N_{FFT}-1}\right)\right], 0 \leqslant n \leqslant N_{FFT}-1 \quad (8.38)$$

布莱克曼窗函数为

$$w(n) = 0.42 - 0.5\cos\left(\dfrac{2n\pi}{N_{FFT}-1}\right) + 0.08\cos\left(\dfrac{4n\pi}{N_{FFT}-1}\right), 0 \leqslant n \leqslant N_{FFT}-1$$

$$(8.39)$$

海明窗函数为

$$w(n) = \left[0.54 - 0.46\cos\left(\dfrac{2n\pi}{N_{FFT}-1}\right)\right], \quad 0 \leqslant n \leqslant N_{FFT}-1 \quad (8.40)$$

一般采用海明窗,旁瓣约 -41dB。海明窗函数加入模型如图8.19所示。

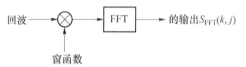

图8.19 加权FFT模型

为了进一步抑制杂波,后舍弃主瓣杂波所在的速度通道的数据,并在目标跟踪工作状态时仅输出速度跟踪波门内的通道数据,舍弃速度跟踪波门以外通道的数据。通常速度跟踪波门是以目标的运动速度所在的速度通道为中心,取其前后各10~15个通道。

4. 取模和选大

FFT的输出是复数,需计算其模值,仿真中常采用近似公式为

$$|S_{FFT}(k,j)| = \dfrac{31}{32}\max\{S_I, S_Q\} + \dfrac{3}{8}\min\{S_I, S_Q\} \quad (8.41)$$

式中:$S_I = \text{Re}[S_{FFT}(k,j)]$,$\text{Re}[\cdot]$为取数值的实部;$S_Q = \text{Im}[S_{FFT}(k,j)]$,$\text{Im}[\cdot]$为取数值的虚部。

N_{FFT}点FFT输出有N_{FFT}个速度通道,后续采用一维恒虚警率(CFAR)处理时,需要在N_{FFT}个速度通道中选择其中的一个通道输出,通常的算法是在N_{FFT}个频率通道中选择能量最大的通道输出,即

$$z(j) = \max_{k}\{|S_{FFT}(k,j)|\} \quad j = 1, 2, \cdots, M_r \quad (8.42)$$

设式中$|S_{FFT}(k,j)|$最大的速度通道为m,则雷达信号检测出的目标速度单元是m,并用m选通和、差支路的信号计算角误差。

但由于一般干扰的能量比信号的能量大,所以近年来也出现了选择能量最小的算法。另外目标飞机的运动速度比箔条干扰的运动速度大,故也有选择频率高的通道输出算法。模拟仿真中,我们采用能量选大算法,就是对经过 FFT 处理后的数据进行取模处理,选择模值最大的。

5. 恒虚警率处理(CFAR)

雷达导引头系统接收到的雷达回波一般含有目标信号和各种干扰信号,这些干扰信号通常包括接收机本身的噪声以及雨雪等杂波,有时还含有敌人释放的干扰信号。通常这些干扰信号比雷达系统内部的噪声电平要高很多,容易引起大量虚警,使得信号处理机过载。恒虚警处理就是采用自适应门限代替传统的固定门限,自适应门限可以随着检测点的干扰、噪声的大小自动的调整门限高度,如果干扰影响较大,门限自动调高;如果干扰影响较小,门限就调低,从而保证虚警概率恒定。

图 8.20 是选大平均单元模型,通过对两侧 $L/2$ 个距离单元的数据平均值估计杂波功率,使用杂波功率对所检测的距离单元数据进行归一化并乘以门限乘子后作为检测门限,然后与检测门限比较,超过门限判断为有目标,低于门限判断为无目标。

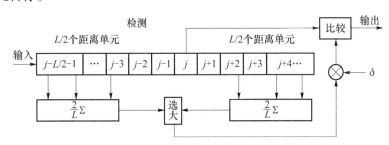

图 8.20　选大平均单元模型

CFAR 的输入信号是 FFT 取模选大后数据 $z(j)$,经主瓣杂波抑制后运动目标回波通过 FFT 积累,从相应的滤波器中输出,经过 CFAR 检测输出距离单元 n_r。用取模选大输出的速度单元 m 和 CFAR 输出的距离单元 n_r,选通和支路第 m 个滤波器、第 n_r 距离单元的输出分别与方位差支路和俯仰差支路第 m 个滤波器、第 n_r 距离单元的输出计算方位角误差和俯仰角误差,并且距离单元 n_r 送数据处理模块进行距离测量和跟踪滤波处理。

在图 8.20 中将 $L+3$ 个距离单元划分为一个检测窗(也称 CFAR 窗),检测窗中的单元称为参考单元,检测窗的中心单元称为检测单元,考虑到目标回波大于一个距离单元的可能,在检测单元的前后各设一个警戒单元。由参考单元估计杂波的均值,选大是为了解决杂波边缘效应引起的虚警增大问题。

雷达导引头杂波、噪声的幅度服从瑞利分布,其概率密度函数为

$$p(a) = \frac{a}{\sigma^2}\exp\left\{-\frac{a^2}{2\sigma^2}\right\}, a \geqslant 0 \qquad (8.43)$$

均值为

$$E(a) = \mu = \sqrt{\frac{\pi}{2}}\sigma = \hat{\mu} \qquad (8.44)$$

于是可估计均方根为

$$\hat{\sigma} \approx \sigma = \sqrt{\frac{2}{\pi}}\mu \approx \sqrt{\frac{2}{\pi}}\hat{\mu} \qquad (8.45)$$

设雷达的虚警概率为 P_{FA},检测门限为 η,则有

$$P_{FA} = \int_{\eta}^{\infty} p(a)\mathrm{d}a = \int_{\eta}^{\infty} \frac{a}{\sigma^2}\exp\left\{-\frac{a^2}{2\sigma^2}\right\}\mathrm{d}a = -\int_{\eta}^{\infty}\exp\left\{-\frac{a^2}{2\sigma^2}\right\}d\left(-\frac{a^2}{2\sigma^2}\right)$$

$$= \exp\left\{-\frac{\eta^2}{2\sigma^2}\right\} \qquad (8.46)$$

或

$$\eta = -\sqrt{2\sigma^2 \ln P_{FA}} \qquad (8.47)$$

将式(8.45)代入式(8.47)有

$$\eta = \delta\hat{\mu} \qquad (8.48)$$

其中

$$\delta = -\sqrt{\frac{4}{\pi}\ln P_{FA}} \qquad (8.49)$$

将检测单元中的数据 $z(j)$ 与检测门限 η 进行比较,若小于门限则判断为无目标,若大于门限则判断为有目标,并记录该检测单元所在的多普勒单元数 m 和距离单元数 n_r。然后移动检测窗处理下一个检测单元,直至处理完所有的距离单元。当检测单元位于数据窗的边沿时,某一侧参考单元的数目少于 $L/2$,这时应取另一侧临近检测单元的 $L/2$ 个参考单元估计杂波的均值。

由于参考单元个数是有限的,并且比较少,因此估计出的 $\hat{\sigma}$ 起伏较大,导致检测门限与理论计算误差较大,实际中需根据系统噪声调节检测门限。

在跟踪状态下设在一个雷达距离分辨单元中采样了 m_s 个点,则在 CFAR 检测后为了提高距离测量精度应做以下选大处理,如果连续相邻单元超过 CFAR 门限的单元数 $\leqslant m_s$,则应在这连续相邻单元中选择幅度最大的单元为发现目标

的距离单元 n_r。如果连续相邻 n_r 超过 CFAR 门限的单元数大于 m_s,则选择第一个距离分辨单元中幅度最大的单元输出。

恒虚警检测的参数及参考取值为:L 为参考距离单元数,参考取值 $L = 8 \sim 32$,典型取值 $L = 16$;P_{FA} 为虚警率,参考取值 $P_{FA} = 10^{-3} \sim 10^{-8}$,典型取值 $P_{FA} = 10^{-6}$。

6. 角误差计算

角误差计算之前首先要选出幅度最大的和通道信号的多普勒跟踪单元,并在其中找出对应和差通道单元,然后可以得到角误差信号为

$$\varepsilon = \frac{|\Sigma||\Delta|}{|\Sigma||\Sigma|}\cos\beta \qquad (8.50)$$

式中:ε 为计算的角误差;$|\Sigma|$ 为和波束信号的幅度;$|\Delta|$ 为差波束信号的幅度;β 为和波束信号与差波束信号之间的相位差。

7. 雷达数据处理结果模型

雷达导引头数据处理完成的基本功能包括:建立目标航迹,并进行航迹管理;检测点迹与航迹的配对,也就是航迹关联;目标的跟踪滤波及预测。

在空空导弹雷达导引头目标跟踪系统中,广泛的是用卡尔曼滤波器和 $\alpha-\beta$ 滤波器。$\alpha-\beta$ 滤波器同卡尔曼滤波器相比较,$\alpha-\beta$ 滤波器的计算量比较小,所以通常在多普勒速度跟踪系统中,通常使用 $\alpha-\beta$ 滤波器。本项目中使用 $\alpha-\beta$ 滤波器完成目标的跟踪滤波。

1) $\alpha-\beta$ 滤波的目标运动模型为

$$s(k+1) = s(k) + [\dot{s}(k) + w(k)]T \qquad (8.51)$$

$$\dot{s}(k+1) = \dot{s}(k) + w(k)T \qquad (8.52)$$

式中:$s(k) = r(k)$,或者 $s(k) = \theta(k)$,或者 $s(k) = \varphi(k)$;$\dot{s}(k) = \dot{r}(k)$,或者 $\dot{s}(k) = \dot{\theta}(k)$,或者 $\dot{s}(k) = \dot{\varphi}(k)$。$r(k)$ 和 $\dot{r}(k)$ 分别为 k 时刻目标的距离和径向速度,$\theta(k)$ 和 $\dot{\theta}(k)$ 分别为 k 时刻目标的方位和方位角速度,$\varphi(k)$ 和 $\dot{\varphi}(k)$ 分别为 k 时刻目标的俯仰和俯仰角速度,$w(k)$ 为目标速度扰动噪声,设其为零均值高斯白噪声。

2) 雷达观测方程为

$$z(k) = s(k) + n_s(k) \qquad (8.53)$$

式中:$n_s(k)$ 可以表示雷达距离、方位、俯仰角的噪声,都是均值为零,方差为 σ_s^2 的高斯白噪声。距离、方位、俯仰角的均方差分别为 σ_r, σ_θ 和 σ_φ。

3) 滤波方程

下面给出滤波估计方程。

预测估计为

$$\hat{s}(k+1/k) = \hat{s}(k/k) + \hat{\dot{s}}(k/k)T$$

$$\hat{\dot{s}}(k+1/k) = \hat{\dot{s}}(k/k)$$

新息为

$$\tilde{z}(k+1) = z(k+1) - \hat{s}(k+1/k)$$

滤波估计为

$$\hat{s}(k+1/k+1) = \hat{s}(k+1/k) + \alpha(k+1)\tilde{z}(k+1)$$

$$\hat{\dot{s}}(k+1/k+1) = \hat{\dot{s}}(k+1/k) + \beta(k+1)\tilde{z}(k+1)$$

在上述 $\alpha-\beta$ 滤波中的滤波参数为:σ_r 为距离测量均方差;σ_θ 为方位角测量均方差;σ_φ 为俯仰角测量均方差。

输入参数为:$r(k+1)$ 为距离测量值;$\theta(k+1)$ 为方位角测量值;$\varphi(k+1)$ 为俯仰角测量值。

滤波输出参数为:$\hat{r}(k+1/k+1)$ 为距离估计值;$\hat{r}(k+1/k)$ 为距离预测值;$\hat{\dot{r}}(k+1/k+1)$ 为径向速度估计值;$\theta(k+1/k+1)$ 为方位角估计值;$\theta(k+1/k)$ 为方位角预测值;$\phi(k+1/k+1)$ 为俯仰角估计值;$\phi(k+1/k)$ 为俯仰角预测值。

4) 滤波增益的自适应获取

首先定义信噪比参数为

$$q(k) = \left[\frac{\sigma_z(k)T^2}{2\sigma_s}\right]^2 \tag{8.54}$$

式中 T——雷达相干处理间隔时间;

σ_s——距离、方位和俯仰角的测量均方差。

其次,给出 α,β 和信噪比 q 之间的关系,即

$$\alpha(k) = \frac{q+4\sqrt{q}}{2}\left[\sqrt{1+\frac{4}{q+4\sqrt{q}}} - 1\right] \tag{8.55}$$

$$\beta(k) = \frac{1}{T}\{2[2-\alpha(k)] - 4\sqrt{1-\alpha(k)}\} \tag{8.56}$$

对于以恒定周期扫描的雷达来说,式(8.55)和式(8.56)建立了滤波增益和机动方差之间的闭型关系,下面求解 σ_z。

由于目标的机动情况是随时间不断变化的,因此参差方差是一个时变参数。为了使其能及时准确的反应目标最近的机动状况,必须用最近有限时间内的参差方差来近似求解。为此,可设置一个宽度为个雷达扫描周期的滑窗。利用滑窗内的数据近似计算方差,一般取 3~5,其公式为

$$\sigma_z^2(k+1) = \frac{1}{N}\sum_{i=0}^{N-1}\tilde{Z}^2(k+1-i), N = 3 \qquad (8.57)$$

5）滤波过程启动

对于匀速运动（CV）模型，采用两点启动。设前两个观测数据为

$$Z(k) = [r_k \quad \theta_k \quad \phi_k]^T, k = 1,2$$

$\hat{X}(2)$ 为估计值，令

$$x_k = r_k\cos\theta_k\cos\phi_k, k = 1,2$$
$$y_k = r_k\sin\theta_k\cos\phi_k, k = 1,2$$
$$z_k = r_k\sin\phi_k, k = 1,2$$

则航迹起始状态估计值为

$$\hat{X}(2) = \left[x_2 \quad \frac{x_2-x_1}{T} \quad y_2 \quad \frac{y_2-y_1}{T} \quad z_2 \quad \frac{z_2-z_1}{T}\right]^T \qquad (8.58)$$

该算法用观测和预测之间的差按 α 和 β 的值去修正坐标和速度。滤波值始终在预测值和观测值之间，是兼用了有关目标的先验知识和雷达实际探测数据能够得到的最好结果。在第 k 次扫描接收到观测值时直接进行计算。当 $\alpha = 1$ 时，滤波位置就是观测位置。

为了使估计误差最小，应选择合适的 α 和 β 值。在目标与设定的运动模型之间误差较大或者雷达探测随机误差增大时，都会导致观测和预测的差增大，此时滤波值应该更加偏向于实际观测结果，将 α 和 β 的值调大；如果观测误差和预测的差减小，滤波值应更多的依赖于跟踪过程形成的预测，此时应将 α 和 β 的值调小。

点迹滤波启动后连续的多个点迹就会形成每条航迹，在 $\alpha-\beta$ 滤波前首先用 $K_G = 1.5 \sim 2$（称为小波门）的波门参数对 k 时刻的点迹观测值与每条航迹进行数据关联，如果有满足关联条件的点迹存在，则进行后续的 k 时刻 $\alpha-\beta$ 滤波处理，否则将波门参数增大，取 $K_G = 3.5$（称为大波门），重新进行数据关联。如果采用大波门后仍然没有满足关联条件的点迹存在，则用外推预测值 $\hat{X}(k/k-1)$ 替代 k 时刻的估计值 $\hat{X}(k)$，并对 $k+1$ 时刻的点迹观测值进行与 k 时刻类似的关联和滤波处理，如果在连续外推 5 点后仍然没有满足关联条件的点迹存在则认为该条航迹消失。

不满足数据关联条件的点迹不能丢弃，应作为新航迹的起始，用 2 个或 3 个点迹的观测值启动 $\alpha-\beta$ 滤波，形成新的航迹。

8. 雷达跟踪控制模型

由于雷达导引头计算出的角误差数据可能发生突变，而制导导弹的控制是

机械伺服控制,接收到的角误差数据要求很小的变化率,从而能够保证导弹跟踪的可靠性。采用二阶低通滤波器可以对角误差数据进行平滑处理,使得雷达导引头输出的角误差稳定,减小输出角误差数据的波动。

1) 雷达跟踪控制

设导引头测量的飞机方位角和俯仰角数据序列分别为 $\theta(k)$ 和 $\phi(k)$,则有

$$\theta(k) = \theta(k-1) + w_\theta(k), \theta(0) = \theta_r, k = 0,1,2,\cdots \quad (8.59)$$

$$\phi(k) = \phi(k-1) + w_\phi(k), \phi(0) = \phi_r, k = 0,1,2,\cdots \quad (8.60)$$

式中:θ_r 和 ϕ_r 分别为导弹发射时起始飞行方向的方位角和俯仰角;$w_\theta(k)$ 为 $[-\sigma_\theta, \sigma_\theta]$ 区间均匀分布的、相互独立的随机序列;$w_\phi(k)$ 为 $[-\sigma_\phi, \sigma_\phi]$ 区间均匀分布的、相互独立的随机序列。

由于导弹飞行的惯性和制导控制的滞后,导弹的飞行控制数据由 $\theta(k)$ 和 $\phi(k)$ 分别通过低通滤波器的输出数据 $\theta_r(k)$ 和 $\phi_r(k)$ 控制,如图 8.21 所示。

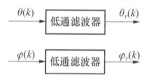

图 8.21 导弹飞行控制数据输出处理

2) 二阶低通滤波器设计

滤波器通常分为两大类,经典滤波器和数字滤波器。而每种滤波器又有模拟滤波器(AF 和数字滤波器(DF)。数字滤波器又可分为无限脉冲响应(IIR)滤波器和有限脉冲响应(FIR)脉冲器。本文使用的是线性相位 FIR 滤波器。

FIR 数字滤波器的的优点是可以得到严格的线性相位,它可以采用窗函数法设计。窗函数设计的基本思想是根据给定滤波器的技术指标,选择滤波器的阶数和合适的窗函数 $\omega(n)$。

FIR 数字滤波器的设计步骤为:

步骤1 根据技术指标,确定待设计滤波器的单位取样相应 $h_d(n)$。如果已知滤波器的阻带衰减和边界频率要求,可以选用理想滤波器作为逼近函数,理想低通滤波器的公式为

$$H_d(e^{jw}) = \begin{cases} e^{jwn}, & |w| \leq w_c \\ 0, & w_c < w \leq \pi \end{cases} \quad (8.61)$$

求出的单位取样相应 $h_d(n) = \dfrac{\sin[w_c(n-a)]}{\pi(n-a)}$,式中 w_c 为通带截止频率;a 为滤波器的群延时为保证线性相位,取 $a = \dfrac{N-1}{2}$。

步骤2　根据技术要求,选择窗函数的形式,各种窗函数的特征如表8.1所列。原则是保证阻带衰减满足的情况下,选择主瓣宽度比较窄的窗函数。

步骤3　计算滤波器的单位响应 $h(n)$,$h(n)=w(n)*h_d(n)$。

步骤4　验证计算出滤波器的频率响应,检验其是否满足要求,如果不满足,根据具体情况重复上述步骤重新设计,直到满足要求。

步骤5　将设计出的频率响应函数变换成差分方程。

表8.1　五种窗函数比较

窗函数	旁瓣峰值衰减/dB	过渡带宽	阻带最小衰减/dB
矩形窗	-13	$4\pi/N$	-21
海宁窗	-25	$8\pi/N$	-25
汉明窗	-31	$8\pi/N$	-25
凯泽窗	-57	$10\pi/N$	-80
布莱克曼窗	-57	$12\pi/N$	-54

仿真中采用有限响应脉冲滤波器进行低通滤波器的设计。设计要求截止频率 $f_c=5\text{Hz}$,阻尼系数 $\xi=0.7$。

8.1.4　雷达系统信号级仿真举例——机载脉冲多普勒(PD)雷达系统仿真

根据多普勒原理,利用具有不同脉冲重复频率的相干脉冲串,在频域能对运动目标进行无模糊的速度分辨和单根谱线提取,在时域对运动目标进行无模糊测距的雷达,便称作脉冲多普勒雷达(Pulse Doppler Radar),简称PD雷达。它的平台如果是飞机,就称其为机载脉冲多普勒雷达,或机载PD雷达。脉冲多普勒雷达是20世纪60年代以后发展起来的,目前已经广泛应用于各个领域,如用于机载预警、机载火控、导弹寻的、地面武器控制及气象等雷达中。

机载预警是最能发挥和体现脉冲多普勒技术优越性的领域之一。地面搜索雷达由于天线架设高度有限,探测距离受到限制,不能为部队提供足够的预警时间。又因为基站固定,无机动能力,易受摧毁。而机载脉冲多普勒雷达视距大,探测距离远,且具有下视能力。由于飞机机动性好,故其生存能力强。所以美、俄、英等国早就着手大力发展使用机载脉冲多普勒雷达的机载预警系统。其中比较有代表性的有美国的E-3A系统和英国的"猎迷"等。

E-3A系统具有优良的下视能力,能从极强的地物杂波中发现各种运动目标,对低空和超低空飞机的探测距离达400km,对中、高空目标的探测距离达600km,并具有良好的对抗各种人为干扰的能力。

"猎迷"预警系统可覆盖360°全向空间,俯仰面内可采用电扫描测高。它没有因机身所形成的对电磁波的遮挡效应,因而对飞机气动性能影响小。

现在世界上先进的战斗机火控雷达几乎毫无例外地都采用了脉冲多普勒体制。美国的西屋公司(Westinghouse)、休斯公司(Hughes)、通用电气公司、英国的皇家信号和雷达研究院(RSRE)和马克尼公司、瑞典的 L. M. 埃里克森公司和法国的汤姆逊 – CSF 公司都做出了自己的努力。如 F – 15 战斗机上的 AGP – 63 型机载脉冲多普勒火控雷达便是美国休斯公司于 20 世纪 70 年代中期定型生产的,它采用 3 种重复频率的工作方式,高重复频率用于探测迎头飞来的远距离目标;中重复频率用于探测远距离尾随目标;低重复频率和脉冲压缩相配合用于上视搜索;此外还可进行全姿态角快速截获和跟踪。

除此之外,美国的 F – 16 和 F – 18 战斗机,高中空预警飞机 AW – ACS 上的 E – 3 雷达,海军的低空预警飞机 E – 2C 以及以色列战斗机上的 Volvo 雷达均采用了脉冲多普勒体制。

1. 脉冲多普勒雷达工作原理

前面已经指出,脉冲多普勒雷达是一种利用多普勒效应检测运动目标的一种脉冲雷达。它是在动目标显示(MTI)雷达的基础上发展起来的一种新的雷达体制。由于脉冲多普勒雷达集中了脉冲雷达和连续波雷达的优点,同时具有脉冲雷达的距离分辨率和连续波雷达的速度分辨率,因此它具有更强的杂波抑制能力,能在强杂波背景中提取出运动目标。一个全相参脉冲多普勒雷达的简化原理图如图 8.22 所示。

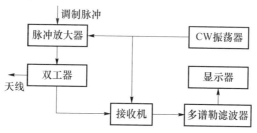

图 8.22 全相参脉冲多普勒雷达的简化原理框图

脉冲多普勒雷达的关键技术是信号处理,其功能是以很高的距离和速度分辨率将在杂波和噪声背景中的运动目标的谱线提取出来。对机载脉冲多普勒雷达由于有了下视功能,其杂波环境发生了重要的变化,除了主瓣杂波之外,还有副瓣杂波和高度线杂波,使信号处理技术与动目标显示雷达有了很大的区别。机载脉冲多普勒雷达信号与杂波环境如图 8.23 所示。

图 8.23 中,f_0 为雷达工作频率,即所谓的射频频率(RF);$f_0 + f_{MB}$ 为主瓣杂波中心频率;$f_0 + f_{MB} + f_T$ 为目标频率位置;$f_0 + f_{cmax}$ 为最高旁瓣杂波位置;$f_0 - f_{cmax}$ 为最低旁瓣杂波位置。

在信号处理时,首先必须去掉高度线杂波,高度线杂波一般只占 1~2 个距

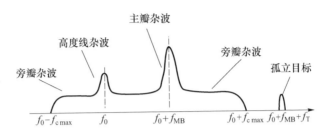

图 8.23 机载脉冲多普勒信号与杂波环境示意图

离单元,但其信号很强。再利用杂波对消方法挖掉主瓣杂波,主瓣杂波的位置与天线指向有关,它是方位角的函数。把处于清晰区和处于旁瓣杂波区的目标提取出来,当存在模糊时,要解模糊,最后给出的是既不存在频率模糊和也不存在距离模糊的目标信号。

2. 机载 PD 雷达杂波环境建模

为了能够更好地对机载 PD 雷达杂波环境进行理解,这里给出了一个简单的机载 PD 雷达杂波环境模型。

1) 地杂波单元与雷达的几何关系

地杂波单元与雷达的几何关系是推导杂波功率谱表达式的基础,其关系如图 8.24 所示。

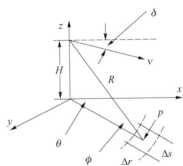

图 8.24 地杂波单元与雷达的几何关系

首先假设,地球表面是一个无限延伸的平面,点 P 代表杂波单元 Δs 在 $x-y$ 平面的几何中心位置,并假设,载机在 $x-y$ 平面运动,其运动速度为 v,俯冲角为 δ,飞行高度为 H。上述假设既可以适用于普通机载 PD 雷达,也适用于预警机雷达。图中载机到杂波单元 Δs 的斜距为 R,擦地角为 ϕ,方位角为 θ。由图 8.24,可推得由于平台运动使点 P 具有多普勒频率为

$$f_d = f_m(\cos\theta\cos\phi\cos\delta + \sin\phi\sin\delta) \tag{8.62}$$

式中 f_m——最大多普勒频率,$f_m = 2v/\lambda$;

λ——雷达工作波长。

2) 杂波单元的两种模型

众所周知，地杂波功率谱密度是杂波单元的函数，杂波单元的大小和形状必须根据雷达的实际工作状态来确定，否则将严重影响所建模型的置信度。根据实际情况这里给出两种模型。

(1) Δs 模型 I。该模型主要针对天线垂直波束较宽，擦地角较小的情况，如图 8.25 所示。杂波单元 Δs 的径向尺寸 Δr_1 主要由距离门宽度 τ 决定，杂波单元 Δs 的面积为

$$\Delta s_1 = \frac{R}{2} c\tau \Delta\theta \tag{8.63}$$

式中 c——光速。

(2) Δs 模型 II。该模型针对天线垂直波束较窄，擦地角较大的情况，如图 8.26 所示。杂波单元 Δs 的径向尺寸 Δr_2 主要由波束俯仰半功率角 ϕ_0 决定，杂波单元 Δs 的面积为

$$\Delta s_2 = R^2 \phi_0 \cot\phi \Delta\theta \tag{8.64}$$

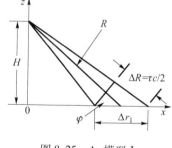

图 8.25　Δs 模型 I

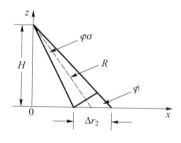

图 8.26　Δs 模型 II

在实际计算时，杂波单元面积 Δs 应取

$$\Delta s = \min(\Delta s_1, \Delta s_2) \tag{8.65}$$

以保证杂波单元面积与实际情况的一致。

3) 杂波谱密度的一般表达式

根据雷达方程，截面积为 $\Delta\sigma$ 的目标，发射功率 ΔP 为

$$\Delta P = \frac{P_t G^2(\theta,\phi)\lambda^2 L}{(4\pi)^3 R^4} \Delta\sigma \tag{8.66}$$

式中 P_t——雷达发射机功率；

$G(\cdot)$——雷达天线方向图函数，并假定收、发共用天线；

λ——雷达工作波长；

L——雷达综合损耗；

$\sigma_0(\phi)$——后向散射函数，$\Delta\sigma = \sigma_0(\phi)\Delta s$。

由式(8.63)可求出杂波单元 Δs 的平均多普勒频率，并且有

$$\Delta f_d = f_m |\sin\theta\cos\phi\cos\delta| \Delta\theta \qquad (8.67)$$

将式(8.65)和式(8.67)代入式(8.66)，得到 Δs 的功率谱密度

$$P_c(f_d, R) = \frac{P_t G^2(\theta,\phi)\lambda^2 \sigma_0(\phi) KL}{(4\pi)^3 R^3 f_m \sin\theta\cos\phi\cos\delta} \qquad (8.68)$$

式中：$K = \min\left(\frac{1}{2}Rc\tau, R^2\phi_\sigma \cot\phi\right)$。

式(8.68)又可以写成

$$P_c(f_d, R) = \frac{P_t G^2(\theta,\phi)\lambda^2 \sigma_0(\phi) KL}{(4\pi)^3 R^3 \sqrt{R^2 - H^2} f_m \cos\delta \sqrt{1 - \left(\frac{f_d - f_0}{f_\phi}\right)^2}} \qquad (8.69)$$

式中：$f_0 = f_m \sin\phi\sin\delta$；$f_\phi = f_m \cos\phi\cos\delta$；其他参数同式(8.66)。

4) 存在时频模糊时的基本公式

在某些雷达参数和载机飞行姿态情况下，使信号在频域、时域分别或同时存在模糊，造成了不同距离或方位单元上的杂波信号的迭加。

(1) 频域模糊。按通常定义，当雷达采用中、低脉冲重复频率时，将出现频域模糊，模糊数为

$$NF = \mathrm{Int}\left[2\frac{f_m}{f_r}\right] + 1 \qquad (8.70)$$

式中　$\mathrm{Int}[\cdot]$——取整；

f_m——最大多普频率；

f_r——雷达 PRF。

(2) 时域模糊。当雷达采用中、高 PRF 时，将出现时域模糊，或称距离模糊，模糊数为

$$NR = \mathrm{Int}[R_m / R_{ua}] \qquad (8.71)$$

式中：R_m 为地面最大作用距离；$R_{ua} = \dfrac{c}{2f_r}$ 为最大不模糊距离。对任一距离 $R, H < R \leq R_m$，都可以找到 $m, 0 \leq m < 1$，使

$$R = (m+j)R_{ua}, j \in \{0, 1, 2, \cdots, N_R\} \qquad (8.72)$$

(3) 时、频模糊通用表达式。在考虑了时频模糊之后，式(8.69)可以写成

$$P_{\mathrm{c}}(f_{\mathrm{d}}, R)$$

$$= \sum_i \sum_{j=-\mathrm{NF}}^{\mathrm{NF}} \frac{P_t G^2(\theta,\phi) \lambda^2 \sigma_0(\phi) KL}{(4\pi)^3 (R+iR_{\mathrm{ua}})^3 \sqrt{(R+iR_{\mathrm{ua}})^2 - H^2} f_m \cos\delta \sqrt{1 - \left[\frac{(f_{\mathrm{d}} + jf_r) - f_0}{f_\phi}\right]^2}} \quad (8.73)$$

式中:$-f_r/2 < f_{\mathrm{d}} \leq f_r/2$;$i$ 取所有可能整数,使 $H < R + iR_{\mathrm{ua}} \leq R_m$。

5)主瓣杂波的计算

主瓣杂波的特点是在频率上集中于一个窄带范围内。由几何关系知,擦地角为

$$\phi = \arcsin(H/R) \quad (8.74)$$

由式(8.62)可解出

$$\theta = \arccos \frac{f_{\mathrm{d}} R - f_m H \sin\delta}{f_m \sqrt{R^2 - H^2} \cos\delta} \quad (8.75)$$

于是方向图函数变成

$$G(\theta,\phi) = G(f_{\mathrm{d}}, R) = G\left(\arccos \frac{f_{\mathrm{d}} R - f_m H \sin\delta}{f_m \sqrt{R^2 - H^2} \cos\delta}, \arcsin \frac{H}{R}\right) \quad (8.76)$$

将式(8.76)代入式(8.73),即可得到计算主杂波功率谱密度的表达式。计算中采用等 γ 模型,即

$$\sigma_0(\phi) = \gamma \sin\phi, 0 < \gamma \leq 1 \quad (8.77)$$

与此相应,杂波单元模型采用模型 I,即 $K = \frac{Rc}{2}\tau$。

6)副瓣杂波和高度线杂波的计算

副瓣杂波可能同时存在时、频模糊,高度线杂波虽然很强,但它只影响几个单元。后向散射函数采用以下修正,即

$$\sigma_0(\phi) = \gamma_1 \sin\phi + \gamma_2 \exp\left[-\left(\frac{\pi/2 - \phi}{\phi_0}\right)^2\right] \quad (8.78)$$

一般 $\gamma_1 < \gamma_2$,杂波单元模型由式(8.65)决定。将副瓣方向图函数及 $\sigma_0(\phi)$ 代入式(8.73),即得副瓣、高度线杂波谱密度。ϕ_0 是镜面分量峰值和 $1/\mathrm{e}$ 值之间的宽度。

7)计算主瓣、副瓣、高度线杂波的通用表达式

在给出通用表达式之前,首先考虑地球曲率对擦地角的影响。实际擦地角为

$$\phi_s = \sin\left(\frac{H}{R} - \frac{R}{2R_e}\right) \tag{8.79}$$

式中 R_e——地球半径。

已知地球曲率半径为 6370km,考虑大气折射后的等效半径为 8490km。于是有载机的最大地面视距为

$$R_H = \sqrt{2R_e H} \tag{8.80}$$

最后,给出了一个考虑了时、频模糊、地球曲率、大气折射效应之后,计算主瓣杂波、副瓣杂波和高度线杂波的一个通用表达式

$$p_c(f_d, R) = \sum_i \sum_{j=-NF}^{NF} \frac{2P_t\lambda^2\left[\frac{1}{2}G^2(\theta,\phi_s) + G_s^2\right]\{\gamma_1 \sin\phi_s + \gamma_2 e^{-\left(\frac{\pi/2-\phi_s}{\phi_0}\right)^2}\}KL}{(4\pi)^3(R+iR_{ua})^3\sqrt{(R+iR_{ua})^2 - H^2}\sqrt{1 - [(f_d + jf_r - f_0)/f_\phi]^2} f_m \cos\delta} \tag{8.81}$$

式中:G_s 为副瓣平均电平;其他参数与前面相同。该式的定义域为

$$-f_r/2 < f_d \leqslant f_r/2, H < R \leqslant \min(R_M, R_H) \tag{8.82}$$

计算结果示于图 8.27。

从图 8.27 中可以清楚地看出,当存在模糊时杂波是如何迭加的,也可以看出主、副瓣杂波的位置及变化规律,即随距离和频率变化的相对关系,而高度线杂波只影响第一个距离门。图中没有加基底噪声,可清晰地看出当无模糊区和有旁瓣的区域存在目标时,若进行信号检测,则检测概率将会有明显的区别。

3. 脉冲多普勒雷达系统基本结构

图 8.28 给出了 PD 雷达系统的基本结构[23-26]。这里对其中的主要模块作简要介绍。

1) 低旁瓣天线

只有目标的速度较大时,它才落入主瓣和旁瓣以外的区域,这时的背景只有噪声,信号噪声比较高,目标易于检测。当载机与目标之间的相对速度小于载机本身对地速度时,目标回波落入天线旁瓣杂波区内,因此要检测这样的目标信号,必须降低天线旁瓣杂波电平,最为有效的方法之一就是设计低旁瓣天线。目前广泛采用的是平面缝阵天线,这种天线消除了馈源遮挡,除可以精确地控制口径场的分布外,还可以得到满意的旁瓣电平和较高的天线效率。

2) 主振放大式相参发射机

目前广泛用来衡量主振放大式发射机的指标是信号的谱线宽度和频谱纯度。信号的谱线宽度将直接影响 PD 雷达的作用距离和速度分辨力。显然,它

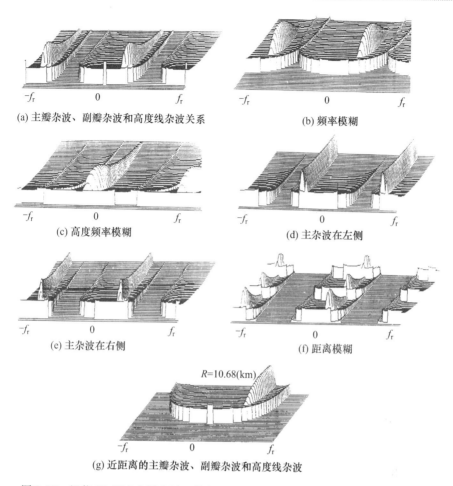

图 8.27 机载 PD 雷达主瓣杂波、副瓣杂波、高度线杂波及频率和距离模糊关系图

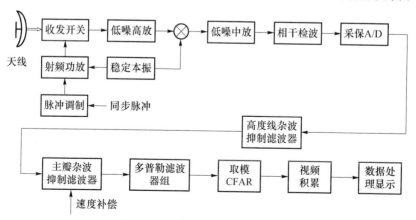

图 8.28 机载 PD 雷达简化结构图

取决于主振的频率稳定度和倍频次数。这使得 PD 雷达的频率稳定度要达到相当的程度才能达到相参测速的要求。

3）零中频处理

由于中频处理的固有缺点,当前在 PD 雷达中均采用零中频处理。零中频处理就是将中频信号进行相干检波以后在视频对信号进行处理。由于单通道零中频处理存在盲相,通常都采用正交双通道系统,在消除盲相的同时,还有 3dB 的得益。

4）信号处理机

信号处理机主要有三个功能。

(1) 高度线杂波消除。高度线杂波是由于位于载机上的 PD 雷达的波束照射到地面时所产生的镜面反射分量所形成的,它只在最近的 1~2 个距离单元才存在。可以通过距离门控制的方法将其去掉。

(2) 主瓣杂波消除。主瓣杂波位置是天线方位角的函数,因此在天线进行扫描时,随着主波束指向的变化,要求抑制主瓣杂波的滤波器的凹口时时刻刻对准主瓣杂波位置,才能达到消除主瓣杂波的目的。对 PD 雷达来说,高度线杂波才相当于地面 MTI 雷达的地杂波,它是与零多普勒频率相对应的。应当指出的是,以上情况是在速度补偿之后,使固定目标相对载机的速度为零时得到的。

在地面动目标显示(MTI)雷达中采用的一次和二次自适应对消器均可用于主瓣杂波对消,只是其权值应是方位角的函数。另外一种消除主瓣杂波的方法是在利用进行处理时,直接去掉零号滤波器的信息,不再采用杂波对消器,但在设计时必须考虑地杂波的谱宽、脉冲重复频率的高低和的点数之间的关系。

(3) 多普勒滤波器组。PD 雷达信号处理机的核心是一个窄带滤波器组,通常利用快速傅里叶变换实现的,它与其他杂波抑制技术一起,滤除了系统的各种杂波,削弱了噪声和干扰的影响,提高了信号噪声比,以较大的概率提取了目标多普勒谱线,并可实现多普勒频率的有效估计。我们知道,有较大的旁瓣电平,可高达 -13.6dB。通常采用加权的方法压低旁瓣,但随之而来的是主瓣的变宽。在 PD 雷达中,信号处理机不仅能进行实时的信号处理和频谱分析,而且还能为下一步的处理提供回波信号和杂波频谱的分布信息。

5）数据处理机

数据处理机除了对目标的数据进行关联、滤波和预测,实现距离和角度跟踪之外,还要对雷达的工作方式、雷达参数的选择、天线控制、站速的预测和估计、信息显示方式、对系统进行性能监视和机内自检等进行大量的计算和管理。

根据脉冲多普勒雷达系统结构和基本原理,给出了 PD 雷达系统仿真原理框图,如图 8.29 所示。脉冲发生器产生相参脉冲串信号,通过目标回波模块加入目标信息,包括目标的多普勒信息、距离信息和目标的起伏,同时加入地物杂波信号和系统噪声信号。接下来通过高放和变频模块将信号变为中频信号,再经中放模块,将信号送入零中频正交双通道处理模块,将信号变为零中频信号或视频信号,进行 A/D 变换、主杂波对消器、多普勒滤波,即 FFT 处理。在经过多普勒处理后,取模进行 CFAR 处理和视频积累,最终得到视频输出送入显示器。

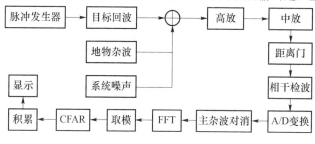

图 8.29 PD 雷达系统仿真原理框图

4. PD 雷达仿真模块介绍

这里给出几个与 PD 雷达仿真有关的模块[102-106]。

1) 杂波产生模块

在第 4 章和第 5 章介绍了雷达各类杂波模型及其仿真方法,它们是我们在雷达仿真时产生各类杂波模块的理论基础。在实际应用中,由于不易获得真实的雷达环境数据,特别是不同气象条件下的数据,通常都是利用杂波模型来建立雷达杂波仿真库,实际上这些模型也是在实际测量的基础上通过曲线拟合以后建立起来的,有些是经实践检验的经验数据,他们是近半个世纪的研究成果和积累,因此利用它们对雷达系统的性能进行研究和性能评估是合理的。当然,如果条件允许,还可以将实际测量的雷达杂波数据充实杂波库。杂波是构成雷达环境的重要部分,它是影响雷达检测、跟踪和目标识别等性能的重要因素,因此对雷达杂波的建模应保证在一定环境下的统计上准确。

所建雷达杂波库主要包括:

(1) 杂波谱模型。有 3 种谱模型,即高斯谱模型、柯西谱模型和全极型谱模型。

(2) 高斯谱模型。高斯谱模型可以表示为

$$S(f) = \exp\left(-\frac{f^2}{2\sigma_f^2}\right) \tag{8.83}$$

式中:σ_f 为杂波谱分布的标准差。

(3) 柯西谱模型。柯西谱模型也称马氏谱模型,它可以表示为

$$S(f) = \frac{1}{1+\left(\dfrac{f}{f_c}\right)^2} \tag{8.84}$$

式中：f_c 为截止频率，在该频率处信号幅度下降 3dB。

(4) 全极型谱模型。全极型谱能更好地描述杂波谱的"尾巴"，它的表达式为

$$S(f) = \frac{1}{1 + \left(\frac{f}{f_c}\right)^n} \tag{8.85}$$

式中：f_c 的意义同柯西谱模型。的典型值为 2~5，当 $n=2$ 时，全极型谱即为柯西谱，当 $n=3$ 时，即为通常所说的立方谱。

(5) 幅度分布模型。有 5 种幅度分布模型，即指数分布、瑞利分布、对数正态分布、韦布尔分布和复合 K 分布。

各种模型的参数均可在仿真时进行设置。根据三种谱模型和五种幅度分布模型，再加上考虑相干和非相干情况，就可以组合出 20 多种模型。

产生各类杂波基本上可以分为三步：

步骤 1　首先产生白高斯噪声序列。

步骤 2　然后将白高噪声序列通过一个线性滤波器，得到一个相关高斯随机序列。

步骤 3　最后，通过无记忆非线性变换（Zero Memory Nonlinearity, ZMNL）法或球不变随机过程（Spherically Invariant Random Processes, SIRP）法产生任意分布的相关随机序列。

利用无记忆非线性变换法产生相关随机序列的方法如图 8.30 所示。

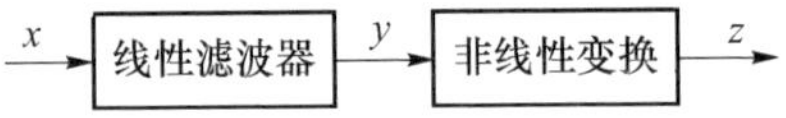

图 8.30　无记忆非线性变换法框图

利用无记忆非线性变换法的一个关键问题是，在给定系统输出序列的自相关函数时，根据满足幅度分布的非线性变换，能够求出非线性变换输入端的相关高斯随机序列的自相关函数，如此才能同时满足幅度分布和自相关函数的要求。然后，再根据自相关函数设计线性滤波器。

下面以瑞利杂波为例介绍杂波模块的生成。

瑞利分布是雷达杂波中最常用的一种幅度分布模型。在雷达波束照射范围内，当散射体的数目很多时，根据散射体反射信号振幅和相位的随机特性，我们知道，它们合成的回波信号包络服从瑞利分布。如果采用表示瑞利分布杂波回波的包络振幅，则的概率密度函数为

$$f(x) = \frac{x}{\sigma^2} \exp\left(-\frac{x^2}{2\sigma^2}\right), \ x \geq 0 \tag{8.86}$$

式中：σ 为杂波分布参量，它是杂波中频的标准差。由于雷达目标环境中的噪声

也服从瑞利分布,因此这种模型也可以用来描述雷达环境中的噪声。

(1) 瑞利分布杂波产生原理。

产生相关瑞利分布杂波,要分两步。首先产生相关高斯杂波。我们知道,平稳高斯过程通过一线性滤波器输出仍为平稳高斯过程,对于频率响应为 $H(f)$ 的滤波器,若输入过程为 $x(t)$,输出过程为 $y(t)$,他们的功率谱分别为 $S_x(f)$ 和 $S_y(f)$,则有

$$S_y(f) = S_x(f)|H(f)|^2 \tag{8.87}$$

即输出过程的功率谱密度等于输入过程功率谱密度与频率响应函数取模的平方,即功率响应的乘积。有时,将 $|H(f)|^2$ 称为滤波器的功率增益函数。

在产生相关瑞利分布杂波时,首先产生白高斯噪声,其谱密度为1,将其通过根据给定的杂波谱密度设计的滤波器,这时输出过程的功率谱密度即为滤波器的功率增益函数 $S_y(f) = |H(f)|^2$,通常称此滤波器为成形滤波器,如图 8.31(a)所示。

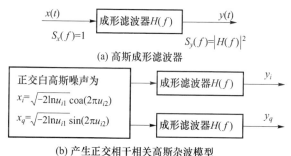

(a) 高斯成形滤波器

(b) 产生正交相干相关高斯杂波模型

图 8.31 产生相关瑞利分布杂波框图

产生相关瑞利分布杂波的第二步,对两个分别设计的相关高斯滤波器的输出杂波取模,得到相干相关瑞利杂波。

这里需要注意的有三点:

① I/Q 正交通道信号采样之间是相互独立的。

② 每个通道的时间采样之间是相关的。

③ 对相干瑞利杂波,一对成形滤波器 $H(f)$ 的输入高斯序列必须是正交的。

(2) 成形滤波器的设计。

产生相干相关瑞利分布杂波的关键问题之一是如何根据杂波功率谱特性设计成形滤波器。在已知杂波功率谱的前提下,有很多滤波器的设计方法可以采用。由于 FIR 滤波器具有收敛快、易于实现等优点,所以这里采用了作者于20世纪80年代中期所给出的 FIR 滤波器设计方法。这种方法用对所希望的滤波器的频率特性做傅里叶级数展开的方法求 FIR 滤波器的权系数。因而,称这种方法为傅里叶级数展开法。

众所周知，FIR 滤波器的频率响应为

$$H(f) = \sum_{n=0}^{N-1} a_n e^{j2\pi fnT} \tag{8.88}$$

式中：$a_n = 0, 1, \cdots, N-1$，为滤波器的加权系数。

对于高斯谱，滤波器的频率特性应满足

$$|H(f)| = \exp\left\{-\frac{f^2}{4\sigma_f^2}\right\} \tag{8.89}$$

将上式展开成傅里叶级数形式，有

$$|H(f)| = \left|\sum_{n=0}^{N} C_n \cos(2\pi fnT)\right| \tag{8.90}$$

式中

$$C_n = 2\sigma_f T_0 \sqrt{\pi} e^{-4\sigma_f^2 \pi^2 T_0^2 n^2} \tag{8.91}$$

式中　T_0——采样周期；

　　　a_n——滤波器的加权系数。

这样，FIR 滤波器的权系数就确定了。最后就可以写出描述该滤波器的差分方程和传递函数。

图 8.33 是产生的相干相关瑞利分布杂波的时域波形。图 8.34 是瑞利杂波的功率谱，显然它是高斯分布的。

系统噪声用白高斯噪声模拟。图 8.41 给出了在相参脉冲串信号上叠加了杂波和系统噪声的波形，信号完全被杂波和噪声所湮没。图 8.42 是信号加杂波和系统噪声后的信号频谱。这里需要说明的是，对 I 和 Q 两路的正交双通道系统，应在两路分别加上相干相关高斯杂波、独立的高斯基底噪声和加入多普勒信息的相干脉冲串经正交分解之后的信号，然后分别送入 I 和 Q 两路的杂波抑制器，到信号处理之后取模。

2) 箔条回波信号

通常照射箔条信号的频谱和箔条偶极子反射信号的频谱是不相同的，这是因为整个箔条受到风速、气流、重力等影响而造成的差别，再加上雷达导引头也在运动，从而导致平均多普勒频移。

假设箔条偶极子向各个方向运动的概率是相同的，则箔条回波电压的自相关函数可表示为

$$g(\tau) = \int_0^\infty q(v) \frac{\sin\left(\frac{4\pi v\tau}{\lambda}\right)}{\frac{4\pi v\tau}{\lambda}} dv \tag{8.92}$$

式中:$q(v) = \dfrac{4a^3 v^2 \exp(-a^2 v^2)}{\sqrt{\pi}}$;则表达式可表示为

$$g(\tau) = \exp\left[-\left(\dfrac{2\pi}{a\lambda}\right)^2 \tau^2\right] \tag{8.93}$$

式中:λ 为雷达导引头工作波长;a 为同箔条偶极子质量、绝对温度和波尔兹曼常数有关的常数。

箔条回波功率的协方差函数 $I(\tau)$ 和 $g(\tau)$ 成立下列关系,即

$$I(\tau) = g^2(\tau) = \exp\left[-\left(\dfrac{2\sqrt{2}\pi}{a\lambda}\right)^2 \tau^2\right] \tag{8.94}$$

对式(8.94)做傅里叶变换得

$$G(f) = \dfrac{a\lambda}{2\sqrt{2\pi}} \exp\left[-\left(\dfrac{a\lambda f}{2\sqrt{2}}\right)^2\right] \tag{8.95}$$

式(8.95)表明箔条回波的功率谱服从高斯函数形式。

根据箔条分布的时频特性和箔条的整体运动而产生的频谱展宽和频移。要求我们对箔条回波信号建模时,使得箔条回波信号电压的包络服从瑞利分布,相位服从均匀分布,功率谱服从高斯分布。也就是我们在仿真中使用的箔条的雷达截面积 σ_c 这组序列数必须同时满足幅度是瑞利分布和功率谱密度是高斯分布的要求。

现在已有的仿真方法是根据箔条回波信号为各个单个箔条的回波信号矢量和的原理进行仿真,而此处是基于整个箔条的运动特性进行的仿真,具有直观、简单、运算速度快等特点。

我们认为箔条的雷达截面积是一组相关随机数。使用非递归滤波法产生这组相关高斯随机数,将高斯白噪声通过一个具有高斯响应的非递归滤波器(如图8.32所示),其输出高斯功率谱,并且输出信号具有高斯型的概率密度函数。而两个正交的高斯白噪声信号之和的包络服从瑞利分布,高斯白噪声的线性组合仍是高斯白噪声。将正交和信号通过高斯响应的非递归滤波器,其输出高斯功率谱,并且输出的信号具有瑞利型的概率密度函数。

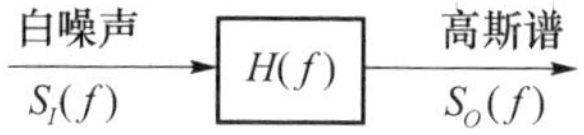

图 8.32　产生高斯相关序列的基本原理

由图 8.32 中得知

$$S_O(f) = |H(f)|^2 S_I(f) \tag{8.96}$$

$S_O(f)$ 是高斯功率谱。假定输入为白噪声,则有 $S_I(f) = 1$。所以

$$S_O(f) = |H(f)|^2 \tag{8.97}$$

然后通过高斯功率谱设计数字滤波器 $H(f)$。可以采用傅里叶级数展开法。非递归滤波器的差分方程为

$$y_n = \sum_{i=0}^{N} a_i x_{n-i}, \quad 0 \leqslant n \leqslant N \tag{8.98}$$

式中：x_{n-i} 为滤波器的第 $n-i$ 个输入；y_n 为第个输出；a_i 为加权系数。

滤波器的传递函数可以通过 z 变换求出

$$H(z) = \sum_{i=0}^{N} a_i z^{-i} \tag{8.99}$$

频率响应为

$$H(e^{jwT}) = \sum_{i=0}^{N} a_i e^{-j2\pi f Ti} \tag{8.100}$$

已知，杂波归一化的高斯谱密度为

$$S(f) = \exp\left(-\frac{f^2}{2\sigma_f^2}\right) \tag{8.101}$$

希望在输入为白噪声时，有

$$|H(f)| = \exp\left(-\frac{f^2}{4\sigma_f^2}\right) \tag{8.102}$$

傅里叶级数展开为

$$|H(f)| = \frac{C_0}{2} + \sum_{n=1}^{N} C_n \cos(2\pi f nT) \tag{8.103}$$

对式(8.100)取绝对值，根据谱的偶函数特性知，式(8.103)中的 C_n 等于式(8.100)中的 a_i。傅里叶级数的系数

$$C_n = 2\sigma_f T \sqrt{\pi} e^{-4\pi^2 \sigma_f^2 n^2 T^2} \tag{8.104}$$

式中　T——采样周期；

　　　σ_f——截止频率。

$$a_i = \begin{cases} \dfrac{1}{2} C_{N-n}, & 0 \leqslant n \leqslant N \\ \dfrac{1}{2} C_{n-N}, & N < n \leqslant 2N \end{cases} \tag{8.105}$$

如果要求精度较高，通常 $N=20$ 便可给出比较满意的结果。

箔条的雷达回波模型为

$$S_c(t) = A_c(t-\tau_c) u(t-\tau_c) \exp\{j2\pi f_{cd}(t-\tau_c)\} \tag{8.106}$$

式中 τ_c——箔条回波的双程时延 $\tau_c = 2R_c/c$；

R_c——箔条中心距雷达导引头的距离；

f_{cd}——箔条相对雷达导引头的多普勒频率 $f_{cd} = 2v_{cd}/\lambda$；

v_{cd}——箔条相对雷达导引头的径向速度 $v_{cd} = |v_c - v_m|\cos\theta_0\cos\varphi_0$；

v_c——箔条的速度矢量；

$A_c(t)$——箔条回波的电压增益。

$$A_c(t) = \left[\frac{P_r G_r^2(\theta_c, \varphi_c)\lambda^2 \sigma_c R_s}{(4\pi)^3 R_c^4 L_r}\right]^{\frac{1}{2}} \quad (8.107)$$

式中 θ_c——弹载坐标系箔条云中心的方位角；

φ_c——弹载坐标系箔条云中心的俯仰角；

σ_c——箔条云的雷达截面积(RCS)；$\sigma_c = (\sigma_0 + \Delta\sigma_c)\Delta S$；

σ_0——箔条云的单位面积截面积；

ΔS——雷达导引头主瓣波束照射到箔条云的面积，$\Delta S = \pi R_c^4 \theta_{3dB}\varphi_{3dB}/4$，这里 θ_{3dB} 和 φ_{3dB} 的量纲是弧度；

$\Delta\sigma_c$——箔条 RCS 的起伏，是一个随机过程，其概率密度函数服从瑞利分布，功率谱服从高斯分布，即

$$p(x_c) = \frac{x_c}{\Delta\sigma_c}\exp\left\{\frac{x_c^2}{2\Delta\sigma_c^2}\right\} \quad (8.108)$$

$$S_c(f) = \frac{1}{\sqrt{2\pi}\sigma_f}\exp\left[-\frac{f^2}{2\sigma_f^2}\right] \quad (8.109)$$

$$\sigma_f = \frac{2\Delta v_c}{\lambda} \quad (8.110)$$

式中 Δv_c——箔条云的速度起伏。

相关高斯杂波(瑞利型)就是产生的随机序列必须同时满足幅度是瑞利分布和功率谱密度服从高斯分布的要求。产生相关高斯杂波的思想可以参考前一小节的方法。

3）箔条回波信号仿真结果

假设目标飞机探测到攻击导弹后，控制投放装置，投放箔条干扰弹，箔条刚投放出来时具有的初始速度为，飞行速度为 250m/s。雷达导引头的脉冲重复周期 $T_r = 10^{-5}$s，脉冲宽度 $\tau = 2\times10^{-7}$s，发射脉冲功率 $P_r = 1500$W，雷达导引头的工作波长 $\lambda = 0.03$m，雷达导引头天线的增益 $G_0 = 46$dB，箔条形成的雷达截面积 $\sigma_c = 60$m^2，水平半功率波束宽度 $\theta_{3dB} = 2°$，垂直半功率波束宽度 $\varphi_{3dB} = 3°$。按照上述参数使用 Matlab 对和通道箔条目标回波信号进行仿真，仿真结果如图 8.33~图 8.36 所示。

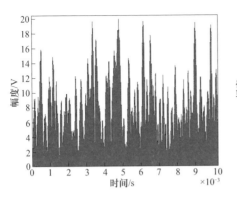

图 8.33 箔条回波时域信号

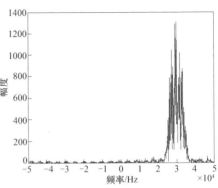

图 8.34 箔条回波的功率谱

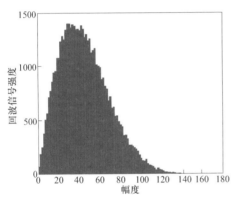

图 8.35 箔条回波的幅度直方图

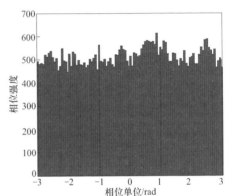

图 8.36 箔条回波的相位直方图

从仿真结果图中可以看出,箔条回波信号的幅度服从瑞利分布,功率谱服从高斯分布,相位服从均匀分布。这与箔条回波理论的时频特性结果吻合,表明我们采用的非递归滤波器法对脉冲多普勒雷达导引头箔条回波信号的仿真模型是有效的。

4) 相参脉冲发生器模块

由多个离散的中频(或高频)脉冲组成的相参脉冲串信号,可以写成如下形式

$$s(t) = u(t)\cos\omega_0 t \tag{8.111}$$

$u(t)$ 为调制函数,表示为

$$u(t) = \mathrm{rect}\left(\frac{t}{\tau}\right) + \mathrm{rect}\left(\frac{t-T_r}{\tau}\right) + \cdots + \mathrm{rect}\left(\frac{t-(N-1)T_r}{\tau}\right) \tag{8.112}$$

式中 $\mathrm{rect}(\cdot)$——矩形函数;

T_r——脉冲重复周期。

若中频周期为 $T_0 = \frac{2\pi}{\omega}$,当满足 $T_r = mT_0$,即脉冲重复周期为中频周期的整数倍时,每个中频脉冲的起始相位相同。

5) 回波信号仿真

假设飞机目标做匀速飞行,飞机距离导弹的初始距离为 10km,飞机开始在 x 方向以速度 400m/s 做匀速直线飞行,导弹开始也沿着 x 方向尾追飞机目标飞行,飞行速度为 700m/s。雷达导引头的脉冲重复周期 $T_r = 10^{-5}$s,脉冲宽度 $\tau = 2 \times 10^{-7}$s,发射脉冲功率 $P_r = 1500$W,雷达导引头的工作波长 $\lambda = 0.03$m,雷达导引头天线的增益 $G_0 = 46$dB,飞机目标的雷达截面积 $\sigma_t = 1$m^2,水平半功率波束宽度 $\theta_{3dB} = 3°$,垂直半功率波束宽度 $\varphi_{3dB} = 3°$。按照上述参数使用 Matlab 对和通道飞机目标回波信号进行仿真,仿真结果如图 8.37 和图 8.38 所示。

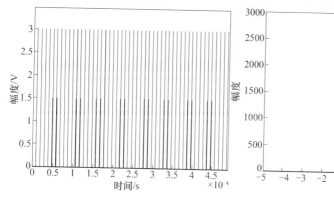

图 8.37 目标飞机回波信号　　图 8.38 目标飞机回波信号的功率谱

从飞机目标回波信号仿真频谱中,得到飞机目标信号的频率是 19.92kHz,这与我们仿真前预设的多普勒速度频率 $2 \times (700 - 400)/0.03 = 20$kHz 的数值在同一个速度单元内,飞机目标的时域信号是相参脉冲串。说明我们对于飞机目标回波信号的建模正确,测量值正确可用。

假设飞机目标探测到攻击导弹后,控制投放装置,投放一枚箔条干扰弹,箔条刚投放出来时具有的初始飞行速度为 250m/s。雷达导引头的脉冲重复周期 $T_r = 10^{-5}$s,脉冲宽度 $\tau = 2 \times 10^{-7}$s,发射脉冲功率 $P_r = 1500$W,雷达导引头的工作波长 $\lambda = 0.03$m,雷达导引头天线的增益 $G_0 = 46$dB,箔条弹释放的空域后形成的雷达截面积 $\sigma_c = 60$m^2。水平半功率波束宽度 $\theta_{3dB} = 3°$,垂直半功率波束宽度 $\varphi_{3dB} = 3°$。按照上述参数使用 Matlab 对和通道箔条目标回波信号进行仿真,仿真结果如图 8.39 和图 8.40 所示。

从仿真结果图中,我们得到有箔条目标回波信号,它的中心频率大约为 29.94kHz,这与我们仿真前预设的箔条云目标在空域中的多普勒速度(700 - 250) =

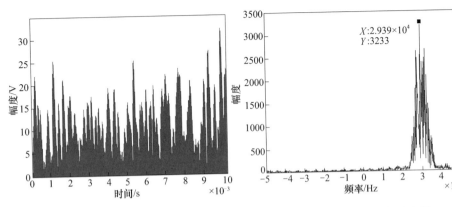

图 8.39　箔条回波信号　　　　　图 8.40　箔条回波信号的功率谱

450m/s 对应的仿真频率 30.0kHz 的数值在同一个速度单元内。说明我们对于箔条云目标回波信号的建模正确,测量值正确可用。

雷达导引头接收到的回波信号模型主要包括飞机目标回波信号模型、雷达系统噪声信号模型和箔条目标信号模型等,在 Matlab 仿真中,将这三种模型产生的信号按照时序关系相互叠加,就得到了雷达导引头目标回波信号。回波信号仿真结果如图 8.41 和图 8.42 所示。

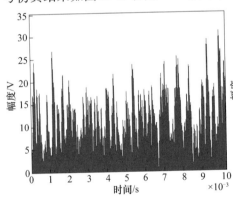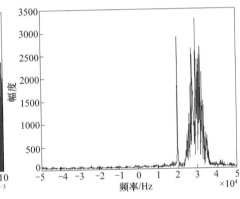

图 8.41　雷达回波时域信号　　　　图 8.42　雷达回波信号频谱

雷达回波信号是飞机回波信号、箔条云信号和系统噪声信号按照时序的叠加信号。通过回波信号的频谱图,可以看到回波信号的功率谱图中有二个多普勒频率。一个是飞机目标的多普勒频率,另外具有谱宽的是箔条云的多普勒频率。在后面的信号处理中,我们应该通过信号处理模块滤除掉箔条云干扰信号或者减小箔条云干扰信号对飞机目标回波信号的影响。

6) 零中频正交双通道处理

图 8.43 为零中频信号处理的原理框图。

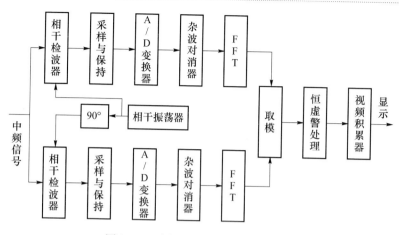

图 8.43 零中频信号处理的原理框图

从可以看出,接收机输出的中频信号送入 I 和 Q 正交两路相干检波器,两路相干检波器的参考信号在相位上差 90°,它们分别将回波信号与相参信号之间的相位差提取出来,这就意味着它们提取出了信号的多普勒频率,即提取出了观测目标的运动信息。我们知道,目标的运动信息是与运动杂波信息、相对固定的目标信息一起进入雷达接收机的。接下来的工作就是要将信号由模拟量变成数字量,这是由采样保持和 A/D 变换器完成的。然后,经杂波对消器将主瓣杂波去掉,再经取模输出。

为了使系统在虚警率恒定的情况下,保持系统有最佳的探测性能,在取模之后要进行 CFAR 操作。CFAR 处理所用的是同一个探测周期不同距离门的数据。对前面给出的瑞利分布来说,只要估计信号单元两侧的若干个相邻距离门的数据的平均值,就可实现对杂波强度的估计以实现门限电平的自动调整。如果是对数-正态或韦布尔杂波,则必须估计其二阶矩。

视频积累器实现的是非相干积累,被积累的信号是来自不同探测周期的同一个距离门的信号,显然这就要有一个能存储中间结果的存储器配合它工作。积累结果与一个门限进行比较,如果该结果超过给定的门限电平,则认为有目标存在,否则则认为没有目标存在。由于有用信号是按幅度相加的,而噪声是按功率相加的,因此视频积累器可以提高信号噪声比,从而提高系统的探测性能。

为了减轻后续数字信号处理的负担,还要使用主杂波对消器,将主瓣杂波尽可能地减弱。

图 8.44 是含噪声信号经相干检波器后输出信号的频谱,图 8.45 是主瓣滤波前信号的频谱。图 8.46 是主瓣滤波后信号的频谱,图 8.47 是含噪声信号经 CFAR 处理后的信号频谱。

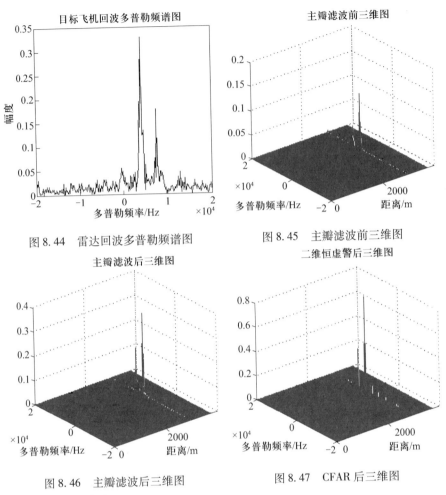

图 8.44 雷达回波多普勒频谱图

图 8.45 主瓣滤波前三维图

图 8.46 主瓣滤波后三维图

图 8.47 CFAR 后三维图

7）多普勒滤波

多谱勒滤波的实现方法有：模拟式、数字式和近代模拟式（线性调频频谱变换（CT））等三种方法。

目前使用的最主要的方法是数字式方法，也就是快速傅里叶变换法。图 8.48 为变换后的信号频谱，图 8.49 是经窄带滤波器后只保留了单根谱线，可以看出该目标的多普勒频移为 5kHz，尽管有基底噪声，但目标的多普勒频移仍然可以很容易地被检测出来。

变换后输出的信号再经求模、恒虚警处理和数字视频积累处理，一旦判定为目标，便去录取目标的坐标以形成点迹，其中包括距离、方位、高度以及特征参数，如速度、机型等数据，最后将其送到显示器或数据处理计算机。

8）多普勒滤波器组（FFT）仿真结果

将回波信号经过 A/D 变换、主瓣滤波器、多普勒滤波器组处理后，空域中多

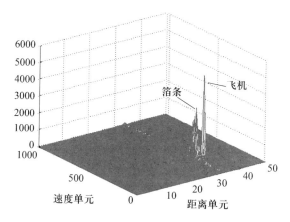

图 8.48 FFT 的三维图显示

普勒速度为 680m/s 的箔条云目标被滤波器滤除掉,而多普勒速度为 450m/s 的飞机目标经过滤波器之后幅度发生衰减。使用 FFT 对经过主瓣滤波的信号进行处理,并使用 Matlab 自身的取模函数,对其取模并显示,示意图如图 8.48 和图 8.49 所示。

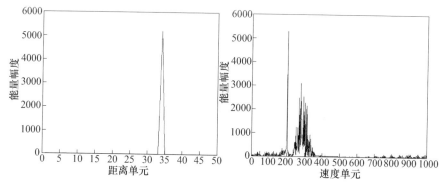

图 8.49 FFT 后的距离单元和速度单元示意图

分析主瓣滤波前后的三维示意图以及距离单元和速度单元的示意图,可以得到主瓣滤波是对同一距离单元上的目标回波进行滤波,主要是滤除掉与导弹的相对径向速度相同的主瓣杂波,从而滤掉低速目标或者降低低速目标的回波信号幅度。

8.2 雷达系统功能级仿真

雷达系统功能级仿真是雷达性能评估的一种有效手段,这种方法只利用了雷达的功能性质,对包含在波形和信号处理机中的详细内容没有涉及,仅当作某种系统损耗来处理。由于其不是基于信号流的仿真所以功能级仿真的速度较信号级仿真要快许多,功能级仿真的核心就是利用雷达方程,应用雷达所处环境的信号功率、噪声功率、杂波功率,并求出其信噪比,计算出雷达的威力范围、发现概率、测量精度等。

功能级仿真就是根据雷达系统各个模块的性能指标,计算出整个雷达系统的指标。由于雷达的检测性能和测量精度取决于信噪比,所以采用这种方法是可行的。其优点的计算量小,仿真时间短。

雷达信号检测采用门限检测,信干比必须大于某一数值才能达到规定的检测性能,从而判定目标的存在。影响信干比的因素有:目标回波功率、噪声功率、雷达接收到的干扰功率。由此可以求出雷达接收机获得的综合信干比。图 8.50 为雷达功能仿真框图。

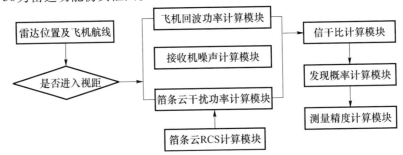

图 8.50 雷达功能仿真框图

仿真时建立飞机、箔条和导弹运动模型,计算导引头的目标回波功率、箔条回波功率、噪声功率,以及箔条干扰环境下的信噪比,根据雷达检测概率曲线计算发现概率,产生一个[0,1]均匀分布的随机数,将计算所得的发现概率的随机数相比较,当随机数小于发现概率时发现目标,当随即数大于发现概率时目标未能被发现,并计算相应雷达的威力范围、测角、测速、测距精度[112]。

8.2.1 雷达回波信杂比计算

1. 目标信号功率计算

雷达功能仿真的基础是雷达距离方程。根据雷达距离方程,从斜距的目标反射回来被雷达所接收的回波信号功率为

$$P_\mathrm{s} = \frac{P_\mathrm{t} G_\mathrm{t} G_\mathrm{r} \lambda^2 \sigma_\mathrm{s}}{(4\pi)^3 R_\mathrm{s}^4} \cdot \frac{F_\mathrm{t}^2 F_\mathrm{r}^2 D}{L \cdot L_\mathrm{Atm}} \tag{8.113}$$

式中 P_t——雷达发射机峰值功率,单位为瓦(W);

   $G_\mathrm{t},G_\mathrm{r}$——雷达发射天线增益和接收天线增益,单位为分贝(dB),需将分贝数换算为功率;

λ——雷达工作波长,单位为 m;

R_s——目标飞机据雷达的距离,单位为 m;

σ_s——目标飞机的雷达,单位为 m^2;

L——雷达系统综合损耗因子,单位为分贝(dB),需将分贝数换算为功率;

D——雷达抗干扰改善因子;

L_{Atm}——电磁波在大气中传输的损耗因子;

F_t^2, F_r^2——雷达天线方向图传输因子。

2. 噪声功率计算

雷达接收机噪声的来源主要分为两种,即内部噪声和外部噪声。内部噪声主要由接收机中的馈线、放电保护器、高频放大器或混频器等产生。接收机内部噪声在时间上是连续的,而振幅和相位是随机的。外部噪声是出雷达天线进入接收机的各种人为干扰、天电干扰、宇宙干扰和天线热噪声等,其中以天线热噪声影响最大。

接收机噪声功率可以表示为

$$P_n = kT_0 F_n B \text{(单脉冲雷达)} \tag{8.114}$$

在雷达中,折合到输入端的噪声功率经过宽度为 τ_r 的选通波门后,噪声功率将下降,下降因子为

$$d_r = \tau_r / T$$

式中 d_r——接收机占空系数。

τ_r 的取值与处理系统的实际结构有关。当接收通道设置距离波门时,由于距离波宽度等于子脉冲宽度,因此 $\tau_r = \tau$,则 $d_r = d$。当不设置距离波门时,接收通道中仅有封闭发射脉冲的封闭波门,因此接收通道的等效选通波门的宽度 $\tau_r = T - \tau$。此时,$d_r = 1 - d$。

此时接收机等效输入噪声功率下降 d_r 倍。

PD 雷达检测前的噪声功率折合到雷达输入端为

$$P_n = kT_0 F_n B \cdot d_r \text{(PD 雷达)} \tag{8.115}$$

式中 k——波耳兹曼常数;

T_0——噪声绝对温度,$kT_0 = 4 \times 10^{-21}$ W/Hz;

F_n——雷达接收机噪声系数,参考取值 $F_n = 6$dB,需将分贝换算为功率;

B——雷达接收机中频带宽,取脉冲宽度的倒数;

d_r——距离波门的占空系数,$d_r = T_r/T$,T_r 为距离波门宽度,T 为脉冲重复周期。

接收机噪声瞬时功率 P_{in} 可取为

$$P_{in} = \frac{1}{2}\sigma_n^2 \left[\left(\sum_{i=1}^{12} x_i - 6 \right)^2 + \left(\sum_{j=1}^{12} y_j - 6 \right)^2 \right] \quad (8.116)$$

式中,$x_i(i=1,2,\cdots,12)$ 和 $y_j(j=1,2,\cdots,12)$ 均服从 $[0,1]$ 均匀分布的独立的随机变量,则 $\left(\sum_{i=1}^{12} x_i - 6 \right)$ 和 $\left(\sum_{j=1}^{12} y_j - 6 \right)$ 均服从标准正态分布。

实际取噪声瞬时功率多次求和的均值为计算值。

3. 杂波功率计算

杂波为不需要的雷达回波,这些回波混杂了雷达的输出,使目标难以检测。对于探测空中飞行器的雷达来说,杂波主要包括地面、海洋、气象、鸟群、昆虫以及干扰丝等对探测信号的反射信号。

地杂波和海杂波一般视为"面"杂波,气象杂波、箔条云等一般视为体杂波。

1) 面杂波功率

考虑图 8.25 中 Δs 模型的几何示意图。可以得到雷达接收的面杂波功率。

海杂波的幅度具有随机起伏的性质,可用其概率密度函数来描述。对于功能仿真来说,雷达回波公式中的 $\Delta \sigma$ 可由韦伯尔分布特性描述,其分布函数为

$$f(\Delta\sigma) = \alpha \ln 2 \left(\frac{\Delta\sigma}{\Delta\sigma_m} \right)^{\alpha-1} \exp\left[-\ln 2 \left(\frac{\Delta\sigma}{\Delta\sigma_m} \right)^\alpha \right], R > 0 \quad (8.117)$$

式中:α 为韦伯尔参数;$\Delta\sigma_m$ 为 $\Delta\sigma$ 的均值。

若海杂波可视为大量独立随机散射体回波的合成,可用瑞利分布模型仿真,而在较高浪高的海情下,对于较高分辨力的雷达来说,则用对数-正态分布模型来仿真。适当地选择调整式(8.117)中的韦伯尔分布参数,能使它接近瑞利分布或对数-正态分布。

地杂波模型的精确描述一般采用统计特性、实测数据和杂波图的形式。但在相同假设条件下,由不同的实验者所得到的杂波测量结果可能有很大的差别,甚至于在同类地形的上空的两次飞行实验所测得的单位面积的雷达截面,其差别可能达到10,因此杂波建模时,必须考虑到这种变化和误差。

2) 体杂波功率

箔条和雨是典型的体杂波,雪、雹、云和雾等也都呈现体杂波特性。

假设雨、箔条等物体可以用处于雷达分辨单元中的雷达截面为 σ_i 的大量的独立散射体来表示。令 $\sum \sigma_i$ 表示单位体积内的微粒的平均总后向散射截面,此处 σ_i 的求和在单位体积内进行。

雷达接收的体杂波仍然可以用式(8.113)表示,只是式(8.113)中的 $\Delta\sigma$ 需要表示为

$$\Delta\sigma f = V_m \cdot \sum \sigma_i \quad (8.118)$$

式中:V_m 为雷达分辨单元的体积,亦即垂直波束宽度为 ϕ_{3dB},水平波束宽度为 θ_{3dB} 和脉宽为 τ 的雷达波束所占有的体积,近似为

$$V_m \approx \frac{\pi c \tau R^2}{4} \cdot \theta_{3dB} \cdot \phi_{3dB} \qquad (8.119)$$

式中　C——光速。

实际应用中,要根据箔条、雨等不同类型的体杂波求 $\sum \sigma_i$ 的表达式,它与箔条的抛撒速度、风速、标准箔条包所含箔条个数,以及雨的降雨量、风速等参数有关。

4. 干扰信号功率模型

按产生的方法,针对雷达的干扰一般分为有源干扰和无源干扰两类:

有源电子干扰是用专门的干扰发射机发射或转发某种形式的电磁波,使敌方电子设备和系统工作受到扰乱或破坏。发射的干扰信号载频、功率和调制方式(干扰样式)是根据欲干扰的电子设备的类型、工作频率和技术体制等确定的。

无源电子干扰是用本身不发射电磁波的箔条、反射器或电波吸收体等器材,反射或吸收敌方电子设备发射的电波,使其效能受到削弱或破坏。这类干扰,主要用于干扰雷达、激光测距装置等以接收反射电波来工作的电子设备。

1) 无源干扰

无源干扰主要由箔条和角反射器产生,将在下一节详细讨论。

2) 有源干扰

有源干扰按照载体方式的不同可分为掩护式和自卫式两种,下面简单的加以分析。

掩护式干扰是用噪声或类噪声的干扰信号来遮盖或淹没有用信号,降低检测信噪比,阻止雷达检测目标。掩护式干扰源一般离雷达有一段距离,不在雷达的主波束内,一般情况下干扰是从旁瓣进入雷达接收机,其增益近似由雷达第一旁瓣增益确定。雷达接收到的干扰信号功率为

$$P_{rj} = \frac{P_j \cdot G_j \cdot G_{rj} \cdot \lambda^2}{(4\pi R_j)^2 \cdot L_j \cdot L_r \cdot L_{Atm}} \cdot \frac{B_r}{B_j} \qquad (8.120)$$

式中　P_j——干扰机发射功率;

　　　G_j——干扰机发射天线增益;

　　　G_{rj}——雷达第一旁瓣增益;

　　　λ——雷达波长;

　　　R_j——干扰机距雷达的距离;

　　　L_j——干扰机发射综合损耗;

L_r——雷达接收综合损耗；
L_{Atm}——电磁波在大气中传输的损耗（单程损耗）；
B_r——雷达接收机瞬时带宽；
B_j——干扰信号带宽。

自卫式干扰是敌方吧干扰源装在目标上，所以当雷达锁定目标时，干扰源释放的干扰由雷达的主波束进入雷达的接收机，同上，由干扰方程易得雷达接收到的自卫式干扰功率，即

$$P_{rj} = \frac{P_j \cdot G_j \cdot G_{rj} \cdot \lambda^2}{(4\pi R_j)^2 \cdot L_j \cdot L_r \cdot L_{Atm}} \cdot \frac{B_r}{B_j} \quad (8.121)$$

式中　G_{rj}——干扰机方向上雷达接收天线增益。

5. 信噪比计算

上述内容中分别计算出了噪声功率、杂波功率、干扰功率和信号功率后，根据下式计算出干扰和噪声下的信噪比（S/N），即

$$\frac{S}{N} = 10\lg\left(\frac{P_s}{P_c + P_n + P_j}\right)$$

但当雷达有相参积累时，按照上式计算出的信噪比（S/N）需修正为（S/N）$_n$。

6. 相参积累后的信噪比计算

脉冲数为的相参积累，理论上信噪比提高倍，故有

$$\left(\frac{S}{N}\right)_n = 10\lg n + \left(\frac{S}{N}\right)$$

8.2.2　雷达抗干扰改善因子（EIF）模型

功能仿真只利用了雷达的功率性质，包含在波形和信号处理机中的详细内容没有涉及，只当作某种系统损耗来处理，下面我们进行分析。

雷达的抗干扰能力是雷达系统设计与作战运用过程中需要关注的重要方面。近年来，大量的抗干扰技术与措施在雷达系统中得以应用，这些技术与措施主要包括以下几个方面。

（1）发射机。主要包括发射功率管理、频率捷变、频率分集、脉冲重复频率捷变、脉冲宽度捷变、脉冲压缩和欺骗性发射等。

（2）天线。主要包括超低副瓣技术、自适应阵列技术和自适应极化技术等。

（3）接收机-处理器。主要包括 MTD/处理、恒虚警处理和"宽-限-窄"电路等。

（4）系统。主要包括一些新体制雷达的运用，如双/多基地雷达、无源雷达、

脉冲多普勒雷达、激光雷达等。

在进行雷达与电子对抗干扰/抗干扰性能定量分析和仿真研究时,必须对相关干扰/抗干扰性能指标进行数学分析与描述,以进行定量的性能评估。

雷达抗干扰改善因子(EIF)由 Johnston 提出,是目前为止唯一被 IEEE 采用的度量模型。其定义为:雷达未采用抗干扰措施时系统输出的干信比 S/J 与采用抗干扰措施后系统输出的干信比 S'/J' 的比值,即

$$D = \frac{S/J}{S'/J'} \tag{8.122}$$

如果雷达对某种干扰有几种抗干扰措施,而且每种干扰措施的效果是不同的,那么可用如下公式计算,即

$$D = D_1 \cdot D_2 \cdot \cdots \cdot D_n = \prod_{i=1}^{n} D_i \tag{8.123}$$

式中:$D_1, D_2, \cdots, D_n$ 分别为脉冲压缩、脉冲积累、频率捷变、旁瓣对消、宽－限－窄电路、低副瓣天线、MTI、CFAR、频率分集、波形捷变、天线自适应、欺骗性发射等干扰改善因子,下面逐一分析讨论。

1. 脉冲压缩抗干扰改善因子

脉冲压缩雷达发射宽脉冲以增加脉冲的作用与目标的能量,同时仍然保持了窄脉冲发射所具有的目标距离分辨力,解决了雷达作用距离与距离分辨力之间的矛盾,同时宽带信号有利于提高系统的抗干扰能力。

脉冲压缩信号包括线性调频、非线性调频等的调频信号和相位编码的调相信号。线性调频在中频压缩或正交数字压缩,它的抗干扰改善因子为

$$D_{\text{LFM}} = BTL \text{ 或 } D_{\text{LFM}} = DL \tag{8.124}$$

式中　B——峰－峰频偏;

　　　T——发射信号的时宽;

　　　D——脉冲压缩比,即发射脉冲时宽与接收脉冲时宽之比;

　　　L——脉冲压缩损耗(一般为 0.74、0.76,即取 -1.3dB)。

对于脉冲编码信号抗干扰改善因子为

$$D_{\text{LFM}} = NL \tag{8.125}$$

式中　N——相位码的码元数,即发射脉冲的时宽与码元宽度之比,也可称为压缩比。

N 值一般取:$7 \sim 13$(巴克码),$16 \sim 128$(M 序列码),16(4 相码)。

2. 脉冲积累抗干扰改善因子

脉冲积累通过提高信噪比来改善雷达的检测能力。中频积累信号有严格相位关系,又称相干积累。检波后积累,此时无相位信息,称非相干积累。

(1) 相干积累抗干扰改善因子。

相干积累同相叠加个脉冲,回波信号电压提高 n 倍,功率提高 n^2;不同脉冲重复周期内的随机噪声统计独立,只能按平均功率相加,噪声功率提高 n 倍。

最终信噪比提高 n 倍。考虑到积累损失,一般取相干积累改善因子为

$$D_M = n^{0.8} \tag{8.126}$$

(2) 非相干积累抗干扰改善因子。

非相干积累由于检波器非线性作用,信号与噪声在非线性电路中相互作用,会使一部分信号能量转化为噪声能量,信噪比改善达不到 n 倍(n 为脉冲数),一般取脉冲积累改善因子为

$$D_M = \sqrt{n} \tag{8.127}$$

3. 频率捷变抗干扰改善因子

频率捷变(FA)雷达是一种以一定时间间隔辐射脉冲能量的雷达,其所发射的相邻脉冲的载频频率是在一定的范围内快速变化的。其捷变方式可按一定的规律变化,亦可随机跃变。从抗干扰角度来看,一般只有当相邻脉间频差达到雷达的整个工作频带(如 10% 带宽),才将其称为捷变频雷达。捷变频雷达具有一定的优越性,例如:抗干扰能力较高;可增加雷达探测距离;提高跟踪精度;提高雷达的目标分辨能力;可以消除相同频段临近雷达之间的干扰,有较好的电磁兼容性;抑制海浪杂波以及其他分布杂波的干扰;可消除由于地面反射引起的波束分裂的影响等。

频率捷变雷达抗干扰的基本原理是:雷达的瞬时工作频率在捷变频带宽中的多个频率点随机跳动。当瞬时工作频率刚好跳到干扰机的信号带宽里,那么雷达将受到干扰,干扰的分析与前面阻塞式的干扰分析相同。如果雷达捷变频带宽比干扰机的干扰带宽大得多,那么大部分时间干扰机都无法干扰雷达。频率捷变雷达可分为三类:脉间捷变频、脉内捷变频、脉组捷变频。

1) 未用抗干扰措施

由于阻塞噪声干扰机的信号带宽比较宽,而雷达接收机带宽也比较宽,干扰信号功率只有落在雷达信号带宽之内时才有效,因此采用抗干扰措施的改善因子为

$$D_a = \frac{干扰信号带宽}{干扰信号与雷达接收机重复带宽} \cdot \frac{雷达接收机带宽}{雷达瞬时带宽} \tag{8.128}$$

干扰信号带宽大于雷达带宽时的抗干扰改善因子为

$$D_a = \begin{cases} B_J/B_R & f_S \in [f_J - (B_J - B_B)/2, f_J + (B_J - B_B)/2] \\ \dfrac{B_J}{(B_J/2 - |f_J - f_S|) + B_B/2} \cdot \dfrac{B_B}{B_R} & \begin{aligned} & f_S \in [f_J - (B_J + B_B)/2, f_J - (B_J - B_B)/2] \cup \\ & \quad [f_J + (B_J - B_B)/2, f_J + (B_J + B_B)/2] \end{aligned} \\ 1 & 其他 \end{cases}$$

$$\tag{8.129}$$

式中　B_R——雷达瞬时带宽；

　　　B_B——雷达发射信号队带宽；

　　　B_J——干扰机信号带宽；

　　　f_S——雷达信号带宽的中心频率；

　　　f_J——干扰信号带宽的中心频率。

雷达带宽大于干扰信号带宽时的抗干扰改善因子为

$$D_a = \begin{cases} B_B/B_R & f_R \in [f_S - (B_B - B_J)/2, f_S + (B_B - B_J)/2] \\ \dfrac{B_J}{(B_J/2 - |f_J - f_S|) + B_B/2} \cdot \dfrac{B_B}{B_R} & f_R \in [f_S - (B_J + B_R)/2, f_S - (B_J - B_R)/2] \cup \\ & [f_S + (B_J - B_R)/2, f_S + (B_J + B_R)/2] \\ 1 & \text{其他} \end{cases}$$

(8.130)

式中　f_R——雷达瞬时带宽的中心频率。

2）不采用抗干扰措施

$$D_a = \begin{cases} B_J/B_R & f_R \in [f_J - (B_J - B_B)/2, f_J + (B_J - B_B)/2] \\ \dfrac{B_J}{(B_J/2 - |f_J - f_S|) + B_B/2} & f_R \in [f_J - (B_J + B_R)/2, f_J - (B_J - B_R)/2] \cup \\ & [f_J + (B_J - B_R)/2, f_J + (B_J + B_R)/2] \\ 1 & \text{其他} \end{cases}$$

(8.131)

4. 旁瓣对消抗干扰改善因子

旁瓣对消的基本原理：利用主阵干扰信号和辅助阵干扰信号之间的相关性，将主阵干扰信号对消掉。针对此相关性，对辅助阵接收到干扰信号进行适当加权，将主阵输出信号与辅助阵输出信号相减，主阵干扰信号的作用就会大大减弱，从而达到对消目的。旁瓣对消的实质是对辅导通道的加权求和，再从主通道输出信号中减去辅助通道产生的信号。因此问题的关键在于找一个最优的加权系数使对消效果最佳。

（1）对辅助阵：目标回波和干扰信号都从接收天线主瓣进入，辅助阵等效增益加权到旁瓣增益，主、辅相减时，干扰信号可对消掉，因旁瓣增益较主瓣增益相差得太多，目标回波信号稍有损失，但不会对消掉。

（2）旁瓣对消系统对自卫式干扰无效。目标回波与干扰信号都从接收天线主瓣进入，要对消干扰，辅助阵增益必须加权达到主瓣增益，此时目标回波信号也被对消掉了。

设主天线信号为 V_m，$\boldsymbol{V}$ 为包括 n 个辅助天线的 n 维矢量，即

$$\boldsymbol{V} = \begin{bmatrix} V_1 & V_2 & \cdots & V_n \end{bmatrix}$$

最优加权系数为

$$W = [W_1 \quad W_2 \quad \cdots \quad W_n]$$

旁瓣对消抗干扰改善因子 D_{JCR}（干扰对消比）为

$$D_{\text{JCR}} = \frac{\text{采用旁瓣对消时系统输出功率}}{\text{未采用旁瓣对消后系统输出功率}}$$

$$= \frac{E\{|V_m|^2\}}{E\{|V_m - W^T V|^2\}} \tag{8.132}$$

式中 $E\{\cdot\}$——求均值。

5. "宽-限-窄"电路抗干扰改善因子

"宽-限-窄"电路是用于抗脉冲和噪声调频干扰的恒虚警 CFAR 技术,其基本原理是对大信号限幅,减少干扰脉冲的能量。

"宽-限-窄"电路抗干扰改善因子通常取 3~5dB,最佳状态可以达到 8dB。

6. 低副瓣天线抗干扰改善因子

天线副瓣是对雷达进行遮盖性有源干扰的主要渠道,因为从主瓣进入的干扰限制在天线波束宽度范围内,在显示屏上只占有一个小角度,不影响其他方位上对目标的观察和跟踪,但副瓣进入的强干扰可掩蔽很大角度范围内的目标信号,使雷达基本丧失探测能力。比较两部雷达天线在有无噪声干扰条件下的抗干扰改善因子为

$$D_{\text{ant}} = \text{SLL}_2 - \text{SLL}_1 - 2(G_1 - G_2) \quad (\text{dB}) \tag{8.133}$$

式中:G_1 和 G_2 为两部雷达主瓣增益;SLL_1 和 SLL_2 为两部雷达相对主瓣增益的接收旁瓣电平。

7. 动目标显示抗干扰改善因子

MTI 是雷达抑制杂波干扰进入的主要措施,它通过确定一串脉冲信号从发射到接收在目标信号中相位延迟的变化来实现。MTI 雷达具有抗杂波和箔条干扰的能力,通过鉴别目标信号的多普勒频移或相移,从背景杂波或从缓慢运动或不动的箔条干扰中识别出运动目标。

对于高斯分布的杂波谱,抗干扰改善因子理论上应用如下公式,其中 MTI 角标 1,2,3 分别表示单延迟、双延迟、三延迟相干 MTI 对消器,即

$$D_{\text{MTI1}} = 2\left(\frac{f_r}{2\pi f_c}\right)^2 \tag{8.134}$$

$$D_{\text{MTI2}} = 2\left(\frac{f_r}{2\pi f_c}\right)^4 \tag{8.135}$$

$$D_{\text{MTI3}} = 2\left(\frac{f_r}{2\pi f_c}\right)^6 \tag{8.136}$$

式中 f_r——雷达脉冲重复频率;

f_c——高斯杂波谱频率分布均方根值。

机载雷达 MTI 抗干扰改善因子理论上应用如下公式,即

$$D_{\text{MTI}} = \frac{\sum_{j=0}^{n-1} \omega_j^2}{\sum_{j=0}^{n-1}\sum_{k=0}^{n-1} \omega_j \omega_k \rho_c(j-k)} \tag{8.137}$$

式中:MTI 为滤波器加权向量;$\rho_c(j-k) = \exp[-(j-k)^2 \Omega^2/2]$,$\Omega = \sigma_f T$,$\sigma_f$ 为杂波谱标准差(rad/s);T 为脉冲周期。

于是可得对于 N 点 FFT 滤波器的 MTI 的抗干扰改善因子为

$$D_{\text{MTI}} = \frac{N^2}{N + \sum_{i=1}^{n-1}(n-i)\cos(2\pi ki/N)} \tag{8.138}$$

式中 N——FFT 滤波器数目,$k = 0, 1, 2, \cdots, N-1$。

8. 恒虚警处理(CFAR)抗干扰改善因子

噪声干扰的作用是增加接收机内部噪声,它必然会使虚等概率增加。因此,CAFR 是有效的抗噪声干扰的措施,但它对雷达信噪比不仅没有改善,反而有所损失。一般的,取值为 1~2dB。

9. 频率分集抗干扰改善因子

频率分集雷达是一种脉冲制多频雷达,其分集方式有两种:不同频率的子脉冲信号同时发射和不同频率的子脉冲信号相继延时发射。频率分集雷达工作频率点的数量与系统设备量密切相关,因而一般不会太多。频率分集主要用于抗瞄准式干扰。

频率分集雷达回波信号在接收机中进行视频相加、相乘处理,使回波信号加强。频率分集是指在一部雷达中装有两路以上的发射、接收和处理通道,共用一副天线。频率分集数可达 2、4,波束堆积雷达的频率分集数可大于 4,但对回波来说其贡献与单频雷达相同。因为波束堆积的目的是增大空域覆盖,不同频率发射机处理不同空域来的目标。频率分集雷达抗干扰改善因子一般取大于或等于频率分集数。

10. 波形捷变抗干扰改善因子

雷达通过发射信号波形的变化增大干扰源对雷达发射信号的分析难度,迫使干扰机展宽干扰信号频带,从而大大降低干扰功率,起到抗干扰的作用。因此定义波形捷变干扰改善因子一般取大于或等于波形捷变数量。

11. 天线自适应抗干扰改善因子

自适应天线系统是一种利用数字信号处理技术,通过自动调整天线阵中各阵元增益和相位,从而控制其方向图的天线系统。自适应天线系统通过对波束的控制,可以在天线方向图的任意位置形成深度的凹陷,从而减少干扰信号进入雷达接收机,大大提升雷达的抗干扰能力。定义天线自适应因子为

$$D_{AT} = G_{max}/G_{min} \tag{8.139}$$

式中 G_{max}——正常状态下天线最大增益;

G_{min}——调整后最大凹陷处的天线增益。

12. 欺骗性发射抗干扰改善因子

欺骗性发射是指雷达在多个频率上从辅助天线发射小功率欺骗信号,使带有接收系统的,干扰机在信号分析过程出错,使干扰信号无法对准,甚至完全偏离雷达工作频率,起到抗干扰作用。定义欺骗性发射因子为

$$D_D = N_D + 1 \tag{8.140}$$

式中 D_D——欺骗性发射因子;

N_D——欺骗信号频率个数。

8.2.3 雷达系统综合损耗因子模型

雷达系统损耗从狭义上讲,是指发射机与天线之间的功率损耗或天线与接收机之间的功率损耗,它包括波导设备损耗(传输线损耗和双工器损耗)和天线损耗(波束形状损耗、扫描损耗、天线罩损耗、相控阵损耗)。从广义上讲,系统损耗还包括信号处理损耗(如非匹配滤波器、恒虚警处理、积累器、限幅器等产生的损耗,以及跨分辨单元损耗、采样损耗)。

实际雷达系统总是有各种损耗的,这些损耗将降低雷达的实际作用距离,因此在雷达方程中应该引入损耗这一修正量。通常,雷达系统设计的好坏主要体现在雷达损耗上。从雷达方程可以看出,信噪比与雷达的损耗成反比,因为检测概率是信噪比的函数,雷达损耗的增加导致信噪比的下降,从而降低检测概率。正如式(8.113)所表示的,用表示损耗,加在雷达方程的分母中,是大于1的值,用分贝数来表示。雷达系统损耗因子可表示为

$$L = L_1 \cdot L_2 \cdot \cdots \cdot L_n = \prod_{i=1}^{n} L_i \tag{8.141}$$

式中:$L_1, L_2, \cdots, L_n$ 分别为不同的损耗因子。

1. 传输和接收的损耗

传输损耗是指发生在雷达发射机和发射天线输入端之间波导引起的损耗,包括单位长度波导的损耗、每一波导拐弯处的损耗和旋转关节的损耗等。接收

的损耗发生在天线输出端和接收机的前端之间。

发射机中所用发射管的参数不尽相同,发射管在波段范围内也有不同的输出功率,发射管使用时间的长短也会影响其输出功率,这些因素随着应用情况而变化,一般缺乏足够的根据来估计其损耗因素,通常用 2dB 来近似。

接收系统中,工作频带范围内噪声系数也会发生变化,如果引入雷达方程的是最佳值,则在其他频率工作时将引入一定的损耗。此外,接收机的频率响应和发射信号的不匹配,也会引起失配损耗。

2. 天线波束形状损耗

在雷达方程中,天线增益通常是采用最大增益,即认为最大辐射方向对准目标。但在实际工作中天线是扫描的,当天线波束扫过目标时,收到的回波信号振幅按天线波束形状进行调制。实际收到的回波信号能量比按最大增益的等幅脉冲串收到的信号能量要小。信噪比的损耗是由于没有获得最大的天线增益而产生的,这种损耗叫做天线波束形状损耗。

一旦选好了雷达的天线,天线波束损耗的总量可计算出来。例如,当回波是振幅调制的脉冲串时,可以在计算检测性能时按调制脉冲串进行计算。在这里采用的办法是利用等幅脉冲串已得到的检测性能计算结果,再加上"波束形状损耗"因子来修正振幅调制的影响。这个办法虽然不够精确,但却简单实用。

设单程天线功率方向图用高斯函数近似为

$$G(\theta) = \exp\left(-\frac{2.778\theta^2}{2\theta_{3dB}^2}\right) \tag{8.142}$$

式中:θ 为从波束中心开始计算的角度;θ_{3dB} 为半功率波束宽度。设 m_{3dB} 为半功率波束宽度 θ_{3dB} 内收到的脉冲数;m 为积累脉冲数,则波束形状损耗 L_ρ(相对于积累个最大增益时的脉冲)为

$$L_\rho = \frac{m}{1 + 2\sum_{k=1}^{(m-1)/2} \exp(-5.55k^2/m_{3dB}^2)} \tag{8.143}$$

该式适用于中间一个脉冲出现在波束最大值处的奇数个脉冲。例如若积累 11 个脉冲,它们均匀地排列在 3dB 波束宽度以内,则其损耗为 1.96dB。

以上讨论的是单平面波束的形状损耗,对应于扇形波束等情况。当波束内有许多脉冲进行积累时,通常对扇形波束扫描的形状损耗为 1.6dB。而当两维扫描时,形状损耗取 3.2dB。

3. 叠加损耗

实际工作中,常会碰到这样的情况:参加积累的脉冲,除了"信号加噪声"之外,还有单纯的"噪声"脉冲。这种额外噪声对天线噪声进行积累,会使积累后的信噪比变坏,这个损耗被称为叠加损耗 L_c。

产生叠加损耗可能有以下几种原因：在失掉距离信息的显示器（如方位 – 仰角显示器）上，如果不采用距离门选通，则在同一方位和仰角上所有距离单元的噪声脉冲必然要与目标单元上的"信号加噪声"脉冲一起积累；某些三坐标雷达采用单个平面位置显示器显示同方位所有仰角上的目标，往往只有一路有信号，其余各路是单纯的噪声；如果接收机视频带宽较窄，通过视放后的脉冲将展宽，结果有目标距离单元上的"信号加噪声"就要和邻近距离单元上展宽后的噪声脉冲相叠加，等等。这些情况都会产生叠加损耗。

马卡姆（Marcum）计算了在平方律检波条件下的叠加损耗。当 m 个信噪比为 $(S/N)_m$ 的"信号加噪声"脉冲和 n 个噪声一起积累时，可以等效为 $(m+n)$ 个"信号加噪声"的脉冲积累，但每个脉冲的信号噪声比为 $\frac{m}{m+n}(S/N)_m$。这时叠加损耗可表示为

$$L_c(m,n) = \frac{(S/N)_{m,n}}{(S/N)_m} \tag{8.144}$$

式中：$(S/N)_{m,n}$ 为当 n 个额外噪声参与 m 个"信号加噪声"的脉冲进行积累时，检测所需的每个脉冲的信噪比；$(S/N)_m$ 为没有额外噪声，m 个"信号加噪声"的脉冲进行积累时，检测所需的单个脉冲信噪比。定义损耗因子为

$$\rho = \frac{m+n}{m} = \frac{被积累的脉冲总数}{包含信号的脉冲数} \tag{8.145}$$

雷达一般通过方位维、距离维或多普勒维的 CFAR 处理来检测目标。当目标回波显示在一维坐标中，如距离维坐标，在靠近实际目标回波的方位角单元处的噪声源集中在目标附近，从而使得信噪比下降。

4. 信号处理损耗

1) 检波器近似

雷达采用线性接收机时，输出电压信号 $V(t) = \sqrt{V_I^2(t) + V_Q^2(t)}$，其中 $V_I(t)$ 和 $V_Q(t)$ 为同相和正交分量。对于平方律检波器，$V^2(t) = \sqrt{V_I^2(t) + V_Q^2(t)}$。在实际硬件中，平方根运算会占用较多时间，所以对检波器有许多近似的算法。近似的结果使信号功率损耗，通常为 $0.5 \sim 1 \text{dB}$。

2) 滤波器失配损耗

滤波器失配损耗 L_{mf}，除包括与普通脉冲雷达相同的中放滤波特性与发射脉冲波形的失配损耗外，还有 FFT 滤波器的加权损耗；有脉压电路时还有脉压加权引起失配损耗。一般 $L_{mf} = 2$。若是抗干扰改善因子考虑了损耗因子，则不可重复计算。

3) 恒虚警率（CFAR）损耗

在许多情况中，为了保持恒定的虚警概率，要不断地调整雷达的检测门限，

使其随着接收机噪声变化。为此,恒虚警概率(CFAR)处理器用于在未知和变化的干扰背景下能够控制一定数量的虚警。CFAR损耗因不同CFAR电路和杂波环境而不同。一般L_{ef} = 1.3~2.5dB。常见的CFAR中,单元平均CFAR可取1.31dB;最大选择CFAR取1.65dB;最小选择CFAR取2.47dB。

4)积累损耗

普通脉冲雷达全部接收到的目标信号都作检测后积累(即非相参积累)。PD雷达对波束驻留时间内收到的脉冲串分成若干组,对组内各回波脉冲作相参积累,检测后各组的输出再作非相参积累。一般取$L_{ef} \approx 1.2$dB。若是抗干扰改善因子考虑了损耗因子,则不可重复计算。

5)噪声相关损耗

如在FFT滤波前采用两脉冲或三脉冲MTI对消器,则经过对消器的噪声有部分相关性,降低了后续肿的相参积累得益。对两脉冲和三脉冲对消器此损耗L_{nc}分别约为2dB和3dB。

6)量化损耗

有限字长(比特数)和量化噪声使得模数(A/D)转换器输出的噪声功率增加。A/D的噪声功率为$q^2/12$,其中q为量化电平。

7)距离门跨越

雷达接收信号通常包括一系列连续的距离门(单元)。每个距离门的作用如同一个与发射脉冲宽度相匹配的累加器。因为雷达接收机的作用如同一个平滑滤波器对接收的目标回波滤波(平滑)。平滑后的目标回波包络经常跨越一个以上的距离门。

一般受影响的距离门有三个,分别叫前(距离)门、中(距离)门(目标距离门)和后(距离)门。如果一个点目标正好位于一个距离门中间,那么前距离门和后距离门的样本是相等的。然而当目标开始向下一个门移动时,后距离门的样本逐渐变大而前距离门的样本不断减小。任何情况下,三个样本的幅度相加的数值是大致相等的。平滑后的目标回波包络很像高斯分布形状。在实际中,三角波包络实现起来更加简单和快速。因为目标很可能落在两个临界的距离门之间的任何地方,所以在距离门之间会又有信噪比损耗。目标回波的能量分散在三个门间。通常距离跨越损耗大约为2~3dB。

8)多普勒跨越

多普勒跨越类似于距离门跨越。然而,在这种情况下,由于采用加窗函数降低副瓣电平,多普勒频谱被展宽。因为目标多普勒频率可能落在两个多普勒分辨单元之间,所以有信号损耗。

9)速度跨越损耗

速度跨越损耗是由于信号谱峰可能跨越在两个多普勒滤波器之间引起的。

由于 FFT 前的幅度加权,使每一滤波器加宽,邻近滤波器之间相交在 -3dB 点附近,此损耗很小,可以忽略不计。

10) 时域、频域遮挡损耗

(1) 时域遮挡损耗 L_{et}。对中、高脉冲重复频率(PRF) PD 雷达发射脉冲及 TR 器件恢复时间遮挡接收通道引起不可忽略的损耗。如检测概率 P_d 脉冲重复频率为 0.5,此损耗为

$$L_{et} = 1 + (\tau + T_R)/T_i \qquad (8.146)$$

式中:T_i 为一组脉冲串时间,$T_i = N_p/\text{PRF}$。

如 P_d 要求更高,则此损耗值还要增大些。

(2) 频域遮挡损耗 L_{ef}。低、中 PRF PD 雷达的主瓣杂波谱峰对目标信号遮挡引起不可忽略的损耗。此损耗的计算方法与计算时域遮挡损耗相似,对于 $P_d = 0.5$ 有

$$L_{ef} = 1 + \Delta F_{dm}/\text{PRF} \qquad (8.147)$$

式中:ΔF_{dm} 为主瓣杂波谱宽的平均值。

因为 ΔF_{dm} 是波束指向与载机航向夹角的函数,在天线波束扫描时是变化的。

11) 暂态门损耗

所有 PD 雷达在对每组接收脉冲串处理之前,须用门电路屏蔽若干个填充脉冲周期。此外如采用主瓣杂波对消器,则还须加 1~2 个脉冲周期的暂态时间,暂态门的总时间 $t_g = t_n + t_t$。其中 t_n 指填充脉冲时间,t_t 指增加的暂态时间。暂态门损耗为

$$L_{tg} = 1 + t_g/T_i \qquad (8.148)$$

12) 保护通道损耗

由保护通道对主通道屏蔽作用引起主通道的检测损耗,$P_d = 0.5$ 时,损耗为 0.5dB。

13) 检测后积累和第二门限损耗

PD 雷达的检测后积累和第二门限是结合解模糊(亦称寻求关联)过程进行的。即在雷达波束对目标驻留时间 T_d 内,N 组脉冲超过第一门限输出中有 M 是在同一距离门与同一速度滤波器上(或称重合在不模糊的距离 – 多普勒平面上的同一单元中)出现,则认为信号通过第二门限,可宣称在此不模糊的距离与速度单元上深测到目标。这种 M/N 第二门限检测比 N 个脉冲直接非相干积累后检测增加损耗约 0.5dB。若是抗干扰改善因子考虑了损耗因子,则不可重复计算。

14) 傅里叶变换损耗

傅里叶变换之前常采用窗函数加权采样数据 $x[n]$,通常非矩形窗引起主瓣

宽度增加,峰值减小,信噪比的减小可以换取峰值旁瓣电平的大幅度衰减,窗函数加权了信号中的干扰分量,信噪比损耗为

$$L_{\mathrm{F}} = \frac{\left(\sum_{n=0}^{N-1} \omega[n]\right)^2}{N \sum_{n=0}^{N-1} \omega^2[n]} \tag{8.149}$$

表 8.2 给出了常用加窗的损耗及关键性能数据。

表 8.2　常用加窗的损耗及关键性能数据

窗	主瓣宽度	峰值增益	峰值旁瓣电平/dB	信噪比损耗/dB
矩形	1.0	0.0	-13	0
汉宁	1.62	-6.0	-32	1.76
汉明	1.46	-5.4	-43	1.34
凯撒,$a=2.0$	1.61	-6.2	-46	1.76
凯撒,$a=2.5$	1.76	-8.1	-57	2.17
道尔夫-切比雪夫	1.49	-5.5	-50	1.43
道尔夫-切比雪夫	1.74	-6.9	-70	2.10

15) 干扰引导延时损耗

对于窄带瞄频式噪声干扰等干扰类型,被干扰的雷达接收到干扰信号要比目标回波信号有一定的延迟时间。这样,进入雷达的干扰信号有引导延时损耗为

$$L_{\mathrm{tg}} = (\tau - \Delta t)/\tau \tag{8.150}$$

式中　τ——雷达接收脉冲宽度,单位为 s;

Δt——雷达接收干扰信号与目标回波信号的延时,单位为 s。

16) 具体数值列举

一般雷达损耗见表 8.3。

表 8.3　一般雷达损耗

损耗类型	低重频方式	高重频方式
天线罩损耗	单程 0.3	双程 0.6
发射馈线传输损耗	3	估计 2
接收馈线传输损耗	1.2	—
波束覆盖损耗	1.38	—
CFAR 损耗	2	1
滤波器失配损耗	2	2
速度响应损耗	2	0

(续)

损耗类型	低重频方式	高重频方式
距离门跨越损耗	1	1
滤波器跨越损耗	0	0.1
重叠损耗	0	0.1
瞬态选通损耗	0	0.1
接收机匹配损耗	0.8	0.8

雷达 AN/APY-1 的各项损耗见表 8.4。

表 8.4　AN/APY-1 雷达损耗

损耗类型	高重频方式	低重频方式
天线罩损耗	单程 0.3	单程 0.3
发射馈线传输损耗	3	3
接收馈线传输损耗	1.2	1.5
波束覆盖损耗	1.38	1.38
CFAR 损耗	1	2
滤波器失配损耗	2	2
速度响应损耗	0	2
距离门跨越损耗	0.1	0
滤波器跨越损耗	1	1
重叠损耗	0.1	0
瞬态选通损耗	0.5	0.1
接收机匹配损耗	0.8	0.8
总损耗	11.68	14.08

5. 极化损耗因子

1) 接收目标回波极化损耗

信号的极化对信号的接收有很大影响。水平极化的天线,例如水平对称振子,若接收水平极化的信号,这时天线和信号的极化形式相同称为极化匹配,则信号没有损失地被天线接收。水平极化的天线接收垂直极化的信号则完全不能接收。对于倾斜极化信号水平极化的天线和垂直极化天线都能收到信号,但都只能收到信号的一部分。把倾斜极化波分解为水平方向和垂直方向的两个分量,就可以相应地求出水平极化天线和垂直极化天线收到的信号分量。天线的极化和信号的极化不相同,称为极化失配,这时只有一部分信号被接收。因此,引进了极化系数),来说明信号损失的程度。其定义为

$$\gamma = \frac{P_r}{P_{max}} \tag{8.151}$$

式中：P_{max} 为极化完全一致时被天线接收的信号功率，单位为 W；P_r 为在所采用的极化情况下，实际被接收到的信号功率，单位为 W。

2）接收干扰信号极化损耗

极化问题，对于雷达来说固然重要，但对于干扰来说，更是必须要考虑的问题。因为，如果极化不同时，干扰信号就不能完全进入雷达接收机，无法正常发挥干扰作用。雷达干扰系统常采用圆极化天线以适应各种不同的线性极化的雷达，实质上是在极化问题上用牺牲功率的办法来换取对线性极化雷达的可靠干扰。雷达也在极化上采取措施进行反干扰，因此，干扰所面临的是各种极化形式的雷达，甚至是极化上变换的雷达，所以干扰设备必须保证能够对付各种极化形式的雷达。雷达和雷达干扰系统的发展，也大大促进了极化的研究。表 8.5 给出了极化损耗的数据。

表 8.5 极化损耗

极化方式		雷达极化方法			
		水平	垂直	左旋	右旋
雷达干扰系统极化方式	水平	0	∞	3	3
	垂直	∞	0	3	3
	左旋	3	3	0	∞
	右旋	3	3	∞	0

注：表中理论无穷大"∞"之值在实际工程应用中一般取为 20dB

8.2.4 大气传输损耗模型

电磁波在大气中的传输损耗是由于大气对电磁波的吸收或散射，以及由于电磁波绕过球形地面或障碍面的绕射而引起。大气传输损耗与工作频率、传输距离、大气分布等有关。

仿真中可主要考虑透镜效应损耗和大气吸收损耗。透镜效应损耗是由于不同仰角的辐射源所辐射出去射线被折射的程度不同而引起的，它与雷达频率无关，是距离和仰角的函数。大气吸收损耗主要是水蒸气和氧分子间发生量子谐振的结果，吸收损耗与雷达频率、目标距离和仰角有关系。

8.2.5 雷达检测概率计算模型

雷达信号处理的主要功能包含检测、跟踪和成像，第一个核心问题就是检测。在雷达中,检测是指确定雷达的测量值到底是目标的回波,或者仅仅是干扰项。一旦确定测量值代表目标存在,才会进行下一步处理,如通过精确的距离、角度或多普勒测量对目标进行跟踪。

雷达中一般用统计信号模型来描述干扰及复杂目标的回波,因此确定测量值究竟是目标作用的结果还是仅仅由干扰造成,成为一个统计假设检验的问题。雷达中主要通过门限检测原理来进行决策。

雷达检测概率与虚警率、信噪比及雷达性能参数有关,在传统方法中,一般计算式中含有贝赛尔函数,积分计算十分复杂,故多采用数值技术或级数近似,难以准确求解。在实际中通常采用查表法进行计算,但使用和分析起来极为不便。在工程应用中,是对于最常见的从复高斯噪声中检测非起伏目标的检测性能,可以通过一个较为简单的方程对复杂的运算结果进行近似,这个方程就是 Albersheim 方程,它只与发现概率、虚警率和信噪比有关。

同时对于更加复杂的起伏目标,我们也有个相应的近似公式,即 shnidman 计算方法。

1. 求非起伏目标信噪比的近似公式

每个脉冲信噪比的近似值可有 Albersheim 的经验公式得到,使用该公式需要满足以下条件:

(1) 高斯(I 和 Q 两通道独立同分布)噪声中的非起伏目标。
(2) 线性(不是平方律)检测。
(3) n 个采样的非相干积累。

计算方法如下:

$$A = \ln\left(\frac{0.62}{P_f}\right) \tag{8.152}$$

$$B = \ln\left(\frac{P_d}{1-P_d}\right) \tag{8.153}$$

$$\left(\frac{S}{N}\right)_n = -5\lg n + \left(6.2 + \frac{4.45}{\sqrt{n+0.44}}\right)\lg(A + 0.12AB + 1.7B) \quad (\text{dB}) \tag{8.154}$$

式中 P_f——虚警率,参考取值 $P_f = 10^{-6}$;

P_d——发现概率。

注意:$\left(\frac{S}{N}\right)_n$ 的单位为分贝,而不是线性功率单位。

当 $P_f \in [10^{-7}, 10^{-3}]$、$P_d \in [0.1, 0.9]$、$n \in [1, 8096]$ 时,$\left(\frac{S}{N}\right)_n$ 的误差小于 0.2。对于 $n=1$ 的特殊情况,上式可以简化为

$$\left(\frac{S}{N}\right)_1 = 10\lg(A + 0.12AB + 1.7B) \quad (\text{dB}) \tag{8.155}$$

注意:对线性(不是分贝)比例,式(8.155)可以变为

$$\frac{S}{N} = A + 0.12AB + 1.7B \tag{8.156}$$

式(8.156)提供了给定 P_f、P_d 和 n 时,$(S/N)_n$ 的计算方法。然而只要给出 $(S/N)_n$ 和 n,以及 P_f 或 P_d 中的任一个,就可以通过求解上式获得 P_d 或 P_f 中的另一个,进一步扩展了公式的应用。

Albersheim 方程很有用,因为计算过程中,除了自然对数和平方根,不需要其他特殊的函数,因此很容易编程实现。如果在一定程度上允许更大的误差,也可以被用在平方律检测中,以检测高斯噪声下的非起伏目标。

Albersheim 方程提供了 P_f、P_d 和 n 时,SNR 的计算方法,其实只要给出 SNR 和 n,以及 P_f 或 P_d 中的任意一个,就可以获得 P_f 或 P_d 中的另一个。这也是雷达仿真的关注点。

比如给定其他参数(($S/N)_n$ 单位为)时,可通过下式估计发现概率 P_d,即

$$A = \ln\left(\frac{0.62}{P_f}\right) \tag{8.157}$$

$$B = \frac{\left(\dfrac{S}{N}\right)_n + 5\lg n}{6.2 + \dfrac{4.54}{\sqrt{n+0.44}}} \tag{8.158}$$

$$C = \frac{10^B - A}{1.7 + 0.12A} \tag{8.159}$$

$$P_d = \frac{1}{1 + e^{-C}} \tag{8.160}$$

该方程的仿真结果如图 8.51 和图 8.52 所示。

2. 求起伏目标信噪比的近似公式

空中目标是在不停地振动和颠簸的状态下飞行的,目标相对于雷达的视角在不断地发生变化,因此目标的雷达截面积是起伏不定的。由于目标的复杂性,很难用准确的数学公式表达出目标截面积的概率密度函数,只能用一个既接近又合理的统计模型来描述。目前最常用的数学模型是前面 5.4 节所提出的 4 种斯威林起伏模型,其中斯威林 I 型和斯威林 II 型目标回波幅值是一个瑞利分布的随机变量,斯威林 III 型和斯威林 IV 型目标回波幅值是一个主加瑞利分布的随机变量。

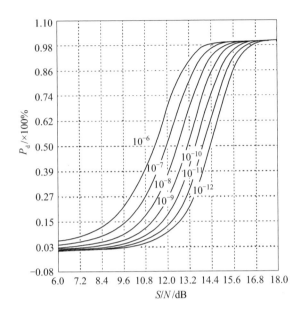

图 8.51　不同虚警概率下单个脉冲信噪比 – 发现概率曲线图

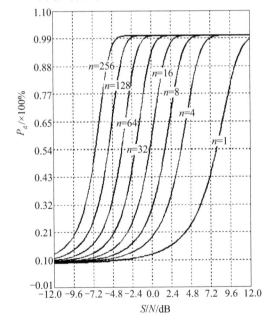

图 8.52　虚警概率(10^{-6})下个脉冲信噪比 – 发现概率曲线图

不同的起伏模型目标信噪比和检测概率的关系是不同的,如图 8.53 所示。

针对起伏目标的检测曲线,计算也是非常复杂的,虽然阿伯斯海姆(Albersheim)方程针对非起伏目标提供了一种简单的近似方法,但是总的来说不能应

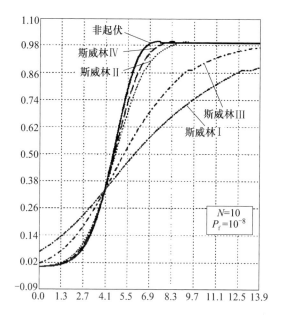

图 8.53 虚警概率(10^{-8})下 10 个脉冲积累时,以 SNR 为变量,
4 种斯威林模型起伏目标和非起伏目标的检测概率比较

用于起伏目标,特别是斯威林模型。但是也有适用与斯威林情况的经验近似,斯威林给出了一系列方程用来计算给定 P_f、P_d 和 n 时,SNR 的计算方法。与阿伯斯海姆方程不同的是,该模型用于平方律检测(新式雷达更多采用平方律检测)。

斯威林计算公式如下:

$$K = \begin{cases} \infty, & 非起伏目标 \\ 1, & 斯威林 \text{ I} \\ n, & 斯威林 \text{ II} \\ 2, & 斯威林 \text{ III} \\ 2n, & 斯威林 \text{ IV} \end{cases} \quad (8.161)$$

$$a = \begin{cases} 0, & n < 40 \\ \dfrac{1}{4}, & n \geqslant 40 \end{cases} \quad (8.162)$$

$$\eta = \sqrt{-0.18\ln[4P_f(1-P_f)]} + \text{sign}(P_d - 0.8)\sqrt{-0.18\ln[4P_d(1-P_d)]} \quad (8.163)$$

$$\chi_\infty = \eta\left[\eta + 2\sqrt{\frac{N}{2} + \left(a - \frac{1}{4}\right)}\right]$$

$$C_1 = \{[(17.7006P_d - 18.4496)P_d + 14.5339]P_d - 3.525\}/K \quad (8.164)$$

$$C_2 = \left\{\exp(27.31P_d - 25.14) + (P_d - 0.8)\left[0.7\ln\left(\frac{10^{-5}}{P_f}\right)\right] + \frac{(2N-20)}{8}\right\}/K$$

$$(8.165)$$

$$C_{dB} = \begin{cases} C_1, & 0.1 \leqslant P_d \leqslant 0.872 \\ C_2 + C_1, & 0.872 \leqslant P_d \leqslant 0.99 \end{cases} \quad (8.166)$$

$$C = 10^{C_{dB}} \quad (8.167)$$

$$\left(\frac{S}{N}\right)_n = \frac{C \cdot \chi_\infty}{n} \quad (8.168)$$

$$\left(\frac{S}{N}\right)_n (\text{dB}) = 10\lg\left[\left(\frac{S}{N}\right)_n\right] \quad (8.169)$$

使用条件为 $P_f \in [10^{-9}, 10^{-3}]$，$P_d \in [0.1, 0.99]$，$n \in [1, 100]$，计算误差小于 0.5dB。

8.2.6 目标检测和确认模型

在仿真中，计算出雷达接收目标的信噪比后，利用预先拟合的检测曲线计算目标的发现概率，然后对目标的发现概率进行随机样本试验，即随机对服从[0,1]均匀分布的变量取值，通过比较它与目标发现概率的大小来判断。同时要注意目标的确认不是依靠雷达回波的一次测量结果，而是依靠多次测量结果来进行判断，下面给出仿真中采用的准则。

1. 目标发现判断准则

依据蒙特卡洛方法对是否捕捉目标进行判断。
（1）单次扫描探测概率计算。
（2）一定探测概率条件下单次扫描目标发现的判断。

理论上讲，雷达从 $P_d = 0.1$ 时开始就有可能发现该目标，但这时探测很不稳定，且精度较低，因此把 $P_d < 0.5$ 当作 0 测概率处理；而当 $P_d > 0.9$ 时，当作可靠检测。

在逐个扫描周期计算目标的信噪比及单次扫描发现概率 P_d 的基础上，运用随机数的方法模拟出在该点雷达能否发现目标。

具体算法为：

① 当 $P_d < 0.5$ 时，不能发现目标；

② 当 $0.5 \leqslant P_d \leqslant 0.9$ 产生一个 $(0,1)$ 之间的均匀分布随机数,如果该随机数不大于 P_d,则认为能发现目标,否则认为不能。

③ 当 $P_d > 0.9$ 能发现目标。

2. 目标确认判断准则(k/m 准则)

目标捕获是多次探测到目标后对该目标的确认。这需要一定的准则：连续检测 m 次,当有 $k(k \leqslant m)$ 次发现目标时,确认捕获目标。它实际上是一滑窗检测器。m 与 k 之间的理论最优关系为 $k = 1.5\sqrt{m}$。仿真中一般取 $m=4, k=3$,而对于存在目标指示的情况或紧急目标(如进入视距内的目标),则发现一点即可确认。

8.2.7 雷达系统性能指标计算

精度是雷达的主要战术指标之一,特别是雷达测定目标参数的精度,在战术技术指标中居于首要地位。参数测量精度是一个重要使用指标,在某些雷达(如精密测量、火控跟踪等)中测量精度还是关键指标。精度表明了雷达测量值和目标实际之间的偏差(误差大小),误差越小则精度越高。影响一部雷达测量精度的因素是多方面的,例如不同体制雷达采用的测量方法不同,雷达设备各分机的性能指标有差异以及外部电波的传输条件等。但是混杂在回波信号中的噪声和干扰则是限制测量精度的基本因素。

本章涉及的测量精度只限于由干扰和噪声所引起的误差,通常称之为测量的理论精度或极限精度。在仿真中,知道精度后再根据概率模型,取相应的随机数后,作为仿真的实时误差进行输出。

目标的信息包含在雷达回波信号之中,在理想化目标模型时,目标相对雷达的距离表现为回波相对发射信号的时延;目标相对于雷达的径向速度则表现为回波信号的多普勒频移等。目标的信息包含在雷达回波信号中,由于目标回波中总是伴随着各种噪声和干扰,接收机输入可写成

$$x(t) = s(t,\theta) + n(t) \tag{8.170}$$

式中：$s(t,\theta)$ 为包含未知参量 θ 的回波信号；$n(t)$ 为噪声。由于噪声的影响,测量参数 θ 不能精确的测定,只能估计,这样一来,从雷达回波信号中提取目标信息问题就变为一个统计参量估值的问题。

参量估计的方法很多,如代价最小的贝叶斯估值、最大后验估值、最大似然估值、最小均方差估值等。但由于既得不到代价函数又无法知道参量的先验知识,故在雷达中实现最佳估值的途径是最大似然估值。

1. 测角精度

主要考虑振幅和差单脉冲测角方法的模型。

1) 无干扰时

由接收机噪声引起的测角误差标准差为

$$\delta_\phi = \frac{\theta_{3dB}}{K_m \sqrt{2\tau B(S/N)}} \qquad (8.171)$$

式中 K_m——归一化测角差斜率，一般的 $K_m = \frac{F'_\Delta(0)}{F_\Sigma(0)} \cdot \theta_{3dB}$，$F'_\Delta(0)$ 为差电压方向图在零点处的导数，$F_\Sigma(0)$ 为和电压方向图在零点处的值。仿真时取 $K_m = 1.57$（天线口面等幅分布时）或者 $K_m = 1.35$（雷达天线口面为余弦分布时）；

θ_{3dB}——波束 3dB 宽度，对于相控阵来说其 θ_{3dB} 会随着天线扫描角度变化而变化，因此仿真时必须实时结算 θ_{3dB} 和 K_m；

$\frac{S}{N}$——单个脉冲信噪比（假设大于 6dB）。

一般水平波束宽度与垂直波束宽度相同，归一化斜率也相同，故方位角与俯仰角跟踪误差相同。

另外有

$$\delta_\theta = \frac{k\theta_{3dB}}{K_m \sqrt{B\tau(S/N)(f_p/\beta_n)}} \qquad (8.172)$$

式中：对单脉冲雷达，常数 $k=1$，对圆锥扫描雷达，$k=1.4$；B 为信号带宽；τ 为脉冲宽度；f_p 为脉冲重复频率；β_n 为伺服系统带宽。通常 $B\tau \approx 1$，f_p/β_n 为积累脉冲数。

2) 有干扰时

$$\delta_\theta = \frac{\theta_{3dB}}{K_m \sqrt{\tau B(S/N)}} \qquad (8.173)$$

3) 仿真数据

若给定波束指向、测角差斜率、波束宽度、信噪比就可在真实的角误差上叠加一定的噪声来产生角测量值。

2. 测距精度

对距离的测量也就是对回波信号时延的估计，根据最优估计理论，在平稳高斯白噪声背景下对回波时延的最优估计为对输入信号匹配滤波、包络检波（或平方率检波），然后进行峰点估计。设回波信号时延为 τ_0，峰点估计值为 $\hat{\tau}_0$，可以证明，在大信噪比的情况下

$$E[\hat{\tau}_0] = \tau_0 \qquad (8.174)$$

$$\sigma_{\tau_0} = \frac{1}{8\pi^2 S/NB_e^2} = \frac{1}{2S/N\beta^2} \tag{8.175}$$

式中　S/N——信噪比；

　　　B_e——信号的均方根带宽，$B_e^2 = \int_{-\infty}^{\infty} (f - \bar{f})^2 |U(f)|^2 df, \beta = 2\pi B_e$。

对于线性调频信号，在脉压比 $\gg 1$ 时，频谱近似表达式可以写为

$$|U(f)| \approx \frac{1}{\sqrt{KT}} \text{rect}\left(\frac{f}{B}\right) \tag{8.176}$$

式中　K——线性调频斜率；

　　　T——信号脉冲宽度；

　　　B——信号带宽，则 $\beta = \frac{\pi B}{\sqrt{3}}$。

于是，在速度已知的情况下，时延估计的均方根为

$$\sigma_{\tau_0} = \frac{\sqrt{3}}{\pi B \sqrt{2S/N}} \tag{8.177}$$

1）单脉冲时

$$\delta_\tau = \frac{\tau_c}{2\sqrt{S/N}} \tag{8.178}$$

$$\delta_\tau = \frac{1}{2B\sqrt{2S/N}} \tag{8.179}$$

式中　δ_τ——RMS 时间到达误差；

　　　τ_c——脉冲宽度；

　　　B——与脉冲 τ_c 匹配的带宽。

2）多脉冲时

$$\delta_\tau = \frac{\tau_c}{2\sqrt{f_r T_d(S/N)}} \tag{8.180}$$

$$\delta_\tau = \frac{1}{2B\sqrt{f_r T_d(S/N)}} \tag{8.181}$$

式中：f_r 为脉冲雷达的脉冲重复频率；T_d 为观察时间。

3）仿真数据

利用下式可从到达时间误差求出距离误差为

$$\delta_R = \frac{C\delta_\tau}{2} \tag{8.182}$$

距离跟踪误差为

$$\sigma_R = \frac{C}{2\beta\sqrt{\dfrac{2E}{N_0}}} \tag{8.183}$$

式中　C——电磁波在自由空间的传播速度,$C=3\times10^8\text{m/s}$;

　　　β——信号均方根带宽,$\beta\approx\dfrac{1}{\tau}$,$\tau$ 是雷达发射脉冲宽度;

　　　E——信号能量,$E=P_r\tau$ 是雷达发射峰值功率;

　　　N_0——噪声谱密度。

在给定信号形式和信噪比的情况下,可以在真实距离上叠加一定的系统偏差和一定的噪声来产生距离测量值。

3. 测量值的产生

由于稳高斯白噪声引起的时延和角度估计误差可以认为服从正态分布,这样就可以在真实值上叠加一定的正态分布的误差来得到测量值。例如对于角误差:

设雷达测量的飞机方位角序列为 $\theta(k)$,则 $\theta(k)=\theta(k-1)+w_\theta(k)$,$w_\theta(k)$ 是服从均值为零,方差为角测量精度计算值的正态分布、且相互独立的随机序列。

8.2.8　数据处理测量精度改善

由于设备自身设计和环境干扰等不确定因素影响,雷达跟踪测量数据均存在一定程度的误差,因此需要通过数据处理方法来对数据进行修正,改善测量数据的精度。

数据处理部分是对前端检测到的点迹结果进行后期处理,使单次探测结果与目标历史信息相融合,并利用滤波算法进行实时状态估计,得出可靠性和精度都高于单次探测结果的目标状态估值,从而完成对目标的连续、稳定的跟踪。因此,兼顾多目标跟踪能力,数据处理部分必须要完成以下的主要工作:建立目标航迹,并进行航迹管理;检测点迹与航迹的配对 – 航迹关联;目标的跟踪滤波及预测。

其中航迹管理的主要功能是对根据检测结果对目标航迹进行更新。雷达对目标的探测状态包括:未发现、发现、确认、跟踪、稳定跟踪和失踪等。当目标第一次被雷达检测到时,目标转为发现状态;并进入确认阶段;目标的确认过程一般采用如前所示的目标确认准则(k/m 准则),即在次观测中至少有次该目标被雷达检测到,则判定此航迹成立,否则撤销此暂时航迹;对于确认成功的目标航迹建立跟踪:跟踪达到一定次数并且噪比达到一定门限时,雷达对目标的跟踪转入稳定跟踪阶段。如果在跟踪过程中出现检测到目标的情况,目标航迹就可能终结,航迹的终结规则类似于新航迹的确认规则,一般也采用 k/m 准则。

对目标的跟踪滤波,在仿真中采用前面章节中讨论过的扩展卡尔曼滤波方法。

8.2.9 雷达系统功能级仿真举例——PD 雷达导引头箔条诱饵对抗系统仿真

1. PD 雷达目标信号功率计算

雷达导引头是当前主动雷达导引头的基本体制,其时频域处理方式对检测前的信号、杂波和噪声的功率都有影响。

对于雷达导引头,信号处理系统从回波相参脉冲串中检测中心谱线。发射信号的中心谱线功率才是计算作用距离的有效功率。对于信号,脉冲功率 P_p、平均功率 P_{av} 和中心谱线功率 P_{pd} 按顺序依此递降 d 倍

$$P_{pd} = dP_{av} = d^2 P_p \qquad (8.184)$$
$$d = \tau/T$$

式中 d——发射脉冲占空比;

τ——脉冲宽度;

T——脉冲周期。

1)处理时的遮挡效应

PD 体制存在遮挡效应,如图 8.54 所示。由于发射脉冲遮挡和回波跨越距离波门的影响,如图 8.55 所示,使回波的有效宽度降低为 τ_s,τ_s 将在 $0 \sim \tau$ 范围内变化。

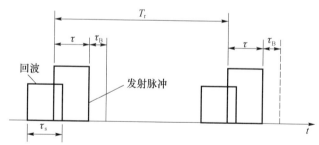

图 8.54 发射脉冲遮挡效应的示意图

因此 PD 雷达检测回波信号功率折合到输入端的功率值比常规雷达的功率值降低,降低的因子为

$$\left(\frac{\tau_s}{T_r}\right)^2 = d_s^2 \qquad (8.185)$$

式中 d_s——回波信号占空系数 $d_s = \tau_s/T_r$;

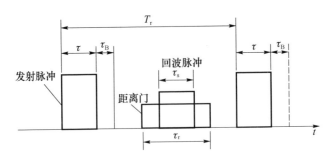

图 8.55 跨越效应的示意图

τ_s——回波宽度；
T_r——脉冲重复周期。

$$P_s = \frac{P_r G_r^2 \lambda^2 \sigma_s}{(4\pi)^3 R_s^4 L_r L_c} d_s^2 \tag{8.186}$$

式中 R_s——目标飞机据雷达的距离,单位为 m；

σ_s——目标飞机的雷达 RCS,单位为 m^2；

L_c——箔条云对雷达电磁波的双程衰减,当目标飞机与雷达之间没有箔条云时等于 1；

P_r——脉冲发射功率。

2) PD 雷达目标有效信号功率

由于导弹与目标间存在径向速度,因此可认为回波脉冲的位置是等概率分布的。有效宽度的均方值可用统计法确定。有效回波脉冲的占空比为 $d_s = \tau_s / T_r$。

可知,考虑遮挡效应后,中心谱线功率仅为 $P_{pd} = d_s^2 P_p$。

计算作用距离时的有效发射功率为 $P_{pd} = d_s^2 P_p = (d_s^2/d) P_{av}$。

2. 目标被箔条云遮挡后的功率计算

雷达入射电磁波通过箔条云时,由于箔条云的散射使电磁波受到衰减,从而照射到目标的电磁波减弱。这里设箔条云的厚度为 x,雷达入射波的功率为 P_0,单位体积内的箔条数为 ρ,则电磁波通过箔条云后的功率为

$$P = P_0 e^{-0.17\lambda^2 \cdot x \cdot \rho} \quad (单程) \tag{8.187}$$

若通过箔条云的电磁波照射到目标(飞机)后,再次经过箔条云,则雷达入射波的功率受到两次衰减,衰减后的功率为

$$P = P_0 e^{-0.34\lambda^2 \cdot x \cdot \rho} \quad (双程) \tag{8.188}$$

因此功率的衰减主要与雷达入射波长,箔条云厚度和空间密度有关。箔条云密度越大,厚度越厚,衰减作用则越大。同时,箔条云对不同波长雷达的干扰

效果也有差异,波长越长,衰减作用越大,干扰效果越好。

3. 箔条杂波功率计算

1)箔条云雷达散射截面(RCS)计算

雷达照射的半无限空间箔条云每单位面积(m^2)的 RCS 近似为

$$\sigma_{c0} = 1 - \exp(-n_e x \bar{\sigma}_1) \tag{8.189}$$

式中:x 为箔条云在雷达视线方向的厚度;n_e 为有效箔条密度(根/m^3);$\bar{\sigma}_1$ 为单根箔条的平均有效 RCS,通常取 $\bar{\sigma}_1 = 0.15\lambda^2$。当箔条云非常稠密时,$n_e x \bar{\sigma}_1$ 很大,则 $\sigma_{c0} \approx 1$,即箔条云的 RCS 非常接近雷达照射的投影面积。当箔条云很稀疏时,$n_e x \bar{\sigma}_1$ 很小,即

$$\sigma_{c0} \gg n_e x \bar{\sigma}_1 \tag{8.190}$$

乘积 $n_e x$ 表示单位截面积、长为 x 的体积内的有效箔条数目。

若箔条云为稠密云团,则其侧向 RCS 的计算要复杂得多。为了以后仿真的方便,下面讨论一下球形箔条云的后向 RCS。

假定密度是常数,即它通过球体侧面泄漏的电磁能量可以忽略不计。因此从箔条云左边入射的平面电磁波能量 P 必然分为两部分,一部分能量 P_1 沿相反的方向散射回来,另一部分能量 P_2 将继续向前传播而最后穿过箔条云,如图 8.56 所示。

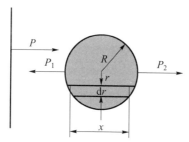

图 8.56 球形箔条云的电磁散射图

因为假设箔条是理想的导体,所以得到

$$P = P_1 + P_2 \tag{8.191}$$

R 是球形箔条云的半径,由式(8.191)可得

$$\pi R^2 P = \iint_{\pi R^2} P_1 dA + \iint_{\pi R^2} P_2 dA \tag{8.192}$$

设 x 为平行于电磁波的传播方向的通道,即

$$x = 2\sqrt{R^2 - r^2} \tag{8.193}$$

对应同一深度 x,厚度为的环状箔条云单元对入射方向的投影面积为

$$dA = 2\pi r dr \tag{8.194}$$

此箔条单元的 RCS 为

$$dS = 2\pi r\left[1 - \exp(-2n_c\bar{\sigma}_1\sqrt{R^2 - r^2})\right]dr \tag{8.195}$$

式中：n_c 为有效箔条密度，单位为根$/\mathrm{m}^3$；$\bar{\sigma}_1$ 为单根箔条的平均有效 RCS。

又因为 $n_c = \dfrac{N_c}{\frac{4}{3}\pi R^3}$，式中 N_c 为修正后箔条有效总数目。

积分可得

$$S = \pi R^2 - 2\pi \frac{1 - \dfrac{N_c}{\frac{2}{3}\pi R^2}\bar{\sigma}_1 \exp\left(\dfrac{N_c}{\frac{2}{3}\pi R^2}\bar{\sigma}_1\right) - \exp\left(\dfrac{N_c}{\frac{2}{3}\pi R^2}\bar{\sigma}_1\right)}{\left(\dfrac{N_c}{\frac{2}{3}\pi R^3}\bar{\sigma}_1\right)^3} \tag{8.196}$$

在箔条云散开的初始阶段，当 R 很小时，n_c 很大时，式（8.196）的第二项变为零，截面积可简化为

$$S = \pi R^2$$

即此时球形箔条云的 RCS 近似等于其在电磁波传播方向的投影面积。

当 R 变得很大时，n_c 很小，这时箔条云的最大雷达截面积为

$$S = \frac{4}{3}\pi R^3 n_c \bar{\sigma}_1 = N_c \bar{\sigma}_1$$

2）RCS 的计算

在计算箔条云的 RCS 时，我们主要关心的是在一个分辨单元内的 RCS，即有效 RCS。

3）箔条云的有效散射体积

在不同的箔条扩散速度下，箔条云的有效散射体积为

$$V_0 = \begin{cases} \dfrac{4}{3}\pi r_0^3, & 0 < r_0 \leqslant B/2 \\[4pt] \pi r_0^2 B - \dfrac{\pi}{12}B^3, & B/2 < r_0 \leqslant A/2 \\[4pt] \dfrac{\pi}{2\left[12Br_0^2 - B^3 - 16\left(r_0^2 - \dfrac{A^2}{4}\right)^{(3/2)}\right]}, & A/2 < r_0 \leqslant \sqrt{A^2 + B^2}/2 \\[4pt] \dfrac{\pi}{4}A^2 B, & \sqrt{A^2 + B^2}/2 < r_0 < +\infty \end{cases}$$

这里假设雷达发射波束截面为圆形，在发射点处的直径为 A，B 为雷达分辨

单元的径向长度,所以这里雷达空间分辨单元近似为一个圆柱体。r_0为箔条云的扩散距离,即扩散速度与时间的乘积:$r_0 = v \times t$ 其中 v 为箔条云的扩散速度,一般选为 15~30m/s 之间的数值,由此可以得出箔条云的有效干扰体积。

4)有效 RCS

箔条云的 RCS 随着时间的变化可以被大致分为三个阶段:

第一个阶段是当箔条弹被发射后的初期,箔条云比较密集且被均匀分配在一个雷达分辨单元内,此时根据式 $\sigma_c = \sigma_{c0} A_c = (1 - \exp(-n_e x \bar{\sigma}_1)) A_c$($A_c$ 是垂直于天线轴的在雷达分辨单元内的箔条云的有效面积)的计算,得出箔条弹的 RCS 会由于箔条云的有效散射体积的增大而呈现指数形式的增加。

第二个阶段为当箔条云中的箔条间隔大于等于 2λ 时,此时的箔条云的 RCS 主要按式 $\sigma_c = N_e \bar{\sigma}$ 计算公式进行计算,因为此时达到箔条云的最大 RCS,即忽略了遮挡效应。

第三个阶段则是由于箔条云的不断扩散,致使其填充了整个雷达分辨单元,甚至于超过了雷达分辨单元,此时箔条云的 RCS 随着箔条在分辨单元视线外的数量的增加而减小。

这三个阶段则表现了箔条云的 RCS 随着时间的变化趋势为先增大后减小,即

$$\sigma = \begin{cases} R^2 \cdot \left[1 - \exp\left(-\dfrac{N_e}{V} \cdot R \cdot \bar{\sigma}\right)\right], & \text{分辨单元内}, d < 2\lambda \\ N_e \bar{\sigma}, & \text{分辨单元内}, d \geq 2\lambda \\ \left(N_e - \dfrac{N_e}{V} \cdot V_{\text{ard}}\right) \cdot \bar{\sigma}, & \text{分辨单元外时} \end{cases}$$

式中:假设箔条云呈现球体状,那么根据前式可以得到箔条云的有效散射体积 V,由此得知其半径 R 以及箔条云中的箔条间隔 d;N_e 为箔条干扰弹中的有效箔条数目;$\bar{\sigma}$ 为箔条的平均 RCS;V_{ard} 为雷达分辨单元的体积。

5)功率计算

$$P_c = \frac{P_r G_r^2 \lambda^2 \sigma_c}{(4\pi)^3 R_c^4 L_r}$$

式中 P_r——雷达发射峰值功率,单位为 W;

G_r——雷达天线增益,需将分贝数换算为功率;

λ——雷达工作波长,单位为 m;

L_r——雷达系统损耗,需将分贝数换算为功率;

R_c——箔条云据雷达的距离,单位为 m;

σ_c——箔条云的 RCS,单位为 m^2,按照原模型计算。

4. 箔条云、飞机和雷达导引头的运动模型

真实的模拟空中导弹作战环境时,必须考虑到导弹与目标的各种运动规律。

描述弹目运动关系可以有三种方法：一是目标运动，导引头不动；二是目标不动，导引头运动；三是目标与导引头均变化。我们采用第三种方法，导引头随导弹一起运动。在建立目标与导弹各自的运动模型时，分别是在机体坐标系和弹道坐标系下建立的，为了将它们之间的运动关联起来，此时需要建立一个中间坐标系，这里将导弹与目标之间的视线方向作为中间坐标系。

1) 制导模型

建立三维空间导弹与目标相对运动的视线坐标系如图 8.57 所示。为了简化问题，通常作如下假设：

(1) 导弹和目标均可视为质点。

(2) 导弹和目标的加速度向量分别与它们各自的速度矢量相垂直，即导弹和目标上所加的加速度向量仅改变速度的方向而不改变速度的大小。

(3) 可以忽略导弹的动态特性，因为通常导弹的动态特性比制导回路的动态特性要快得多。

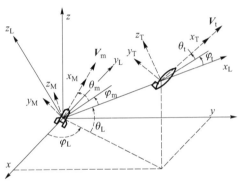

图 8.57 视线坐标系

各坐标系的定义方法如下：定义一个与参考坐标系重合的新坐标系，该坐标系先绕参考坐标系的 z 轴转过 φ_L 得到一个过渡坐标系，再绕过渡坐标系的 y 轴转过 θ_L，此时坐标系的 x 轴与目标视线重合，而该坐标系即是目标视线坐标系。其余坐标系的定义方法类似，不同的是导弹坐标系和目标坐标系都以视线坐标系为基准，坐标系的 x 轴指向分别与各自的速度向量方向相一致，欧拉角分别为 $\varphi_m, \theta_m, \varphi_t, \theta_t$，转动角度的正负号以右手定则确定。

参考坐标到视线坐标的变换矩阵为

$$\boldsymbol{M}_{IL} = \begin{bmatrix} \cos\theta_L\cos\varphi_L & \cos\theta_L\sin\varphi_L & \sin\theta_L \\ -\sin\varphi_L & \cos\varphi_L & 0 \\ -\sin\theta_L\cos\varphi_L & -\sin\theta_L\sin\varphi_L & \cos\theta_L \end{bmatrix} \quad (8.197)$$

视线坐标系到参考坐标系的变换矩阵为

$$M_{\text{Ll}} = \begin{bmatrix} \cos\theta_L\cos\varphi_L & -\sin\varphi_L & -\sin\theta_L\cos\varphi_L \\ \cos\theta_L\sin\varphi_L & \cos\varphi_L & -\sin\theta_L\sin\varphi_L \\ \sin\theta_L & 0 & \cos\theta_L \end{bmatrix} \qquad (8.198)$$

下面给出用于研究三维制导律的运动学方程的推导过程。

导弹与目标的速度向量分别为 $\boldsymbol{V}_m$ 和 $\boldsymbol{V}_t$；导弹与目标的加速度向量分别为 $\boldsymbol{A}_m$ 和 $\boldsymbol{A}_t$；导弹与目标之间的距离及其变化速度分别为 $R,\dot{R}$。

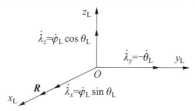

图8.58 视线角速度在目标视线坐标系中的分量示意图

（1）目标的绝对速度 = 导弹的速度 + 目标相对于导弹的线速度 + 目标视线的转动线速度，即

$$\boldsymbol{V}_t = \boldsymbol{V}_m + \dot{\boldsymbol{R}} + \boldsymbol{\omega}_L \times \boldsymbol{R} \qquad (8.199)$$

式中：$\boldsymbol{\omega}_L$ 为目标视线相对于参考坐标系的转动角速度。如图8.58所示，在目标视线坐标系中

$$\boldsymbol{\omega}_L = [\dot{\varphi}_L\sin\theta_L \quad -\dot{\theta}_L \quad \dot{\varphi}_L\cos\theta_L]^T = [\dot{\lambda}_x \quad \dot{\lambda}_y \quad \dot{\lambda}_z]^T \qquad (8.200)$$

将式（8.199）在目标视线坐标系中展开，得

$$v_t\cos\theta_t\cos\varphi_t = v_m\cos\theta_m\cos\varphi_m + \dot{R} \qquad (8.201)$$

$$v_t\cos\theta_t\sin\varphi_t = v_m\cos\theta_m\sin\varphi_m + R\dot{\lambda}_z = v_m\cos\theta_m\sin\varphi_m + R\dot{\varphi}_L\cos\theta_L \qquad (8.202)$$

$$v_t\cos\theta_t = v_m\sin\theta_m - R\dot{\lambda}_y = v_m\sin\theta_m + R\dot{\theta}_L \qquad (8.203)$$

（2）法向加速度 = 角速度向量 × 线速度，从而

$$\boldsymbol{A}_m = \boldsymbol{\omega}_{V_m} \times \boldsymbol{V}_m = (\boldsymbol{\omega}_L + \boldsymbol{\omega}_M) \times \boldsymbol{V}_m \qquad (8.204)$$

$$\boldsymbol{A}_t = \boldsymbol{\omega}_{V_t} \times \boldsymbol{V}_t = (\boldsymbol{\omega}_L + \boldsymbol{\omega}_T) \times \boldsymbol{V}_t \qquad (8.205)$$

式中：$\boldsymbol{V}_m$ 和 $\boldsymbol{V}_t$ 分别为导弹速度向量和目标速度矢量相对于参考坐标系的转动角速度；$\boldsymbol{\omega}_M$ 和 $\boldsymbol{\omega}_T$ 分别为导弹速度向量和目标速度向量相对于视线坐标系的转动角速度；$\boldsymbol{\omega}_L$ 为目标视线相对于参考坐标系的转动角速度。在导弹坐标系中

$$\boldsymbol{\omega}_L = \begin{bmatrix} \dot{\lambda}_x\cos\varphi_m\cos\theta_m + \dot{\lambda}_y\sin\varphi_m\cos\theta_m + \dot{\lambda}_z\sin\theta_m \\ -\dot{\lambda}_x\sin\varphi_m + \dot{\lambda}_y\cos\varphi_m \\ -\dot{\lambda}_x\cos\varphi_m\sin\theta_m - \dot{\lambda}_y\sin\varphi_m\sin\theta_m + \dot{\lambda}_z\cos\theta_m \end{bmatrix} \qquad (8.206)$$

$$\boldsymbol{\omega}_M = [\dot{\varphi}_m \sin\theta_m, \quad -\dot{\theta}_m, \quad \dot{\varphi}_m \cos\theta_m]^T \qquad (8.207)$$

将式(8.204)在速度坐标系中展开,得

$$a_{ym} = (-\dot{\lambda}_x \cos\varphi_m \sin\theta_m - \dot{\lambda}_y \sin\varphi_m \sin\theta_m + \dot{\lambda}_z \cos\theta_m + \dot{\varphi}_m \cos\theta_m) v_m \qquad (8.208)$$

$$a_{zm} = (\dot{\lambda}_x \sin\varphi_m - \dot{\lambda}_y \cos\varphi_m + \dot{\theta}_m) v_m \qquad (8.209)$$

从而有

$$\dot{\theta}_m = \frac{a_{zm}}{v_m} - \dot{\lambda}_x \sin\varphi_m + \dot{\lambda}_y \cos\varphi_m \qquad (8.210)$$

$$\dot{\varphi}_m = \frac{a_{ym}}{v_m \cos\theta_m} + \frac{\dot{\lambda}_x \cos\varphi_m \sin\theta_m}{\cos\theta_m} + \frac{\dot{\lambda}_y \sin\varphi_m \sin\theta_m}{\cos\theta_m} - \dot{\lambda}_z \qquad (8.211)$$

又因为

$$\dot{\lambda}_x = \dot{\varphi}_L \sin\theta_L, \quad \dot{\lambda}_y = -\dot{\theta}_L, \quad \dot{\lambda}_z = \dot{\varphi}_L \cos\theta_L \qquad (8.212)$$

代入式(8.210)和式(8.211),于是得

$$\dot{\theta}_m = \frac{a_{zm}}{v_m} - \dot{\varphi}_L \sin\theta_L \sin\varphi_m - \dot{\theta}_L \cos\varphi_m \qquad (8.213)$$

$$\dot{\varphi}_m = \frac{a_{ym}}{v_m \cos\theta_m} + \dot{\varphi}_L \sin\theta_L \cos\varphi_m \tan\theta_m - \dot{\theta}_L \sin\varphi_m \tan\theta_m - \dot{\varphi}_L \cos\theta_L \qquad (8.214)$$

同理有

$$\dot{\theta}_t = \frac{a_{zt}}{v_t} - \dot{\varphi}_L \sin\theta_L \sin\varphi_t - \dot{\theta}_L \cos\varphi_t \qquad (8.215)$$

$$\dot{\varphi}_t = \frac{a_{yt}}{v_t \cos\theta_t} + \dot{\varphi}_L \sin\theta_L \cos\varphi_t \tan\theta_t - \dot{\theta}_L \sin\varphi_t \tan\theta_t - \dot{\varphi}_L \cos\theta_L \qquad (8.216)$$

整理可得三维空间中导弹 - 目标追逃问题的运动学方程式为

$$\dot{R} = v_t \cos\theta_t \cos\varphi_t - v_m \cos\theta_m \cos\varphi_m \qquad (8.217)$$

$$\dot{\theta}_L = \frac{v_t \sin\theta_t - v_m \sin\theta_m}{R} \qquad (8.218)$$

$$\dot{\varphi}_L = \frac{v_t \cos\theta_t \sin\varphi_t - v_m \cos\theta_m \sin\varphi_m}{R \cos\theta_L} \qquad (8.219)$$

$$\dot{\theta}_m = \frac{a_{zm}}{v_m} - \dot{\varphi}_L \sin\theta_L \sin\varphi_m - \dot{\theta}_L \cos\varphi_m \qquad (8.220)$$

$$\dot{\varphi}_m = \frac{a_{ym}}{v_m \cos\theta_m} + \dot{\varphi}_L \sin\theta_L \cos\varphi_m \tan\theta_m - \dot{\theta}_L \sin\varphi_m \tan\theta_m - \dot{\varphi}_L \cos\theta_L \qquad (8.221)$$

$$\dot{\theta}_t = \frac{a_{zt}}{v_t} - \dot{\varphi}_L \sin\theta_L \sin\varphi_t - \dot{\theta}_L \cos\varphi_t \qquad (8.222)$$

$$\dot{\varphi}_t = \frac{a_{yt}}{v_t \cos\theta_t} + \dot{\varphi}_L \sin\theta_L \cos\varphi_t \tan\theta_t - \dot{\theta}_L \sin\varphi_t \tan\theta_t - \dot{\varphi}_L \cos\theta_L \qquad (8.223)$$

2）比例制导律

在此我们采用简化的制导控制模型,进行动态空战仿真研究。自寻的制导是利用弹上设备测量导弹-目标的相对位置和相对运动参数,形成控制信号,操纵导弹飞向目标的一种导引方法。导弹速度矢量与基准线夹角和视线角等运动参数由导引方程约束,当采用不同的约束方程时,可获得不同的制导规律。

（1）跟踪法。

在雷达相关仿真中多采用这种方法,因为其简单。

追踪法就是指,导弹速度矢量在任意时刻均准确的瞄准目标,即导弹矢量和导弹-目标的相对距离 R 在指向上保持实时的一致。也就是说雷达到目标位置后,导引头立刻指向到目标。

（2）比例导引法。

目前世界各国装备的自寻的式空空导弹大都采用传统的比例制导体制,它具有导弹制导系统结构简单、可靠性高和对匀速目标射击时精度高等特点。

比例制导是指导弹在攻击目标的制导过程中,导弹速度向量的旋转角速度与目标瞄准线的旋转角速度成比例的一种制导方法。为了研究方便,把导弹和目标看作是运动的质点。

这里不加推导直接将该制导律指令列写如下

$$a_{ym}^c = Kv_m\dot{\theta}_L\sin\theta_m\sin\varphi_m + Kv_m\dot{\varphi}_L\cos\theta_m\cos\varphi_m \tag{8.224}$$

$$a_{zm}^c = Kv_m\dot{\theta}_L\cos\varphi_m \tag{8.225}$$

式中的比例系数 K 通常由经验决定,一般可取 $2\sim6$。

3）目标运动模型

在目标航迹坐标系下,可得目标的三维空间动力学、运动学模型为

$$\dot{V}_t = A_{tx} \tag{8.226}$$

$$\dot{\varphi}_t = \frac{A_{ty}}{V_t\cos\theta_t} \tag{8.227}$$

$$\dot{\theta}_t = \frac{-A_{tz}}{V_t} \tag{8.228}$$

式中:A_{tx},A_{ty} 和 A_{tz} 为目标加速度向量在目标航迹坐标系中三个坐标方向上的分量;θ_t 和 φ_t 为目标相对于参考坐标系的航迹俯仰角和航迹方位角。

在制导飞行阶段,目标随时都有可能发现导弹并进行机动逃逸。以下几种为最常见的运动方式:

（1）目标作直线飞行（匀速或变速）,即目标加速度为零,速度大小和方向保持恒定,轨迹为直线飞行,运动方程描述为

$$A_{tx} = A_{tx0}, A_{ty} = A_{tz} = 0, V_t = V_{t0} + A_{tx}t \tag{8.229}$$

式中:V_{t0} 为常数。

(2) 目标作水平最大机动转弯飞行,即目标进行机动转弯飞行,到达某时刻后(如弹道偏角增大到 90°或 180°)然后转为匀速直线飞行。以 180°为例,机动方程描述为

$$\begin{cases} A_{ty} = A_{ty0}, & t_0 \leq t \leq t_0 + \pi V_t \cos\theta_t / A_{ty0} \\ A_{ty} = 0, & t > t_0 + \pi V_t \cos\theta_t / A_{ty0} \end{cases} \quad (8.230)$$

式中 A_{ty0} 和 V_t 均为常数。

(3) 目标作垂直最大机动爬升飞行,即目标进行机动爬升飞行(如轨迹倾角增大到 90°然后再减小为 0°)。机动方程描述为

$$\begin{cases} A_{tz} = -A_{tz0}, & t_0 \leq t \leq t_0 + \pi V_t \cos\theta_t / A_{tz0} \\ A_{tz} = 0, & t > t_0 + \pi V_t \cos\theta_t / A_{tz0} \end{cases} \quad (8.231)$$

式中 A_{tz0} 和 V_t 均为常数。

(4) 目标作正弦逃逸飞行,即目标按照最大加速度进行机动转弯使得轨迹角增大到 180°时。按照相反加速度进行机动转弯使得轨迹角增大到 180°,交替进行直到机动结束,这种激动方式轨迹类似正弦曲线。机动方程描述为

$$\begin{cases} A_{ty} = (-1)^k A_{ty0}, t_0 + kT \leq t \leq t_0 + (k+1)T \\ T = \pi V_t \cos\theta_t / A_{ty0} \end{cases} \quad (8.232)$$

式中:$k = 0,1,\cdots;A_{ty0}$ 和 V_t 均为常数。

(5) 目标作方波逃逸飞行,即目标的机动加速度以最大加速度为幅值,加速度承方波形状。机动的方程描述为

$$\begin{cases} A_{ty} = (-1)^k A_{ty0}, & kT/2 \leq t \leq t(k+1)T/2 \\ A_{tz} = (-1)^k A_{tz0}, & k = 0,1,\cdots \end{cases} \quad (8.233)$$

式中:$k = 0,1\cdots;A_{ty0},A_{tz0}$ 和 V_t 均为常数。

4) 箔条运动模型

箔条云、飞机和雷达导引头在建立模型时多采用不同的坐标体系,这时涉及到不同坐标系的转换。图 8.59 为三者在笛卡儿坐标系内的关系图,通过分析得到箔条在笛卡儿坐标系内的运动模型,在仿真中需要转化为上节所示的视线坐标系内进行统一运算。

在坐标系 $P - xyz$ 中,飞机在坐标系原点,箔条云的坐标为 $(x_c(t), y_c(t), z_c(t))$。在坐标系 $0 - xyz$ 中,雷达在坐标系原点,箔条云坐标为 $(x'_c(t), y'_c(t), z'_c(t))$。在箔条云充分散开前,由于发射初速的影响,风和重力暂时不予考虑。设相对于地面的初速为 v_b,并以加速度为 a 做匀减速运动。设从发射到充分散开的时间为 t_s。同时假设当箔条云充分散开时的速度为零。所以有 $a = \dfrac{v_b}{t_s}$。在

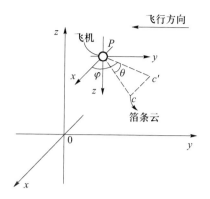

图 8.59 箔条云、飞机和雷达在笛卡儿坐标系中的关系示意图

坐标系 $P-xyz$ 中,当 $t \leq \dfrac{v_b}{a}$,箔条云的运动距离为 $s(t) = v_b t - \dfrac{1}{2}at^2$。所以在 t 时刻,箔条云的位置为

$$\begin{cases} x_c(t) = s(t) \cdot \cos\theta \cdot \cos\varphi \\ y_c(t) = s(t) \cdot \cos\theta \cdot \sin\varphi \\ z_c(t) = s(t) \cdot \sin\theta \end{cases} \quad (8.234)$$

所以在笛卡儿坐标系中,箔条云的位置为

$$\begin{cases} x'_c(t) = x_{p0} + x_c(t) \\ y'_c(t) = y_{p0} + y_c(t) \\ z'_c(t) = z_{p0} - z_c(t) \end{cases} \quad (8.235)$$

这里的 (x_{p0}, y_{p0}, z_{p0}) 是当箔条刚刚开始扩散时的飞机坐标。

当 $t > \dfrac{v_b}{a}$,箔条云已经充分散开。此时箔条云的运动主要受到风力和重力的影响。假定仿真的步长为 $\mathrm{d}t$,充分散开后的箔条云的运动可以被表示为

$$\begin{cases} \mathrm{d}x'_c(t) = v_x(t)\mathrm{d}t = v_h(t)\cos\varphi_c \cdot \mathrm{d}t \\ \mathrm{d}y'_c(t) = v_y(t)\mathrm{d}t = v_h(t)\sin\varphi_c \cdot \mathrm{d}t \\ \mathrm{d}x'_c(t) = v_z(t) \cdot \mathrm{d}t \end{cases} \quad (8.236)$$

式中:$\varphi_c, v_h(t)$ 和 $v_z(t)$ 分别服从高斯分布 $N(\varphi_0, \sigma_\varphi^2), N(v_0, \sigma_k^2)$ 和 $N(v_f, \sigma_v^2)$;φ_0 和 σ_φ^2 为水平风向的均值和方差;v_0 和 σ_k^2 为水平风速的均值和方差;v_f 和 σ_v^2 为箔条云下降速度的均值和方差。$\varphi_c, v_h(t)$ 和 $v_z(t)$ 在不同时刻是独立的。

所以在笛卡儿坐标系中,充分散开后的箔条云位置为

$$\begin{cases} x'_c(t+\mathrm{d}t) = x'_c(t) + \mathrm{d}x'_c(t) \\ y'_c(t+\mathrm{d}t) = y'_c(t) + \mathrm{d}y'_c(t) \\ z'_c(t+\mathrm{d}t) = z'_c(t) + \mathrm{d}z'_c(t) \end{cases} \quad (8.237)$$

5. 仿真流程

雷达的功能仿真注重于雷达功能的仿真实现,它不要求模拟雷达内部对信号的处理过程,不涉及信号的幅度、相位信息,而是模拟雷达对目标检测的统计过程。如图 8.60 所示,根据雷达方程、目标类型、系统损耗和干扰功率计算出信噪比,然后由信噪比等计算检测概率,即可得出在给定的虚警概率下,本次雷达所能发现目标的检测概率 P_d,利用蒙特卡罗法判断本次检测是否发现目标。具体方法为,产生一个[0,1]均匀分布的随机数 μ,当 $\mu \leq P_d$ 时,认为本次探测发现了目标;否则认为本次探测没有发现目标。

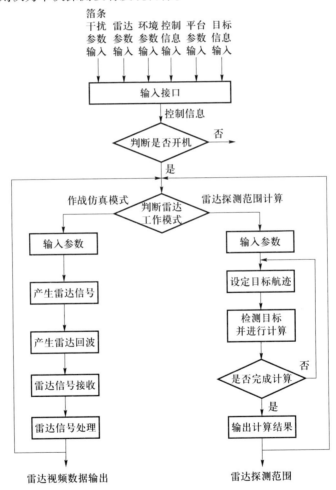

图 8.60 雷达仿真系统信号处理模块流程

根据雷达信号处理流程,确定本系统的基本处理流程如图 8.61 和图 8.62 所示。

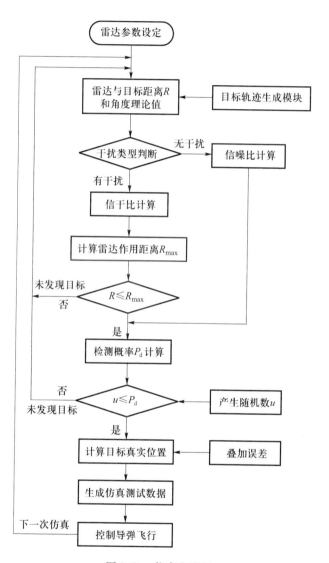

图 8.61 仿真主流程

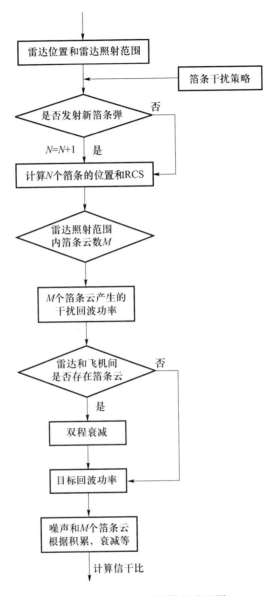

图 8.62 信干比计算模块流程图

第 9 章
重要抽样技术

根据第 4 章我们知道,蒙特卡罗法的一个主要不足之处是在仿真试验时它的收敛速度慢,精度比较低。在计算积分时,它的精度正比于标准差 s,而反比于统计试验次数 N 的平方根值,即

$$\varepsilon = t_\alpha \frac{s}{\sqrt{N}} \tag{9.1}$$

式中:t_α 为由 α 和 N 决定的"学生"分布常数。根据切比雪夫不等式,也可得到相同的结果。显而易见,在利用蒙特卡罗法时,提高精度的途径之一是增加试验次数 N。即是如果把精度提高一倍,就意味着必须将试验次数提高四倍。于是这就突出了精度和计算速度之间的矛盾;提高精度的另一个途径,就是减小方差 s^2。人们正是从这里入手,提出了许多解决这一问题的方法和技术,不同程度地提高了计算精度,从而也就达到了在保持原精度的情况下减少试验次数,缩短计算时间的目的。

到目前为止,所提出的减小方差技术主要有相关变量法、分组抽样法、重要抽样法、系统抽样法、条件蒙特卡罗法、负相关系数法等,它们基本上都是针对解定积分而提出来的,不同程度上都起到了加速收敛的作用。但其中有的只适用于大概率情况,有的条件限制比较严格,有的减小方差比较有限。理论分析和计算机仿真结果表明,对于雷达应用来说,最有前途的方法是重要抽样法、条件蒙特卡罗法等。重要抽样法在某些文献中也将其称作重要采样法[15]。

本章主要介绍重要抽样法及其在雷达中的应用,特别是在估计小概率方面的应用,与大概率情况相比,它更有实际应用价值。

9.1 估计概率密度函数的一般方法

首先假定,我们已经获得某统计过程的一个有限采样集 $\{y_i\}$,$i = 1, 2, \cdots, N$。希望用这个采样集来估计该过程的概率密度函数或积累分布函数,它们分别以 $f(y)$ 和 $F(y)$ 表示。通常,先把它的定义域分成 n 个间隔,然后在计算机上

计算采样值落入每个间隔的数目,最后形成一个直方图,如图9.1所示。

显然,只要 n 足够大,它就表示该过程的概率密度函数。如果把每个间隔的采样数由小到大依次相加,则得到该过程的积累分布函数。

根据该估计过程可以看到,其中关键的是这些采样值落入最后一个间隔的数目。实际上,就是它们决定了超过某个门限的概率。因为要满足一定的精度要求,通常 n 值较大,所以这个概率必然很小。如果以 p_y 表示超过某门限 T 的概率,则

$$p_y = 1 - F(y) = \int_T^\infty f(y)\mathrm{d}y N \tag{9.2}$$

它代表曲线下阴影区的面积,如图9.2所示。

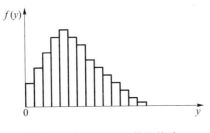
图9.1 概率密度函数的估计

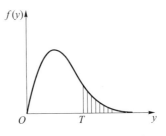
图9.2 表示 $f(y)$ 的曲线

如果把 $f(y)$ 理解成在雷达中经常遇到的噪声或杂波的概率密度函数,则 p_y 即是虚警概率 p_{f+},即

$$p_f = \int_T^\infty f(y)\mathrm{d}y \tag{9.3}$$

于是,得到估计 p_f 的一种方法:首先产生一个服从概率密度函数 $f(y)$ 的随机变量 y,然后把它与门限 T 进行比较,得到另一个随机变量,以 $Z_T(y)$ 表示,如图9.3所示。

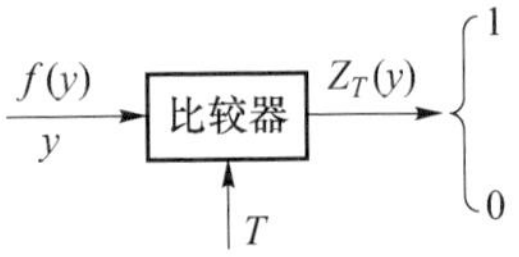

图9.3 获得 $Z_T(y)$ 的模型

$Z_T(y)$ 的值为

$$Z_T(y) = \begin{cases} 1, & y \geq T \\ 0, & y < T \end{cases} \tag{9.4}$$

由于 $p(Z_T(y)=1) = p(y \geq T) = p_f$,$p(Z_T(y)=0) = 1 - p_f = q_f$,所以随机变量 $Z_T(y)$ 的均值为

$$E(Z_T(y)) = \overline{Z_T(y)} = 1 \cdot p_1 + 0 \cdot p_0 = p_f \tag{9.5}$$

式中:p_1 为随机变量 $Z_T(y)$ 等于1的概率;p_0 为随机变量 $Z_T(y)$ 等于0的概率,即 $q_f = 1 - p_f$。

均方值为

$$E(Z_T^2(y)) = \overline{Z_T^2(y)} = \sum_{k=0}^{1} k^2 p_k = p_f \quad (9.6)$$

当然,该结果也可由随机函数的期望值和均方值得到,它们分别为

$$E(Z_T(y)) = \int_T^\infty Z_T(y) f(y) \mathrm{d}y = p_f \quad (9.7)$$

$$(9.8)$$

于是可得到方差

$$D(Z_T(y)) = E(Z_T^2(y)) - [E(Z_T(y))]^2 = p_f - p_f^2 = p_f F(y) \quad (9.9)$$

由于 p_f 通常很小,故式(9.9)可写成

$$D(Z_T(y)) \approx p_f \quad (9.10)$$

结果,随机变量 $Z_T(y)$ 的均值、均方值、方差均等于 p_f。

根据式(9.5)或式(9.7), p_f 的估值可写成

$$\hat{p}_f = \frac{1}{N} \sum_{i=1}^{N} Z_T(y_i) \quad (9.11)$$

$$E(\hat{p}_f) = \frac{1}{N} \sum_{i=1}^{N} E[Z_T(y_i)] = p_f \quad (9.12)$$

显然, p_f 的估值的均值等于 p_f,式(9.11)是无偏估计。用类似的方法可以得到该估计的方差为

$$D(\hat{p}_f) = \frac{1}{N} p_f F(y) \approx \frac{p_f}{N} \quad (9.13)$$

这又从另一个角度告诉我们,要想提高估计 p_f 的精度,即减小方差,在 p_f 给定的情况下,也必须增加试验次数或采样数 N。如果 $p_f = 10^{-6}$,则

$$D(\hat{p}_f) = 10^{-6}/N \quad (9.14)$$

这样,如果要以足够高的精度估计 p_f,则要求乘积 $Np_f \gg 1$。假定 $p_f = 10^{-6}$,则 $N = 10^8$。显然,对于这样多的试验次数,将会使计算机的计算时间太长,这就要求我们采用加快收敛速度的方法以缩短仿真时间。

9.2 重要抽样基本原理

前边已经指出,在许多方差减小技术中,对雷达应用来说,重要抽样方法是一种比较有前途的方法。实际上,在其他领域中,重要抽样方法也得到了广泛的应用,它是在蒙特卡罗仿真中经常用于减小方差的一种非常有效的方法。在某

些文献中,也将其称为选择抽样。这种抽样方法的基本思想在于:通过某种途径使人们所关心的事件(如雷达仿真试验中的虚警概率)出现的更频繁,以使仿真试验结果的概率发生畸变,然后根据在仿真中发生此特定事件的真实概率与发生同一事件的畸变概率之比对每个事件进行加权,以补偿试验结果的概率失真。只要适当选择畸变概率,就可大大减小仿真误差,或在误差不变的情况下大大减少仿真试验次数 N。

现在假设某随机变量 η 有概率密度函数 $g(y)$,且满足

$$\begin{cases} g(y) \geq 0 \\ \int_{\Sigma} g(y) \mathrm{d}y = 1 \end{cases} \quad (9.15)$$

式中:Σ 为与式(9.3)中的 $p(f)$ 有相同的定义域。同时假定有模型如图 9.4 所示。

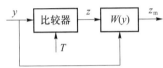

图 9.4 重要抽样模型

随机变量 $Z = Z_T(y)$ 为

$$Z_T(y) = \begin{cases} 1, & y \geq T \\ 0, & y < T \end{cases} \quad (9.16)$$

这里我们定义一个随机变量 y 的函数

$$w(y) = \frac{f(y)}{g(y)} \quad (9.17)$$

通常称 $g(y)$ 为畸变函数,称 $w(y)$ 为权函数。

然后,将随机变量 $Z_T(y)$ 与 $w(y)$ 相乘,得一新的随机变量

$$Z_m(y) = Z_T(y) w(y) \quad (9.18)$$

该随机变量的数学期望值为

$$E(Z_m(y)) = \int_T^{\infty} Z_T(y) w(y) g(y) \mathrm{d}y$$

$$= \int_T^{\infty} w(y) g(y) \mathrm{d}y = p_f, y \geq T \quad (9.19)$$

于是,我们又找到一个 p_f 的估计方法

$$\hat{p}_f = \frac{1}{N} \sum_{i=1}^{N} \frac{f(y_i)}{g(y_i)} Z_T(y_i) = \frac{1}{N} \sum_{i=1}^{N} Z_T(y_i) w(y_i) \quad (9.20)$$

按式(9.20)进行抽样的方法我们称其为重要抽样法。最后得到利用重要抽样方法估计 p_f 的步骤如下：

步骤1　根据畸变函数的选择规则，选择畸变函数 $g(y)$。

步骤2　根据畸变以后的概率密度函数，产生畸变以后的随机变量抽样 y_i。

步骤3　将畸变以后的随机变量 y_i 与门限电平 T 进行比较，得随机变量 $Z_T(y_i)$。

步骤4　计算权函数 $w(y_i)$，并用权函数对 $Z_T(y_i)$ 进行加权。

步骤5　将步骤2～步骤4重复 N 次，最后按式(9.20)计算 $\hat{p}_f$。

可以证明

$$E(\hat{p}_f) = p_f \tag{9.21}$$

所以，该估计也是无偏估计。估计精度则是由随机变量 $Z_m(y)$ 的方差决定的。其方差为

$$D(Z_m(y)) = \int_T^\infty \frac{f^2(y)}{g^2(y)} g(y) dy - p_f^2 = \int_T^\infty \frac{f^2(y)}{g(y)} dy - p_f^2 \tag{9.22}$$

由此可见，若使该估计有较高的精度，应当选取畸变函数 $g(y)$ 使 $D(Z_m(y))$ 最小。如将 $g(y)$ 选为

$$g_0(y) = \frac{|f(y)|}{\int_T^\infty |f(y)| dy} = \frac{f(y)}{p_f} \tag{9.23}$$

则 $D(\cdot)$ 达到极小值，即

$$D_{\min} = \left[\int_T^\infty |f(y)| dy \right]^2 - p_f^2 \tag{9.24}$$

这就是说，如果 $f(y)$ 不变号，按式(9.23)选择畸变函数，则 $D_0 = 0$。实际上我们不能采用式(9.23)，因为其中包括待估量 p_f，这在我们估计之前是不可能得到的。但它仍然告诉我们，尽管不能找到一个畸变函数 $g_0(y)$ 使 $D_{\min} = 0$，但我们可以找出 $g_0(y)$ 的各种近似函数，尽量减小方差值 $D(Z_m(y))$。

例9.1　利用重要抽样法计算定积分

$$J = \int_0^1 R e^{-\frac{R^2}{2}} dR \tag{9.25}$$

首先选畸变函数

$$g(R) = kR \tag{9.26}$$

根据条件式(9.15)，$\int_0^1 g(R) dR = 1$，即 $k \int_0^1 R dR = 1$，解之 $k = 2$。则权函数

$$W(R) = \frac{f(R)}{g(R)} = \frac{R\exp\left(-\frac{R^2}{2}\right)}{2R} = \frac{1}{2}\exp\left(-\frac{R^2}{2}\right) \tag{9.27}$$

最后得到该积分的估计值

$$\hat{J} = \frac{1}{N}\sum_{i=1}^{N} W(R_i) = \frac{1}{2N}\sum_{i=1}^{N} \exp\left(-\frac{R_i^2}{2}\right) \tag{9.28}$$

式中 R_i——畸变以后的随机变量,即它有式(9.26)所给出的概率密度函数。

利用直接抽样原理,可得畸变以后的随机变量

$$R_i = \sqrt{\mu_i} \tag{9.29}$$

式中 u_i——[0,1]区间上的均匀分布随机数。

当 $N=20$ 时,按式(9.28)计算的 $\hat{J}=0.3852$,$s=0.0529$,误差为 1.98%,比不用重要抽样时的 3% 的误差有明显的提高。此例表明,重要抽样法也是计算积分的有效手段。但需要说明的是,该例所选择的畸变函数并不是最好的,它没有考虑误差最小的条件。

9.3 重要抽样在雷达中的应用

前一节给出了一个计算定积分的例子。该例子的一个主要特点是大概率计算,用的采样值很少,所花的计算机时间也是微不足道的。尽管利用了重要抽样技术,但并没有明显地体现出这种方法的优越性。它完全可以利用增加试验次数的办法将其精度提高 10~100 倍,且保持计算时间在秒的数量级。对雷达应用来说,则不然,它要比积分计算困难得多,尽管它也是个积分计算问题,但它是一个小概率计算问题。它大约在 10^{-6} 的数量级范围,如 9.1 节指出的,这时 N 值大约为 10^8。

这一节主要介绍重要抽样技术在雷达系统性能评估中的应用,特别是在虚警概率仿真中的应用,其中包括在参量检测、非参量检测、输入信号不经处理器处理和经处理器处理等多种情况中的应用。

9.3.1 重要抽样在雷达中的应用 I

1. 没有信号处理器的情况

这里的重要抽样模型如图 9.4 所示。给出的输入信号直接与门限电平进行比较,而不经任何信号处理器。这时虚警概率的估计问题,相当于在雷达信号检测中估计噪声或信号加噪声超过第一门限电平的概率。

首先假定雷达接收机给出的视频噪声服从瑞利分布

$$f(y) = \frac{y}{\sigma_1^2}\exp\left\{-\frac{y^2}{2\sigma_1^2}\right\} \tag{9.30}$$

式中 σ_1——描述瑞利分布随机变量分散程度的参量。

显然,随机变量 y 超过门限电平 T 的概率,即虚警概率可表示为

$$p_f = \int_T^\infty f(y)\mathrm{d}y = \mathrm{e}^{-\frac{T^2}{2}} \tag{9.31}$$

这里给出了理论结果以便于与重要抽样结果进行比较。下面利用重要抽样技术来估计虚警概率 p_f。

首先,根据重要抽样原理,选择畸变函数 $g(y)$ 为

$$g(y) = \frac{y}{\sigma_2^2}\exp\left\{-\frac{y^2}{2\sigma_2^2}\right\} \tag{9.32}$$

这里,选择畸变函数 $g(y)$ 的原则是尽量使 $g(y)$ 与 $f(y)$ 有相同的形式,且 $\sigma_2 > \sigma_1$,这就意味着新的随机变量比原随机变量有更大的离差,以便使虚警率增加。

然后,求出畸变以后的随机变量。由于该畸变函数也服从瑞利分布,我们可根据直接抽样原理得到畸变以后的随机变量

$$y_i = \sigma_2\sqrt{-2\ln u_i} \tag{9.33}$$

式中 u_i——$[0,1]$ 区间上的均匀分布随机变量,σ_2 为畸变以后的随机变量 y_i 的离差参数,且有 $\sigma_2 > \sigma_1$。

由式(9.31)和式(9.32),得权函数

$$W(y) = \frac{f(y)}{g(y)} = \frac{\sigma_2^2}{\sigma_1^2}\exp\left\{-y^2\left(\frac{1}{2\sigma_1^2} - \frac{1}{2\sigma_2^2}\right)\right\} \tag{9.34}$$

再将由式(9.33)所产生的随机变量 y_i 与门限电平 T 进行比较,得到 $Z_T(y_i)$,再依式(9.34),得虚警概率的估值为

$$\hat{p}_f = \frac{1}{N}\sum_{i=1}^N Z_T(y_i)W(y_i) = \frac{1}{N}\sum_{i=1}^N Z_T(y_i)\frac{f(y_i)}{g(y_i)}$$

$$= \frac{1}{N}\sum_{i=1}^N Z_T(y_i)\frac{\sigma_2^2}{\sigma_1^2}\exp\left\{-y_i^2\left(\frac{1}{2\sigma_1^2} - \frac{1}{2\sigma_2^2}\right)\right\} \tag{9.35}$$

现在,分析利用重要抽样法所达到的精度。系统输出

$$Z_m = Z_T(y)w(y) \tag{9.36}$$

Z_m 的均值为

$$E(Z_m) = \overline{Z}_m = \int_T^\infty Z_T(y)w(y)g(y)\mathrm{d}y = \int_T^\infty f(y)\mathrm{d}y = \mathrm{e}^{-\frac{T^2}{\sigma_1^2}} = p_f \tag{9.37}$$

Z_m 的均方值为

$$E(Z_m^2) = \overline{Z_m^2} = \int_T^\infty Z_T^2(y)W^2(y)g(y)\mathrm{d}y$$

$$= \int_T^\infty \frac{f^2(y)}{g(y)} \mathrm{d}y = \int_T^\infty \frac{\sigma_2^2}{\sigma_1^2} \frac{y}{\sigma_1^2} \mathrm{e}^{-\frac{y^2}{2\sigma_1^2}\left(2-\frac{\sigma_1^2}{\sigma_2^2}\right)} \mathrm{d}y$$

$$= \frac{\sigma_2^2}{\sigma_1^2} \frac{1}{\left(2-\frac{\sigma_1^2}{\sigma_2^2}\right)} \mathrm{e}^{-T^2\left(\frac{1}{\sigma_1^2}-\frac{1}{2\sigma_2^2}\right)} \tag{9.38}$$

于是得 Z_m 的方差为

$$D(Z_m) = \overline{Z_m^2} - (\overline{Z_m})^2 = \frac{\sigma_2^2}{\sigma_1^2} \frac{1}{\left(2-\frac{\sigma_1^2}{\sigma_2^2}\right)} \mathrm{e}^{-T^2\left(\frac{1}{\sigma_1^2}-\frac{1}{2\sigma_2^2}\right)} - \mathrm{e}^{-\frac{T^2}{\sigma_1^2}} \tag{9.39}$$

如果将式(9.39)表示成方差的相对值,那么对 N 个采样,则有

$$\frac{D(Z_m)}{(\overline{Z_m})^2} = \frac{1}{N}\left[\frac{\sigma_2^2}{\sigma_1^2} \frac{1}{\left(2-\frac{\sigma_1^2}{\sigma_2^2}\right)} \mathrm{e}^{\frac{T^2}{2\sigma_2^2}} - 1\right] \tag{9.40}$$

如果 $\sigma_2 \gg \sigma_1$,则

$$\frac{D(Z_m)}{(\overline{Z_m})^2} = \frac{1}{N}\left[\frac{\sigma_2^2}{2\sigma_1^2} \mathrm{e}^{\frac{T^2}{2\sigma_2^2}} - 1\right] \tag{9.41}$$

显然,我们希望式(9.41)的方差值越小越好。如果要使 $D(Z_m)/(\overline{Z_m})^2$ 最小,只要将该式对 σ_2 求导,并令其等于零,就能找到其极小值,并且能够找到门限 T 与 σ_2 之间的关系,即

$$\frac{\mathrm{d}\{D(Z_m)/(\overline{Z_m})^2\}}{\mathrm{d}\sigma_2} = \frac{\mathrm{e}^{\frac{T^2}{2\sigma_2^2}}}{2N\sigma_1^2}\left[2\sigma_2 - \frac{T^2}{\sigma_2}\right] = 0 \tag{9.42}$$

则

$$\sigma_2 = \frac{\sqrt{2}}{2}T \tag{9.43}$$

再将式(9.43)代入式(9.41),得最小方差为

$$\left.\frac{D(Z_m)}{(\overline{Z_m})^2}\right|_{\min} = \frac{1}{N}\left[\frac{T^2}{4\sigma_1^2}\mathrm{e} - 1\right] \tag{9.44}$$

如果使虚警概率等于 10^{-6},则

$$p_f = 10^{-6} = \mathrm{e}^{-\frac{T^2}{2\sigma_1^2}} \tag{9.45}$$

将式(9.43)代入式(9.35),得

$$\frac{\sigma_2^2}{\sigma_1^2} = 13.8155 \tag{9.46}$$

$$\sigma_2 \approx 3.7169\sigma_1 \tag{9.47}$$

这就是我们所寻求的使估计误差最小的 σ_2 和 σ_1 之间的最佳关系。将式(9.47)代入式(9.44),可得到最小方差,其相对值为

$$\left.\frac{D(Z_\mathrm{m})}{(\overline{Z}_\mathrm{m})^2}\right|_{\min} = \frac{1}{N}\left[\frac{\sigma_2^2}{2\sigma_1^2}\mathrm{e}-1\right] \approx \frac{17.777}{N} \tag{9.48}$$

由式(9.14)知,利用常规方法,即不用重要抽样时的方差相对值为

$$\frac{D(Z_\mathrm{m})}{(\overline{Z}_\mathrm{m})^2} = \frac{10^6}{N} \tag{9.49}$$

如用 N_1 表示用重要抽样技术时的试验次数,N 表示用常规方法时的试验次数,那么在估计精度相同的条件下,两种情况的试验次数之比

$$r = \frac{N}{N_1} \approx 56250 \tag{9.50}$$

或者说,在试验次数相同的条件下,利用重要抽样技术估计虚警概率的误差要比用常规方法估计虚警概率的误差小56250倍。反之,如果在系统仿真时,用常规方法需要试验次数 $N=10^8$,而利用重要抽样技术的试验次 N_1 不到1800次便可得到与不用重要抽样时获得同样的仿真精度。将其换算成机器时间,如果按常规方法需要10h,而利用重要抽样方法所需时间不到一秒钟,所节省的时间是非常可观的。表9.1给出了在雷达中瑞利噪声超过第一门限的虚警概率的重要抽样结果,并给出了理论结果和不采用重要抽样结果,以便于进行比较。

表9.1 超过第一门限虚警率的重要抽样仿真结果

T	不用重要抽样时的虚警概率	用重要抽样时的虚警概率	理论结果
1	0.6065	0.592087	0.606531
2	0.1355	0.139690	0.135335
3	0.0135	0.0110110	0.0111090
4	0	3.52419×10^{-4}	$0.000335463 \times 10^{-4}$
5	0	3.84905×10^{-6}	3.72665×10^{-5}
6	0	9.83626×10^{-9}	1.52300×10^{-8}
7	0	2.04104×10^{-11}	2.29873×10^{-11}
8	0	8.16629×10^{-15}	1.26642×10^{-14}
9	0	2.79545×10^{-18}	2.57676×10^{-18}
10	0	2.57312×10^{-22}	1.92875×10^{-22}
11	0	5.92863×10^{-27}	5.31109×10^{-27}
12	0	7.89797×10^{-32}	5.38019×10^{-32}
说明	① 试验次数 $N=2000$;② T 为门限值		

表9.1给出了一个按上述方法进行虚警概率仿真的实例。取 $\sigma_1=1,\sigma_2=$

3.72,即 σ_2 取最佳值,试验次数均取为 2000 次。表中 T 为门限值。

仿真结果表明,不采用重要抽样方法时,在试验次数 $N=2000$ 的情况下,门限 T 在 4 以上时,已经得不到任何结果了,也就是说没有任何噪声尖头超过门限电平。门限 T 为 3 时,尽管给出了结果,误差也是很大的。但采用重要抽样方法时则给出了令人满意的结果,尽管试验次数 N 只有 2000 次,在门限 T 大于 10 时,它也能给出人们能够接受的结果。

2. 有信号处理器的情况

除了上述模型之外,在实际工作中还经常遇到的一种情况是,随机变量 y 往往是某信号处理器的输出信号,x 是信号处理器的输入信号,它才是雷达接收机给出的视频信号。通常随机变量 x 的概率分布是已知的,而 y 则可能是已知的,也可能是未知的,它是由信号处理器的结构决定的,模型如图 9.5 所示。

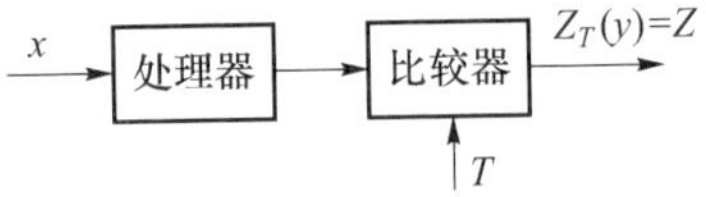

图 9.5 有处理器时一般仿真模型

对于有信号处理器的情况,按照普通方法有仿真步骤:

步骤 1 产生具有概率密度函数为 $f(x)$ 的随机变量 x_i。

步骤 2 根据信号处理器输入输出关系,计算随机变量 $y_i = F(x_i)$。

步骤 3 将随机变量 y_i 与门限 T 进行比较,得随机变量 $Z_T(y_i)$。

步骤 4 将以上步骤重复 N 次,最后得 p_f 的估计值 $\hat{p}_f$。

所以能按以上步骤进行仿真,是因为这时的虚警概率为

$$p_f = p(y \geq T) = p(F(x) \geq T) = p(Z_T(y) = 1) \tag{9.51}$$

输出随机变量 $Z_T(y)$ 的均值为

$$E(Z_t(y)) = 1 \cdot p_f + 0 \cdot (1 - p_f) = p_f \tag{9.52}$$

$Z_T(y)$ 作为随机变量 x 的随机函数,其数学期望也可表示为

$$M(Z_T(y)) = \int_\Omega Z_T[F(x)] f(x) \mathrm{d}x = p_f \tag{9.53}$$

式中:Ω 为概率密度函数 $f(x)$ 的定义域。由于 p_f 是随机变量 $Z_T(y)$ 的数学期望,所以 p_f 的一个无偏估计是

$$\hat{P}_f = \frac{1}{N} \sum_{i=1}^{N} Z_T(y) = \frac{1}{N} \sum_{i=1}^{N} Z_T[F(x)] \tag{9.54}$$

可见,这种情况除了试验次数太大之外,与无处理器的情况相比,它将会有更长的计算机仿真时间。

如果采用重要抽样技术,首先必须改变随机变量 x 的分布,以适当增加其离

散度,即选择适当的畸变函数。假设畸变函数为 $g(x)$,由式(9.53)得到

$$p_f = \int_\Omega Z_T[F(x)]f(x)\mathrm{d}x = \int_\Omega Z_T[F(x)]\frac{f(x)}{g(x)}g(x)\mathrm{d}x \qquad (9.55)$$

于是,可以构成一个如图 9.6 所示的模型,具有畸变概率分布的随机变量 x,经信号处理器以后,得到随机变量 $y = F(x)$,它与门限电平 T 比较以后,得到随机变量 $Z_T[F(x)]$,即

$$Z_T[F(x)] = \begin{cases} 1, & F(x) \geq T \\ 0, & F(x) < T \end{cases} \qquad (9.56)$$

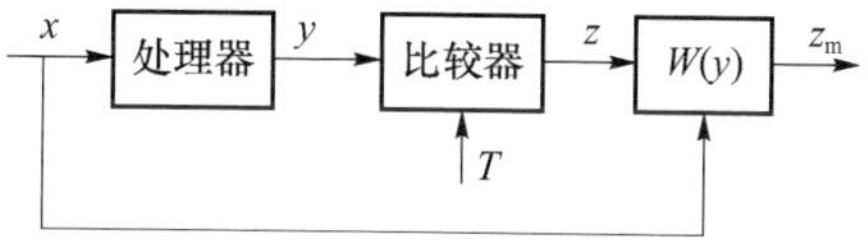

图 9.6 有信号处理器时重要抽样模型

然后与权函数相乘,即

$$z_m = z_T[F(x)]w(x) = z_T[F(x)]\frac{f(x)}{g(x)} \qquad (9.57)$$

Z_m 是最后得到的随机变量,它与不用重要抽样时所得到的随机变量有相同的统计特性。由式(9.55)知

$$E(z_m) = E[z_T(F(x))w(x)] = p_f \qquad (9.58)$$

这样,又得到一个 p_f 的无偏估计

$$\hat{P}_f = \frac{1}{N}\sum_{i=1}^N Z_T[F(x_i)]W(x_i) = \frac{1}{N}\sum_{i=1}^N Z_T[F(x_i)]\frac{f(x_i)}{g(x_i)} \qquad (9.59)$$

这一结果与没有处理器时的结果是相同的,即说明,不管有没有信号处理器,其虚警概率的重要抽样估计值均是其权函数的算数平均值。同时,也看到不管随机变量 y 的分布是否已知,只要已知输入随机变量 x 的分布规律就足够了。实际上,处理器的影响已经通过函数关系体现出来了。统计试验时应将随机变量 y 与门限电平进行比较,这一点是必须注意的。

例 9.2 已知一相控阵雷达的视频积累器,如图 9.7 所示。假定输入信号 x 服从韦布尔分布,即

$$f(x) = \frac{a}{b}\left(\frac{x}{b}\right)^{a-1}\mathrm{e}^{-\left(\frac{x}{b}\right)^a} \qquad (9.60)$$

式中:a 和 b 分别为韦布尔分布的形状参量和标度参量。要求利用重要抽样技术估计虚警概率,并分析其精度。

与瑞利分布时相似,这里用增加韦布尔分布标度参量 b 的途径来获得畸变

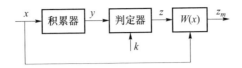

图 9.7　指向型视频积累器重要抽样模型

概率密度函数 $g(x)$，令

$$g(x) = \frac{a}{b_m}\left(\frac{x}{b_m}\right)^{a-1}e^{-\left(\frac{x}{b_m}\right)^a} \tag{9.61}$$

式中：$b_m > b$。标度参量 b 在韦布尔分布中是表示噪声或杂波强度的，它的增加会使超过门限电平的虚警率增加。

有权函数为

$$W(x) = \frac{f(x)}{g(x)} = \left(\frac{b_m}{b}\right)^a e^{-x^a\left(\frac{1}{b^a}-\frac{1}{b_m^a}\right)} \tag{9.62}$$

则，虚警概率的估值

$$\hat{P}_f = \frac{1}{N}\sum_{i=1}^{N} Z_T[F(x_i)]W(x_i) = \frac{1}{N}\sum_{i=1}^{N}\left(\frac{b_m}{b}\right)^a e^{-x_i^a\left(\frac{1}{b^a}-\frac{1}{b_m^a}\right)} \tag{9.63}$$

式中

$$Z_T[F(x_i)] = \begin{cases} 1, & y \geq T \\ 0, & y < T \end{cases} \tag{9.64}$$

$$y = \sum_{i=1}^{N} x_i \tag{9.65}$$

N 为脉冲积累数，它等于雷达天线每个指向的目标回波数。

现在分析它所达到的精度，并找出 b_m 与 b 之间的最佳关系式。由前边分析可知，系统的输出为

$$z_m = z_T[F(x)]w(x) \tag{9.66}$$

其均值为

$$\overline{Z}_m = \int_T^\infty z_T[F(x)]w(x)g(x)\mathrm{d}x$$

$$= \int_T^\infty f(x)\mathrm{d}x$$

$$= \int_T^\infty \frac{a}{b}\left(\frac{x}{b}\right)^{a-1}e^{-\left(\frac{x}{b}\right)^a}\mathrm{d}x$$

$$= e^{-\left(\frac{T}{b}\right)^a} \tag{9.67}$$

其均方值为

$$\overline{Z_m^2} = \int_T^\infty Z_T^2[F(x)]W^2(x)g(x)\mathrm{d}x = \int_T^\infty \frac{f^2(x)}{g(x)}\mathrm{d}x$$

$$= \int_T^\infty \left(\frac{b_m}{b^2}\right)^a x^{a-1} \mathrm{e}^{-x^a\left(\frac{2}{b^a}-\frac{1}{b_m^a}\right)}\mathrm{d}x$$

$$= \frac{\left(\frac{b_m}{b^2}\right)^a \mathrm{e}^{-T^a\left(\frac{2}{b^a}-\frac{1}{b_m^a}\right)}}{\frac{2}{b^a}-\frac{1}{b_m^a}} \tag{9.68}$$

其方差为

$$D(Z_m) = \frac{b_m^a \mathrm{e}^{-T^a\left(\frac{2}{b^a}-\frac{1}{b_m^a}\right)}}{b^a\left[2-\left(\frac{b}{b_m}\right)^a\right]} - [\mathrm{e}^{-\left(\frac{T}{b}\right)^a}]^2 \tag{9.69}$$

对 N 个采样,并将方差表示成相对值,则有

$$\frac{D(Z_m)}{(\overline{Z_m})^2} = \frac{1}{N}\left[\frac{b_m^a}{b^a\left(2-\frac{b^a}{b_m^a}\right)}\mathrm{e}^{\frac{T^a}{b_m^a}} - 1\right] \tag{9.70}$$

如果取 $b_m \gg b$,则

$$\frac{D(Z_m)}{(\overline{Z_m})^2} = \frac{1}{N}\left[\frac{b_m^a}{2b^a}\mathrm{e}^{\left(\frac{T}{b_m}\right)^a} - 1\right] \tag{9.71}$$

为了使误差最小,将式(9.71)对 b_m 求导,并令其等于零,得

$$\frac{1}{2Nb^a}\left[ab_m^{a-1}\mathrm{e}^{\left(\frac{T}{b_m}\right)^a} + b_m^a\left(-\frac{T^a}{b_m^{a+1}}\right)\cdot a\mathrm{e}^{\left(\frac{T}{b_m}\right)^a}\right] = 0 \tag{9.72}$$

化简有

$$\frac{ab_m^{a-1}}{2Nb^a}\mathrm{e}^{\left(\frac{T}{b_m}\right)^a}\left[1-\frac{T^a}{b_m^a}\right] = 0 \tag{9.73}$$

结果 $T^a = b_m^a$,最后有

$$T = b_m \tag{9.74}$$

将式(9.74)代入式(9.71),得最小方差相对值为

$$\left.\frac{D(Z_m)}{(\overline{Z_m})^2}\right|_{\min} = \frac{1}{N}\left[\frac{T^a}{2b^a}\mathrm{e} - 1\right] \tag{9.75}$$

如果要求虚警率 $p_f = 10^{-6}$,即

$$e^{-\left(\frac{T}{b_m}\right)^a} = 10^{-6} \tag{9.76}$$

则有

$$\left(\frac{b_m}{b}\right)^a = 13.8155$$

最后得到 b_m 与 b 之间关系表达式

$$b_m = b \sqrt[a]{13.8155} \tag{9.77}$$

当 $a=2$ 时,即是瑞利分布时的表达式。由于韦布尔分布是个分布族,故此更有一般性。如果将式(9.74)和式(9.76)代入式(9.75),则得

$$\frac{D(Z_m)}{(\overline{Z_m})^2} = \frac{17.777}{N} \tag{9.78}$$

显然,与式(9.48)结果相同,这说明不管有没有处理器,也不管是瑞利分布还是韦布尔分布,采用重要抽样技术后,精度均可提高约 56 000 倍,或者说在精度保持相同的情况下,试验次数可减小约 56 000 倍。

需要说明的是,其精度不是对所有分布都是减小 N 值 56 000 倍,具体情况要具体分析,因韦布尔分布包含了瑞利分布,故两者相同。

3. 输入输出是多维的情况

在实际工作中所遇到的另一种情况,是处理器的输入输出是多维的情况。采样间可能是相互独立的,也可能有一定的相关性。这时只有输入一个多维随机变量才被认为是做一次统计试验。多个变量可能是同时输入,如 FFT 处理器就是这种情况;也可能是时序输入,如下边将要介绍的双极点滤波器的输入与输出就属于这种类型。假定信号处理器的多维输入输出随机变量分别以 $\{x_i\}$ 和 $\{y_i\}$ 表示,其模型如图 9.8 所示。

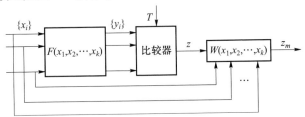

图 9.8 处理器多维输入输出时重要抽样模型

这里我们假定,z 是单一输出。根据图 9.8,我们有

$$z = z_T[F(x_1, x_2, \cdots, x_k)] \tag{9.79}$$

$$z_m = z_T[F(x_1, x_2, \cdots, x_k)] w(x_1, x_2, \cdots, x_k) \tag{9.80}$$

令 $g(x_1, x_2, \cdots, x_k)$ 为多维畸变概率密度函数。根据用与不用重要抽样这两种情

况输出信号的平均值相等的原则,即 $\bar{z}_m = z$,必须使以下等式成立,即

$$\int z_T[F(x_1,x_2,\cdots,x_k)]f(x_1,x_2,\cdots,x_k)dx_1 dx_2 \cdots dx_k$$
$$= \int z_T[F(x_1,x_2,\cdots,x_k)]w(x_1,x_2,\cdots,x_k)g(x_1,x_2,\cdots,x_k)dx_1 dx_2 \cdots dx_k \quad (9.81)$$

式中:$f(x_1,x_2,\cdots,x_k)$ 为输入信号的 k 维概率密度函数。由此导出

$$w(x_1,x_2,\cdots,x_k)g(x_1,x_2,\cdots,x_k) = f(x_1,x_2,\cdots,x_k) \quad (9.82)$$

有权函数,即

$$w(x_1,x_2,\cdots,x_k) = \frac{f(x_1,x_2,\cdots,x_k)}{g(x_1,x_2,\cdots,x_k)} \quad (9.83)$$

权函数 $w(x_1,x_2,\cdots,x_k)$ 是两个 k 维联合概率密度函数之比。如果输入采样满足独立且有相同分布条件,即 IID 条件,则权函数可以写成

$$w(x_1,x_2,\cdots,x_k) = \prod_{i=1}^{k} \frac{f(x_i)}{g(x_i)} \quad (9.84)$$

由此可以得到虚警概率的估值为

$$\hat{p}_f = \frac{1}{N}\sum_{i=1}^{N} z_T[F(x_1,x_2,\cdots,x_k)]\frac{f(x_1,x_2,\cdots,x_k)}{g(x_1,x_2,\cdots,x_k)} \quad (9.85)$$

或

$$\hat{P}_f = \frac{1}{N}\sum_{i=1}^{N} Z_T[F(x_1,x_2,\cdots,x_k)]\prod_{j=1}^{k}\frac{f(x_i)}{g(x_i)}$$
$$Z_T[F(x_1,x_2,\cdots,x_k)] = \begin{cases} 1, & y \geq T \\ 0, & y < T \end{cases} \quad (9.86)$$

对于输入采样是独立的情况,多维运算变成了简单的乘法运算,只是增加了 $(k-1)$ 次乘法运算。在雷达仿真中,如果这一条件得到满足,将会给仿真带来方便。应当指出的是,在多维输入输出的情况下,尽管也只进行了 N 次统计试验,但它所用的随机数的个数却增加了 k 倍,无疑,仿真时间要增加很多。

例 9.3 已知信号处理器为双极点滤波器,如图 9.9 所示,其输入信号 x 服从均匀分布,如果每个采样以 4 位二进制数表示,则随机变量 x 的概率密度函数为

$$f(x) = f(x = l) = \frac{1}{16}, l = 0,1,\cdots,15 \quad (9.87)$$

并已知回波数 $M = 20$,要求用重要抽样技术,估计虚警概率 p_f。

由图 9.9 可知,双极点滤波器是单输入单输出系统,在输入采样是相互独立

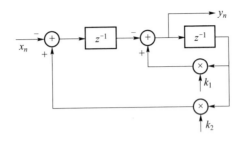

图9.9 双极点滤波器及输入输出信号

的时候,输出信号则是相关的,它们互相之间并非单值的一一对应关系,因此不能简单地按一维情况处理。另外,考虑双极点滤波器滞后相关的特点,也不能取输入输出信号的维数刚好等于目标回波数,否则,在有回波信号存在时,输出信号没有达到最大值之前,就可能被截断了。这是由滤波器的暂态特性决定的。

首先假设取 40 个随机数为一组,构成一个 40 维的随机输入信号,即维数 $k=2M$,这里 M 为回波脉冲数。然后,选择畸变函数为

$$g(x) = g(x=l) = \frac{l+1}{\sum_{l=0}^{15}(l+1)} = \frac{l+1}{136}, \quad l=0,1,\cdots,15 \quad (9.88)$$

则可构成一个 40 维的权函数,即

$$w(x_1, x_2, \cdots, x_k) = \frac{\left(\frac{1}{16}\right)^{40}}{\prod_{j=1}^{40} g(x_{ij})}, j=1,2,\cdots,40 \quad (9.89)$$

最后,得到虚警概率的估值为

$$\hat{P}_f = \frac{1}{N}\sum_{i=1}^{N} Z_T[F(x_1,x_2,\cdots,x_{40})]\frac{\left(\frac{1}{16}\right)^{40}}{\prod_{j=1}^{40} g(x_{ij})}$$

$$Z_T[F(x_1,x_2,\cdots,x_{40})] = \begin{cases} 1, & y \geqslant T \\ 0, & y < T \end{cases} \quad (9.90)$$

其中 y 是双极点滤波器的 40 维输出信号,是由双极点滤波器的差分方程给出的,即

$$y_j = x_{j-1} + k_1 y_{j-1} - k_2 y_{j-2}, \quad j=1,2,\cdots,40 \quad (9.91)$$

40 维的信号与门限 T 进行比较,显然必须建立检测准则。这里我们假定,只要 40 个输出信号中有一个超过门限电平,便认为该次试验是成功的,即 $Z_T[F(x_1,x_2,\cdots,x_{40})]=1$,否则,其值为零。

值得注意的问题是,由差分方程式(9.90)可以看到,在计算机上进行仿真之前,必须给出初始值 y_0 和 y_{-1}。由于差分方程式(9.90)所描述的滤波器暂态响应较长,y_0 和 y_{-1} 的值不能取为零,否则 40 个随机数已经输入完毕,输出还没完全稳定下来,即没达到稳态值。解决这一问题的途径之一,是将系统的稳态值作为差分方程的起始值。它们可以通过系统的直流放大系数和输入随机信号的平均值求出。

4. 正交双通道情况

在雷达系统或分机的设计与研究中,要经常对正交双通道的信号处理器的性能进行评估,这就又提出了一个问题,即对正交双通道系统如何应用重要抽样技术问题。

我们知道,正交双通道系统的两个输入信号 x_I 和 x_Q 有随机初始相位,因此它们之间是相互独立的。而每一路输入信号本身,则可能采样间是相互独立的,也可能是相关的。这样就可分两种情况来考虑这一问题。

1)样点之间是独立的情况

首先,令畸变函数为 $g(x_1, x_2, \cdots, x_k)$,如采样值 $x_1, x_2, \cdots, x_k$ 之间是独立的,则输入的 k 维概率密度函数和 k 维的畸变函数均可写成积的形式,则正交双通道系统应用重要抽样技术时,有以下权函数为

$$W(x_1, x_2, \cdots, x_k) = \frac{\prod_{i=1}^{k} f_I(x_i) \prod_{i=1}^{k} f_Q(x_i)}{\prod_{i=1}^{k} g_I(x_i) \prod_{i=1}^{k} g_Q(x_i)} \tag{9.92}$$

如果输入信号 $x_i (i=1,2,\cdots,k)$,是独立正态随机变量,畸变函数 $g(x_i)$ 也有正态概率密度函数,两者只是 σ 有区别;如果以 σ_1^2 和 σ_2^2 分别表示畸变前后的信号方差,则应满足 $\sigma_2 > \sigma_1$。如果令 $k=10$,则

$$w(x_1, x_2, \cdots, x_k) = \left(\frac{\sigma_2}{\sigma_1}\right)^{20} \exp\left[-\frac{10(B^2-1)x^2}{\sigma_1^2 B^2}\right]$$

$$= B^{20} \exp\left[\frac{10(1-B^2)}{\sigma_1^2 B^2}\right] \tag{9.93}$$

式中:$\sigma_2 = B\sigma_1$,B 为畸变系数。最后得到虚警概率的估值为

$$\hat{P}_f = \frac{1}{N} \sum_{i=1}^{N} Z_T[F(x_1, x_2, \cdots, x_{10})] \frac{\prod_{j=1}^{k} f_I(x_j) \prod_{j=1}^{k} f_Q(x_j)}{\prod_{j=1}^{k} g_I(x_j) \prod_{j=1}^{k} g_Q(x_j)}$$

$$= \frac{1}{N} \sum_{i=1}^{N} z_T(x_1, x_2, \cdots, x_{10}) B^{20} \exp\left[\frac{10(1-B^2)x^2}{2\sigma_1^2 B^2}\right] \tag{9.94}$$

2) 样点间是相关的情况

由前一种情况可以直接写出样点间是相关情况的畸变函数表达式为

$$w(x_1,x_2,\cdots,x_k) = \frac{f_I(x_1,x_2,\cdots,x_k)f_Q(x_1,x_2,\cdots,x_k)}{g_I(x_1,x_2,\cdots,x_k)g_Q(x_1,x_2,\cdots,x_k)} \quad (9.95)$$

这是最一般的情况。有虚警概率的估值为

$$\hat{P}_f = \frac{1}{N}\sum_{i=1}^{N} z_T[F(x_1,x_2,\cdots,x_k)] \frac{f_I(x_1,x_2,\cdots x_k)f_Q(x_1,x_2,\cdots,x_k)}{g_I(x_1,x_2,\cdots,x_k)g_Q(x_1,x_2,\cdots,x_k)} \quad (9.96)$$

这里应当指出的是，只有在 $f(x_1,x_2,\cdots,x_k)$ 是多维正态的情况下，才是方便的。因为对多维正态信号可以通过改变其协方差矩阵的途径，使所希望的事件(如虚警概率 p_f)出现的更频繁，然后再用权函数 $w(\cdot)$ 去修正这一概率失真。对其他类型的分布来说，获得多维概率密度函数是困难的。由表达式可以看出，即使是正态的，也会占用相当多的计算时间，如果在系统模型中的某些环节上能够写出数学表达式，就可采用所谓的解析法和统计法相结合的办法，来研究系统的性能。这种办法可以部分地解决计算时间过长的问题。

最后应当说明的是，实际工作中所遇到的问题可能是各种各样的，要根据具体问题作具体分析，特别要注意畸变函数的选择问题，否则可能出现估计误差增大的现象。

9.3.2 重要抽样在雷达中的应用 II

众所周知，通常在设计雷达信号检测器时，都要给定噪声或杂波模型，然后设计检测器，这类检测器就是参量检测器。参量检测器的最大优点是对给定的噪声或杂波模型，能够提供高的检测概率。但是，一旦实际情况与给定的模型不一致时，这类检测器的损失是非常大的。实际上，雷达环境通常都是时变的，用某一固定的模型去描述它，并不很准确，这时就有必要考虑采用非参量检测问题。计算机仿真结果表明，参量检测器在偏离所假定的模型时产生的损失，甚至要比非参量检测器的损失大得多。非参量检测器的损失主要是由于它对给出的信息利用的不充分而造成的，因此有必要对非参量检测器进行一些仔细的研究，而通过系统仿真对它们进行研究是最好的途径。

在非参量检测器中的秩和检测器，由于它结构简单，加之有输出虚警率恒定的特性，应用比较广泛。具体应用时，为了提高其检测性能，通常要在它后边加积累器，例如，对扫描雷达加双极点积累器或单极点积累器；对指向型雷达加均匀加权积累器等。诚然，秩和检测器加单极点积累器的性能不如秩和检测器加双极点积累器的性能，但它简单，省设备，易实现，分辨率高，所以仍有必要对它进行仿真研究。这一节主要通过这个例子介绍在这类非参量检测器的仿真中,何如应用重要抽样技术及如何选择畸变函数问题。所考虑的系统结构如图9.10所示。

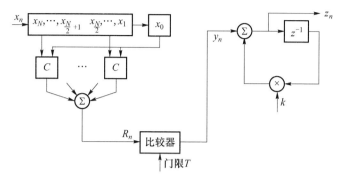

图 9.10　秩和检测器加单极点积累器结构

图中的 x_n 和 y_n 分别为系统的输入和输出信号;R_n 为秩和检测器的输出;C 为比较器。所选择的信号模型是在纯噪声时服从瑞利分布;在有信号存在时,其概率密度函数是广义瑞利分布。它们的概率密度函数分别以 $f_0(x)$ 和 $f_1(x)$ 表示

$$f_0(x) = \frac{x}{\sigma^2}\exp\left\{-\frac{x^2}{2\sigma^2}\right\}, \quad x \geqslant 0 \tag{9.97}$$

$$f_1(x) = \frac{x}{\sigma^2}\exp\left\{-\frac{x^2+A^2}{2\sigma^2}\right\}I_0\left(\frac{Ax}{\sigma^2}\right), \quad x \geqslant 0 \tag{9.98}$$

式中　$I_0(\cdot)$——零阶第一类修正的贝塞尔函数;

　　　A——信号幅度;

　　　σ——噪声的均方根值。

如果随机变量 x 是输入信号的视频包络的话,A/σ 即是中频信号噪声比。

1. 秩和检测器及单极点积累器基本特性

1) 秩和检测器

秩和检测器是一种非参量检测器,有人也称其为非参量量化器。它的很重要的特性之一,就是不管输入信号服从何种分布,只要满足独立同分布(IID)条件,其输出(即秩 R_n),服从均匀分布,这就是它的非参量特性。可以证明,秩 R_n 等于 r 的概率,即

$$p(R_n = r_j) = \frac{1}{N_1 + 1}, \quad j = 1, 2, \cdots \tag{9.99}$$

式中　N_1——秩检测器的参考单元数。

其输出平均值为

$$E(R_n) = \sum_{i=0}^{N_1} r_i p \quad (9.100)$$

式中 p——R_n 等于 r 的概率。

其输出方差为

$$D(R_n) = \sum_{i=0}^{N_1} [r_i - E(R_n)]^2 p \quad (9.101)$$

2) 单极点积累器

描述单极点积累器的差分方程为

$$y_n = R_n + k y_{n-1} \quad (9.102)$$

传递函数为

$$H(Z) = \frac{Z}{Z - k} \quad (9.103)$$

幅频响应为

$$|H(e^{j\omega T})| = \frac{1}{\sqrt{1 - 2k\cos\omega T + k^2}} \quad (9.104)$$

采样脉冲响应为

$$h_n = k^n \quad (9.105)$$

积累器的直流增益为

$$G = \frac{1}{1 - k} \quad (9.106)$$

由以上几个关系式可知,单极点积累器是个低通滤波器,它的输出是个相关序列,其相关系数为 k,这就意味着输出信号是缓慢变化的。

2. 随机变量的产生

1) 瑞利分布随机变量的产生

利用直接抽样法产生瑞利分布随机变量

$$x_i = \sqrt{-2\ln u_i} \quad (9.107)$$

式中 u_i——[0,1] 区间上的均匀分布随机数。

2) 广义瑞利分布随机变量的产生

采用以下公式产生广义瑞利分布随机变量为

$$y_i = \sqrt{(x_{Ii} + a)^2 + x_{Qi}^2} \quad (9.108)$$

式中:x_{Ii} 和 x_{Qi} 分别为互相独立的,均值为零,方差为 1 的正态分布随机变量,a 是常数。

3) 正态分布随机变量的产生

$$\begin{cases} x_{Ii} = r_i \cos(2\pi u_{2i}) \\ x_{Qi} = r_i \sin(2\pi u_{2i}) \end{cases} \quad (9.109)$$

经变换,得

$$\begin{cases} x_{Ii} = V_1 \sqrt{\dfrac{-2\ln V}{V}} \\ x_{Qi} = V_2 \sqrt{\dfrac{-2\ln V}{V}} \end{cases} \quad (9.110)$$

式中:V_1,V_2 均是 $[-1,1]$ 区间上的均匀分布随机变量,即

$$\begin{cases} V_1 = 2u_1 - 1 \\ V_2 = 2u_2 - 1 \end{cases} \quad (9.111)$$

$$V^2 = V_1^2 + V_2^2 \quad (9.112)$$

这里需要说明的是,随机变量 V 是用选舍抽样法产生的,如果 $V_1^2 + V_2^2 \geqslant 1$,则舍掉,重新去产生一对均匀分布随机数继续进行计算;如果 $V_1^2 + V_2^2 < 1$,结果有效。u_1,u_2 是 $[0,1]$ 区间上的均匀分布随机数。

以上几种随机变量的产生方法,在第 6 章中均进行了直接或间接的推导与证明,这里不再赘述。

3. 重要抽样在非参量检测中的应用

为了获得系统的检测性能,首先必须进行虚警试验,然后按给定的虚警概率确定一个门限,最后在该电平上进行发现概率试验,从而获得检测概率。前边已经指出,按普通方法对 10^{-6} 的虚警率进行仿真是困难的。试验次数 N 大约等于 10^8。如果利用重要抽样技术,N 将大大下降。在采用重要抽样技术时,根据单极点积累器的特性,应采用多维模型,并且样点间是相互独立的。于是有权函数为

$$w(R_1, R_2, \cdots, R_k) = \prod_{j=1}^{k} \frac{f(R_j)}{g(R_j)} \quad (9.113)$$

虚警率的估值为

$$\hat{p}_f = \frac{1}{N} \sum_{i=1}^{N} Z_T(F(R_1, R_2, \cdots, R_k)) \prod_{j=1}^{k} \frac{f(R_j)}{g(R_j)} \quad (9.114)$$

这里仍然采用一次超越准则,即在 k 个信号中,只要有一个超过门限,就认为该次试验是成功的。

值得注意的问题是,不能直接在秩和检测器输入端进行重要抽样,因为无论

如何选畸变函数,其输出信号仍然是均匀分布的,并且秩和的大小决定了它的分布区间。因此,我们将利用理论分析与蒙特卡罗法相结合的途径,在单极点积累器的输入端进行重要抽样,于是把问题归结到例9.3上。所以,重要抽样本身的问题就不多介绍了,只准备就畸变函数及其选择问题做些讨论。

首先,假设秩和检测器参考单元数 $N_1=7$,这就意味着秩和检测器中的加法器有三位,其输出信号在$[0,7]$区间上是均匀分布的。选择畸变概率密度函数,我们将其称为正阶梯分布。其表达式为

$$g(R_n = r_i) = \frac{2^{r_j}}{\sum_{r_j=0}^{N_1} 2^{r_j}} \tag{9.115}$$

由于取 $N_1=7$,故该式可化为

$$g(R_n = r_i) = \frac{2^{r_j}}{255} \tag{9.116}$$

权函数

$$w(R_1, R_2, \cdots, R_k) = \prod_{j=1}^{k} \frac{f(R_j)}{g(R_j)} = \prod_{j=1}^{k} \frac{31.875}{2^{r_j}} \tag{9.117}$$

式中:$k=2M$,M 为天线3dB波束宽度内的回波数。

在选定畸变函数之后,接着要产生满足该分布的随机变量。我们知道,畸变前随机变量 R_n 是均匀分布的,在 $N_1=7$ 时,$R_0,R_1,\cdots,R_7$ 出现的概率均为 1/8。畸变后 $R_0,R_1,\cdots,R_7$ 出现的概率如表9.2所列。

表9.2 畸变前后 R_n 出现的概率

变量	畸变前出现的概率	畸变后出现的概率
R_0	1/8	1/255
R_1	1/8	2/255
R_2	1/8	4/255
R_3	1/8	8/255
R_4	1/8	16/255
R_5	1/8	32/255
R_6	1/8	64/255
R_7	1/8	128/255

按表9.2的规律来产生进行统计试验的随机变量,是一种特殊的随机变量产生问题,它不能用以前介绍的产生随机变量的一般方法。根据它的基本原理,在计算机上产生这种随机变量是容易的,并且比较简单。

应当指出,这种选择畸变函数的方法并不是靠增大随机变量的方差而使虚

警增加的,实际上,它是靠增加平均值的方法来达到目的的,至于它的方差还比畸变前减小了。按式(9.99)和式(9.100)计算表明,畸变前的均值和方差分别为 3.5 和 5.25,而畸变后的平均值和方差则分别为 6.03 和 1.748。畸变后的平均值增加将近一倍,而方差却减小了三倍,但总的效果是使虚警增加了。毫无疑问,这又将给我们提供了一种选择畸变函数的原则,即如果要使虚警增加,不管是增加平均值,还是增加方差,或是将平均值和方差互相组合使总的效果达到我们的要求。

仿真试验结果表明,对 10000 次统计试验结果是比较满意的,如果将试验次数增至 10000 次,试验结果的方差将进一步减小。在给出了 S/N 的情况下,发现概率随着参考单元数 N_1 的增加而增加,在 N_1 值相同时,与秩和检测器加双极点积累器结构相比,在性能上约差 $0.5\sim1.0$ dB。它们之间的性能差异与参量检测时的双极点积累器结构和单极点积累器结构之间的性能差异约有相同的数量级。

9.4 重要抽样中畸变函数的选择

根据前几节的分析知道,重要抽样技术在雷达仿真及系统性能评估中是一种非常有效的工具,它能节省大量的计算时间以提高工作效率。但我们也看到,仿真试验是否成功,或其精度如何,在很大程度上取决于畸变函数,这就是说,在应用重要抽样技术时,若能正确地选择畸变函数,它可以得到最小误差;否则,不仅不会提高精度,反而会使精度变坏。因此,在仿真试验之前必须仔细地选择畸变函数,这个问题是在雷达性能仿真中最困难也是最关键的问题之一。

在 9.2 节已经指出,要使经重要抽样以后的输出随机变量的方差最小,畸变函数应选为

$$g_0(y) = \frac{|f(y)|}{p_f} \tag{9.118}$$

由于该式中包含待估量 p_f 而不能用。当时指出,应选择与 $g_0(y)$ 相近的函数作为畸变函数来尽量减小方差。下面给出一些选择畸变函数的主要方法和原则。

(1) 如前所述,首先必须保证畸变函数 $g(x)$ 是一个概率密度函数,在给定的定义域内其面积等于 1,同时要保证与 $f(x)$ 有相同的定义域。

(2) 所选畸变函数必须保证畸变以后的随机变量超过某门限电平 T 的概率有较大的增加,或者说,要使权函数 $w(x)$ 适当的小,如此才能把小概率问题变成大概率问题,然后通过修正以达到加速收敛的目的。值得注意的是,$w(x)$ 不能减小的太少,否则重要抽样效果不明显,但 $w(x)$ 也不能减小的太多,不然将会在计算中出现收敛过速现象,达不到减小方差的目的。

通常,选择 $g(y)$ 与 $f(y)$ 有相同的形式,并且尽量使两者之比在 $(T\sim\infty)$ 的范围内接近于一个小于 1 的常数,这样就有

$$p_{\mathrm{f}} = \int_T^\infty \frac{f(y)}{g(y)} g(y) \mathrm{d}y \approx C p_{\mathrm{f1}} = C_1 \tag{9.119}$$

式中 C——常数;

p_{f1}——畸变以后的随机变量 y 超过门限 T 的概率。

式(9.119)意味着用小于 1 的常数 C 对用畸变以后的随机变量做统计试验而产生的虚警概率 p_{f1} 的修正。显然,p_{f1} 即是所谓的畸变概率。下面给出几种实现上述思想的方法。

① 在 $g(y)$ 与 $f(y)$ 有相同形式的情况下,可通过增大随机变量的方差的方法来实现。假设 σ_1^2 和 σ_2^2 分别表示畸变前和畸变后与随机变量的方差成正比的两个量,且有 $\sigma_2 \geqslant \sigma_1$,或者找出使误差最小的 σ_1 和 σ_2 之间的关系式。以概率密度函数瑞利分布为例,该种情况下的畸变前后的概率密度函数之间关系如图 9.11 所示。

② 在 $g(y)$ 与 $f(y)$ 有相同形式的情况下,可通过增大随机变量均值的途径来使感兴趣的事件出现的更频繁。设 a_1 和 a_2 分别为畸变前后的均值,且有 $\sigma_2 \geqslant \sigma_1$,这就相当于将概率分布曲线在横轴上右移一个量,如图 9.12 所示。前面介绍的非参量检测器仿真中的畸变函数与此种情况相似。

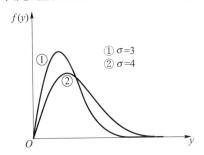
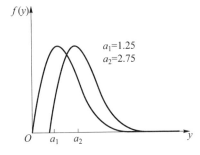

图 9.11 利用增加方差法构造畸变函数　　图 9.12 利用增加均值法构造畸变函数

下面以一个例子说明这种思想。假设,系统的输入是指数分布的随机变量,有概率密度函数为

$$f(y) = \mathrm{e}^{-y} \tag{9.120}$$

显然,有超过门限电平 T 的概率为

$$p_{\mathrm{f}} = \mathrm{e}^{-T} \tag{9.121}$$

取畸变函数为

$$q(y) = \mathrm{e}^{-(y-c)} \tag{9.122}$$

则有权函数为

$$w(y) = \frac{f(y)}{q(y)} = \frac{\mathrm{e}^{-y}}{\mathrm{e}^{-y}\mathrm{e}^{c}} = \mathrm{e}^{-c} \tag{9.123}$$

有虚警概率的估值为

$$\hat{p}_{\mathrm{fa}} = \frac{1}{N}\sum_{i=1}^{N} Z_T(y)w(y) = \mathrm{e}^{-c} \tag{9.124}$$

z_m 的均值为

$$\overline{z_\mathrm{m}} = \mathrm{e}^{-c} \tag{9.125}$$

z_m 的均方值为

$$\overline{z_\mathrm{m}^2} = \mathrm{e}^{c}\mathrm{e}^{-T} \tag{9.126}$$

z_m 的方差为

$$D(z_\mathrm{m}) = \mathrm{e}^{c}\mathrm{e}^{-T} - [\mathrm{e}^{-c}]^2 = \mathrm{e}^{-c}\mathrm{e}^{-T} - \mathrm{e}^{-2c} \tag{9.127}$$

由式(9.127)可以看出,当门限 $T = c$ 时,$D(z_\mathrm{m}) = 0$,故 $c_{\mathrm{opt}} = T$ 为 c 的最佳值。于是,有

$$\hat{p}_{\mathrm{f}} = Z_T(y)\mathrm{e}^{-T} \tag{9.128}$$

显然,只要有一次采样的随机变量 y 超过门限 T,$\hat{p}_{\mathrm{f}} = \mathrm{e}^{-T}$ 就确定了。在仿真时,实际上是不需要进行统计试验的,直接进行计算便可以了,所以该估计是一个无偏估计。其方差为零,这是这种方法的一个特例。原理图如图9.13所示。

③ 混合运用前面给出的两种方法,即将增加方差和增加平均值的两种方法根据具体情况组合起来,同样可以达到概率畸变的目的,如图9.14所示。值得注意的是,这时必须重新推导畸变函数的表达式。

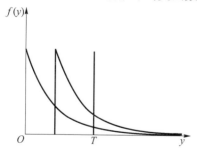

图9.13 增加均值法的畸变函数示意图

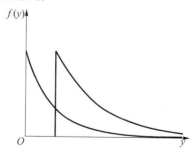

图9.14 利用同时增加均值和方差的方法选择畸变函数

(3) 由于进行统计试验时,是利用畸变以后的随机变量进行的,因此在选择畸变函数时,必须考虑按畸变后的概率密度函数是否易于产生畸变后的随机

变量。

(4) 畸变函数 $g(y)$ 应尽量简单,以便使对权函数 $w(y)$ 的计算有比较高的速度,以缩短计算时间,否则又失去了采用重要抽样技术的意义。

(5) 如果系统的输入是多维的,畸变函数 $g(y)$ 也必须是多维的,并且它的维数必须与概率密度函数的维数相等,即

$$w(y_1,y_2,\cdots,y_k) = \frac{f(y_1,y_2,\cdots,y_k)}{q(y_1,y_2,\cdots,y_k)} \tag{9.129}$$

如果输入抽样满足相互独立且有相同分布的条件,即独立同分布条件,则权函数可写成

$$w(y_1,y_2,\cdots,y_k) = \prod_{j=1}^{k} \frac{f(y_j)}{q(y_j)} \tag{9.130}$$

利用该式便可得到 p_f 的表达式及其估值。对带有反馈的单极点、双极点视频积累器进行仿真时,由于他们的输入和输出并不是一一对应的,必须采用多维的畸变函数和权函数。尽管输入信号是多维的,由于样本间通常是独立的,不会给仿真带来多大困难。应当说明的是,它们均是多输入单输出系统。

(6) 倘若系统的输入输出均是多维的,并且所用样本之间是相关的,只有在多维高斯等少数几种分布的情况下才是可行的,而如多维韦布尔等分布到目前为止还没有找到相应的概率密度函数表达式。在对零中频雷达信号处理机进行仿真时,I 通道和 Q 通道相干检波器给出的信号在通道与通道之间是独立的,而在采样与采样之间是相关的,因此有权函数为

$$w(y_1,y_2,\cdots,y_k) = \frac{f_I(y_1,y_2,\cdots,y_k)f_Q(y_1,y_2,\cdots,y_k)}{q_I(y_1,y_2,\cdots,y_k)q_Q(y_1,y_2,\cdots,y_k)} \tag{9.131}$$

如果采样与采样之间也是独立的,则有

$$w(y_1,y_2,\cdots,y_k) = \frac{\prod_{j=1}^{k} f_I(y_j) \prod_{j=1}^{k} f_Q(y_j)}{\prod_{j=1}^{k} q_I(y_j) \prod_{j=1}^{k} q_Q(y_j)} \tag{9.132}$$

这里必须指出,在用相关采样进行仿真试验时,试验的样本数必须增加,因为统计试验的次数是按独立样本计算的,相关采样时的统计试验次数与相关样本之间的相关系数有关。

(7) 在对输入端包含非参量秩和检测器的系统进行仿真时,由于该检测器的输出 r 总是均匀分布的随机变量,直接从输入端进行重要抽样是不行的,这时可考虑将其输出端的均匀分布畸变,具体原则如下:选择等差级数或等比级数的有限项之和作分母,选第 $j(j=1,2,\cdots,N)$ 项作分子构成畸变函数,其限制条件

是:所选级数是单调递增的;所选级数的首项不应为零,以便保证秩和检测器输出随机变量 R_0 出现的概率不为零。

① 等差级数情况。

如果一等差级数第 r_j 项为

$$a_{r_j} = a + r_j d \qquad (9.133)$$

式中:a 为首项,为了满足上述第二个条件,在 $r_j = 0$ 时,$a_{r_j} = a$,不为零。d 为公差,大于零。级数的项数取为 M_0。于是有 M_0 项之和

$$S_M = \sum_{r_j=0}^{N_1} (a + r_j d) \qquad (9.134)$$

$M_0 = N_1 + 1$。则有畸变函数为

$$g = (R = r_j) = \frac{a + r_j d}{\sum_{r_j=0}^{N_1} (a + r_j d)} \qquad (9.135)$$

例 9.4 有级数 $1 + 3 + 5 + \cdots + 15$。显然,它是等差级数的前 8 项,$a = 1$,$d = 2$。按式(9.135)式,畸变函数在 $N_1 = 7$ 时为

$$g(R_n = r) = \frac{1 + 2r_j}{\sum_{r_j=0}^{7}(1 + 2r_j)} = \frac{1 + 2r_j}{64} \qquad (9.136)$$

相应的权函数为

$$w(R_1, R_2, \cdots, R_k) = \prod_{j=1}^{k} \frac{\frac{1}{N_1 + 1}}{\frac{1 + 2r_j}{64}} = \prod_{j=1}^{k} \frac{8}{1 + 2r_j} \qquad (9.137)$$

式中 r_j ——均匀分布的随机变量。

② 等比级数的情况。

如果一等比级数第 r_j 项为

$$a_{r_j} = aq^{r_j} \qquad (9.138)$$

式中 a ——等比级数的首项,不为零。

q ——公比,大于零。

前 M_0 项之和为

$$S_M = \sum_{r_j=0}^{N_1} aq^{r_j} \qquad (9.139)$$

仍然按上述原则,则畸变函数为

$$g(R_n = r) = \frac{aq^{r_j}}{\sum_{r_j=0}^{N_1} aq^{r_j}} \tag{9.140}$$

例 9.5 有级数,$1+2+4+8+\cdots+128$。它是一等比级数的前 8 项之和,且 $a=1, q=2$。按上述原则,有畸变函数和权函数为

$$g(R_n = r) = \frac{2^{r_j}}{\sum_{r_j=0}^{N_1} q^{r_j}} = \frac{2^{r_j}}{255} \tag{9.141}$$

$$w(R_1, R_2, \cdots, R_k) = \prod_{j=1}^{k} \frac{31.875}{2^{r_j}} \tag{9.142}$$

根据上述原则,还可以找到一些畸变函数和由它们构成的权函数。

例 9.6 有级数 $1+4+9+\cdots$ 选畸变函数为

$$g(R_n = r) = \frac{(r_j^2+1)}{\sum_{r_j=0}^{N_1} (r_j^2+1)} = \frac{r_j^2}{148} \tag{9.143}$$

式中取 $N_1=7$。则相应的权函数为

$$w(R_1, R_2, \cdots, R_k) = \prod_{j=1}^{k} \frac{18.5}{r_j^2+1} \tag{9.144}$$

例 9.7 有级数 $1+8+27+\cdots$。根据同样道理,有畸变函数为

$$g(R_n = r) = \frac{(r_j^3+1)}{\sum_{r_j=0}^{N_1} (r_j^2+1)} = \frac{r_j^3+1}{792} \tag{9.145}$$

式中 $N_1=7$。则相应权函数为

$$w(R_1, R_2, \cdots, R_k) = \prod_{j=1}^{k} \frac{99}{(r_j^3+1)} \tag{9.146}$$

例 9.8 有级数 $1+2+3+\cdots$。有畸变函数和权函数为

$$g(R_n = r) = \frac{(r_j+1)}{\sum_{r_j=0}^{N_1} (r_j+1)} = \frac{r_j+1}{36} \tag{9.147}$$

$$w(R_1, R_2, \cdots, R_k) = \prod_{j=1}^{k} \frac{4.5}{r_j+1} \tag{9.148}$$

按这种方法,还能找出一些这类的畸变函数,不一一例举了。用以上结果中的三种进行的重要抽样试验表明,按上述方法选择畸变函数,均能给出满意的结

果。利用简单的数学关系式解决了重要抽样试验中选择畸变函数或权函数这一困难的问题。这种方法的另一优点在于产生随机数比较简单。

（8）在对单元平均恒虚警（CFAR）处理器或对对数单元平均恒虚警处理器进行性能评估时，也不能在输入端利用增加方差或均值的方法进行重要抽样，因为在后续处理时将会将增加的方差或均值抵消掉，如果改在中心抽头处进行会收到好的效果。

（9）在利用增加方差或均值的方法时，必须保证门限电平 T 不设在畸变以后的概率分布曲线和原概率分布曲线的交点附近，或完全在该交点的左侧。正确的选择应是门限 T 设在畸变函数曲线峰值的右侧，如图 9.15 所示。只要在小概率区一般是能够加快收敛速度的。

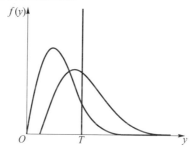

图 9.15　利用同时增加方差和均值的方法选择畸变函数时门限的设置原则

（10）无论利用上述的哪种方法，方差和均值的增加都不能太大和太小，太小改善不明显，太大将会出现过速加快收敛的现象。通常可以找到一个最佳值，例如在瑞利分布时 $\sigma_2/\sigma_1 \simeq 3.72$。

（11）理论分析和统计试验相结合是解决复杂电子信息系统性能评估的一种有效的方法。这时的畸变函数的选择要具体问题具体分析。例如，某电子信息系统很复杂，但在其中某一点的统计特性是已知的，我们便可在此处根据它的统计特性，产生统计试验时所需要的随机变量，随机矢量和随机流，然后按照基本原则进行统计试验。

9.5　估计分布函数的一些重要结果

本节给出一些利用重要抽样技术估计分布函数的某些结果，它们都是在雷达仿真或杂波分析中经常遇到的。其中有的是没加处理器的情况，有的是加了线性处理器，有的是加了非线性处理器，但不管那种情况，利用重要抽样技术均得到了比较满意的结果。这些结果，对从事这方面工作的工程技术人员，可能会有一些帮助。

1. 指数分布

假定,随机变量 ξ 服从指数分布为

$$f(y) = \begin{cases} \dfrac{1}{\bar{y}}\exp\left(-\dfrac{y}{\bar{y}}\right), & y \geqslant 0 \\ 0, & y < 0 \end{cases} \qquad (9.149)$$

式中 $\bar{y}$——随机变量 ξ 的平均值。

对该式从 T 到无穷大进行积分,得

$$p_f = \exp\left(-\dfrac{T}{\bar{y}}\right), \quad y \geqslant 0 \qquad (9.150)$$

显然,它是随机变量 ξ 超过某个门限 T 的虚警概率。当用重要抽样技术时,令畸变密度函数为

$$g(y) = \begin{cases} \dfrac{1}{\bar{y}_m}\exp\left(-\dfrac{y}{\bar{y}_m}\right), & y \geqslant 0 \\ 0, & y < 0 \end{cases} \qquad (9.151)$$

式中:$\bar{y}_m > \bar{y}$。根据直接抽样方法,有畸变后的随机变量为

$$y_i = \bar{y}_m \ln\left(\dfrac{1}{u_i}\right) \qquad (9.152)$$

式中 u_i 为 $[0,1]$ 区间上均匀分布随机数。而权函数为

$$W(y) = \dfrac{\bar{y}_m}{\bar{y}} \cdot \exp\left\{-\left(\dfrac{1}{\bar{y}} - \dfrac{1}{\bar{y}_m}\right)y\right\} \qquad (9.153)$$

虚警概率的估值为

$$\begin{aligned}\hat{P}_f &= \dfrac{1}{N}\sum_{i=1}^{N} Z_T(y_i) W(y_i) \\ &= \dfrac{1}{N}\sum_{i=1}^{N} Z_T(y_i) \dfrac{\bar{y}_m}{\bar{y}}\exp\left\{-\left(\dfrac{1}{\bar{y}} - \dfrac{1}{\bar{y}_m}\right)y_i\right\}\end{aligned} \qquad (9.154)$$

利用与前边相似的方法,可得到对 N 个抽样的方差相对值为

$$\dfrac{D(Z_m)}{(Z_m)^2} = \dfrac{1}{N}\left[\dfrac{\bar{y}_m}{\bar{y}}\left(2 - \dfrac{\bar{y}}{\bar{y}_m}\right)\exp\left(\dfrac{T}{\bar{y}_m}\right) - 1\right] \qquad (9.155)$$

如果 $\bar{y}_m \gg \bar{y}$,则

$$\dfrac{D(Z_m)}{(Z_m)^2} = \dfrac{1}{N}\left[\left(\dfrac{\bar{y}_m}{2\bar{y}}\right)\exp\left(\dfrac{T}{\bar{y}_m}\right) - 1\right] \qquad (9.156)$$

为求出 $\bar{y}_m$ 的最佳值,将上式对 $\bar{y}_m$ 求导并令其等于零,则

$$\frac{D(Z_\mathrm{m})}{(\overline{Z_\mathrm{m}})^2} = \frac{1}{N}\left[\left(\frac{e}{2}\right)\left(\frac{T}{\bar{y}}-1\right)\right] \quad (9.157)$$

求得 $\bar{y}_\mathrm{mopt} = T$。对于 $P(T) = 10^{-6}$，$\bar{y}_\mathrm{m} = 13.8\bar{y}$。

$$\frac{D(Z_\mathrm{m})}{(\overline{Z_\mathrm{m}})^2} = \frac{17.777}{N} \quad (9.158)$$

其精度与瑞利分布时相同。

2. 高斯分布

假设，随机变量 ξ 服从高斯分布，即

$$f(y) = \frac{1}{\sqrt{2\pi}\sigma}\exp\left[-\frac{y^2}{2\sigma^2}\right] \quad (9.159)$$

式中：σ 为随机变量 ξ 的均方根值。对上式积分，得

$$P(T) = \int_T^\infty f(y)\mathrm{d}y \quad (9.160)$$

利用重要抽样技术，选畸变函数为

$$g(y) = \frac{1}{\sqrt{2\pi}\sigma_\mathrm{m}}\exp\left[-\frac{y^2}{2\sigma_\mathrm{m}^2}\right] \quad (9.161)$$

得权函数为

$$w(y) = \frac{\sigma_\mathrm{m}}{\sigma}\exp\left[-\left(\frac{1}{\sigma^2}-\frac{1}{\sigma_\mathrm{m}^2}\right)\frac{y^2}{2}\right] \quad (9.162)$$

可以证明，对单次观察，输出信号的均方值为

$$\overline{Z_\mathrm{m}^2} = \left[\frac{\sigma_\mathrm{m}/\sigma}{\sqrt{2-(\sigma^2/\sigma_\mathrm{m}^2)}}\right] \cdot P\left[T\sqrt{2-(\sigma^2/\sigma_\mathrm{m}^2)}\right] \quad (9.163)$$

对 N 次独立观察，输出信号方差的相对值为

$$\frac{D(Z_\mathrm{m})}{(\overline{Z_\mathrm{m}})^2} = \left[\frac{\sigma_\mathrm{m}/\sigma}{\sqrt{2-(\sigma^2/\sigma_\mathrm{m}^2)}}\right] \cdot \left\{P\left[\frac{T\sqrt{2-(\sigma^2/\sigma_\mathrm{m}^2)}}{P^2(T)}\right] - 1\right\} \quad (9.164)$$

我们利用前面给出的 $\sigma_\mathrm{m} \gg \sigma$ 的条件，在给定门限 T 的情况下，通过使式 (9.164) 最小，得到 σ_m 的近似最佳值 $\sigma_\mathrm{mopt} = T$。对 $\sigma_\mathrm{mopt} = T = 4.7\sigma$，$P(T) = 10^{-6}$ 的条件下，最后得到近似最小方差相对值为

$$\frac{D(Z_\mathrm{m})}{(\overline{Z_\mathrm{m}})^2} = \frac{49}{N} \quad (9.165)$$

显然，它的精度不如指数分布时的估计精度。在 $N = 1000$ 的情况下，在估计 $P(T)$ 时，它大约有 22% 的相对均方根误差。由表达式可以看出，在将试验次数

N 增加到 3000 时,它与指数分布会有相同的精度。

3. 两个高斯变量的平方和

这种情况是有处理器的情况,处理器有两个输入信号 x_1 和 x_2,它们均服从高斯分布,且是独立的,零均值的随机变量。处理器的输出为

$$y = F(x_1, x_2) = x_1^2 + x_2^2 \tag{9.166}$$

如果 $\sigma^2 = 0.5$,则 y 将是一个具有 $\bar{y} = 1$ 的指数分布的随机变量。利用重要抽样技术时,可将其按二维情况进行处理,得权函数为

$$w(x_1, x_2) = \prod_{k=1}^{2} \frac{f(x_k)}{g(x_k)} \tag{9.167}$$

式中

$$f(x_k) = \frac{1}{\sqrt{2\pi}\sigma} \exp\left(-\frac{x_k^2}{2\sigma^2}\right) \tag{9.168}$$

$$g(x_k) = \frac{1}{\sqrt{2\pi}\sigma_m} \exp\left(-\frac{x_k^2}{2\sigma_m^2}\right) \tag{9.169}$$

将式(9.168)和式(9.169)代入式(9.167),最后得到

$$w(x_1, x_2) = 2\sigma_m^2 \exp\left[-\left(1 - \frac{1}{2\sigma_m^2}\right)(x_1^2 + x_2^2)\right] \tag{9.170}$$

或

$$w(x_1, x_2) = 2\sigma_m^2 \exp\left[-\left(1 - \frac{1}{2\sigma_m^2}\right)y\right] \tag{9.171}$$

式中 $\sigma_m > \sigma$。试验中,选 $\sigma_m = 2.63$,$N = 1000$。所得结果与指数情况基本一致。

4. 指数随机变量之和

这也是有处理器的情况。假设 x 和 y 分别表示处理器的输入和输出信号。由于 k 个指数分布的独立随机变量之和是 $2k$ 自由度的 chi 分布随机变量,于是,处理器的输入输出关系式则可写成

$$y = F(x_1, x_2, \cdots, x_k) = \sum_{i=1}^{k} x_i \tag{9.172}$$

式中 x_i——输入端 i 个指数随机变量集合。

利用重要抽样技术,权函数为

$$w(x_1, \cdots, x_k) = \left(\frac{\bar{x}_m}{\bar{x}}\right)^k \exp\left[-\left(\frac{1}{\bar{x}} - \frac{1}{\bar{x}_m}\right)\sum_{i=1}^{k} x_i\right]$$

$$= \left(\frac{\bar{x}_m}{\bar{x}}\right)^k \exp\left[-\left(\frac{1}{\bar{x}} - \frac{1}{\bar{x}_m}\right)y\right] \tag{9.173}$$

试验中，$k=5$，$N=1000$，$\bar{x}_m=4.7\bar{x}$，对于 $P(T)=10^{-6}$，它是最佳的。在 $P(T)$ 为 10^{-4} 到 10^{-6} 的范围内，误差都很小。

5. 对数–正态变量之和

用一般的数字方法计算对数–正态变量之和的分布是困难的。如果采用重要抽样技术，这个问题就能得到比较合理地解决。首先，从指数分布入手，令 x_k 服从指数分布，且 $\bar{x}=1$，则一个具有单位方差的正态随机变量可表示成如下形式

$$g_k = \sqrt{2x_k}\cos\theta \tag{9.174}$$

式中 θ——$[0,2\pi]$ 区间上的均匀分布随机数。

由此，又可得到对数–正态随机变量为

$$l_k = \exp(\sigma_L g_k) \tag{9.175}$$

式中 σ_L——标准差。

l_k 的中值为 1。最后得到处理器的输出为

$$y = \sum_{k=1}^{K} l_k \tag{9.176}$$

权函数与式(9.162)相同。由于该处理器比较复杂，并不存在一种选择 $\bar{x}_m$ 的直接方法。这里以 4 为步长，选择了 8 个 $\bar{x}_m$ 值，进行统计试验。由试验结果可以看出，在 $6\leqslant\bar{x}_m\leqslant 30$ 的范围内，均可利用重要抽样技术，并可产生一种可以接受的结果。试验中，取 $K=2$，$\sigma_L=1$，$N=1000$。由于在 $\bar{x}_m=22$ 使这种方法对单一高斯随机变量在 $P(T)=10^{-6}$ 是最佳的，通常 $\bar{x}_m$ 值不超过 22 为好。

6. 对数–正态相子之和

在雷达杂波分析中，所遇到的另一种情况是随机相位因子之和。这里假定，每个幅度都是对数—正态分布的。首先产生对数–正态幅度 l_k，然后产生随机相位因子。

$$v_k = l_k \exp(j\varphi_k) \tag{9.177}$$

式中：φ_k 为 $[0,2\pi]$ 区间的均匀分布随机变量。最后形成处理器的输出得

$$y = \left|\sum_{k=1}^{K} V_k\right|^2 \tag{9.178}$$

权函数仍与式(9.167)相同。试验中所用参数：$\bar{x}_m=18,22$ 和 26，$K=2$，$\sigma_L=0.5$，$N=1000$。试验结果表明，在给定条件下所得到的重要抽样试验结果是可以接受的。

参考文献

[1] 康凤举,杨惠珍,高立娥,等. 现代仿真技术与应用[M]. 北京:国防工业出版社,2006.
[2] 肖田元. 系统仿真导论[M]. 北京:清华大学出版社,2010.
[3] 四零一编写组. 雷达终端[M]. 西安:西北电讯工程学院出版社,1977.
[4] 林可祥,汪一飞. 伪随机码的原理与应用[M]. 北京:人民邮电出版社,1978.
[5] 杨万海. 双极点滤波器的分析与设计方法[J]. 录取显示会议,1979.
[6] 杨万海. 蒙特卡罗法和雷达模拟初阶[M]. 西安:西北电讯工程学院出版社,1984.
[7] 帕普里斯·A. 概率,随机变量与随机过程[M]. 保铮,章潜五,吕胜尚,译. 西安:西北电讯工程学院出版社,1986.
[8] 熊光楞,肖田元,张燕云. 连续系统仿真与离散事件系统仿真[M]. 北京:清华大学出版社,1987.
[9] 王国玉,汪连栋. 雷达电子战系统数学仿真与评估[M]. 北京:国防工业出版社,2004.
[10] 王国玉,肖顺平,等. 电子系统建模仿真与评估[M]. 长沙:国防科技大学出版社. 2000.
[11] 盛文,焦晓丽. 雷达系统建模与仿真导论[M]. 北京:国防工业出版社,2006.
[12] 林象平. 雷达对抗原理[M]. 西安:西北电讯工程学院出版社,1986.
[13] 布斯连科. 统计试验法(蒙特卡罗法)[M]. 杜淑敏,译. 上海:上海科学技术出版社,1964.
[14] 杨万海. 相关高斯杂波的产生[J]. 中国第五届雷达年会,1987.
[15] 杨万海. 重要抽样技术在非参量检测中的应用[J]. 陕西省电子学会年会,1988.
[16] 戴维德·巴顿,等. 雷达评估手册[M]. 才永杰,等译. 电子部第十四研究所五部,1992.
[17] 丁鹭飞,耿富录. 雷达原理[M]. 西安:西安电子科技大学出版社, 1995.
[18] 杨万海. ×××雷达系统仿真及性能评估报告[J]. 西安电子大学,1994.
[19] 张明友,汪学刚. 雷达系统[M]. 北京:电子工业出版社,2006.
[20] 沈永欢,等. 实用数学手册[M]. 北京:科学出版社, 1997.
[21] 史林,杨万海. 雷达系统建模、仿真与设计[J]. 中国国防科学技术报告,2000.
[22] 杨万海. 多传感器数据融合及其应用[M]. 西安:西安电子科技大学出版社, 2004.
[23] 胡海莽,杨万海. 基于 Simulink 的脉冲压缩雷达系统的建模与仿真[J]. 电子对抗技术,2004,4(19).
[24] 胡海莽,杨万海. 基于 Simulink 的脉冲多谱勒雷达系统建模与仿真[J]. 系统工程与电子技术,2005,27(27).

[25] Marcum J I. Studies of Target Detection by a Pulsed Radar[J]. See Description, 1960.

[26] Swerling P. Probability of Detection for a Fluctuating Target[J]. IKE Transactions on Information Theory, V06-2, 1960.

[27] Yao F. A Representation Theorem and its Application to Spherically Invariant Random Processes[J]. IEEE Trans. On IT, 1973.

[28] Goldman T. Detection in the Presence of Spherically Invariant Random Processes[J]. IEEE Trans. 1973,5(22).

[29] Automatic Detection For Suppresson of Sideloke Interference[J]. Proc. of the IEEE Conf. on Decision & Control, 1977,1.

[30] Schleher D C. MTI Radar[M]. Artech House, 1978.

[31] Mitchell R L. Importance Sampling Applied to Simulation of False Alarm Statistics[J]. IEEE Trans. 1981,1(17).

[32] Butters B C, Minst B S P. Chaff[J]. IEE,1982,3(129).

[33] Liu B, Munson Jr D C. Generation of a Random Sequences Giving a Jointly Specified Maginal Distribution and Autocovariance[J]. IEEE Trans. On ASSP,1982,6(30).

[34] Geckinli N C. Discrete Fourier Transformation and Its Application to Power Spectra Estimation [J]. NY:Elsevier Science Ltd. , 1983.

[35] Li G, Yu K B. Modelling and Simulation of Coherent Weibull Clutter[J]. IEE Proc. 1987,2(134).

[36] Conte E, Longo M. On a Coherent Model for Log-Normal Clutter[J]. IEE Proc. 1987,2(134).

[37] Lu D, Yaa K. A New Approach to Importance Sampling for the Simulation of False Alarm [J]. Inter. Conf. Radar'87, 1987.

[38] Conte E, Longo M. Characterisation of radar clutter as an Spherically Invariant Random Processes[J]. IEE Proc. Pt. F. V01,1987,2(134).

[39] Luo F L, Yang W H. Two Techniques for Simulating Correlated Log-Normal Sequences[J]. Inter 88 conf. of Modelling and Simulation ,1988.

[40] Wart D, Baker C J. Maritime Surveillance Radar—Part 1: Radar Scattering from the Ocean Surface[J]. IEEE Proceedings,137(2),1990.

[41] Rangaswamy M, Weiner D D. Simulation of Correlated Non-Gaussian Interference for Radar Signal Detection[J]. Conference Record of the Twenty-Fifth Asilomar Conference on Signals, Systems & Computers,1991.

[42] Luo F L, Yang W H. The detection of clutter by use of third-Order Cumulants[J]. IEEE International Symposium on IT,1991.

[43] Luo F L, Yang W H. One Scheme for Simulating Spherically Invariant Random Processes[J]. AMSE Review V01. 1991,3(15).

[44] Luo F L, Yang W H. The Simulation of Correlated χ^2 Sequences[J]. AMSE Review V01. 1991,3(15).

[45] Yang W H, Zhao Q. Modelling and Simulation of Ground Clutter for Airborne Pulse Doppler Radar[J]. Inter. Conf. Radar'91, 1991.

[46] Conte E, Long M, Lops M. Modelling and Simulation of Non-Rayleigh Radar Clutter[J]. IEE Proc. F, Commun. Radar,&Signal Process. 1991,2(138).

[47] Baker J. k-Distribution Coherence Sea Clutter[J]. IEE Proc. F, 1991,2(138).

[48] Rangaswamy M. Spherically Invariant Random Processes for Modelling Non-Gaussian Radar Clutter[J]. ERCE,1993.

[49] Blacknell D. New Method for the Simulation of Correlated k-Distribution Clutter[J]. IEE Proc. F, 1994,1(141).

[50] Chakravarthi P R. High-Level Adaptive Signal Processing Architecture With Applications Radar Non-Gaussian Clutter, The Problem of Weak Signal Detection[J]. RL-TR-95-164, 1995,4.

[51] Marier Jr. L J. Correlated k-Distribution Clutter Generation for Radar Detection and Track [J]. IEEE Trans. On AES, 1995,2(31).

[52] Michels J H. Covariance matrix estimator performance in non-Gaussian clutter processes[J]. Proceedings of the 1997 IEEE National Radar Conference,1997.

[53] Meyer P. Radar Target Detection-Handbook of Theory and Practice[M]. Academic Press, New York,1973.

[54] Garcia. The APG-70 Radar Simulation Model[J]. WL-TR 96-3126, Final Technical Report, 1996.

[55] Dr. George, Bair L. Airborne Radar Simulation[M]. Camber Corporation, 1996.

[56] Suresh Babu V N, Torres J A. Enhanced Capabilities of Advanced Airborne Radar Simulation [J]. RL-TR-95-269, Final Technical Report,1996.

[57] Chen C Y. Modelling and Simulation of A Search Radar Receiver[J]. NPC-1996, Technical Report,1997.

[58] Tsunoda R T. Global Clutter Model for HF Radar[J]. Rome Laboratory, Air Force Materiel Command,1997.

[59] Reilly J P. RF-Environment Models for the ADSAM Program[J]. JHU-APL, AIA97U-070, Final Technical Report, 1998.

[60] Antipov I. Simulation of Sea Clutter Returns[J]. DSTO-TR-0679, Final Technical Report,1998.

[61] Susana W. Random Variables in Engineering[J]. Math, 1998.

[62] Antipov I. Analysis of Sea Clutter Data[J]. DSTO-0647, Final Technical Report,1998.

[63] Simkins W L. Air Defense Initiative Clutter Model[J]. Final Technical Report, Air Force Research Laboratory Sensors Directorate Rome Research Site, 1998.

[64] Shnidman D A. Generalized Radar Clutter Model[J]. IEEE TRANS. AES, 1999,35(3).

[65] Himed B. Multi-Channel Signal Generation and Analysis[J]. AFRL-IF-TR-1998-184, Final Technical Report, 1999.

[66] Grajal J, Asensio A. Maltiparametric Importance Sampling for Simulation of Radar Systems [J]. IEEE Trans. AES, 1999,1(35).

[67] Hughes S J. Overview of Experrimental Pulse-Doppler Radar Data Collected Oct. 1999[J]. DREO TM 2000-114, 2000.

[68] Choog P L. Modelling Airborne L-Band Radar Sea and Coastal Land Clutter[J]. DSTO-TR-0945, 2000.

[69] Leong M K. Stepped Frequency Imaging Radar Simulation[J]. NPS-2000,2000.

[70] Mente R J. Mathematical Methods[J]. Bark-House,2000.

[71] Szajnowski W J. Computer Models of Correlated Non-Gaussian Sea Clutter[J]. Third ONR/GTRI Workshop on Target and Sensor Fusion, 2000.

[72] Michael K. Digital Automatic Gain Control for Surseillance Radar Applications :Theory and Simulation[J]. DREO-TR-2000-115, Final Technical Report,2000.

[73] Henson J M. Key Techniques and Algorithms for the Development of an Air-Ground Bistatic Imaging Radar Simulation[J]. University of Nevada, 2001.

[74] Wu F, Shi L, Yang W. Modelling and Simulation of PD Radar System Based on the System View[J]. Rarar'2001, 2001.

[75] Thomson D. A Target Simulation for Studies of Radar Detection in Clutter[J]. DRCO-TR-2002-145, Final Technical Report,2002.

[76] Bair B. X Band Radar Ground Clutter Statistics for Resolution Cells of Arbitrary Size and Shape[J]. AFRL-SN-HS-TR-2001, Final Technical Report,2002.

[77] Sayama S. Weibull,Log-Weibull and k-Distributed Ground Clutter Modelling Analyzed by AIC [J] Radar'2003, 2003.

[78] Bowman G G. Investigation of Doppler Effects on the Detection of Polyphase Coded Radar Waveforms[J]. AFIT/GCE/ENG/03-01, 2003.

[79] Jamil K, Burkholder R J. Simulation of Radar Scattering Over a Rough Sea Sueface[J]. OSU, 2004.

[80] Parthiban A. Modelling and Simulation of Radar Sea Clutter Using k-Distribution[J]. Inter. Conf. On SPCOM, 2004.

[81] Abraham D A. Simulation of Non-Rayleigh Reverberation and Clutter[J]. IEEE Journal of Oceanic Engineering, 2004,2(29).

[82] Marcus S W. Dynamics and Radar Cross Section Density of Chaff Clouds[J]. IEEE Trans. AES, 2004,1(40).

[83] Carter E F. The Generation and Application of Random Numbers[J]. Forth Dimensions, Vol. XVI Nos. 1 & 2,Forth Interest Group Oakland California,1994.

[84] Rangaswamy M, Weiner D, Ozturk A. Computer Generation of Correlated Non-Gaussian Clutter for Radar Signal Detection[J]. Accepted for Publication in IEEE-AES trans,1991.

[85] Barnard J, Weiner D D. Non-Gaussian Clutter Modelling with Generalized SIRV[J]. IEEE Trans. On. SP, 10(44).

[86] 施莱赫·D·C. 信息时代的电子战[M]. 顾耀平,等译. 北京:国防工业出版社,2000.

[87] Skolnikm M I. 雷达手册[M]. 2版. 王军,等译. 北京:电子工业出版社, 2003.

[88] 陈静. 雷达箔条干扰原理[M]. 北京:国防工业出版社,2007.

[89] 王雪松,肖顺平,冯德军,等. 现代雷达电子战系统建模与仿真[M]. 北京:电子工业出版社. 2010.

[90] 才干. 机载无源干扰技术应用的研究[D]. 陕西:西北工业大学,2007.

[91] 李金梁. 箔条干扰的特性与雷达抗箔条技术研究[D]. 湖南:国防科技大学大学,2010.

[92] Kukainis J. Separation Characteristics of the ALE-38 Chaff Dispenser from the F-4C and F-4E Aircraft[J]. AD900189,1972.

[93] Puskar R J. Radar Reflector Studies[J]. Prod. of IEEE 1974 National Aerospace and Electronics Conference, 1974,5:177-183.

[94] Brunk J, Mihora D, Jaffe P. Chaff Aerodynamics[A]. Alpha Research, Inc., report AFAL-TR-75-81 for Air Force Avionics Laboratory, 1975,11.

[95] Tanks D R. National missile defense:policy issues and technological capabilities[M]. Washington:SvecConway Priting Inc,2000.

[96] 杨学斌. 箔条云团的扩散模型与回波功率[D]. 北京:北京航空航天大学,1999.

[97] 张领军,韩卫国,刘镝,等. 箔条云回波的功率损失率研究[J]. 西安电子科技大学学报(自然科学版),2007(5):845-848.

[98] Li Z Z,Wang XG. Software Architecture and Design for Airport Scene Surveillance Radar Data Processing System[J]. Education Technology and Computer Scinence,2009.

[99] Ma J C, Cao J S. Math Model Building and Echo Simulation of Chaff Clouds Jamming[C]. Radar Conference, 2009 IET International, 2009.

[100] Marcus S W,et al. Dynamics and radar cross section density of chaff clouds. Aerospace and Electronic Systems[J]. IEEE Transactions on. 2004, 7. 40(1). 93-102.

[101] 张涛. 有源相控阵雷达箔条干扰仿真系统建模与软件设计[D]. 西安:西安电子科技大学,2012.

[102] 杨帆. 雷达箔条干扰仿真系统软件设计[D]. 西安:西安电子科技大学, 2012.

[103] 雷成成. 空空导弹雷达导引头箔条干扰仿真系统建模与软件设计[D]. 西安:西安电子科技大学, 2012.

[104] 有源相控阵雷达箔条干扰方法与效能评估软件设计报告[R]. 技术报告,2015.

[105] 释放箔条干扰弹的时机确定与飞机机动规避的综合应用分析报告[R]. 技术报告,2015.

[106] Wu X L, Qi Z Z, Long T. Research on application of chaff[C]. IEEE the 8th International Conference of Signal Processing,2006.

[107] Seo D W. Dynamic RCS estimation of chaff clouds[J]. IEEE Transactions on aerospace and electronic systems,2012,7(48):2114-2127.

[108] Seo D W. Generalized equivalent conductor method for a chaff cloud with an arbitrary orientation distribution[J]. Progress In Electromagnetics Research,2010(105):333-346.

[109] 聂在平,方大纲. 目标与环境电磁散射特性建模——理论,方法与实现(基础篇)[M]. 北京:国防工业出版社,2009.
[110] 聂在平,方大纲. 目标与环境电磁散射特性建模——理论,方法与实现(应用篇)[M]. 北京:国防工业出版社,2009.
[111] Marcus S W. Bistatic RCS of Spherical Chaff Clouds[J]. IEEE Transactions on Antennas and Propagation,2015,9(63):4091–4099.

主要符号表

A	信号幅度
A_c	雷达分辨单元的面积
$A_{\theta\phi}$	雷达波束截面积
B	接收机带宽
c	光速
f_c	截止频率
f_d	目标多普勒频率
f_r	雷达脉冲重复频率
G_r	雷达接收天线增益
G_t	雷达发射天线增益
$H(k)$	观测矩阵
$I_0(\cdot)$	第一类零阶修正的贝塞尔函数
$I_1(\cdot)$	第一类一阶修正的贝塞尔函数
K_G	波门参数
k	波耳兹曼常数,$k=1.38\times10^{-23}$J/K;第二门限
k_{opt}	最佳参数
L	综合损耗因子
m	脉冲积累数
N_{in}	系统输入的杂波的均方根值
N_{out}	系统输出的杂波剩余的均方根值
P_d	发现概率
P_f	虚警概率
P_t	雷达发射机的峰值功率
R	距离
r_{in}	系统输入信杂比
r_{out}	系统输出信杂比
$r(t)$	信号包络
S_{min}	最小可检测信号

S/N	信号噪声比
S_0	零频时杂波功率谱密度
T	采样脉冲周期;门限电平;第一门限
T_r	脉冲重复周期
T_o	接收机等效温度
T_e	接收系统的等效噪声温度
t_α	为区间临界值
x_n	时刻 n 时系统的输入信号
y_n	时刻 n 时系统的输出信号
λ	雷达工作波长
ε	误差
σ	目标的有效反射面积;雷达横截面积;分布参数
α	置信度
σ_v	杂波速度的均方根值;反射体速度分布的均方根值
σ_f	杂波频谱的均方根值
ρ	相关系数
τ	脉冲宽度
ω_0	载波频率
ω_d	多普勒角频率
θ_0	天线主波束指向的方位角
ϕ_0	天线主波束指向的俯仰角
$\theta_0(t)$	信号的初始相位
φ	相位

缩略语

AC	Adaptive Canceler	自适应对消器
ACF	Autocorrelation Function	自相关函数
A/D	Analog to Digital Converter	模数转换器
AF	Adaptive Filtering	自适应滤波器
AF	Analog Filter	模拟滤波器
AGC	Automatic Gain Control	自动增益控制
AMTI	Adaptive Moving Target Indication	自适应动目标显示
AM	Autoregressive Model	自回归模型
ATR	Automatic Target Recognition	自动目标识别
ATC	Air Traffic Control	空中交通管制
BC	Binary Coding	二进制编码
BD	Binary Detection	二进制检测
BP	Bandlimited Processes	带限过程
BW	Beam Width	波束宽度
CFAR	Constant False Alarm Rate	恒虚警率
C^3I	Command Control Communication and Intelligence	指挥自动化技术系统
CW	Continuous Wave	连续波
DF	Digital Filter	数字滤波器
DSP	Digital Signal Processor	数字信号处理器
ECM	Electronic Countermeasure	电子对抗
EKF	Extended Kalman Filter	扩展卡尔曼滤波器
EW	Electronic Ware	电子战
FCM	Fuzzy Mean Cluster	模糊均值聚类
FFT	Fast Fourier Transform	快速傅里叶变换

FIR	Finite Impulse Response	有限脉冲响应
FM	Frequency Modulation	频率调制
IFFN	Indentification-friend-foe-Neutral	敌我识别
IG-CG	Inverse-Gaussian Compound-Gaussian	逆高斯分布的复合高斯
IID	Independent Identity Distribution	独立同分布
IIR	Infinite impulse response	无限脉冲响应
IR	Infrared	红外
IS	Importance Sample	重要抽样
ISAR	Inverse SAR	逆合成孔径雷达
JPD	Joint Probability Density	联合概率密度
KF	Kalman Filter	卡尔曼滤波器
LFM	Linear Frequency Modulation	线性调频
LMS	Least Mean-Square	最小均方
MCS	Monte Carlo Simulation	蒙特卡罗仿真
ML	Maximum Likelihood	最大似然
MMW	Millimeter-wave	毫米波
MTD	Moving Target Detection	动目标检测
MTI	Moving Target Indication	动目标显示
MTT	Moving Target Tracking	多目标跟踪
OD	Order Detector	秩检测器
OSCFAR	Order Statistical CFAR	秩统计 CFAR
OHER	Over The Horizon Radar	超视距雷达
PAM	Pulse Amplitude Modulation	脉冲幅度调制
PC	Pulse Compression	脉冲压缩
PDF	Probability Density Function	概率密度函数
PDR	Pulse Doppler Radar	脉冲多普勒雷达
PPI	Plan-Position Indicator	平面位置显示器
PRF	Pulse Recurrence Frequency	脉冲重复频率
PRI	Pulse Repetition Interval	脉冲重复间隔
PRN	Pseudo-Random Number	伪随机数

PSD	Power Spectrum Density	功率谱密度
PW	Pulse Width	脉冲宽度
RCS	Radar Cross Section	雷达散射面积
RF	Radio Frequency	射频
RN	Random Number	随机数
RNG	Random Number Generator	随机数产生器
RMS	Root Mean Square	均方根值
RP	Radar Plot	雷达点迹
RP	Random Processes	随机过程
RV	Random Variable	随机变量
RV	Random Vector	随机矢量
RWR	Radar Warning Recievers	雷达告警接收机
SAR	Synthetic Aperture Radar	合成孔径雷达
SIRP	Spherically Invariant Random Process	球不变随机过程
SIRV	Spherically invariant random vector	球不变随机矢量
SNR	Signal to Noise Ratio	信号噪声比
SP	Signal Processing	信号处理
ST	Statistical Trials	统计试验
ST	Statistical Testing	统计检验
STC	Sensitivity Time Control	灵敏度时间控制
TWS	Track-While-Scan	边跟踪边扫描
VI	Video Integration	视频积累
WF	Windows Function	窗函数
WN	White Noise	白噪声
ZMNL	Zero Memory Nonlinearity	无记忆非线性变换法